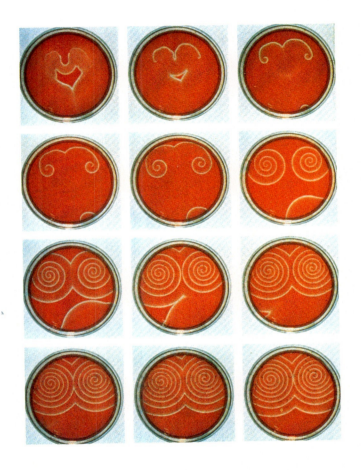

插图 1：浅盘中 B-Z 反应的化学反应螺旋波（8.3 节）。图片的阅读顺序为自左到右，由上往下。左上图中所示的复杂初始情形由热导线触碰液体所触发，继而引发不断扩大的氧化环形波，再通过轻摇浅盘以干扰环形波。随着时间推进，静止的橙色液体上的蓝色波纹不断扩散传播。当两波发生碰撞时，两者相互抵消，类似于草原上迎面相遇的火焰。最后系统自组织为一对反向波。图片来自 Winfree（1974），由 Fritz Goro 拍摄。

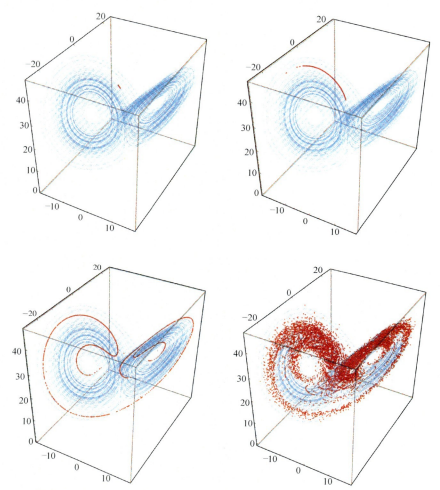

插图 2：洛伦兹吸引子中相邻轨道的分离（9.3 节）。洛伦兹吸引子用蓝色表示。红色点展示了初始条件附近 10000 个小球形区域的演化，对应时刻为 $t = 3$，6，9，15。当每个点根据洛伦兹方程移动时，每个球形被拉伸为细长的丝状，进而在吸引子中到处缠绕。最终这些点扩散到吸引子上很多区域，表示最终态几乎遍布各处，尽管各初始条件几乎相同。这种对初始条件的敏感依赖性是混沌系统的特征。

该插图受到 Crutchfield 等人（1986）的启发。数值积分与计算机画图由 Thanos Siapas 利用方程（9.2.1）完成，相应参数为 $\sigma = 10$，$b = 8/3$，$r = 28$。

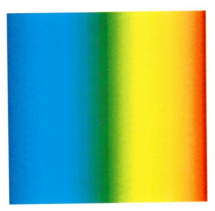 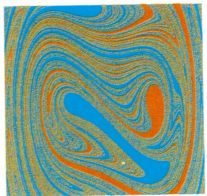

插图 3：周期驱动的双阱振子

$$x' = y, \ y' = x - x^3 - \delta y + F\cos\omega t$$

的分形吸引域边界，参数为 $\delta = 0.25$，$F = 0.25$，$\omega = 1$（12.5 节）。对上述参数值，系统有两个周期吸引子，对应局限于左阱或右阱的受迫振动。

（a）彩色图：方形区域 $-2.5 \leqslant x$，$y \leqslant 2.5$ 被分为 900×900 的单元，每个单元根据其中心的 x 值进行彩色编码。

（b）吸引域：每个单元根据它在多个驱动周期后的命运进行彩色编码。粗略地说，若轨迹最终在右阱中振动，其初始单元为红色；若其最终在左阱中，则初始单元为蓝色。更准确些，给定某单元中心的初始点 (x_0, y_0)，计算 $t = 73 \times 2\pi/\omega$ 时（即 73 个驱动周期后）的状态 $(x(t), y(t))$，并根据 $x(t)$ 的值对初始单元进行彩色编码，这些吸引域形状很复杂，它们之间的边界为分形（Moon 与 Li，1985）。在边界附近，初始条件的轻微变化可导致完全不同的结果。

数值计算由 Thanos Siapas 在 Thinking Machines CM-5 并行计算机上利用五阶 Runge-Kutta-Fehlberg 方法给出。

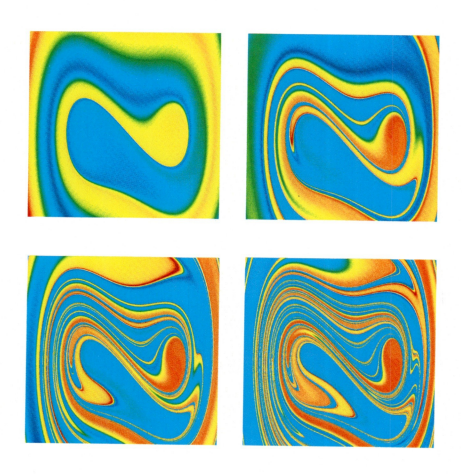

插图 4：周期驱动双阱振子的短期行为图。方程、参数及彩色比编码与插图 3 相同。但是，这些插图不是展示系统的渐近行为，而是分别给出了仅在 1、2、3 及 4 个驱动周期后 $x(t)$ 的彩色编码值。红色与蓝色区域对应着快速收敛到两个吸引子之一的初始条件。吸引域边界附近看起来如同彩虹一般，因为那些初始条件在作图时间内产生了远离每个吸引子的轨迹。

"十三五"国家重点出版物出版规划项目

世界名校名家基础教育系列
Textbooks of Base Disciplines from World's Top Universities and Experts

非线性动力学与混沌
（翻译版·原书第 2 版）

［美］ 史蒂芬 H. 斯托加茨（Steven H. Strogatz） 著

孙 梅 汪小帆 董高高 贾 强 译

机械工业出版社

Nonlinear Dynamics and Chaos, 2nd Edition/by Steven H. Strogatz/ISBN：9780813349107. Copyright © 2015 by CRC Press

Authorized translation from English language edition published by CRC Press, part of Taylor & Francis Group LLC; All rights reserved. 本书原版由 Taylor & Francis 出版集团旗下，CRC 出版公司出版，并经其授权翻译出版．版权所有，侵权必究．

China Machine Press is authorized to publish and distribute exclusively the Chinese (Simplified Characters) language edition. This edition is authorized for sale throughout Mainland of China. No part of the publication may be reproduced or distributed by any means, or stored in a database or retrieval system, without the prior written permission of the publisher. 本书中文简体翻译版授权由机械工业出版社独家出版并限在中国大陆地区销售．未经出版者书面许可，不得以任何方式复制或发行本书的任何部分．

Copies of this book sold without a Taylor & Francis sticker on the cover are unauthorized and illegal. 本书封面贴有 Taylor & Francis 公司防伪标签，无标签者不得销售．

北京市版权局著作权合同登记号 图字：01-2014-4754 号．

图书在版编目（CIP）数据

非线性动力学与混沌：翻译版·原书第 2 版/（美）史蒂芬·斯托加茨（Steven H. Strogatz）著；孙梅等译. —北京：机械工业出版社，2016.10（2024.6 重印）

书名原文：Nonlinear Dynamics And Chaos：With Applications To Physics，Biology，Chemistry，And Engineering

"十三五"国家重点出版物出版规划项目

ISBN 978-7-111-54894-2

Ⅰ. ①非… Ⅱ. ①史… ②孙… Ⅲ. ①非线性力学-动力学系统-混沌理论-研究 Ⅳ. ①TP27

中国版本图书馆 CIP 数据核字（2016）第 224275 号

机械工业出版社（北京市百万庄大街 22 号 邮政编码 100037）
策划编辑：张金奎 责任编辑：张金奎 李 乐 汤 嘉
责任校对：张晓蓉 封面设计：张 静
责任印制：单爱军
北京虎彩文化传播有限公司印刷
2024 年 6 月第 1 版第 6 次印刷
148mm×210mm·15.875 印张·3 插页·486 千字
标准书号：ISBN 978-7-111-54894-2
定价：78.00 元

电话服务 网络服务
客服电话：010-88361066 机 工 官 网：www.cmpbook.com
　　　　　010-88379833 机 工 官 博：weibo.com/cmp1952
　　　　　010-68326294 金 书 网：www.golden-book.com
封底无防伪标均为盗版 机工教育服务网：www.cmpedu.com

译者
的话

　　随着科学、技术与信息化的发展，各学科的研究正处在非线性的大时代洪流中。传统的线性化方法已无法准确把握和理解我们当前所认知的诸多领域，特别是其中有关演化动力学的问题。非线性动力学能够精确地刻画与模拟这一挑战性问题，如机械系统中的过阻尼运动、激光的运作、流体中湍流的形成、约瑟夫森结的超导等。利用非线性动力学理论所建立的模型不仅能够反映各系统的规律性，还可能预测其未来的动力学演化特性，这为解决各学科中的非线性问题提供了理论指导与借鉴。

　　当今的很多非线性动力学方面的教材比较注重非线性理论的严谨性，而缺乏引人入胜的问题导入、浅显易懂的实际例子及激发思维的课后练习。科学的严谨与逻辑的严密往往使人对非线性科学无限憧憬却又望洋兴叹。本书是一本既严谨又有趣，既高大上又浅显易懂的非线性科学领域的著作。本书在第 1 和第 2 部分详细地介绍了一维和二维非线性系统中所蕴含的非线性动力学问题。最后一部分介绍了被称为 20 世纪物理学的三次重大革命之一的混沌理论，从混沌的起源、分形和奇怪吸引子三方面进行细致的解读和描述。无论在非线性动力学基础概念的介绍、重要定理的假设、推导等方面，还是在各学科中的理论验证与应用方面，作者都选择恰当的实例进行深入浅出的引导，并对其在各学科中所蕴含的意义进行阐述。这使得不同学科背景的读者能够无差别地读取和索用。此外，书中每一节后给出的练习题也将使读者在非线性动力学的浩瀚知识海洋中流连忘返，迸发思维的火花。

　　本书由国际著名非线性动力学专家 Steven H. Strogatz 教授所撰写，

他于 1986 年取得哈佛大学应用数学博士学位，曾任教于麻省理工学院，现供职于美国康奈尔大学，目前已发表著作 200 多篇，其著作引用次数达到 16300 多次。

本书由江苏大学应用系统分析研究院团队成员共同翻译完成，其中第 1 部分由贾强博士翻译，第 2 部分由董高高博士翻译，第 3 部分由孙梅教授翻译。江苏大学应用系统分析研究院的韩敦博士、高翠侠博士、张培培博士及高安娜博士对书稿进行了校对。孙梅教授与上海交通大学汪小帆教授对书稿做了全面的校对和审查。

诚挚地希望广大专家、读者对本书翻译中的错误、不当之处批评指正。

译　者

第2版 前言

在本书第一次出版以来的 20 年里，非线性动力学的思想与方法已被应用到很多激动人心的新领域，如系统生物学、演化博弈论、社会物理学等。为了介绍一些新的进展，我已增加了 20 道重要的练习题，希望能吸引读者学习更多内容。这些领域和应用包括（相关的练习题在其后的圆括号中列出）

动物行为：日本树蛙的叫声节律（8.6.9）

经典力学：具有二次阻尼的驱动摆（8.5.5）

生态学：猎食模型；周期性捕鱼（7.2.18、8.5.4）

演化博弈论：石头-剪刀-布（6.5.20、7.3.12）

语言学：语言消亡（2.3.6）

生命起源前的化学反应：超循环（6.4.10）

心理学与文学作品《乱世佳人》中的爱情动力学（7.2.19）

宏观经济学：国民经济的凯恩斯交叉模型（6.4.9）

数学：反复取幂（10.4.11）

神经科学：视觉中的双目竞争（8.1.14、8.2.17）

社会物理学：观点动力学（6.4.11、8.1.15）

系统生物学：蛋白质动力学（3.7.7、3.7.8）

感谢我的同事 Danny Abrams、Bob Behringer、Dirk Brockmann、Michael Elowitz、Roy Goodman、Jeff Hasty、Chad Higdon-Topaz、Mogens Jensen、Nancy Kopell、Tanya Leise、Govind Menon、Richard Murray、Mary Silber、Jim Sochacki、Jean-Luc Thiffeault、John Tyson、Chris Wiggins，以及 Mary Lou Zeeman 对新增练习题提出的建议。特别感谢 Bard Ermentrout 设计的关于日本树蛙（8.6.9）与双目竞争的练

习题（8.1.14、8.2.17），以及 Jordi Garcia-Ojalvo 能分享关于系统生物学的练习题（3.7.7、3.7.8）。

另外，除了某些地方的更正与更新之外，第 1 版的目标、组织结构与文字都未改动。感谢来信提出建议的所有师生。

很高兴能与 Westview 出版社的 Sue Caulfield、Priscilla Mcgeehon，以及 Cathleen Tetro 一起合作。多谢你们的指导与无微不至的关心。

最后，我深深地感谢我的妻子 Carole、女儿 Leah 和 Jo，以及我的小狗 Murray，容忍我在本书写作中造成的各种干扰，并带给我欢笑。

史蒂芬·斯托加茨

纽约伊萨卡

2014

第1版 前言

本书主要面向非线性动力学与混沌领域的初学者，特别是第一次选择该课程的学生。它的基础是我已在麻省理工学院教过多年的为期一学期的课程。目标是尽可能清楚地解释数学知识，并展示如何用数学来理解非线性世界中的很多奥秘。

本书的数学处理简单易懂，虽不太正式，却也非常谨慎。强调结合具体例子使用分析方法和直观的几何方法。本书非常系统地给出了相关理论，从一阶微分方程和分岔开始，以重点讨论洛伦兹方程、极限环、迭代映射、倍周期分岔、重整化、分形和奇怪吸引子作为结尾。

本书的一个特色是突出了应用。主要内容包括机械振动、激光、生物节律、超导电路、昆虫爆发、化学振荡器、基因控制系统、混沌水车，以及利用混沌加密信息的方法。所有情形都给出了基本的科学背景，并与数学理论紧密结合。

前提要求

学习本书必不可少的前提是单变量微积分，包括画曲线草图、泰勒级数，以及可分离变量微分方程。有些地方也使用了多变量微积分（如偏导数、雅可比矩阵、散度定理）和线性代数（特征值与特征向量）。物理学的入门知识在本书也会用到。其他科学的前提知识将视考虑的应用而定，但不管怎样，相应的入门知识应该足够了。

可用于以下课程

本书可用于下面一些类型的课程：

● 一门非线性动力学的概括性入门课程，主要面向没有接触过本学科的学生。（我已教过此类课程。）在这里，读者可以通读全书，先阅读每章开头的核心内容，选择一些应用问题深入探讨，对更深入的理论内容可稍加练习或完全略过。一种合理的时间安排是利用七周读完第 1 ~ 8 章，再利用五周或六周来学习第 9 ~ 12 章。确保在学期内有足够的时间来学习混沌、映射与分形。

- 一门非线性常微分方程的传统课程，但更多地强调应用，而减少对摄动理论的介绍。这样的课程应该集中在第 1 ~ 8 章。

- 一门关于分岔、混沌、分形及其应用的现代课程，针对已学习过相平面分析的学生而言。相关的主题可主要从第 3、4 章，以及 8 ~ 12 章挑选。

对上述课程，应该从每章结尾的习题中给学生布置作业。他们也可以做计算机设计；构建混沌电路与机械系统；或查阅相关参考文献来了解当前的研究。不论学习还是教授这门课程，这些内容都令人激动，希望你能喜欢。

通常记号

每节中的方程都按照顺序编号。例如在 5.4 节，第三个方程称为 (3) 或者方程 (3)，而在本节之外却称之为 (5.4.3) 或方程 (5.4.3)。图、例题与练习题一直称其全名，如练习题 1.2.3。例题和证明都用明显的停顿结尾，用符号■表示。

致谢

感谢国家自然基金的资金支持。同时感谢我的学生 Diana Dabby、Partha Saha 与 Shinya Watanabe；助教 Jihad Touma 与 Rodney Worthing；提供了书中很多图的 Andy Christian、Jim Crutchfield、Kevin Cuomo、Frank DeSimone、Roger Eckhardt、Dana Hobson，以及 Thanos Siapas；为本书提出不少建议的朋友和同事 Bob Devaney、Irv Epstein、Danny Kaplan、Willem Malkus、Charlie Marcus、Paul Matthews、Arthur Mattuck、Rennie Mirollo、Peter Renz、Dan Rockmore、Gil Strang、Howard Stone、John Tyson、Kurt Wiesenfeld、Art Winfree，以及 Mary Lou Zeeman；以及编辑 Jack Repcheck，出版负责人 Lynne Reed，以及所有其他 Addison-Westley 出版社的工作人员。最后，感谢我的家人与 Elisabeth 给予的爱与鼓励。

史蒂芬·斯托加茨
马萨诸塞州剑桥
1994

目录

第 3 部分　混　　沌

1 概述

1.0　混沌、分形与动力学

　　混沌与分形现在已经是一个具有巨大魅力的学科。詹姆斯·格雷克（James Gleick）的书《混沌》（Chaos）在 1987 年连续几个月畅销，这对于数学与科学类书籍而言是个了不起的成就。由佩特根（Peitgen）和瑞迟特（Richter）在 1986 年编纂的图册《美丽的分形》（The Beauty of Fractals）便出现在了各地的咖啡桌上。你即使不是数学家也会被分形（见图 1.0.1）中的无限模式所吸引。或许这其中最重要的是，混沌和分形代表着生动和多变的"动手数学"。你可以打开计算机，创作出前人从未见过的绝美数学图形。

　　混沌与分形的美学吸引力可以解释为什么如此多的人会对这些想法感兴趣。但是，或许你觉得还可以深入一步——去学习隐藏在图形背后的数学，看看这些想法如何应用到科学与工程问题中。倘若如此，这便是一本为你而写的教材。

　　你可以看到，本书的风格是注重具体实例与几何思维，而不是严格证明与抽象理论。同时它也是一本极具应用价值的书——事实上，每个想法都

图　1.0.1

是通过一些科学或工程中的应用来阐述的。很多案例中的应用都选自近年的研究文献。当然，这样存在一个问题，由于并非每个人都是物理、生物、流体力学的专家，所以这里的科学与数学需要尽可能简单的解释。但这应该很有趣，对了解不同领域的关联非常有意义。

在开始之前，我们应该认同这一说法："混沌和分形"是一个更大的学科——**动力学**的一部分，该学科研究随时间演化的系统以及动力学的变化。我们正是用动力学来分析所考虑的系统是稳定到平衡点，做重复的周期运动，还是做更复杂的运动。你或许已经在很多地方接触过动力学的思想，如微分方程、经典力学、化学动力学、人口生物学等课程。正如本章结尾部分所讨论的，从动力学的观点来看，所有这些学科可以纳入一个统一的框架。

我们对动力学的研究从第 2 章开始。在开始之前，我们给出这个学科的两个概述，一个是历史上的，另一个是逻辑上的。我们的处理是直观的，严谨的定义将在之后给出。本章最后阐述"世界的动力学视角"，这个框架将引领我们对本书其余部分的学习。

1.1 动力学简史

尽管动力学现在已经是一个交叉学科，但它最初却是物理学的一个分支。该学科始于 17 世纪中期，当时牛顿创立了微分方程，发现了运动定律和万有引力，并将它们结合起来解释行星运动的开普勒定律。特别是，牛顿解决了两体问题——地球环绕太阳运动的计算问题，给出了二者之间引力的平方反比定律。后来的数学家与物理学家尝试把牛顿的解析方法推广到三体问题（如太阳、地球与月球），但奇怪的是，解决这个问题被证实要难得多。经过数十年的努力，最后发现求解三个天体运动的显式解析解问题根本不可能解决。在当时，对这个问题人们感到束手无策。

对这个问题研究的突破来自 19 世纪晚期庞加莱（Poincaré）。他引入了着重于定性而非定量研究问题的新观点。例如，与寻找行星任意时间的精确位置不同的是，他的问题是"太阳系是永远稳定的还是行星最终会飞向无穷远处？"庞加莱提出了一个有力的几何方法来分析这个问题。该方法已在动力学的现代学科中遍地开花，其应用已远不止在天体力学方面。他也首次窥探到存在**混沌**的可能，即确定性系统展示出敏感依赖于初始条件的非周期行为，从而导致不可能进行长期的预测。

但是混沌在 20 世纪上半叶尚不明了，而动力学则与非线性振子及其在物理与工程中的应用密切相关。非线性振子在很多技术如无线电、雷达、锁相环、激光等的发展中扮演着重要角色，而在理论方面，非线性振子也刺激了新数学方法的出现，这个领域的先驱包括 van der Pol、Andronov、Littlewood、Cartwright、Levinson 和 Smale 等。同时，在其他方面的研究中，Birkhoff 及后来的 Kolmogorov、Arnol'd 和 Moser 等人对庞加莱的几何方法进行推广，从而加深了对经典力学的认识。

20 世纪 50 年代高速计算机的发明是动力学发展的转折点。计算机使得人们能用前所未有的方式进行与方程有关的实验，从而对非线性系统进行直观的研究。这种实验使得洛伦兹（Lorenz）在 1963 年发现了奇怪吸引子上的混沌运动。他研究了一个简化的大气对流模型，发现了人们熟知的天气的不可预测性。他发现该方程的解无法稳定到平衡点或者周期状态，而是以不规则的非周期的方式持续振动；而且，若从稍微不同的初始条件进行模拟，则产生的表现方式将变得完全不同。这意味着系统具有不可预测性——对大气当前状态（或其他混沌系统）测量的微小误差被迅速放大，最终导致预测失效。但是洛伦兹也发现了混沌的特定结构——当画出三维图形时，方程的解落在一个具有蝴蝶形状的点集上（见图 1.1.1）。他认为该点集是一个"无限曲面的复合体"——如今我们把它视为分形的一个例子。

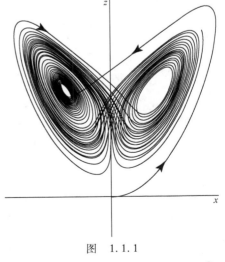

图 1.1.1

洛伦兹的研究在当时影响甚微，直到 20 世纪 70 年代混沌才进入快速发展时期。下面是那个辉煌 10 年中的一些主要进展。1971 年，Ruelle 与 Takens 在抽象考虑奇怪吸引子的基础上，提出了流体中出现湍流的新理论。几年后，May 发现了种群生物学中迭代映射的混沌案例，并撰写了一篇有影响的综述，强调研究简单非线性系统在教学上的重要性，以消除传统教学中存在误导的线性直观方法。之后便是物理学家 Feigenbaum 的最令人惊讶的发现。他发现从规则转变到混沌的一般规律；粗略地讲，完全不同的系统能以相同的方式进入混沌。他的研究建立了混沌和相变的联系，吸引众多物理学家研究动力学。最后，实验科学家如 Gollub、Libchaber、Swinney、Linsay、Moon 和 Westervelt 等人在流体、化学反应、电子电路、机械振子以及半导体实验中对此进行了验证。

尽管混沌吸引了大众的目光，20 世纪 70 年代动力学的研究中还有两个主要进展。Mandelbrot 明确并普及了分形，得到了瑰丽的计算机图形，并发现分形能被应用到很多学科。在新兴的生物数学领域，Winfree 把动力学的几何方法用于生物振荡中，特别是生理节律（约 24 小时）和心脏节律中。

到了 20 世纪 80 年代，很多人都在研究动力学，其贡献无法一一罗列。表 1.1.1 简单总结了这段历史。

表 1.1.1　动力学简史

时间	科学家	贡献
1666 年	牛顿	发明微积分，解释行星运动
18 世纪初		微积分与经典力学的繁荣
19 世纪初		行星运动的分析研究
19 世纪 90 年代	庞加莱	几何方法，混沌存在的可能
1920—1950 年		物理工程中的非线性振动，无线电、雷达与激光的发明
1920—1960 年	Birkhoff Kolmogorov Arnol'd Moser	Hamiltonian 力学复杂行为
1963 年	洛伦兹	简单对流模型的奇怪吸引子
20 世纪 70 年代	Ruelle 与 Takens	湍流与混沌
	May	逻辑斯谛（Logistic）映射中的混沌
	Feigenbaum	一般性与重整化、混沌与相变的联系，混沌的实验研究

（续）

时间	科学家	贡献
	Winfree	生物学中的非线性振子
	Mandelbrot	分形
20 世纪 80 年代		混沌、分形、振子及其应用的广泛研究

1.2　非线性的重要性

现在我们从历史转向动力学的逻辑结构。首先我们引入一些术语，以示区别。

动力学系统主要有两类：**微分方程**和**迭代映射**（差分方程）。微分方程描述了系统在连续时间的演化，迭代映射则出现于离散时间的问题中。微分方程在科学与工程问题中应用更多，因此我们将集中考察。在本书的后面，我们将看到迭代映射也很有用。二者都提供了混沌的简单例子，也为分析微分方程的周期解或混沌解提供了工具。

现在我们将注意力集中到微分方程，并且需要区分常微分方程与偏微分方程。例如，受迫简谐振子的方程

$$m \frac{\mathrm{d}^2 x}{\mathrm{d}t^2} + b \frac{\mathrm{d}x}{\mathrm{d}t} + kx = 0 \tag{1}$$

是一个常微分方程，因为它只包含常导数 $\mathrm{d}x/\mathrm{d}t$ 和 $\mathrm{d}^2 x/\mathrm{d}t^2$，也就是只有一个自变量——时间 t。相比而言，热传导方程

$$\frac{\partial u}{\partial t} = \frac{\partial^2 u}{\partial x^2}$$

是一个偏微分方程——它包含两个自变量时间 t 和空间 x。在本书中，我们只关注时间上的行为，因而我们主要处理常微分方程。

下面的系统给出了关于常微分方程的一般性框架

$$\dot{x}_1 = f_1(x_1, x_2, \cdots, x_n)$$
$$\vdots$$
$$\dot{x}_n = f_n(x_1, x_2, \cdots, x_n) \tag{2}$$

式中，x_i 上的点表示对时间 t 的微分，即 $\dot{x}_i = \mathrm{d}x_i/\mathrm{d}t$。变量 x_1，x_2，$\cdots$，x_n 可以代表反应器中化学物质的浓度、生态系统中不同物种

的数目或者太阳系中行星的位置和速度。函数 f_1，f_2，$\cdots$，f_n 由研究的问题所确定。

例如，受迫振子［式（1）］利用下面的技巧可写成式（2）的形式：引入新变量 $x_1 = x$ 与 $x_2 = \dot{x}$。于是，根据定义得到 $\dot{x}_1 = x_2$，由式（1）和定义也使得

$$\dot{x}_2 = \ddot{x} = -\frac{b}{m}\dot{x} - \frac{k}{m}x$$

$$= -\frac{b}{m}x_2 - \frac{k}{m}x_1$$

因此等价系统［式（2）］为

$$\dot{x}_1 = x_2$$

$$\dot{x}_2 = -\frac{b}{m}x_2 - \frac{k}{m}x_1$$

这个系统称为**线性**的，因为右端所有的 x_i 都是一次的。否则，系统便为**非线性**的。典型的非线性项包括 x_i 的乘积、乘方或其他函数，如 $x_1 x_2$，x_1^3 或 $\cos x_2$。

例如，钟摆的运动由下面的方程描述

$$\ddot{x} + \frac{g}{L}\sin x = 0$$

式中，x 为钟摆偏离铅垂线的角度，g 是由重力产生的加速度，而 L 是钟摆的长度。其等价系统为非线性的：

$$\dot{x}_1 = x_2$$

$$\dot{x}_2 = -\frac{g}{L}\sin x_1$$

非线性使得钟摆（的运动）方程难以利用解析法求解。通常的方法是利用小角度逼近，对于 $x \ll 1$，有 $\sin x \approx x$。这便将问题转化为一个容易求解的线性问题。但是，通过限制 x 为很小的数，我们舍弃了很多物理情形，如钟摆摆转到顶端的运动。是否真的有必要做如此大的近似呢？

研究表明，钟摆（的运动）方程可以从椭圆方程的角度来解析求解，但是还应该有更简单的方法。毕竟钟摆的运动非常简单：在低能

量时，它左右摆动，而在高能量时，它转过顶端。应该有从系统中提取出这些信息的方法。这便是我们试图利用几何方法来求解的问题。

下面是大概的思想。假定我们知道钟摆系统的对应于某个特定初始条件的一个解。这个解应该是一对函数 $x_1(t)$ 和 $x_2(t)$，分别代表钟摆的位置和速度。若构建一个具有坐标 (x_1, x_2) 的抽象空间，则解 $(x_1(t), x_2(t))$ 对应于该空间中沿着一条曲线移动的点（见图1.2.1）。

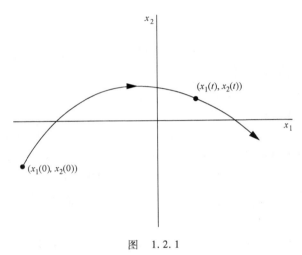

图　1.2.1

这条曲线称为**轨迹**，而该空间称为系统的**相空间**。每个点都可能是初始条件，因而（系统的）轨迹完全填满了相空间。

我们的目标是将上述讨论过程反过来。给定系统，我们要画出其轨迹，并进而提取解的信息。在很多情况下，几何推理将有助于我们画出轨迹而无须对系统求解。

术语：一般性系统［式（2）］的相空间是具有坐标 x_1，x_2，$\cdots$，x_n 的空间。因为这个空间是 n 维的，我们将一般性系统［式（2）］称为 **n-维系统**或者 **n-阶系统**。因此，n 代表相空间的维数。

非自治系统

你或许担心一般性系统［式（2）］不具有普遍性，因为其中不显含时间依赖。那我们怎么处理时间依赖或者非自治方程，如受迫简谐振子 $m\ddot{x} + b\dot{x} + kx = F\cos t$？这时，也有一个简单的技巧能让我们把系统写成一般性系统［式（2）］的形式。像之前一样，令 $x_1 = x$ 与 $x_2 = \dot{x}$，但这时引入 $x_3 = t$。则 $\dot{x}_3 = 1$，因而等价系统为

$$\dot{x}_1 = x_2$$

$$\dot{x}_2 = \frac{1}{m}(-kx_1 - bx_2 + F\cos x_3)$$

$$\dot{x}_3 = 1 \tag{3}$$

这是一个三维系统的例子。同样地，n-阶依赖于时间的方程是 $(n+1)$ 维系统的特殊情况。利用这种方法，我们总能通过对系统增加额外的维数来消除其对时间的依赖性。

这种变量变换的优点是它允许我们将那些轨迹"冻结"的相空间可视化。否则，若允许时间依赖，向量和轨迹将一直晃动——这将毁掉我们力图构建的几何图形。一个更加物理的原因是受迫简谐振子的**状态**事实上是三维的：给定当前状态，我们需要知道三个数，x、$\dot{x}$ 和 t 来预测未来状态。因而一个三维的相空间是很自然的。

但是，这么做的代价是我们的一些用词不符合传统。例如，受迫简谐振子运动方程传统上视为二阶线性方程，而我们视之为三阶非线性系统，因为其中的余弦项使得式（3）是非线性的。正如我们在本书后面所看到的，受迫振子具有很多非线性系统的性质，因此我们对用词的选择具有切实的概念上的优势。

为什么非线性问题如此难？

正如我们前面提到的，多数非线性系统难以求解析解。为什么非线性系统比线性系统更难以求解呢？根本的不同是线性系统能够分成几个部分，而每部分能单独求解，并重新整合得到问题的解。这个想法能巧妙地简化复杂问题，并构成很多方法如拉普拉斯变换、参数叠加和傅里叶变换的标准模态。在这个意义上，线性系统等于其各部分的精确和。

但自然界中很多事物并非如此。当系统的各部分之间相互影响、合作或竞争时，会出现很多的非线性作用。日常生活几乎全都是非线性的，叠加原理也出人意料地失效了。就像如果你同时听两首你喜欢的歌曲，你的快乐并不会翻倍一样。在物理的王国里，非线性对于激光的运作、流体中湍流的形成、约瑟夫森（Josephson）结的超导等问题至关重要。

1.3　世界的动力学视角

我们已经建立了非线性与相空间的概念，下面将给出动力学及其应用的框架。我们的目标是展示整个学科的逻辑结构。图 1.3.1 所示的框架将引领我们对整本书的学习。

该框架包括两条主线。一条告诉我们刻画系统状态所需的变量个数。等价地说，这个数目代表了相空间的维数。另一条告诉我们系统是线性的还是非线性的。

例如，考虑一个生物群体的指数增长。这个系统可描述为一阶微分方程 $\dot{x} = rx$，式中 x 是时间 t 对应的群体数目，r 为增长率。我们将系统置入标有"$n = 1$"的列，因为一个信息——群体数目 x 的当前值——足以预测任意时刻的群体数目。这个系统也被分类到线性系统，因为微分方程 $\dot{x} = rx$ 对 x 是线性的。

作为第二个例子，考虑钟摆的运动，可描述为

$$\ddot{x} + \frac{g}{L}\sin x = 0$$

相比前面的例子，这个系统的状态由两个变量给出：其当前角度 x 和角速度 $\dot{x}$。（这样考虑：我们需要 x 和 $\dot{x}$ 的初始值来唯一确定系统的解。例如，若只知道 x，我们无法知道钟摆运动的方式。）因为两个变量都需要用来确定系统的状态，钟摆属于图 1.3.1 中的"$n = 2$"列。而且，正如上一节所说，这个系统是非线性的。因而钟摆是在"$n = 2$"列的下方的非线性部分。

我们可以继续用这种方式对系统分类，而结果便是这里框架中的

变量个数 →

	$n=1$	$n=2$	$n \geqslant 3$	$n \gg 1$	连续
线性的	增长，衰减，或平衡点 指数增长 RC电路 放射性衰减	振动 线性振子 物体与弹簧 RLC电路 两体问题 (Kepler, Newton)	土木工程，结构 电气工程	集体现象 耦合简谐振子 固态物理 分子动力学 平衡态统计力学	波与斑图 弹性 波动方程 电磁学(Maxwell) 量子力学 (Schrödinger, Heisenberg, Dirac) 热与扩散 声学 粘性流体
非线性的	不动点 分岔 过阻尼系统，松弛动力学 单物种的Logistic方程	摆 非简谐振子 极限环 生物振子(神经元，心脏细胞) 捕食者-猎物的周期性 非线性电子学 (van der Pol, Josephson)	**混沌** 奇怪吸引子(Lorenz) 三体问题(Poincaré) 化学动力学 迭代映射(Feigenbaum) 分形(Mandelbrot) 受迫非线性振子(Levinson, Smale) [混沌的实际应用 量子混沌?]	**前沿** 耦合非线性振子 激光，非线性光学 非平衡统计力学 非线性固态物理(半导体) Josephson阵列 心脏细胞同步 神经网络 免疫系统 生态系统 经济学	**时空复杂性** 非线性波(激波，孤立子) 等离子体 地震 广义相对论(Einstein) 量子场论 反应-扩散，生物与化学中的波 肌纤维震颤 癫痫 湍流流体(Navier-Stokes) 生命

非线性 →

图 1.3.1

某种情况。诚然，图中的某些方面尚有争议。你或许会想，一些主题应该加上去，或者有不同的安排，甚至需要更多的主线——关键在于，以系统的动力学为基础来考虑其分类。

图 1.3.1 中有一些令人吃惊的模式。所有简单的系统都发生在左上角，这些都是我们在大学前几年中学习的简单线性系统。粗略地讲，当 $n=1$ 时，这些线性系统显示出增长、衰减或平衡点，或者当 $n=2$ 时振动。图 1.3.1 中的斜体字表示该大类现象在图中的这一部分首次出现。例如，在 RC 电路里对应 $n=1$，不会发生振荡，而在 RLC 电路里对应 $n=2$，振荡会发生。

下一个最常见的部分是在图的右上角。这是经典应用数学与数学物理的区域，对应着线性偏微分方程。这里我们可以看到麦克斯韦（Maxwell）的电磁方程组、热方程、量子力学中的薛定谔波方程等。这些偏微分方程含有无限连续的变量，因为空间中的每个点提供了更多的自由度。尽管这些系统很大，但利用傅里叶分析和变换的方法，它们是可以处理的。

相比之下，图 1.3.1 的下半部分——非线性部分——却经常被忽略或者推迟到后续的课程中。但是现在不再需要了！在本书中，我们从左下角开始，朝着右方系统地（学习）。当我们从 $n=1$ 到 $n=3$ 增加相空间的维数时，每一步都遇到新的现象，从 $n=1$ 时的不动点和分岔到 $n=2$ 时的非线性振动，最后到 $n=3$ 时的混沌与分形。在各种情况下，虽然我们通常无法在传统意义上求解方程，给出解的形式，但是几何方法已经被证明是非常有用的，能给我们需要的绝大部分信息。我们的"旅程"也将带领我们到现代科学中一些最激动人心的部分，如生物数学与凝聚态物理等。

你将发现这个框架也包括了令人望而却步的标有"前沿"的区域。它就像那些旧的世界地图上，由地图制作者对在地球上尚未被探索的地区标记"这里有龙"的区域。这些主题并非完全未被涉足，当然，公平地说，它们处于当前研究的极限地带。这些问题很困难，因为它们既是大问题又具有非线性。由此产生的行为通常在空间和时间上很复杂，如湍流流体的运动或者心房纤颤中的电流活动模式等。在本书的结尾，我们将涉及这些问题的一部分——它们无疑是未来的挑战。

第1部分

一　维　流

2 直线上的流

2.0 引言

在第 1 章，我们引入了一般性系统

$$\dot{x}_1 = f_1(x_1, x_2, \cdots, x_n)$$
$$\vdots$$
$$\dot{x}_n = f_n(x_1, x_2, \cdots, x_n)$$

并提到，它的解能可视化为穿过带有坐标 $(x_1, x_2, \cdots, x_n)$ 的 n 维相空间的轨迹。此时，这个方法极其抽象，可能会使你吃惊。所以，我们从简单的 $n = 1$ 慢慢开始。接着便得到如下方程：

$$\dot{x} = f(x)$$

式中，$x(t)$ 为时间的实值函数；$f(x)$ 为 x 的光滑实值函数。我们称这种方程为**一维的或一阶的系统**。

为避免出现混淆，我们明确如下两点：

1. 这里使用的词"系统"是动力系统意义上的，而不是经典意义上的两个或多个方程的全体。因而，一个方程也可以是一个"系统"。

2. 我们不允许 f 显式地依赖于时间。时间依赖或者"非自治"方程形如 $\dot{x} = f(x, t)$ 更加复杂，因为需要两类信息，x 和 t，来预测系统的未来状态。因而，$\dot{x} = f(x, t)$ 实际上应视为二维的或二阶系统，这在本书的后面部分将予以讨论。

2.1 几何的思维方式

图形在非线性系统的分析中通常比公式更有帮助。这里我们通过简单例子阐明这一点。通过这种方法，我们将引入动力学中最基本的技巧之一：将微分方程表述为向量场。

考虑下面的非线性微分方程：

$$\dot{x} = \sin x \tag{1}$$

为了突出公式与图形的不同，我们选择了一个能求出闭合解[⊖]的非线性方程。分离变量，并积分：

$$dt = \frac{dx}{\sin x}$$

这意味着

$$t = \int \csc x \, dx$$

$$= -\ln|\csc x + \cot x| + C$$

为求出 C 的值，假定在 $t = 0$ 时有 $x = x_0$。于是 $C = \ln|\csc x_0 + \cot x_0|$。因而，方程的解为

$$t = \ln\left|\frac{\csc x_0 + \cot x_0}{\csc x + \cot x}\right| \tag{2}$$

这个结果是精确的，但是难以解释。例如，你能回答下面的问题吗？

1. 假定 $x_0 = \pi/4$，描述解 $x(t)$ 在所有 $t > 0$ 时的定性特征。特别是，当 $t \to \infty$ 时会发生什么？

2. 对任意初始条件 x_0，当 $t \to \infty$ 时 $x(t)$ 具有什么行为？

考虑到这些问题，可见式（2）不够明了。

相比之下，式（1）的图形分析简单明了，如图 2.1.1 所示。我们认定 t 是时间，x 为一个沿着实轴运动的虚拟粒子的位置，而 $\dot{x}$ 为粒子的速度。于是微分方程 $\dot{x} = \sin x$ 表示直线上的**向量场**：它决定了在每个 x 处的速度向量 $\dot{x}$。为了刻画向量场，容易画出 x 的速度向量

　　⊖ 解能用基本函数来表达。——译者注

$\dot{x}$ 相对于 x 的图形，继而用 x 轴上的箭头表示在每个 x 处的速度向量。当 $\dot{x} > 0$ 时，箭头朝右；当 $\dot{x} < 0$ 时，箭头朝左。

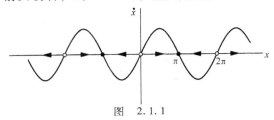

图 2.1.1

这里用更物理的方式考虑向量场：设想流体沿着 x 轴稳定地流动，其速度根据规则 $\dot{x} = \sin x$ 随着位置而变化。如图 2.1.1 所示，当 $\dot{x} > 0$ 时，**流**朝右方流动，而当 $\dot{x} < 0$ 时，流朝左方流动。在 $\dot{x} = 0$ 的点，没有流动。这样的点称为**不动点**。你可以看到在图 2.1.1 中有两类不动点：实心黑点表示**稳定的**不动点（常称为吸引子或汇，因为流指向它），而虚点表示**不稳定的**不动点（也称为排斥子或源）。

利用这张图，我们能轻松理解微分方程 $\dot{x} = \sin x$ 的解。我们从 x_0 处释放虚拟粒子，并观察它如何随着流而运动。

对以上问题这种方法给了我们如下解答：

1. 图 2.1.1 显示一个从 $x_0 = \pi/4$ 出发的粒子往右移动越来越快，直到它经过 $x = \pi/2$（此处 x 达到最大值）。接着粒子开始减慢并最终从左边到达平衡点 $x = \pi$。因而，解的定性形式如图 2.1.2 所示。

注意到曲线先上凹，然后下凹；这对应于 $x < \pi/2$ 时的初始加速，接着在移向 $x = \pi$ 时减速。

2. 相同的推断可用于任意初始条件 x_0。图 2.1.1 显示，若开始时 $\dot{x} > 0$，粒子指向右方，并渐近到达最近的平衡点。同样，若开始时 $\dot{x} < 0$，粒子趋向于其左方最近的平衡点。若 $\dot{x} = 0$，则 x 保持为常数。任意初始条件的解的定性形式如图 2.1.3 所示。

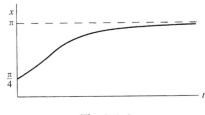

图 2.1.2

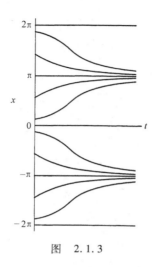

图　2.1.3

诚然，我们应当承认，图形不能告诉我们某些定量的东西：例如，我们不知道在何时速度 $|\dot{x}|$ 最大。但很多情况下，我们关注的是定性的信息，此时可以利用图形方法。

2.2　不动点与稳定性

上一小节提出的方法能够推广到任意的一维系统 $\dot{x} = f(x)$。我们只需要画出 $f(x)$ 的图形，进而用它画出实轴（图 2.2.1 中的 x 轴）上的向量场即可。

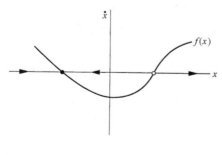

图　2.2.1

同以前一样，我们设想流体沿着实轴以局部速度 $f(x)$ 流动。这种虚拟流体称为相流，而实轴是相空间。流在 $f(x)>0$ 处朝右流动，在 $f(x)<0$ 处朝左流动。为了寻求 $\dot{x}=f(x)$ 从任意初始条件 x_0 出发的解，我们在 x_0 处放置一个虚拟粒子（称为**相点**），并观察它如何随流而运动。随着时间变化，相点根据某个函数 $x(t)$ 沿着 x 轴运动。这个函数称为基于 x_0 的**轨迹**，它代表微分方程从初始条件 x_0 出发的解。如图 2.2.1 所示，系统所有不同的定性轨迹称为**相图**。

相图的出现由 $f(x^*)=0$ 定义的不动点 x^* 控制，它们对应于流的停滞点。在图 2.2.1 中，实心黑点是稳定不动点（局部的流指向它），而虚点为不稳定不动点（流始终远离它）。

关于原来的微分方程，不动点表示**平衡**解（有时称为稳态解，或静止解。因为若初始条件为 $x=x^*$，则在任意时间都有 $x(t)=x^*$）。如果所有充分小的扰动都会随时间消失，那么平衡点被定义为稳定的。因此，稳定的平衡点在几何上可表示为稳定的不动点。相反地，在不稳定的平衡点处干扰随时间增大，代表不稳定的不动点。

例题 2.2.1

找出 $\dot{x}=x^2-1$ 的所有不动点，并对其稳定性进行分类。

解：这里 $f(x)=x^2-1$。为了找出不动点，我们设定 $f(x^*)=0$，并求解 x^*。于是 $x^*=\pm1$。为了判断稳定性，我们画出 x^2-1 的图形，继而画出向量场（见图 2.2.2）。当 $x^2-1>0$ 时，流指向右方，而当 $x^2-1<0$ 时，流指向左方。于是 $x^*=-1$ 是稳定的，而 $x^*=1$ 是不稳定的。■

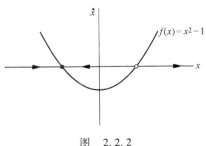

图　2.2.2

注意稳定平衡点的定义以小扰动为基础；相当大的扰动可能不会衰减。在例题 2.2.1 中，$x^* = -1$ 的所有的小扰动都衰减，但是把 x 送往 $x = 1$ 的右方的大扰动则不会衰减——实际上，相点将被排斥到 $+\infty$。为了突出稳定性的这个特点，我们有时称 $x^* = 1$ 为**局部稳定**的，但不是全局稳定的。

例题 2.2.2

考虑图 2.2.3 中所示的电路。电阻 R 和电容 C 与直流电压为常数 V_0 的电池组串联。假定开关在 $t = 0$ 时关闭，并且初始时电容没有电荷。令 $Q(t)$ 表示在 $t \geq 0$ 时电容的充电量。画出 $Q(t)$ 的图形。

解：这类电路你或许很熟悉。它由线性方程描述，能解析求解，但我们希望阐述几何的方法。

首先，写出电路方程。考虑整个电路，所有电压的减少量必为零；因此 $-V_0 + RI + Q/C = 0$，这里 I 为经过电阻的电流。该电流使得电荷以速度 $\dot{Q} = I$ 聚集在电容上。因此有

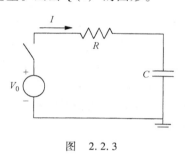

图　2.2.3

$$-V_0 + R\dot{Q} + Q/C = 0$$

或者

$$\dot{Q} = f(Q) = \frac{V_0}{R} - \frac{Q}{RC}$$

$f(Q)$ 的图像为直线，斜率为负（图 2.2.4）。相应的向量场在 $f(Q) = 0$ 处有一个不动点，这时有 $Q^* = CV_0$。当 $f(Q) > 0$ 时，流指向右方，而当 $f(Q) < 0$ 时，流指向左方。因而，流始终指向 Q^*——它是稳定的不动点。事实上，它是**全局稳定的**，因为从任意初始条件都可到达它。

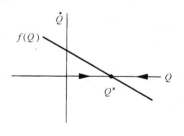

图　2.2.4

为了画出 $Q(t)$，我们让相点从图 2.2.4 的原点出发，想象一下它会怎样运动。携带着相点的流单调趋于 Q^*。当它趋于不动点时，其速度 $\dot{Q}$ 线性地减小。因此，$Q(t)$ 是增函数，下凹的，如图 2.2.5 所示。■

例题 2.2.3

画出 $\dot{x} = x - \cos x$ 对应的相图，并判断所有不动点的稳定性。

解：一个方法是画出函数 $f(x) = x - \cos x$（的图形），然后画出相应的向量场。这个方法是合理的，但你需要清楚 $x - \cos x$ 的图形是什么样子。

更简单的方法是，利用我们知道如何分别画出 $y = x$ 与 $y = \cos x$ 这一事实，在同一坐标轴上画出这两个图，并看到它们恰有一个交点（见图 2.2.6）。

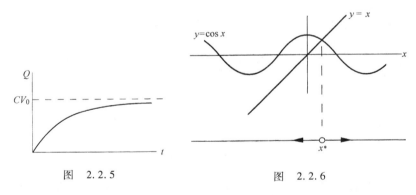

图　2.2.5　　　　　　　　图　2.2.6

这个交点对应着一个不动点，由于 $x^* = \cos x^*$，因此 $f(x^*) = 0$。而且，当直线在余弦曲线上方时，有 $x > \cos x$，故 $\dot{x} > 0$：流指向右方。同样地，当直线在余弦曲线下方时，流指向左方。因此，x^* 是唯一的不动点，而且是不稳定的。注意，尽管没有 x^* 自身的表达式，但仍然可以将 x^* 的稳定性分类。■

2.3　种群增长

生物群体数目增长的简单模型是 $\dot{N} = rN$，这里 $N(t)$ 表示时间 t

时的群体数目，$r > 0$ 为增长率。这个模型预测了指数增长：$N(t) = N_0 e^{rt}$，这里 N_0 为 $t = 0$ 时的群体数目。

当然，这种指数增长不能持久。为了模拟过度拥挤与资源有限的影响，群体生物学家和人口学家常假设人均增长率 $\dot{N}/N$ 当 N 充分大时减小，如图 2.3.1 所示。对小的 N 值，增长率和以前一样等于 r。但是，当群体数目超过某个**承载容量 K** 时，增长率实际上变成负数；死亡率高于出生率。

一个能包含以上想法的简易数学方法是假定人均增长率 $\dot{N}/N$ 随着 N 线性减小（图 2.3.2），这就是如下的**逻辑斯谛**（Logistic）**方程**

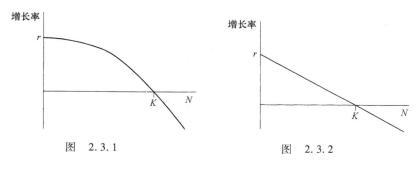

图　2.3.1　　　　　　　　　　　　图　2.3.2

$$\dot{N} = rN\left(1 - \frac{N}{K}\right)$$

该方程由费尔哈斯（Verhulst）在 1838 年首次提出，用来描述人口的增长。这个方程能解析求解（练习题 2.3.1），但我们这次仍使用几何方法。我们画出 $\dot{N}$ 与 N 的图形看看向量场的样子。注意我们只画出 $N \geqslant 0$（时的图形），因为考虑负的群体数量没有意义（见图 2.3.3）。不动点出现在 $N^* = 0$ 与 $N^* = K$ 处，可通过设定 $\dot{N} = 0$ 来求得 $\dot{N}$。通过观察图 2.3.3 中的流，我们看到 $N^* = 0$ 是不稳定不动点，而 $N^* = K$ 是稳定不动点。从生物学来看，$N = 0$ 是不稳定不动点：小的群体数目将指数增长，并远离 $N = 0$。另一方面，若 N 在 K 处被稍加扰动，则扰动会单调衰减，并且当 $t \to \infty$ 时，有 $N(t) \to K$。

实际上，由图 2.3.3 可知，若让相点从任意 $N_0 > 0$ 出发，它将始终朝 $N = K$ 流动。因此，群体数目将一直达到承载容量。

唯一的例外是若 $N_0 = 0$；此时没有个体进行繁殖，从而一直有 $N = 0$。（该模型没有考虑生命的自然现象发生！）

图 2.3.3 也能让我们推出解的定性形状。例如，若 $N_0 < K/2$，相点移动越来越快，直到它经过 $N = K/2$，在此处图 2.3.3 中的抛物线到达其最大值。接着相点速度放慢并最终朝 $N = K$ 缓慢移动。从生物学来看，这意味着群体数目最初加速增长，$N(t)$ 的图形是上凹的。但经过 $N = K/2$ 后，导数 $\dot{N}$ 开始减小，从而当 $N(t)$ 渐近逼近水平线 $N = K$ 时是下凹的（见图 2.3.4）。因此，当 $N_0 < K/2$ 时，$N(t)$ 的图形是 S-形的。

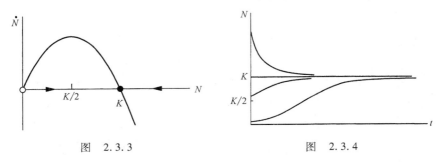

图 2.3.3　　　　　　　　　　图 2.3.4

若初始条件 N_0 介于 $K/2$ 与 K 之间，会出现不同的定性结果。此时，解从开始就在减速。因此，这些解在所有时间 t 都是下凹的。若群体数目最初便超过承载容量（$N_0 > K$），则 $N(t)$ 减小到 $N = K$，是上凹的。最后，若 $N_0 = 0$ 或 $N_0 = K$，群体数目则保持不变。

对逻辑斯谛模型的批判

在结束这个例子之前，我们应该对逻辑斯谛方程的生物合理性做一个评论。该模型的代数形式没有完全发挥作用。它应该能用来刻画具有从零增长到某个承载容量 K 的这一趋势的各类群体。

最初人们曾提出一个更严格的解释，这个模型被认为是关于增长的一般规律（Pearl 1927）。逻辑斯谛方程已在实验中被验证，通过细菌群落、酵母或其他简单生物，在定常的温度、食物供给、没有天敌的条件下进行。关于该文献的一个较好评述，见 Krebs（1972，190-

200 页）。这些实验通常产生 S – 形的增长曲线，有时会与逻辑斯谛方程的预测非常吻合。

另一方面，对具有复杂生命周期包括卵、幼虫、蛹和成熟的果蝇、面粉甲虫及其他生物体效果，这种吻合效果会差很多。在这些生物体中，从未被观测到所预测的渐近趋于稳定承载容量这一情况——而是群体数量在经过逻辑斯谛增长的初始阶段后，展现出很大的、持续的波动。此类波动的可能原因，参考 Krebs（1972），主要包括年龄结构、群体中过度拥挤的时滞效应等。

关于群体生物学的更多资料，可参考 Pielou（1969）或 May（1981）的论述。Edelstein – Keshet（1988）和 Murray（2002，2003）的著作都是关于生物数学的优秀教材。

2.4　线性稳定性分析

迄今，我们已经可以借助图形的方法来判断不动点的稳定性了。人们经常会希望能更加定量地去度量稳定性，趋于稳定不动点的衰减率。正如我们所解释的，这类信息可通过在不动点处线性化得到。

令 x^* 为一个不动点，$\eta(t) = x(t) - x^*$ 是偏离 x^* 的小扰动。为了观察小扰动是增加还是减小，我们导出一个关于 η 的微分方程。由于 x^* 为常数，利用微分可得

$$\dot{\eta} = \frac{\mathrm{d}}{\mathrm{d}t}(x - x^*) = \dot{x}$$

因此 $\dot{\eta} = \dot{x} = f(x) = f(x^* + \eta)$。现在利用泰勒展开式，得到

$$f(x^* + \eta) = f(x^*) + \eta f'(x^*) + O(\eta^2)$$

式中，$O(\eta^2)$ 表示关于 η 的二阶无穷小。最后，注意到由于 x^* 为一个不动点，有 $f(x^*) = 0$。从而，

$$\dot{\eta} = \eta f'(x^*) + O(\eta^2)$$

现在，若 $f'(x^*) \neq 0$，$O(\eta^2)$ 可以忽略，则可写出近似式

$$\dot{\eta} \approx \eta f'(x^*)$$

这是关于 η 的线性方程，称为在 x^* 处**线性化**。可见，小扰动 $\eta(t)$ 当

$f'(x^*) > 0$ 时以指数律增加，当 $f'(x^*) < 0$ 时以指数律减小。若 $f'(x^*) = 0$，$O(\eta^2)$ 不可忽略，为了研究稳定性，需要进行非线性分析，正如在下面例题 2.4.3 所讨论的。

不动点处的斜率 $f'(x^*)$ 决定了其稳定性。若回头看一下前面的例子，你会发现斜率在稳定不动点处总是负值。从图形方法可清楚看出 $f'(x^*)$ 符号的重要性。一个新的特征是现在我们有了一个关于不动点稳定性程度的度量——可根据 $f'(x^*)$ 的幅值确定。它代表了指数式地增加还是减小。其倒数 $1/|f'(x^*)|$ 是一个**特征时间尺度**，决定了 $x(t)$ 在 x^* 邻域内发生较大变化所需的时间。

例题 2.4.1

利用线性稳定性分析判断 $\dot{x} = \sin x$ 的不动点的稳定性。

解：不动点出现在 $f(x) = \sin x = 0$。因而 $x^* = k\pi$，式中 k 为整数。于是

$$f'(x^*) = \cos k\pi = \begin{cases} 1, & k \text{ 为偶数}, \\ -1, & k \text{ 为奇数}。 \end{cases}$$

因此，若 k 为偶数，x^* 是不稳定的；若 k 为奇数，x^* 是稳定的。这和图 2.1.1 中的结果相吻合。∎

例题 2.4.2

利用线性稳定性分析对逻辑斯谛方程的不动点进行分类，并寻找对应的特征时间尺度。

解：这里 $f(N) = rN\left(1 - \dfrac{N}{K}\right)$，不动点为 $N^* = 0$ 和 $N^* = K$。则有 $f'(N) = r - \dfrac{2rN}{K}$，因此有 $f'(0) = r$ 和 $f'(K) = -r$。因此，正如前面利用图形方法得到的，$N^* = 0$ 是不稳定的，$N^* = K$ 是稳定的。对每种情况，特征时间尺度为 $1/|f'(N^*)| = 1/r$。∎

例题 2.4.3

当 $f'(x^*) = 0$ 时，不动点的稳定性有什么结论？

　　解：通常无法得到普适性的结论。判断稳定性最好利用图形的方法具体情况具体分析。考虑下面的例子：

$$(a)\dot{x}=-x^3,(b)\dot{x}=x^3,(c)\dot{x}=x^2,(d)\dot{x}=0$$

　　这些系统每个都有 $f'(x^*)=0$ 给出的不动点 $x^*=0$。但是其稳定性各有不同。图 2.4.1 显示（a）是稳定的，而（b）是不稳定的。因为不动点对左边是吸引的，而对右边是排斥的，（c）是一个称之为**"半稳定"**的混合情况。因此利用半实心点表示这类不动点。（d）是一条直线，小扰动不会增加也不会减小。

　　这些例子看起来是人为构造的，但我们将会看到它们很自然地出现在本书的分岔部分——更多的内容在后面介绍。■

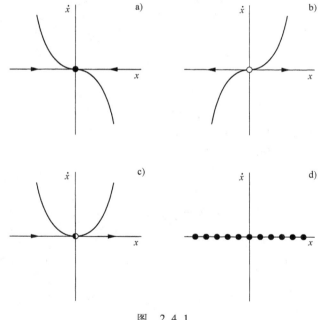

图　2.4.1

2.5　存在性与唯一性

　　我们在向量场的处理上非常不正式。特别地，我们并没有关心系

统 $\dot{x}=f(x)$ 的解的存在性与唯一性。这是与本书的"应用"精神保持一致的。不过，我们应该留意在病态的情形下会出现什么问题。

例题 2.5.1

证明系统 $\dot{x}=x^{1/3}$ 从 $x_0=0$ 出发的解是不唯一的。

解：点 $x=0$ 是不动点，所以 $x(t)=0$ 对任意 t 显然是一个解。一个令人吃惊的事实是还有另外一个解。为了寻求这个解，分离变量，并积分：

$$\int x^{1/3}\,\mathrm{d}x = \int \mathrm{d}t$$

因此 $\dfrac{3}{2}x^{2/3}=t+C$。利用初始条件 $x(0)=0$ 得到 $C=0$。因此 $x(t)=\left(\dfrac{2}{3}t\right)^{3/2}$ 也是一个解。■

当解的唯一性不存在时，由于不知道相点如何运动，故几何方法也无法使用了。若相点开始于原点，它将保持在原地还是根据 $x(t)=\left(\dfrac{2}{3}t\right)^{3/2}$ 运动？（或者正如我小学的朋友以前在讨论不可抗拒力和不能移动的物体的问题时所说的，或许相点会爆炸！）

事实上，例题 2.5.1 的情况比我们讨论的要更糟——从相同的初始条件出发，系统有无穷多的解（练习题 2.5.4）。

解不唯一的根源是什么呢？观察向量场可以得到一点启示（见图 2.5.1）。我们看到不动点 $x^*=0$ 非常的不稳定——斜率 $f'(0)$ 为无穷大。

通过这个例子，我们给出一个定理，为 $\dot{x}=f(x)$ 解的存在性与唯一性提供了充分条件。

存在性与唯一性定理：考虑初值问题

$$\dot{x}=f(x),\ x(0)=x_0$$

假定 $f(x)$ 与 $f'(x)$ 在 x 轴的开区间 R 上连续，x_0 为 R 中的点。则上述初值问题在 $t=0$ 附近某个时间段 $(-\tau,\tau)$

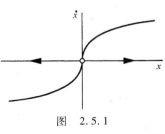

图 2.5.1

上有解，并且解唯一。

关于存在性与唯一性定理的证明，见 Borrelli 与 Coleman（1987），Lin 与 Segel（1988）的著作，或者任意关于常微分方程的书籍。

这个定理声称若 $f(x)$ 足够光滑，则解存在并唯一。即使如此，并不能保证解永远存在。如下面例题所示。

例题 2.5.2

讨论初值问题 $\dot{x} = 1 + x^2$，$x(0) = x_0$ 的解的存在性与唯一性。解对任意时间都存在吗？

解：这里 $f(x) = 1 + x^2$。这个函数是连续的，并对所有 x 都有连续导数。因此定理告诉我们，对任意初始条件 x_0，解存在而且唯一。但是定理并没有说解对任意时间都存在；而只能保证在 $t = 0$ 附近的时间段上（可能很短时间）存在。

例如，考虑 $x(0) = 0$ 的情况。则问题可以利用分离变量法求解析解：

$$\int \frac{\mathrm{d}x}{1 + x^2} = \int \mathrm{d}t$$

可得

$$\arctan x = t + C$$

初始条件 $x(0) = 0$ 意味着 $C = 0$。因此 $x(t) = \tan t$ 是方程的解。但是，注意到解只在 $-\pi/2 < t < \pi/2$ 上存在，因为 $t \to \pm\pi/2$ 时，$x(t) \to \pm\infty$。在这个区间之外，对初值问题 $x(0) = 0$ 没有解。∎

关于例题 2.5.2 的一个奇妙的地方是系统的解在有限时间内达到无穷大。这种现象称为 "**爆破**"。正如它的名字，它与物理中的燃烧模型和其他逃离过程有关。

有很多途径可以推广存在性与唯一性定理。我们可以允许 f 依赖于时间 t，或多个变量 $x_1, \cdots, x_n$。其中最有用的一个推广将在后面的 6.2 节讨论。

从现在开始，我们不必担心存在性与唯一性问题——我们的向量场通常足够光滑以避免麻烦。若碰巧遇到一个更危险的例子，我们到时再具体处理。

2.6 振动的不可能性

不动点主宰着一阶系统的动力学。到目前为止所有的例题中，所有轨迹要么趋于不动点，要么发散到 $\pm\infty$。事实上，直线上的向量场所能发生的只有这些。原因是轨迹都被迫单调增加或减小，或保持不变（图 2.6.1）。从几何方面来看，相点的方向从不改变。

因此，若将不动点视为平衡解，系统轨迹趋于平衡点时总是单调的——超调（overshoot）或者受迫振动在一阶系统中不会发生。同样，未受迫振动是不可能的。因此，$\dot{x}=f(x)$ 没有周期解。

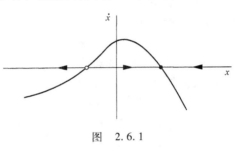

图 2.6.1

这些一般性结果从根本上（来说）是由拓扑引发的。它们反映了这样的事实，$\dot{x}=f(x)$ 对应着直线上的流。如果相点沿着直线单调流动，它将永远不会回到起点——这便是为什么没有周期解的原因。（当然，如果我们处理的是圆环而不是直线，那么最后能够回到起点。因此圆环上向量场能出现周期解，正如第 4 章所讨论的。）

机械模拟：过阻尼系统

$\dot{x}=f(x)$ 的解不会振动似乎很意外。但如果考虑机械上的模拟，这个结果则非常显然。我们把 $\dot{x}=f(x)$ 视为牛顿定律的极限情形，在极限中"惯性项"$m\ddot{x}$ 可以忽略。

例如，假定物体 m 连接在一个回复力为 $F(x)$ 的非线性弹簧上，这里 x 为相对于原点的位移，假定物体浸没于含有黏性流体的桶里，如蜂蜜或者机油（见图 2.6.2），因此会受到阻尼力 $b\dot{x}$。则牛顿定律为 $m\ddot{x}+b\dot{x}=F(x)$。

若黏性阻尼相比惯性项强（$b\dot{x} >> m\ddot{x}$），系统的行为可写为 $b\dot{x} = F(x)$，或者等价地，$\dot{x} = f(x)$，式中 $f(x) = b^{-1}F(x)$。在这个极限中，**过阻尼**机械系统的行为很清楚。物体更倾向于保持在稳定的不动点处，这里 $f(x) = 0$ 和 $f'(x) < 0$。

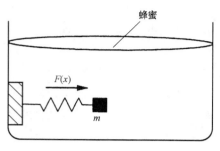

图　2.6.2

若物体有少量位移，由于阻尼很大，没有摆动发生，阻尼振动也不可能发生，它将慢慢被回复力拉回到平衡点。这些结论与前面利用几何推导得到的结论是一致的。

事实上，应该承认的是这个论断有少许问题。只有在经过惯性和阻尼大小相当的初始状态行为之后，忽略惯性项 $m\ddot{x}$ 才是合理的。对这一点的公正讨论需要更多的机械知识。我们将在 3.5 节再考虑这个问题。

2.7　势

还有一个将一阶系统 $\dot{x} = f(x)$ 的动力学可视化的方法，它是基于势能的物理思想。我们画出一个沿势阱壁下滑的粒子，这里的**势** $V(x)$ 定义为

$$f(x) = -\frac{\mathrm{d}V}{\mathrm{d}x}$$

同以前一样，你应该能想象到粒子的阻力很大，与阻尼力和势产生的力相比，其惯性完全可以忽略。例如，假定粒子艰难地穿过覆盖在势阱壁上的一个很浓的黏层（见图 2.7.1）。

根据物理的标准惯例，V 定

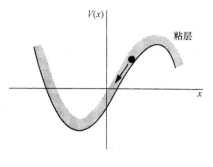

图　2.7.1

义中的负号代表粒子在运动中是往下走的。为了说明这一点，我们将 x 视为 t 的函数，接着利用链式法则计算 $V(x(t))$ 关于时间 t 的导数，可得

$$\frac{\mathrm{d}V}{\mathrm{d}t} = \frac{\mathrm{d}V}{\mathrm{d}x}\frac{\mathrm{d}x}{\mathrm{d}t}$$

由于 $\dot{x} = f(x) = -\dfrac{\mathrm{d}V}{\mathrm{d}x}$，根据势的定义，现在可以得到，对一阶系统，

$$\frac{\mathrm{d}x}{\mathrm{d}t} = -\frac{\mathrm{d}V}{\mathrm{d}x}$$

于是，有

$$\frac{\mathrm{d}V}{\mathrm{d}t} = -\left(\frac{\mathrm{d}V}{\mathrm{d}x}\right)^2 \leq 0$$

因此，$V(t)$ 沿着轨迹而减小，进而粒子也始终朝着低势而运动。当然，如果粒子碰巧处于**平衡点**，有 $\mathrm{d}V/\mathrm{d}x = 0$，则 V 保持不变。这是可以预见到的，因为 $\mathrm{d}V/\mathrm{d}x = 0$ 意味着 $\dot{x} = 0$；平衡点出现在向量场的不动点。注意：$V(x)$ 的局部最小值对应着稳定不动点，其局部最大值对应着不稳定不动点，这和我们直观上的认识一致。

例题 2.7.1

画出系统 $\dot{x} = -x$ 的势，并找出不动点。

解：我们需找出满足 $-\mathrm{d}V/\mathrm{d}x = -x$ 的 $V(x)$。其通解为 $V(x) = \dfrac{1}{2}x^2 + C$，这里 C 为任意常数。（这里始终有：势的定义仅依赖于一个积分常数。为简单起见，我们通常选择 $C = 0$。）$V(x)$ 的图形如图 2.7.2 所示。唯一的不动点为 $x = 0$，是稳定的。∎

例题 2.7.2

画出系统 $\dot{x} = x - x^3$ 的势，并找出不动点。

解：求解 $-\mathrm{d}V/\mathrm{d}x = x - x^3$，可得 V

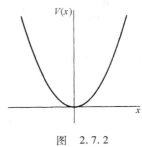

图 2.7.2

$= -\dfrac{1}{2}x^2 + \dfrac{1}{4}x^4 + C$。我们再次令 $C = 0$。

图 2.7.3 给出了 V 的图形。在 $x = \pm 1$ 处的局部最小值对应着稳定平衡点，而且 $x = 0$ 处的局部最大值对应着不稳定平衡点。图 2.7.3 所示的势常称为"**双阱势**"，鉴于它有两个稳定的平衡点，系统称为**双稳定**的。■

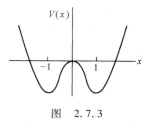

图　2.7.3

2.8　利用计算机解方程

在本章，我们利用图形与解析的方法分析了一阶系统。每个动力学的初学者应当熟悉第三个工具：**数值方法**。以前数值方法并不实用，是因为它们需要大量冗长的徒手计算。现在计算机让这一切都改变了。对于用解析方法无法处理的问题，我们通过计算机能求其近似解，并将解可视化。在本小节，我们通过对 $\dot{x} = f(x)$ **数值积分**，在计算机上观察其动力学。

数值积分是一门很大的学科。我们只能浅尝辄止。更深入的内容可参考 Press 等（2007）的书中的第 17 章。

欧拉方法

这个问题可这样提出：给定微分方程 $\dot{x} = f(x)$，初始条件为 $t = t_0$ 时 $x = x_0$。找出一个系统的方法来逼近其解 $x(t)$。

假定我们使用 $\dot{x} = f(x)$ 的向量场。即，考虑流体平稳地流过 x 轴，在位置 x 处速度为 $f(x)$。想象我们乘着相点顺流而下。开始时我们在 x_0 处，局部速度为 $f(x_0)$。若我们顺流经过小段时间 Δt，则移动了距离 $f(x_0)\Delta t$，因为距离 = 速度 × 时间。当然这不太对，因为我们的速度在这个过程中会有少许改变。但是经过一个足够小的步长，速度将几乎不变，我们的估计应该很合理。因此，我们的新位置 $x(t_0 + \Delta t)$ 大约为 $x_0 + f(x_0)\Delta t$。我们称这个估计值为 x_1。因此，

$$x(t_0 + \Delta t) \approx x_1 = x_0 + f(x_0) \Delta t$$

现在重复这一步骤。这种逼近把我们带到新的位置 x_1；新的速度为 $f(x_1)$；然后继续前进到 $x_2 = x_1 + f(x_1) \Delta t$；不断重复。一般地，更新规则为

$$x_{n+1} = x_n + f(x_n) \Delta t$$

这可能是最简单的数值积分方法，称为**欧拉方法**。

通过做 x 与 t 的图形可以将欧拉方法可视化（见图 2.8.1）。精确解 $x(t)$ 由曲线给出，它在离散化时间 $t_n = t_0 + n\Delta t$ 的值 $x(t_n)$ 用虚点表示。实点表示欧拉方法给出的估计值。如你所见，除非 Δt 极小，估计方法会很快失效。但它包含

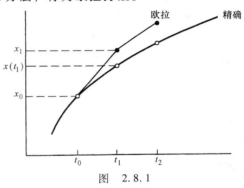

图 2.8.1

了下面所讨论的更精确方法的根本思想。

改进

欧拉方法（存在）的一个问题是它只估计时间段 t_n 与 t_{n+1} 左端点的导数。一个更合理的方法是利用区间上的平均导数。这便是改进的欧拉方法背后的思想。我们先利用欧拉方法选取一个试探步。这给出了一个试算值 $\widetilde{x}_{n+1} = x_n + f(x_n) \Delta t$；$x$ 上方的符号 ~ 表示这是一个试算值，仅作为试探之用。现在估计区间两端的导数，对 $f(x_n)$ 与 $f(\widetilde{x}_{n+1})$ 取平均，并用它选取区间的真实步。因此，改进的欧拉方法为

$$\widetilde{x}_{n+1} = x_n + f(x_n) \Delta t \qquad \text{（试探步）}$$

$$x_{n+1} = x_n + \frac{1}{2}[f(x_n) + f(\widetilde{x}_{n+1})] \Delta t \qquad \text{（真实步）}$$

这个方法比欧拉方法更精确，因为对于给定**步长** Δt，它能使产生的**误差** $E = |x(t_n) - x_n|$ 更小。在这两种情况下，当 $\Delta t \to 0$ 时，误差 $E \to 0$。但是改进的欧拉方法中误差减小得更快。可以证明，对于欧拉方法 $E \propto \Delta t$，而对

于改进的欧拉方法 $E \propto (\Delta t)^2$。（练习题 2.8.7 与练习题 2.8.8）。在数值分析的术语中，欧拉方法是一阶的，而改进的欧拉方法是二阶的。

三阶、四阶甚至更高阶的方法已经被构造出来，但是你应该知道高阶方法未必好。更高阶的方法需要更多的计算与函数求值，因此存在与之关联的计算成本。事实上，**四阶龙格-库塔方法**很好地平衡了这两点。为了利用 x_n 寻找 x_{n+1}，该方法首先需要计算下面四个数（选得很巧妙，如你在练习题 2.8.9 所见）：

$$k_1 = f(x_n) \Delta t$$

$$k_2 = f\left(x_n + \frac{1}{2}k_1\right)\Delta t$$

$$k_3 = f\left(x_n + \frac{1}{2}k_2\right)\Delta t$$

$$k_4 = f\left(x_n + \frac{1}{2}k_3\right)\Delta t$$

x_{n+1} 则由下式给出，

$$x_{n+1} = x_n + \frac{1}{6}(k_1 + 2k_2 + 2k_3 + k_4)$$

该方法通常给出精确解而不需要过小的步长 Δt。当然，有些问题更严重，在某些时间段上需要小步长，而其余地方允许较大步长。在这种情况下，你会需要自动调节步长的龙格－库塔方法；详见 Press 等（2007）的著作。

既然计算机如此之快，你或许疑惑为什么我们不对所有时间都选择同一个极小的步长。麻烦在于这会导致过多的计算，每次都会产生**舍入误差**的弊端。计算机不会无限准确——它们无法区分两个相差 δ 这样小的两个数。对一阶问题中的数，通常对单精度取 $\delta \approx 10^{-7}$，而对双精度取 $\delta \approx 10^{-16}$。在每次计算中都产生舍入误差，若 Δt 太小的话误差会开始严重地积累。更好的讨论可参考 Hubbard 与 West（1991）的著作。

实用事宜

你若想在计算机上解微分方程，有多个选择。若你想自己动手，你可以自己用你喜欢的编程语言写数值积分的程序，并利用你手上的任何图形程序画出结果。以上信息应该足够让你上手了。更多指导请参考 Press 等（2007）。

第二个选择是利用现有的数值方法程序包。MATLAB、Mathematica 和 Maple 都有程序以求解常微分方程及画出解的图形。

最后一个选择是针对想研究动力学而不是计算的人。动力系统软件可以在个人计算机上使用。你能做的便是输入方程与参数；利用程序对方程数值求解并画出结果。一些值得推荐的程序包括 PPlane（John Polking 编写，在线提供 Java applet；这对初学者是个很愉快的选择）与 XPP（由 Bard Ermentrout 给出，包括 iPhone 和 iPad 等在内的很多平台都有提供；对研究者与普通用户而言是个有力工具）。

例题 2.8.1

求系统 $\dot{x} = x(1-x)$ 的数值解。

解：这便是参数为 $r = 1$，$K = 1$ 的逻辑斯谛方程（见第 2.3 节）。以前我们利用几何的观点给出了解的大概刻画。现在我们可以画出更定量的图形。

作为第一步，我们画出系统在 (t, x) 平面的**斜率场**（见图 2.8.2）。这里用一种新的方式来解释方程 $\dot{x} = x(1-x)$：对每个点 (t, x)，方程给出了其解通过该点的斜率 dx/dt。图 2.8.2 中斜率用小线段表示。

现在求解问题转变为画一条始终与局部斜率相切的曲线问题。图 2.8.3 给出平面 (t, x) 内从不同点出发的四个解。

这些数值解利用步长为 $\Delta t = 0.1$ 的龙格-库塔方法计算得到。这些解具有 2.3 节中所预期的形状。∎

计算机对研究动力系统不可或缺。我们在整本书中将大量使用，你也应如此。

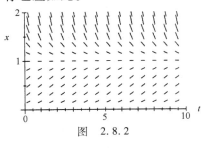

图 2.8.2

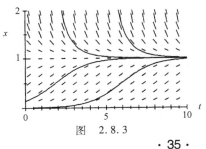

图 2.8.3

第 2 章 练习题

2.1 几何的思维方式

在下面三个练习题中，$\dot{x} = \sin x$ 可解释为直线上的流。

2.1.1 找出流的所有不动点。

2.1.2 在哪些点上，流朝右的速度最大？

2.1.3 a）求流的加速度 $\ddot{x}$，表示为 x 的函数。

b）求流具有最大正加速度的点。

2.1.4 （$\dot{x} = \sin x$ 的精确解）如文中所示，$\dot{x} = \sin x$ 的解为 $t = \ln\left|\left(\csc x_0 + \cot x_0\right)/\left(\csc x + \cot x\right)\right|$，这里 $x_0 = x(0)$ 是 x 的初始值。

a）给定初始条件 $x_0 = \pi/4$，证明上面的解能利用反函数得到

$$x(t) = 2\arctan\left(\frac{\mathrm{e}^t}{1 + \sqrt{2}}\right)$$

推断当 $t \to \infty$ 时有 $x(t) \to \pi$，如第 2.1 节所说。（要解决该问题，你需要熟悉三角函数恒等式）。

b）给定任意初始条件 x_0，试求 $x(t)$ 的解析解。

2.1.5 （机械模拟）

a）求一个机械系统，其近似服从 $\dot{x} = \sin x$。

b）利用你的物理直觉，解释为什么显然有 $x^* = 0$ 为不稳定不动点，而 $x^* = \pi$ 为稳定不动点。

2.2 不动点与稳定性

利用图形方法分析以下方程。在每个问题中，画出直线上的向量场，求出所有不动点，对其稳定性分类，并画出对应不同初始条件的 $x(t)$ 的图形。然后花几分钟试求 $x(t)$ 的解析解；若遇到困难，别花费太长时间，因为有几个问题不可能求出其闭式解。

2.2.1 $\dot{x} = 4x^2 - 16$ **2.2.2** $\dot{x} = 1 - x^{14}$

2.2.3 $\dot{x} = x - x^3$ **2.2.4** $\dot{x} = \mathrm{e}^{-x}\sin x$

2.2.5 $\dot{x} = 1 + \dfrac{1}{2}\cos x$ **2.2.6** $\dot{x} = 1 - 2\cos x$

2.2.7 $\dot{x} = e^x - \cos x$（提示：在同一数轴上画出 e^x 与 $\cos x$ 的图形，并求其交点。你无法求出不动点的显式形式，但仍可求其定性行为。）

2.2.8 （反向问题，根据流求方程）给定方程 $\dot{x} = f(x)$，我们知道如何在直线上画出对应的流。这里你需要解决相反的问题：对图 1 所示的相图，求与之符合的方程。（有无穷多个正确的答案和错误的答案。）

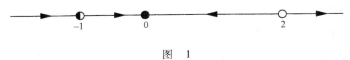

图　　1

2.2.9 （反向问题，根据解求方程）求一个方程 $\dot{x} = f(x)$，其解与图 2 中所示相符。

2.2.10 （不动点）对 (a)~(e) 中的每个问题，求符合所述特性的方程 $\dot{x} = f(x)$，若没有相应的例子，解释原因（在所有情况中，假定 $f(x)$ 是光滑函数）。

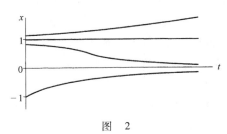

图　　2

a）任意实数都是不动点。

b）每个整数都是不动点，无其他不动点。

c）恰好有三个不动点，且都稳定。

d）没有不动点。

e）恰好有 100 个不动点。

2.2.11 （充电电容的解析解）求初值问题 $\dot{Q} = \dfrac{V_0}{R} - \dfrac{Q}{RC}$，$Q(0) = 0$ 的解析解，该问题曾出现在例题 2.2.2 中。

2.2.12 （非线性电阻）假定例题 2.2.2 中的电阻换为非线性电阻。换句话说，该电阻的电压和电流之间没有线性关系。这种非线性出现在某些固态元件中。假定有 $I_R = g(V)$，而不是 $I_R = V/R$，这里 $g(V)$ 的形状如图 3 所示。

在此情况下重新考虑例题 2.2.2。推导电流方程，求所有不动点，并分析其稳定性。非线性能引发什么定性的影响（如果有的话）？

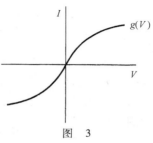

图　3

2.2.13　（终极速度）跳伞员落向地面的速度 $v(t)$ 由 $m\dot{v} = mg - kv^2$ 决定，这里 m 为跳伞员的质量，g 为重力加速度，而且 $k > 0$ 为与空气阻力有关的常数。

a）求 $v(t)$ 的解析解，假定 $v(0) = 0$。

b）求当 $t \to \infty$ 时速度 $v(t)$ 的极限。该极限速度称为**终极速度**。

c）对该问题给出图形分析，并据此重新推导终极速度的公式。

d）实验研究（Carlson 等 1942）已确认方程 $m\dot{v} = mg - kv^2$ 对跳伞员的数据给出了很好的定量拟合。六个人从 10600 ~ 31400ft（英尺）的不同高度下落至终端高度 2100ft 后打开降落伞。该自由落体从 31400 ~ 2100ft，用了 116s。人员和装备的平均重量为 261.2lb（磅）。以此为单位，$g = 32.2$ ft/s^2。计算平均速度 V_{avg}。

e）利用这里给出的数据，估计终极速度以及阻力常数 k 的值。（提示：首先需要找出下落距离 $s(t)$ 的精确公式，这里 $s(0) = 0$，$\dot{s} = v$，而且 $v(t)$ 由（a）可知。你应该能得到 $s(t) = \dfrac{v^2}{g}\ln\left(\cosh\dfrac{gt}{V}\right)$，这里 V 即终极速度。然后利用 $s = 29300$，$t = 116$ 与 $g = 32.2$）求 V 的解析解或图形解。

一个估计 V 的容易方法是假定 $V \approx V_{\text{avg}}$ 作为第一步粗略估计。然后证明 $gt/V = 15$。因为 $gt/V \gg 1$，对于 $x \gg 1$，我们利用估计 $\ln(\cosh x) \approx x - \ln 2$。推导这个估计式，然后用它得到 V 的解析估计。再根据（b）部分得到 k。这个分析方法来自 Davis（1962）的著作。

⊖ 1ft = 0.3048m。——编辑注

⊖ 1lb = 0.4536kg。——编辑注

2.3 种群增长

2.3.1 （逻辑斯谛方程的精确解）对于任意初始条件 N_0 的解，有两种解析方法可以求解逻辑斯谛方程 $\dot{N} = rN(1 - N/K)$。

a) 利用部分分式，分离变量并积分。

b) 做变量代换 $x = 1/N$，然后推导并求解所得关于 x 的方程。

2.3.2 （自催化反应）考虑化学反应模型

$$A + X \underset{k_{-1}}{\overset{k_1}{\rightleftharpoons}} 2X$$

式中，X 的分子与 A 的分子相结合形成两个 X 分子。这意味着化学物质 X 刺激其自身的产生，该过程称为"自催化"。这个正反馈过程导致一个链式反应，最终会受到"反作用"的制约，即有 $2X$ 返回到 $A + X$。

根据化学动力学的质量作用定律，元素反应的速度与反应物的浓度之积成比例。我们用小写字母 $x = [X]$ 与 $a = [A]$ 表示浓度。假定化学物质 A 有很大冗余，因此其浓度 a 可视为常数。则 x 的动力学方程为

$$\dot{x} = k_1 a x - k_{-1} x^2$$

式中，k_1、k_{-1} 为正常数，称为速度常数。

a) 找出方程所有的不动点并进行分类。

b) 画出不同初始条件 x_0 的 $x(t)$ 的图形。

2.3.3 （肿瘤生长）癌症肿瘤的生长可根据 Gompertz 定律建模，$\dot{N} = -aN\ln(bN)$，这里 $N(t)$ 与肿瘤中细胞的个数成比例，而且 $a > 0$，$b > 0$ 为参数。

a) 解释 a 与 b 的生物学意义。

b) 画出向量场，然后对不同初始条件画出 $N(t)$ 的图形。

这个模型的预测与肿瘤生长的数据出奇地吻合，只要 N 不太小。例子见 Aroesty 等（1973）与 Newton（1980）的论述。

2.3.4 （Allee 效应）对某些生物体的种群，对中等的 N 值，有效增长率 $\dot{N}/N$ 最大。这称为 Allee 效应（Edelstein-Keshet 1988）。例如，可以想象 N 很小时难以找到配偶，而 N 很大时食物与其他资源的竞争很激烈。

a) 证明 $\dot{N}/N = r - a(N - b)^2$ 为 Allee 效应提供了例子，若 r、a

与 b 满足某些限制（待定）。

b）找出系统所有的不动点并对其稳定性分类。

c）比较解 $N(t)$ 与逻辑斯谛方程的解。其定性的行为有何不同，如果有的话？

2.3.5（适应度占优）假定 X 和 Y 为两个物种，以指数速度繁殖，分别为 $\dot{x} = aX$ 与 $\dot{X} = aX$，初始条件 X_0，$Y_0 > 0$，增长率 $a > b > 0$。因为 X 比 Y 繁殖更快，其"适应性"更强，如不等式 $a > b$ 所示。因此，我们预期，当 $t \to \infty$ 时，X 会保持其在总群体数目 $X + Y$ 中的比例。本题的目的是演示直观的结果，先用解析法再利用几何方法。

a）令 $x(t) = X(t)/[X(t) + Y(t)]$ 表示 X 占群体总数目的比例。通过求解 $X(t)$ 与 $Y(t)$，证明 $x(t)$ 单调增加，当 $t \to \infty$ 时，趋向于 1。

b）或者，我们能通过推导 $x(t)$ 的微分方程得到相同结论。为实现这一点，利用商和链式求导法则，计算 $x(t) = X(t)/[X(t) + Y(t)]$ 关于时间的导数。然后替换 $\dot{X}$ 与 $\dot{Y}$，并由此证明 $x(t)$ 服从逻辑斯谛方程 $\dot{x} = (a - b)x(1 - x)$。解释为什么这意味着 $x(t)$ 单调增加，当 $t \to \infty$ 时，趋向于 1。

2.3.6（语言消亡）世界上数千种语言在以惊人的速度消失。其中 90% 预计会在 21 世纪末消失。Abrams 与 Strogatz（2003）提出一个语言竞争的模型，并与 Welsh，Scottich Gaelic，Quechua（美洲最常见的尚存的土语）及其他濒危语言衰落的历史数据做了对比。

令 X 与 Y 表示一个社会中两种使用人数相互竞争的语言，说 X 语言的人口比例依照

$$\dot{x} = (1 - x)P_{YX} - xP_{XY}$$

演变，这里 $0 \leq x \leq 1$ 为说 X 语言的当前人口比例，$1 - x$ 为说 Y 语言的人口比例，而且 P_{YX} 为人们从 Y 语言转向 X 语言的速度。这个特意理想化的模型假定人口充分融合（指它没有任何空间和社交结构）而且所有人使用单一语言。

下面，该模型假设每种语言的吸引程度随着其使用人数与它的观测状态而增加，量化为参数 $0 \leq s \leq 1$。该参数反映了它提供给其使用者社交或者经济上的机会。特别是，假定 $P_{YX} = sx^a$，利用对称性，$P_{XY} = (1 - s)(1 - x)^a$，这里指数 $a > 1$ 为可调节的参数。则模型变为

$$\dot{x} = s(1-x)x^a - (1-s)x(1-x)^a$$

a）证明这个关于 $\dot{x}$ 的方程有三个不动点。

b）证明对任意 $a > 1$，$x = 0$ 与 $x = 1$ 处的不动点都是稳定的。

c）证明第三个不动点 $0 < x^* < 1$ 不稳定。

因此这个模型预测了两种语言不能稳定地共存——其中一个会最后驱使另一个消失。关于该模型在使用双语言、社交结构等推广的综述，可参考 Castellano 等（2009）。

2.4　线性稳定性分析

利用线性稳定性分析对下列系统的不动点进行分类。若线性稳定性分析因 $f'(x^*) = 0$ 无法使用，利用图形方法决定其稳定性。

2.4.1　$\dot{x} = x(1-x)$　　　**2.4.2**　$\dot{x} = x(1-x)(2-x)$

2.4.3　$\dot{x} = \tan x$　　　　**2.4.4**　$\dot{x} = x^2(6-x)$

2.4.5　$\dot{x} = 1 - e^{-x^2}$　　　**2.4.6**　$\dot{x} = \ln x$

2.4.7　$\dot{x} = ax - x^3$，这里 a 可以为正数、负数或者零。讨论各种情况。

2.4.8　利用线性稳定性分析，对 Gompertz 的肿瘤增长模型 $N = -aN\ln(bN)$ 的不动点进行分类。（同练习题 2.3.3 一样，$N(t)$ 与肿瘤中的细胞个数成比例，而且 $a > 0$，$b > 0$ 为参数。）

2.4.9　（临界减速）在统计力学中，"临界减速"现象是二阶相变的特征。在相变时，系统松弛到平衡点比平时要慢得多。这里是这种效应的数学版本：

a）对任意初始条件，求得 $\dot{x} = -x^3$ 的解析解。证明当 $t \to \infty$ 时有 $x(t) \to 0$，但不是以指数率减小。（你应该发现其减小速度要比 t 的代数函数慢得多。）

b）为了得到速度减小的直观印象，做出初始条件为 $x_0 = 10$ 的解的精确数值图像（$0 \leqslant t \leqslant 10$）。然后在同一图中，画出同一初始条件下 $\dot{x} = -x$ 的解。

2.5　存在性与唯一性

2.5.1　（有限时间内达到不动点）一个粒子以速度 $\dot{x} = -x^c$ 在半

直线 $x \geqslant 0$ 上游走，这里 c 为实常数。

a）求能使得原点 $x = 0$ 为稳定不动点的所有 c 值。

b）现在假定 c 为使得 $x = 0$ 稳定的值。该粒子能否在有限时间内达到原点？它从 $x = 1$ 到 $x = 0$ 要多长时间，用 c 的函数表示。

2.5.2　（"爆炸"：有限时间内达到无穷）证明 $\dot{x} = 1 + x^{10}$ 的解对任意初始条件，能在有限时间内逃逸到 $+\infty$。（提示：不要试图求出精确解；而是应将它与 $\dot{x} = 1 + x^2$ 的解相比较。）

2.5.3　考虑方程 $\dot{x} = rx + x^3$，这里 $r > 0$ 为定值。证明从任意初始条件 $x_0 \neq 0$ 出发，在有限时间内有 $x(t) \to \pm \infty$。

2.5.4　（同一初始条件的无穷多解）证明初值问题 $\dot{x} = x^{1/3}$，$x(0) = 0$ 有无穷多解。（提示：构造一个在时间 t_0 前保持在原点，t_0 之后便离开的解。）

2.5.5　（非唯一性的一般例子）考虑初值问题 $\dot{x} = |x|^{p/q}$，$x(0) = 0$，这里 p 与 q 为没有公因数的正整数。

a）证明若 $p < q$，解 $x(t)$ 有很穷多个。

b）证明若 $p > q$，存在唯一解。

2.5.6　（漏水的桶）下面的例子［Hubbard 与 West（1991），第 159 页］表明在一些物理情境中，非唯一性是自然而正常的，而非病态的。

考虑一个底部有洞的水桶。若你看到空的水桶而下面有水坑，你能想到何时水是满的吗？当然不能。它可能是 1min 之前变空，10min 之前或者任何时候。当对时间往回积分时，对应的微分方程的解必定不唯一。

这里有个粗略的模型。令 $h(t) = t$ 时刻水桶中水的高度；$a =$ 洞的面积；$A =$ 水桶的截面积（设为常数）；$v(t)$ 为水流过洞的速度。

a）证明 $av(t) = A\dot{h}(t)$。可以利用什么物理定律？

b）为了再推出一个方程，利用能量守恒定律。首先，假定水桶中水的高度减小量为 Δh，而水的密度为 ρ，求出系统中势能的变化。然后求桶中漏出的水所携带的动能。最后，假定势能全部转化为动能，推导方程 $v^2 = 2gh$。

c）结合（b）与（c），证明 $\dot{h} = -C\sqrt{h}$，这里 $C = \sqrt{2g}\left(\dfrac{a}{A}\right)$。

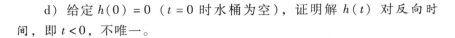

d）给定 $h(0) = 0$（$t = 0$ 时水桶为空），证明解 $h(t)$ 对反向时间，即 $t < 0$，不唯一。

2.6 振动的不可能性

2.6.1 解释这个悖论：一个简单的简谐振子 $m\ddot{x} = -kx$ 为一维振动的系统（沿 x 轴）。但是如文中所说，一维系统无法振动。

2.6.2 （$\dot{x} = f(x)$ 的非周期解）这里有个关于直线上的向量场不可能有周期解的解析证明。相反地，假设 $x(t)$ 是一个非平凡的周期解，即对某些 $T > 0$，有 $x(t) = x(t + T)$，而且对任意 $0 < s < T$，有 $x(t) \neq x(t + s)$。通过考虑 $\int_t^{t+T} f(x)\dfrac{\mathrm{d}x}{\mathrm{d}t}\mathrm{d}t$，推导出矛盾。

2.7 势

对下面每个向量场，画出势函数 $V(x)$ 并判别其所有平衡点及其稳定性。

2.7.1 $\dot{x} = x(1-x)$ **2.7.2** $\dot{x} = 3$

2.7.3 $\dot{x} = \sin x$ **2.7.4** $\dot{x} = 2 + \sin x$

2.7.5 $\dot{x} = -\sinh x$ **2.7.6** $\dot{x} = r + x - x^3$，对各个 r 值

2.7.7 （$\dot{x} = f(x)$ 无法振动的另一证明）令 $\dot{x} = f(x)$ 为直线上的向量场。利用势函数 $V(x)$ 的存在性证明解 $x(t)$ 不能振动。

2.8 利用计算机解方程

2.8.1 （斜率场）图 2.8.2 中沿着水平线斜率为常数，为什么我们应预知到这一点？

2.8.2 画出下列微分方程的斜率场。然后画出总与局部斜率平行的轨迹，并手工"积分"方程。

a）$\dot{x} = x$，b）$\dot{x} = 1 - x^2$，c）$\dot{x} = 1 - 4x(1-x)$，d）$\dot{x} = \sin x$

2.8.3 （校正欧拉方法）本问题的目标是对初值问题 $\dot{x} = -x$，$x(0) = 1$，测试欧拉方法。

a）用解析方法解方程。$x(1)$ 的精确值是什么？

b）利用欧拉方法从数值上估计 $x(1)$，步长 $\Delta t = 1$——称其结果为 $\hat{x}(1)$。然后利用 $\Delta t = 10^{-n}$，$n = 1$，2，3，4，进行重复计算。

c）画出误差 $E = |\hat{x}(1) - x(1)|$，作为 Δt 的函数。然后画出 $\ln E$ 相对于 $\ln t$ 的图像，并解释所得结果。

2.8.4　利用改进的欧拉方法重做练习题 2.8.3。

2.8.5　利用龙格－库塔方法重做练习题 2.8.3。

2.8.6　（解析方法无法解决的问题）考察初值问题 $\dot{x} = x + e^{-x}$，$x(0) = 0$。与练习题 2.8.3 相比，该问题无法用解析的方法求解。

a）画出当 $t \geqslant 0$ 时的解 $x(t)$。

b）利用解析的思想，求得 $t = 1$ 时 x 值的严格的界。换句话说，证明 $a < x(1) < b$，这里 a、b 待定。思考一下，设法让 a 与 b 尽可能地接近。（提示：利用能解析求积分的向量场估计来限定给定的向量场。）

c）现在针对数值部分：利用欧拉方法，计算 $t = 1$ 时的 x，精确到千分位。要得到预期的精确度，步长应该多小？（给出其大小的阶，而非精确的值。）

d）现在，利用龙格－库塔法重复（b）部分。比较步长为 $\Delta t = 1$，$\Delta t = 0.1$，以及 $\Delta t = 0.01$ 的对应结果。

2.8.7　（欧拉方法的误差估计）在这个问题中，你要利用泰勒级数展开式来估计欧拉方法的一步的误差。精确解与欧拉估计开始于 $t = t_0$ 时的 $x = x_0$。我们要比较精确值 $x(t_1) \equiv x(t_0 + \Delta t)$ 与欧拉估计 $x_1 = x_0 + f(x_0) \Delta t$。

a）展开 $x(t_1) = x(t_0 + \Delta t)$ 为 Δt 的泰勒级数，到 $O(\Delta t^2)$ 项。将你的解表示为含有 x_0、Δt、f 以及其在 x_0 的导数的形式。

b）证明局部误差 $|x(t_1) - x_1| \sim C(\Delta t)^2$，并给出常数 C 的显式表达式。（通常我们更感兴趣的是在固定长度 $T = n\Delta t$ 的时间段上积分后导致的全局误差。由于每个产生误差为 $O(\Delta t^2)$，选择 $n = T/\Delta t = O(\Delta t^{-1})$ 步，则如文中所述，全局误差 $|x(t_n) - x_n|$ 是 $O(\Delta t)$）。

2.8.8　（改进的欧拉方法的误差估计）利用练习题 2.8.7 中泰勒级数的思想，证明改进欧拉方法的局部误差为 $O(\Delta t^3)$。

2.8.9　（龙格-库塔方法的误差估计）证明龙格-库塔方法产生的局部误差大小为 $O(\Delta t^5)$。（提示：该计算需要大量的代数知识，但如果你做得对，你将看到很多的精彩的抵消。自学一下 Mathematica、Maple，或者其他的符号处理语言，在计算机上解这个问题。）

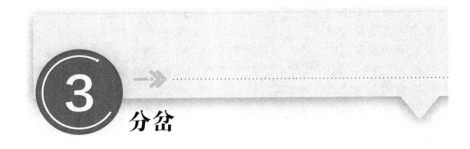

3 分岔

3.0 引言

如我们在第 2 章所见，直线上向量场的动力学非常有限：所有的解要么稳定下来要么趋于 $\pm\infty$。给定简单的动力学，一维系统有什么有趣的地方？答案是：依赖于参数。当参数变化的时候，流的定性结构会改变。特别是，不动点也会出现或者消失，或者它们的稳定性会改变。动力学中的这些定性改变被称为**分岔**，而且发生分岔的参数值被称为**分岔点**。

分岔在科学上很重要——当控制参数改变时它们提供了关于相变和不稳定的模型。例如，考虑一个梁的弯曲。如果小的重物被放置在如图 3.0.1 所示的梁的顶端，若梁能支撑该负荷，则保持竖直。但是若负荷过重，竖直位置变得不稳定，因而梁会弯曲。

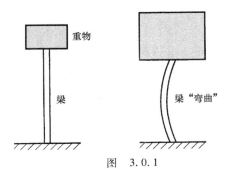

图 3.0.1

这里重量扮演了控制参数的角色，而梁相对垂直线的偏移则充当了动态变量 x。

本书的一个主要目标是帮你建立关于分岔的坚实而实用的知识。本章引入最简单的例子：直线上流的不动点的分岔。我们将使用分岔对激光中相干辐射的发生以及昆虫数目的爆发这类引人注目的现象进行建模。（当在后面的章节中学到二维与三维相空间时，我们将研究其他类型的分岔及其科学应用。）

首先从最基础的分岔开始。

3.1 鞍-结分岔

鞍-结分岔是不动点出现或消失的基本机制。当参数变化时，两个不动点朝着彼此移动、碰撞，并消失。

一个鞍-结分岔的典型例子是由一阶系统

$$\dot{x} = r + x^2 \tag{1}$$

给出，其中 r 是参数，可为正数、负数或零。当 r 为负数时，有两个不动点，一个稳定，一个不稳定（见图 3.1.1a）。

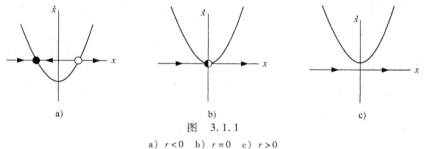

图 3.1.1

a) $r < 0$　b) $r = 0$　c) $r > 0$

当 r 从下方靠近 0 时，抛物线向上移动，两个不动点也朝着彼此移动。当 $r = 0$ 时，不动点合二为一，称为半稳定不动点 $x^* = 0$（见图 3.1.1b）。这类不动点极其脆弱——只要 $r > 0$，它便消失，此时根本不存在不动点（见图 3.1.1c）。

该例中，我们称在 $r = 0$ 时发生了分岔，因为 $r < 0$ 与 $r > 0$ 的向量场有定性上的不同。

常用的绘图方法

有几种不同的方法可以刻画鞍-结分岔。我们可以给出对不同离

散 r 值的多层向量场（见图 3.1.2）。

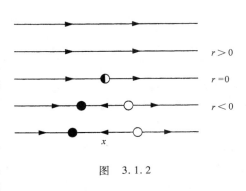

图 3.1.2

这种表示突出了不动点对参数 r 的依赖。在向量场连续层的极限中，可得如图 3.1.3 所示的图形。所示曲线为 $r = -x^2$，即 $\dot{x} = 0$，给出了不同 r 值对应的不动点。为了区分稳定与不稳定的不动点，我们利用实线表示稳定的点而虚线表示不稳定的点。

但是，描述分岔最常用的方法是将图 3.1.3 中的轴反转。理由是 r 的角色是独立变量，因而能水平地画出（见图 3.1.4）。缺点是现在不得不将 x 轴画成垂直的，初看有点奇怪。箭头有时但并非总是在图中画出。这个图称为鞍-结分岔的**分岔图**。

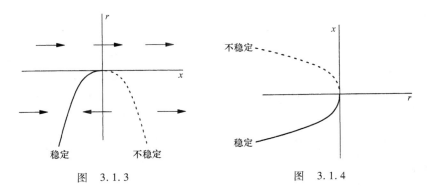

图 3.1.3

图 3.1.4

术语

分岔理论中的术语冲突很普遍。这个学科尚未真正确定下来，不同的人用不同词语来表示同一件事情。例如，鞍-结分岔有时称为折叠分岔（Fold 分岔）（因为图 3.1.4 中的曲线有个折叠）或者转折点分岔（因为点 $(x, r) = (0, 0)$ 为转折点）。必须承认的是，词语"鞍-结分岔"对直线上的向量场没有多大意义。这个名字来自于在多维情形下观察到的完全类似的分岔，如在平面上的向量场中，称为鞍点和结点的不动点发生碰撞并消失（见 8.1 节）。

绝大多数有创造力的术语要归功于 Abraham 与 Shaw（1988）的书《蓝天分岔》。这个词来自观察到另一个方向上的鞍-结分岔：当参数变化时，一对不动点出现于"明亮的蓝天中"。例如，向量场

$$\dot{x} = r - x^2 \qquad\qquad (2)$$

对 $r < 0$，系统没有不动点，但是当 $r = 0$ 时，突然出现一个不动点，而当 $r > 0$ 时，它又分为两个不动点（见图 3.1.5）。意外的是，这个例子也解释了为什么我们使用词语"分岔"：它意味着"分为两个分支。"

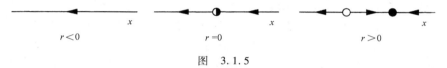

$r < 0 \qquad\qquad r = 0 \qquad\qquad r > 0$

图　3.1.5

例题 3.1.1

对图 3.1.5 中的不动点给出线性稳定性分析。

解：$\dot{x} = f(x) = r - x^2$ 的不动点由 $x^* = \pm\sqrt{r}$ 给出。当 $r > 0$ 时有两个不动点，而 $r < 0$ 时没有不动点。为了判断线性稳定性，计算可得 $f'(x^*) = -2x^*$。因为 $f'(x^*) < 0$，因此 $x^* = \sqrt{r}$ 是稳定的。同理，$x^* = -\sqrt{r}$ 是不稳定的。在分岔点 $r = 0$ 处，有 $f'(x^*) = 0$；当不动点合并时，线性化为零。■

例题 3.1.2

证明一阶系统 $\dot{x} = r - x - e^{-x}$ 随 r 变化经历鞍-结分岔，并求分岔点的 r 值。

解：不动点满足 $f(x) = r - x - e^{-x} = 0$。但是我们首先有一个困难——与例题 3.1.1 相比，我们无法把不动点表示为 r 的显式函数，故我们转而使用几何方法。一个方法是对不同 r 值，画出函数 $f(x) = r - x - e^{-x}$ 的图像，并寻找它的根 x^*，然后画出 x 轴上的向量场。这种方法是可以的，但是还有更简单的方法。关键在于，相比 $r - x -$

e^{-x} 的图形而言, $r-x$ 与 e^{-x} 这两个函数的图形更为常见。因此我们在同一图中画出 $r-x$ 与 e^{-x} (见图3.1.6a)。在 $r-x$ 与 e^{-x} 相交的地方, 有 $r-x=e^{-x}$, 从而 $f(x)=0$。因此, 这条直线和曲线的交点对应着系统的不动点。这个图也让我们得出 x 轴上流的方向:若直线在曲线的上方, 则流朝向右边, 因为 $r-x>e^{-x}$, 因此 $\dot{x}>0$。因此, 右边的不动点是稳定的, 而左边的不动点是不稳定的。

现在设想我们开始减小参数 r。直线 $r-x$ 向下平移, 而且不动点也相互靠近。在某个值 $r=r_c$ 处, 直线与曲线相切, 而且不动点在鞍-结分岔中合二为一 (见图3.1.6b)。对于比此临界值小的 r, 直线位于曲线下方, 因此没有不动点 (见图3.1.6c)。

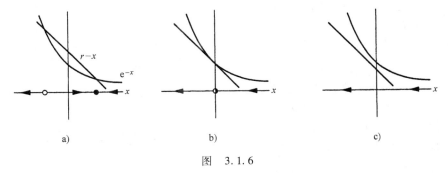

a) b) c)

图 3.1.6

为了寻找分岔点 r_c, 我们施加以下条件: $r-x$ 与 e^{-x} 的图形相切。因此, 需要函数与其导数的等式:

$$e^{-x}=r-x$$

以及

$$\frac{\mathrm{d}}{\mathrm{d}x}e^{-x}=\frac{\mathrm{d}}{\mathrm{d}x}(r-x)$$

第二个方程意味着 $-e^{-x}=-1$, 从而 $x=0$。然后由第一个方程得出 $r=1$。因此, 分岔点 $r_c=1$, 分岔发生在 $x=0$ 处。■

标准形式

在某种意义下, 例子 $\dot{x}=r-x^2$ 或 $\dot{x}=r+x^2$ 是所有鞍-结分岔的代表;这就是为什么称它们为"典型的"。因为在鞍-结分岔附近, 动力

学通常看起来像 $\dot{x} = r - x^2$ 或 $\dot{x} = r + x^2$。

例如，在分岔 $x = 0$ 与 $r = 1$ 附近，考虑例题 3.1.2。利用泰勒展开式将 e^{-x} 在 $x = 0$ 处展开，得到

$$\dot{x} = r - x - e^{-x}$$

$$= r - x - \left[1 - x + \frac{x^2}{2!} + \cdots \right]$$

$$= (r - 1) - \frac{x^2}{2} + \cdots$$

直到 x 的领头阶。这和 $\dot{x} = r - x^2$ 的代数形式相同，并能适当调节 x 与 r 的比例使得二者一致。

很容易理解为什么鞍-结分岔通常有这样的代数形式。我们只需问一下：随着参数 r 的变化，$\dot{x} = f(x)$ 的两个不动点为什么会碰撞并消失？从图形来看，不动点出现在 $f(x)$ 与 x 轴相交的地方。对可能的鞍-结分岔，我们需要 $f(x)$ 的两个根距离很近；这意味着 $f(x)$ 必须看起来局部像"碗状"或者抛物线（图 3.1.7）。

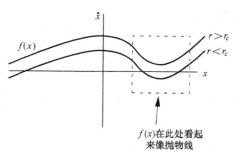

图 3.1.7

现在我们利用显微镜放大分岔附近的行为。当 r 变化时，可以看到抛物线与 x 轴相交，然后与之相切，接着便不再相交。这正是典型的图 3.1.1 中的情形。

还有该论断的一个代数性更强的版本。将 f 视为 x 与 r 的函数，在分岔 $x = x^*$ 与 $r = r_c$ 附近研究 $\dot{x} = f(x, r)$ 的行为。泰勒展开式给出

$$\dot{x} = f(x, r)$$

$$= f(x^*, r_c) + (x - x^*) \frac{\partial f}{\partial x} \bigg|_{(x^*, r_c)} + (r - r_c) \frac{\partial f}{\partial r} \bigg|_{(x^*, r_c)} + \frac{1}{2} (x - x^*)^2 \frac{\partial^2 f}{\partial x^2} \bigg|_{(x^*, r_c)} + \cdots$$

这里忽略 $r - r_c$ 的二次项与 $x - x^*$ 的三次项。方程中的两个项变为零：

$f(x^*, r_c) = 0$，因为 x^* 为不动点，并且利用鞍-结分岔的相切条件有 $\partial f/\partial x\,|_{(x^*,r_c)} = 0$。于是，

$$\dot{x} = a(r - r_c) + b(x - x^*)^2 + \cdots \tag{3}$$

式中，$a = \partial f/\partial x\,|_{(x^*,r_c)}$，$b = \dfrac{1}{2}\partial^2 f/\partial x^2\,|_{(x^*,r_c)}$。式（3）与我们典型例子的形式相同。（假定 $a \neq 0$，$b \neq 0$，这是一种普遍的情况；例如，在不动点处若二阶导数 $\partial^2 f/\partial x^2$ 碰巧为零，便是一种非常特殊的情况。）

我们称之为典型的例子更通俗的称法是鞍-结分岔的**标准形式**。标准形式的内容比我们在这里说明的要多得多。我们将会看到其在全书中的重要性。更详细和准确的讨论，可参考 Guckenheimer 与 Holmes（1983）或 Wiggins（1990）的著作。

3.2　跨临界分岔

在某些科学情境中，对所有的参数值不动点一定存在，而且不会消失。例如，在逻辑斯谛方程和其他单一物种增长的简单模型中，不管增长率为何值，群体数目在零处是不动点。但是，这种不动点的稳定性会随着参数变化而改变。跨临界分岔是这类稳定性改变的标准机制。

跨临界分岔的标准形式是

$$\dot{x} = rx - x^2 \tag{1}$$

这看起来像 2.3 节的逻辑斯谛方程，但现在我们允许 x 和 r 为正数或者负数。

图 3.2.1 显示当 r 变化时的向量场。注意对所有 r 值，在 $x^* = 0$ 处有一个不动点。

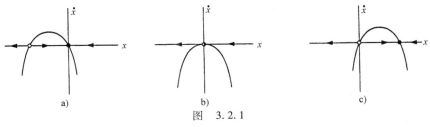

图　3.2.1

a）$r < 0$　b）$r = 0$　c）$r > 0$

对于 $r < 0$，$x^* = r$ 处有一个不稳定不动点，而 $x^* = 0$ 处有一个稳定不动点。随着 r 增加，不稳定不动点靠近原点，并在 $r = 0$ 时与之合并。最后当 $r > 0$ 时，原点变为不稳定的，而 $x^* = r$ 现在稳定了。有人说在两个不动点之间发生了**稳定性交换**。

请注意鞍-结分岔与跨临界分岔的重要不同之处：在跨临界情况下，两个不动点在分岔后不会消失——它们只是改变了稳定性。

图 3.2.2 显示跨临界分岔的分岔图。如图 3.1.4 所示，参数 r 被视为独立变量，不动点 $x^* = 0$ 与 $x^* = r$ 显示为因变量。

例题 3.2.1

当 a、b 满足某些条件时（待定），证明一阶系统 $\dot{x} = x(1 - x^2) - a(1 - e^{-bx})$ 在 $x = 0$ 处经历跨临界分岔。（这个方程定义了 (a, b) 参数空间的**分岔曲线**。）假定参数都靠近分岔曲线，然后求出从 $x = 0$ 分岔出的不动点的近似公式。

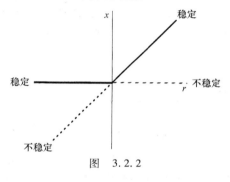

图 3.2.2

解：注意 $x = 0$ 对所有 (a, b) 为不动点。若系统肯定分岔的话，这使得不动点的跨临界分岔合情合理。对于小的 x，有

$$1 - e^{-bx} = 1 - \left[1 - bx + \frac{1}{2}b^2 x^2 + O(x^3)\right]$$

$$= bx - \frac{1}{2}b^2 x^2 + O(x^3)$$

从而有

$$\dot{x} = x - a\left(bx - \frac{1}{2}b^2 x^2\right) + O(x^3)$$

$$= (1 - ab)x + \left(\frac{1}{2}ab^2\right)x^2 + O(x^3)$$

因此跨临界分岔发生在 $ab = 1$ 时。这是分岔曲线的方程。非零的不动点由 $1 - ab + \left(\frac{1}{2}ab^2\right)x \approx 0$ 的解给出，即有

$$x^* \approx \frac{2(ab-1)}{ab^2}$$

因为我们的级数展开是基于 x 很小的假设，这个公式仅当 x^* 很小时大致正确。因此这个公式只有当 ab 靠近 1 时成立，这意味着参数必须靠近分岔曲线。∎

例题 3.2.2

分析 $\dot{x} = r\ln x + x - 1$ 在 $x = 1$ 附近的动力学，并证明系统在某个 r 值经历跨临界分岔。然后求新变量 X 与 R，使得系统在分岔附近简化为近似标准形式 $\dot{x} \approx RX - X^2$。

解：首先注意到，$x = 1$ 对所有 r 值是一个不动点。因此我们对该不动点附近的动力学很感兴趣，引入新变量 $u = x - 1$，这里 u 很小。于是，

$$
\begin{aligned}
\dot{u} &= \dot{x} \\
&= r\ln(1+u) + u \\
&= r\left[u - \frac{1}{2}u^2 + O(u^3)\right] + u \\
&= (r+1)u - \frac{1}{2}ru^2 + O(u^3)
\end{aligned}
$$

因此跨临界分岔发生在 $r_c = -1$ 处。

为了把该方程化为标准形式，首先需要去掉 u^2 的系数。令 $u = av$，这里 a 将在后面选择。于是关于 v 的方程为

$$\dot{v} = (r+1)v - \left(\frac{1}{2}ra\right)v^2 + O(v^3)$$

所以如果我们选择 $a = 2/r$，方程变为

$$\dot{v} = (r+1)v - v^2 + O(v^3)$$

现在若令 $R = r + 1$ 与 $X = v$，我们得到了近似标准形式 $\dot{X} \approx RX - X^2$，这里 $O(X^3)$ 阶的立方项被略去了。利用原来的变量，则有 $X = v = u/a = \frac{1}{2}r(x-1)$。∎

为了更准确些，标准形式的理论确保我们能找到一个变量替换使系统变为 $\dot{x} = RX - X^2$，这里是严格相等，而不是约等于。上面的解给出

了对所需变量变换的估计。对标准形式的详细处理，可参考 Guckenheimer 与 Holmes（1983），Wiggins（1990）或 Manneville（1990）的书。

3.3 激光阈值

现在是时候把我们的数学知识用到科学实例中去了。根据 Haken（1983）的处理方法，我们分析一个关于激光的极其简单的例子。

物理背景

我们将考虑一类特殊的激光，称为固态激光，它包括若干嵌入到固态母体的"活性激光"的特殊原子，并限定在两边的部分反射镜面之间。利用一个外部能量源来激发原子或将它们"泵出"基态（见图3.3.1）。

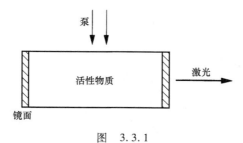

图　3.3.1

每个原子可认为是一个辐射能量的小天线。当泵力相对较弱时，激光就像通常的灯光一样；被激活的原子彼此独立地振动，发射出随机相位的光波。

现在假设增加泵的力度。起初没有什么不同，然而当泵力超过某个阈值时，原子忽然开始以同步振动——灯光变成了**激光**。现在数万亿的小天线就像一个大天线发出一条辐射线，比低于激光阈值时的光更聚集更强烈。

考虑到原子是被泵随机地完全激发，这种突然的一致非常令人吃惊。因此，整个过程是自组织的：一致的出现是由于原子自身间的协同作用。

模型

要对这种激光现象进行合理解释就需要我们深入研究量子力学。对此直观的讨论，可参考 Milonni 与 Eberly（1988）。

相反地，我们考虑一个基本物理学中的简化模型 [Haken（1983），第 127 页]。动态变量是激光场中光子的数目 $n(t)$。它的变化为

$$\dot{n} = 增益 - 损失$$
$$= GnN - kn$$

增益项来自受激发射过程，这里光子刺激受激原子发射出另外的光子。因为这个过程通过光子与受激原子的随机相遇而发生，与 n 以及受激原子的数目 $N(t)$ 成正比。参数 $G > 0$ 被称为增益系数。损失项刻画了通过激光端面逃逸的光子。参数 $k > 0$ 为速率常数，其倒数 $\tau = 1/k$ 为激光中光子的一般生命周期。

现在关键的物理思想是：在一个受激原子发出一个光子之后，它跌入低能量态，不再被激发。于是 N 因为发射光子而减小。为了刻画这种效果，我们需写出一个联系 N 与 n 的方程。假设在没有激光活动时，泵保持受激原子数目为 N_0。然后，受激原子的实际数目将在激光发射过程中减小。特别是，假设

$$N(t) = N_0 - \alpha n$$

这里 $\alpha > 0$ 为原子跌入其基态的比率。于是，

$$\dot{n} = Gn(N_0 - \alpha n) - kn$$
$$= (GN_0 - k)n - (\alpha G)n^2$$

最后又得到相似的问题——这是一个关于 $n(t)$ 的一阶系统。图 3.3.2 显示了泵强度 N_0 的不同值对应的向量场。注意只有正数 n 在物

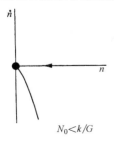

$N_0 < k/G$

$N_0 = k/G$

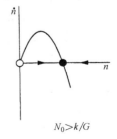

$N_0 > k/G$

图　3.3.2

理上才有意义。

当 $N_0 < k/G$ 时，在 $n^* = 0$
的不动点是稳定的。这意味着此
时没有受激发射，激光就像灯
光。当泵强度 N_0 增加时，系统
在 $N_0 = k/G$ 时经历了跨临界分
岔。对于 $N_0 > k/G$，原点失去稳
定性，稳定的不动点出现在 $n^* =$
$(GN_0 - k)/\alpha G > 0$，对应着自发

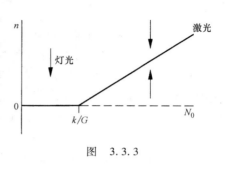

图 3.3.3

的激光活动。因此在本例中，$N_0 = k/G$ 可解释为**激光阈值**。图 3.3.3
概括了我们的结果。

尽管该模型能正确预测阈值的存在性，但它忽略了受激原子的动
力学、自发发射的存在性，以及其他一些复杂问题。一些改进的模型
可参见练习题 3.3.1 与练习题 3.3.2。

3.4 叉式分岔

现在我们转向被称为"叉式分岔"的第三类分岔。这类分岔在具
有**对称性**的物理问题中很普遍。例如，很多问题在空间上都具有左右
对称性。在这类问题中，不动点倾向于对称成对地出现或者消失。在
图 3.0.1 的弯曲梁的例子中，若负载很小时，梁在垂直位置是稳定
的。这时，对应着零偏移有一个稳定的不动点。但是，若负荷超过弯
曲阈值，梁便向左或向右弯曲。垂直位置变成不稳定，产生两个新的
对称不动点，对应着向左弯与向右弯的格局。

叉式分岔主要有两种不同的类型。其中相对简单的一类称为**超临
界叉式分岔**，我们将首先加以讨论。

超临界叉式分岔

超临界叉式分岔的标准形式为

$$\dot{x} = rx - x^3 \tag{1}$$

注意这个方程对变量替换 $x \to -x$ 是**不变的**。即若用 $-x$ 替换 x，然后消去方程两边产生的负号，则又得到式（1）。这种不变性是前面提到的左右对称性的数学表示。（更技术些，可以称向量场是"等变"的，但我们将使用更熟悉的语言。）

图 3.4.1 显示了不同 r 值的向量场。

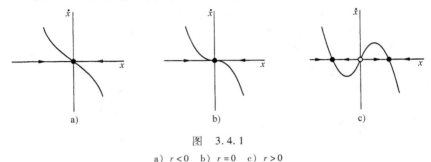

图 3.4.1
a) $r<0$ b) $r=0$ c) $r>0$

当 $r<0$ 时，原点是唯一的不动点，而且是稳定的。当 $r=0$ 时，原点依然稳定，但稳定性要弱得多，因为线性化变为零了。现在解不再以指数速度减小——而是以慢得多的 t 的代数函数减小（见练习题 2.4.9）。这种缓慢的减小在物理文献中被称为"**临界减慢**"。最后，当 $r>0$ 时，原点变得不稳定。两个新的不动点出现在原点的两边，对称地位于 $x^* = \pm\sqrt{r}$。

当我们画出分岔图（见图 3.4.2），这个词语"叉式"的由来就变得很清楚了。事实上，叉式三分岔或许是个更好的词！

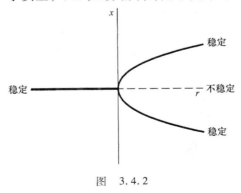

图 3.4.2

例题 3.4.1

在磁场与神经网络的统计力学模型中产生了类似于 $\dot{x} = -x + \beta\tanh x$ 的方程 ［见练习题 3.6.7 与 Palmer（1989）的著作］。证明该方程随 β 的变化出现跨临界叉式分岔，然后给出对于每个 β 值的不动点的数值精确图像。

解：利用例题 3.1.2 中的方法求不动点。$y = x$ 与 $y = \beta\tanh x$ 的图像如图 3.4.3 所示，它们的交点对应着不动点。关键要认识到：随着 β 增加，$\tanh x$ 曲线在原点处最为陡峭（其斜率为 β）。因此，对 $\beta < 1$，原点为唯一不动点。在 $\beta = 1$ 处，$x^* = 0$，出现叉式分岔，此时 $\tanh x$ 曲线在原点处斜率值为 1。最后当 $\beta > 1$ 时，出现两个新的稳定不动点，原点也成为不稳定的。

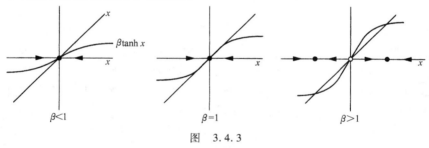

图 3.4.3

现在需要计算对每个 β 值的不动点 $x^* = 0$。当然，不动点 $x^* = 0$ 一直存在；我们来求另一个非平凡的不动点。一个方法是利用牛顿-拉弗森（Newton-Raphson）法或者其他求根算法求出方程 $x^* = \beta\tanh x^*$ 的数值解。［关于数值方法的一个浅显易懂且内容详实的讨论见 Press 等（2007）。］但是有个更简单的方法，需要我们改变以往的观点。我们不研究 x^* 如何依赖于 β，而是将 x^* 视为独立变量，然后计算 $\beta = x^*/\tanh x^*$。这给了我们关于数对 (x^*, β) 的表格。对每个数对，以 β 为 x 轴，x^* 为 y 轴画图。由此便得到了分岔图（见图 3.4.4）。

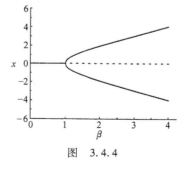

图 3.4.4

这里使用的简捷法利用了这样一个事实 $f(x,\beta) = -x + \beta\tanh x$ 对 β 的依赖关系比对 x 的更为简单。这是分岔问题中常见的情况——对控制参数的依赖通常比对 x 的依赖更简单。■

例题 3.4.2

画出系统 $\dot{x} = rx - x^3$ 在 $r < 0$，$r = 0$ 及 $r > 0$ 时的势 $V(x)$ 的图形。

解：回顾 2.7 节中 $\dot{x} = f(x)$ 的势的定义 $f(x) = -\mathrm{d}V/\mathrm{d}x$。因此需要求解 $-\mathrm{d}V/\mathrm{d}x = rx - x^3$。积分可得 $V(x) = -\dfrac{1}{2}rx^2 + \dfrac{1}{4}x^4$，这里忽略了积分常数。对应的图形如图 3.4.5 所示。

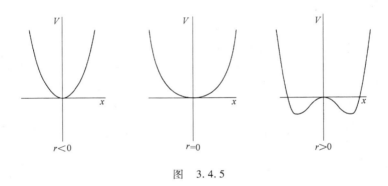

图　3.4.5

当 $r < 0$ 时，在原点处有二次最小值。在分岔值处 $r = 0$，最小值变为更平缓些的四次最小值。当 $r > 0$ 时，在原点处出现局部最大值，在 x 两侧出现了对称的最小值。■

亚临界叉式分岔

在上述超临界情形 $\dot{x} = rx - x^3$ 中，立方项起着稳定作用。它扮演了回复力把 $x(t)$ 拽回 $x = 0$。相反地，立方项起着反稳定作用，如

$$\dot{x} = rx + x^3 \tag{2}$$

则得到**亚临界**叉式分岔。图 3.4.6 给出了分岔图。

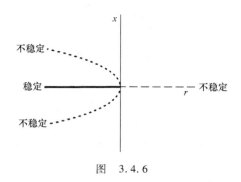

图 3.4.6

与图 3.4.2 相比，分岔发生了倒置。非零不动点 $x^* = \pm\sqrt{-r}$ 是不稳定的，只出现于分岔的下方（$r<0$），这便引出了术语"亚临界"。更重要的，原点在 $r<0$ 稳定，而在 $r>0$ 不稳定，如超临界情形，但现在 $r>0$ 的不稳定性并未与立方项相左——事实上，立方项有助于驱动轨迹到无穷大。这种效应导致了"爆破"：我们可以证明从任意初始条件 $x_0 \neq 0$ 出发，在有限时间内有 $x(t) \to \pm\infty$（练习题 2.5.3）。

在实际物理系统中，例如高次项的稳定效应会阻碍爆炸不稳定性。假定系统在 $x \to -x$ 下对称，第一个稳定项必定为 x^5。因此一个亚临界叉式分岔系统的标准形式为

$$\dot{x} = rx + x^3 - x^5 \qquad (3)$$

不失一般性，假定 x^3 与 x^5 的系数为 1（练习题 3.5.8）。

对式（3）的详细分析留给读者（练习题 3.4.14 与练习题 3.4.15）。但是我们在这简要总结主要结果。图 3.4.7 给出了式（3）的分岔图。对于小的 x 值，该图看起来像图 3.4.6：原点对 $r<0$ 局部稳定，当 $r=0$ 时，从原点分岔出对应不稳定不动点的两个朝后弯曲的分支。x^5 导致的新特点是，不稳定分支出现转弯并在 $r=r_s$ 处趋于稳定，这里 $r_s<0$。

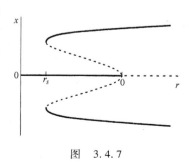

图 3.4.7

这些稳定的**大振幅**分支对所有的 $r > r_s$ 都存在。

关于图 3.4.7 做以下几点说明：

1. 在范围 $r_s < r < 0$ 内，两个定性上不同的稳定点共存，即原点与大振幅不动点。初始条件 x_0 决定了当 $t \to \infty$ 时趋于哪个不动点。结果是原点对小扰动稳定，而对大的扰动不稳定——在这个意义上原点为**局部稳定**而不是全局稳定的。

2. 不同的稳定态允许 r 变化时可能出现**跳跃**与**滞后**。假设系统从 $x^* = 0$ 出发，然后慢慢增大参数 r（图 3.4.8 中沿着 x 轴的箭头所示）。则系统状态保持在原点直到 $r = 0$ 时原点才失去稳定性。现在轻微的推动便使得状态跳跃到一个大振幅分支上。继续增加 r 值，将沿着大振幅分支向外移动。如果现在 r 减小，即使 r 减小到比零还小，状态仍将保持在大振幅分支上！我们不得不继续减小 r 值（经过 r_s）才能使得状态重回原点。这种当参数变化时的不可逆称为**滞后性**。

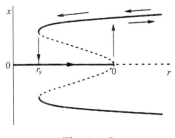

图　3.4.8

3. 在 r_s 处的分岔为鞍-结分岔，随着 r 的增加，稳定与不稳定的不动点出现于"明朗的蓝天"中（见 3.1 节）。

术语

同样，在分岔理论中也有对前述分岔的不同称谓。超临界叉式分岔有时称为前向分岔，同统计力学中的连续或二阶相变有着紧密联系。亚临界分岔有时称为倒分岔或者后向分岔，与不连续的或者一阶相变有联系。在工程文献中，超临界分岔有时称为软的或者安全的，原因是非零的不动点在小振幅处产生，而因为亚临界分岔从零到大振幅的跳跃，它有时称为硬的或者危险的。

3.5 旋转环上的过阻尼球

在本节中，我们分析大学一年级物理中的一个经典问题，旋转环上的过阻尼球。这个问题提供了一个力学系统中分岔的例子。它也阐明了牛顿定律的巧妙替换——利用一个简单一阶方程来表示二阶方程。

这个力学系统如图 3.5.1 所示。质量为 m 的小球沿着半径为 r 的线圈滑下。该线圈以角速度 ω 绕其纵轴旋转。问题是，给定小球受到重力与离心力的条件下分析小球的运动。这是这个问题的一般描述，现在假定还存在阻碍小球运动的摩擦力，我们增加一个新的扭转。具体地说，想象为整个系统浸没在盛有糖浆或其他很黏的流体的桶里，摩擦力来自于黏性阻尼。

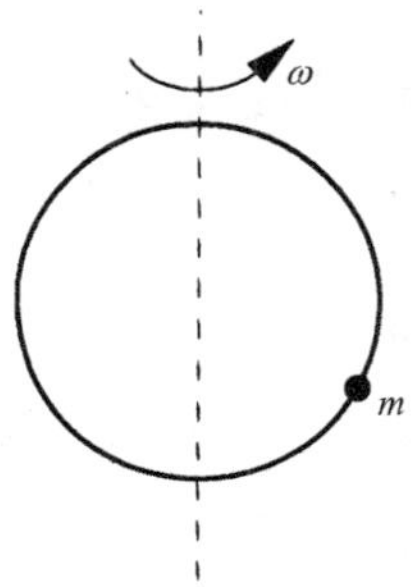

令 ϕ 表示小球与向下垂直方向的角度。根据惯例，我们将 ϕ 限制在 $-\pi < \phi \le \pi$ 上。因此在环上每个点只有一个角度。再令 $\rho = r\sin\phi$ 表示小球与纵轴的距离。则坐标如图 3.5.2 所示。

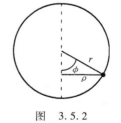

图 3.5.1

现在我们写出小球的牛顿运动定律。一个向下的重力 mg、一个侧向的离心力 $mp\omega^2$ 以及切向的阻尼力 $b\dot{\phi}$。（常数 g 与 b 取为正的，负号将在后面根据需要添加。）假定环为刚体，我们只需要将这些力沿着切向分解，如图 3.5.3 所示。代换离心力中的 $\rho = r\sin\phi$ 之后，考虑到切向的加速度为 $r\ddot{\phi}$，得到方程

图 3.5.2

$$mr\ddot{\phi} = -b\dot{\phi} - mg\sin\phi + mr\omega^2\sin\phi\cos\phi \qquad (1)$$

这是个二阶微分方程，因为出现的最高阶导数为二阶导数 $\ddot{\phi}$。我们还不能求解二阶方程，所以我们将寻找能安全忽略 $mr\ddot{\phi}$ 项的条件。

然后式（1）变为一阶方程，从而可使用我们的方法（求解它）。

当然，这有点冒险：我们不能因为高兴就忽略这些项！但现在将这么做，在本节结尾，我们将设法寻找使该近似有效的条件。

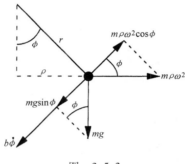

图 3.5.3

一阶系统的分析

现在我们关注一阶系统

$$b\dot{\phi} = -mg\sin\phi + mr\omega^2\sin\phi\cos\phi$$

$$= mg\sin\phi\left(\frac{r\omega^2}{g}\cos\phi - 1\right) \qquad (2)$$

式（2）的不动点对应着小球的平衡位置。依照你的直觉，平衡点会出现在哪儿呢？我们可以预期当小球被放置在环的顶部或者底部时会处于静止状态。那么还能有其他的不动点吗？稳定性如何？其底部永远稳定吗？

式（2）显示当 $\sin\phi = 0$ 时一直有不动点，也就是 $\phi^* = 0$（环的底部）与 $\phi^* = \pi$（环的顶部）。更有趣的结果是，还有两个另外的不动点，如果

$$\frac{r\omega^2}{g} > 1$$

也就是，如果环转得足够快。这两个不动点满足 $\phi^* = \pm\arccos\ (g/r\omega^2)$。为了将它们可视化，引入参数

$$\gamma = \frac{r\omega^2}{g}$$

并利用图形求解 $\cos\phi^* = 1/\gamma$。我们画出 $\cos\phi$ 与 ϕ 的图形，寻找与常数函数 $1/\gamma$ 的交点，如图 3.5.4 中所示的水平线。对于 $\gamma < 1$，不存在交点，而对于 $\gamma > 1$，在 $\phi^* = 0$ 的两侧有一对对称的交点。

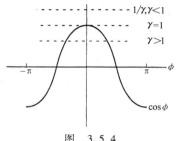

图 3.5.4

当 $r \to \infty$ 时，这些交点会靠近 $\pm\pi/2$。图 3.5.5 画出了对应于 $\gamma < 1$ 与 $\gamma > 1$ 时环上的不动点。

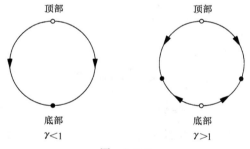

图 3.5.5

为了对目前的结果进行总结，我们将所有不动点画为参数 γ 的函数（图 3.5.6）。像往常一样，实线表示稳定的不动点，而虚线表示不稳定的不动点。

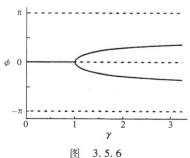

图 3.5.6

我们现在看到在 $\gamma = 1$ 处出现**超临界叉式分岔**。利用线性稳定性分析或者图形的方法检查不动点的稳定性留给读者（练习题 3.5.2）。

下面是结果的物理解释：当 $\gamma < 1$ 时，环旋转得很慢，离心力很弱，难以平衡重力。因而小球向下滑动并保持在底部。但是当 $\gamma > 1$ 时，环旋转得很快，底部变得不稳定。因为随着小球远离底部，离心力增加，小球任何小的偏离都会被放大。因此沿着环往上推小球直到重力与离心力平衡，在 $\phi^* = \pm \arccos\ (g/r\omega^2)$ 处达到平衡。到底选择哪一个平衡点依赖于初始干扰。尽管两个不动点完全对称，初始条件的非对称性却使得解只能为其中之一———物理学家有时称之为**对称破缺**解。换句话说，与方程的对称性相比，解的对称性要弱一些。

什么是控制方程的对称性呢？环的左右两半是很明显的物理等价——这可通过方程（1）与方程（2）在变量代换 $\phi \to -\phi$ 下的不变性反映出来。如 3.4 节所提到的，叉式分岔会出现在类似存在对称性的情形中。

量纲分析与尺度化

现在我们需要解决何时才能忽略式（1）中的惯性项 $mr\ddot{\phi}$ 这一问题。乍一看极限 $\lim m \to 0$ 看起来应该可以，但是我们又注意到这相当于把宝宝和洗澡水一起倒掉了：离心力与重力在该极限下都为零！因此我们必须更小心。

在类似问题里，把方程描述为**无量纲**的形式（当前式（1）的所有项都是力的量纲）。无量纲的公式的优点是，我们知道如何定义"小"——它意味着"比 1 小很多"。而且对方程的无量纲化是通过把参数放到**无量纲组**中来减小参数的个数。这种约化能使得分析简化。对量纲分析的精彩介绍可参考 Lin 与 Segel（1988）。

对方程进行无量纲化的方法有很多，最好的选择开始并不清楚。因此，我们采用一个灵活的方式。定义一个无量纲的时间

$$\tau = \frac{t}{T}$$

式中，T 是接下来待选择的特征时间尺度。当 T 选择合适时，新的导数 $\mathrm{d}\phi/\mathrm{d}\tau$ 与 $\mathrm{d}^2\phi/\mathrm{d}\tau^2$ 应该为 $O(1)$，即为一阶。为了使用原来的导数

表示新导数，我们采用链式法则：

$$\dot{\phi} = \frac{\mathrm{d}\phi}{\mathrm{d}t} = \frac{\mathrm{d}\phi}{\mathrm{d}\tau}\frac{\mathrm{d}\tau}{\mathrm{d}t} = \frac{1}{T}\frac{\mathrm{d}\phi}{\mathrm{d}\tau}$$

同样有

$$\ddot{\phi} = \frac{1}{T^2}\frac{\mathrm{d}^2\phi}{\mathrm{d}\tau^2}$$

（记住这些公式的简单方法是用 $T\tau$ 替换 t。）因此式（1）变为

$$\frac{mr}{T^2}\frac{\mathrm{d}^2\phi}{\mathrm{d}\tau^2} = -\frac{b}{T}\frac{\mathrm{d}\phi}{\mathrm{d}\tau} - mg\sin\phi + mr\omega^2\sin\phi\cos\phi$$

现在这个方程揭示了力的平衡，我们通过除以 mg 来无量纲化。这给出了无量纲方程

$$\left(\frac{r}{gT^2}\right)\frac{\mathrm{d}^2\phi}{\mathrm{d}\tau^2} = -\left(\frac{b}{mgT}\right)\frac{\mathrm{d}\phi}{\mathrm{d}t} - \sin\phi + \left(\frac{r\omega^2}{g}\right)\sin\phi\cos\phi \tag{3}$$

括号中的每一项都是无量纲组。我们看到最后一项中有 $r\omega^2/g$——这是我们在本节中前部分的老朋友 γ。

我们很感兴趣的结果是式（3）的左边与其他所有项相比都可以忽略，而其右边的所有项都是大小相当的。因为假定所有导数都是 $O(1)$ 的，同时 $\sin\phi \approx O(1)$，可以看出，我们需要

$$\frac{b}{mgT} \approx O(1) \quad \text{及} \quad \frac{r}{gT^2} \ll 1$$

其中第一个条件设定了时间尺度 T：一个自然的选择是

$$T = \frac{b}{mg}$$

于是条件 $r/gT^2 \ll 1$ 变为

$$\frac{r}{g}\left(\frac{mg}{b}\right)^2 \ll 1 \tag{4}$$

或者等价地，有

$$b^2 \gg m^2 gr$$

现在，这可以准确地解释为阻尼非常强，或者质量很小。

条件式（4）促使我们引入一个无量纲组

$$\varepsilon = \frac{m^2 gr}{b^2} \qquad (5)$$

则式（3）变为

$$\varepsilon \frac{\mathrm{d}^2 \phi}{\mathrm{d}\tau^2} = -\frac{\mathrm{d}\phi}{\mathrm{d}t} - \sin\phi + \gamma\sin\phi\cos\phi \qquad (6)$$

如前面所说，无量纲方程（6）比方程（1）简单：五个参数 m、g、r、ω 与 b 已替换为两个无量纲组 γ 与 ε。

简单地说，量纲分析显示了在过阻尼极限 $\varepsilon \to 0$ 中，方程（6）很好地近似为一阶系统

$$\frac{\mathrm{d}\phi}{\mathrm{d}\tau} = f(\phi) \qquad (7)$$

这里

$$f(\phi) = -\sin\phi + \gamma\sin\phi\cos\phi$$
$$= \sin\phi(\gamma\cos\phi - 1)$$

悖论

不幸的是，我们把二阶系统替换为一阶系统的方法有些基本的错误。问题是二阶方程需要两个初始条件，而一阶方程只需要一个。在我们的情况中，小球的运动取决于其初始位置和速度。这两个量可以完全独立选择。但是这对于一阶系统来说是不成立的：给定初始位置，其初始速度表示为方程 $\mathrm{d}\phi/\mathrm{d}\tau = f(\phi)$。因此，一阶系统的解一般不能满足两个初始条件。

我们似乎碰到一个悖论。式（7）在过阻尼极限中是否合理？如合理的话，我们如何满足式（6）所需的两个初始条件？

要解决悖论需要分析二阶系统式（6）。我们之前还未处理二阶系统——这是第5章的内容。但是你若感兴趣的话，可继续阅读。我们解决这个问题只需要其中一些简单的想法。

相平面分析

在第 2 章和第 3 章中，我们将一阶系统视为直线上的向量场。利用模拟，二阶系统可看作平面上的向量场，称为**相平面**。

平面包含两个轴——一个是角度 ϕ，一个是角速度 $\dfrac{\mathrm{d}\phi}{\mathrm{d}\tau}$。为了简化记号，令

$$\Omega = \phi' \equiv \mathrm{d}\phi/\mathrm{d}\tau$$

这里撇号表示关于 τ 的导数。于是（6）的初始条件对应着相平面中的点 $(\phi(0),\Omega(0))$（见图 3.5.7）。随着时间演化，相点 $(\phi(t),\Omega(t))$ 在相平面内沿着（6）的解所确定的轨迹**移动**。

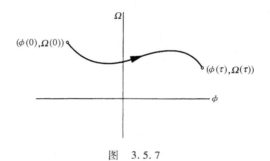

图　3.5.7

我们现在的目标是观察那些轨迹看起来像什么样子。同以前一样，关键的想法是微分方程可视为相空间的向量场。为了将（6）化为向量场，我们先将它写为

$$\varepsilon\Omega' = f(\phi) - \Omega$$

根据定义 $\phi' = \Omega$，这给出了**向量场**

$$\phi' = \Omega \tag{8a}$$

$$\Omega' = \frac{1}{\varepsilon}(f(\phi) - \Omega) \tag{8b}$$

我们将点 (ϕ,Ω) 处的向量场 (ϕ',Ω') 解释为在平面上稳定相流的局部速度。注意速度向量现在有两个分量，一个是 ϕ-方向，一个是 Ω-方向。为了把轨迹可视化，我们只考虑相点如何随着相流移动。

一般地，轨迹的模式很难画出，但是当前情况下很简单，因为我们只对极限 $\varepsilon \to 0$ 感兴趣。所有轨迹都向上或向下到达 $f(\phi)=\Omega$ 所定义的曲线 C，然后沿着该曲线到不动点（见图 3.5.8）。

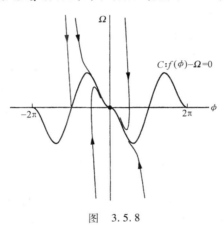

图　3.5.8

为了得到这个惊人的结论，我们进行数量级的计算。假定相点不在曲线 C 上。例如，假定 (ϕ,Ω) 在曲线 C 下方距离为 $O(1)$ 处，即 $\Omega < f(\phi)$，且 $f(\phi)-\Omega \approx O(1)$。则式（8b）显示 Ω' 为很大的整数：$\Omega' \approx O(1/\varepsilon) \gg 1$。因而相点如闪电般快速移动到区域 $f(\phi)-\Omega \approx O(\varepsilon)$ 上。在极限 $\varepsilon \to 0$ 处，这个区域与 C 难以区分。一旦相点在 C 上，它将依照 $\Omega \approx f(\phi)$；也就是，它近似满足一阶方程 $\phi'=f(\phi)$。

我们的结论是一般的轨迹可分为两部分：一个快速的初始**瞬态**，在这里相点迅速到达曲线 $\phi'=f(\phi)$ 上，之后在该曲线上慢慢移动。

现在我们看看悖论是怎么解决的：只有在一段快速瞬态之后，二阶系统［式（6）］的行为才如同一阶系统（7）。在瞬态阶段，忽略 $\varepsilon \mathrm{d}^2\phi/\mathrm{d}\tau^2$ 是不正确的。前面方法的问题是，只使用了一个时间尺度 $T=b/mg$；该时间尺度适用于缓慢移动过程，而不是快速瞬态（练习题 3.5.5）。

一个奇异极限

我们这里遇到的困难在科学与工程中广泛存在。在一些有趣的极限中（这里指强阻尼的极限），包含着最高阶导数的项在方程中被忽略。于是初始条件或者边界条件无法满足。这样的极限常被称为奇异的。例如，在流体力学中，高雷诺（Reynolds）数的极限是一个奇异极限；它解释了在机翼上气流中极薄的"边界层"的存在性。在我们的问题中，快速瞬态扮演了边界层的角色——它是一个在边界 $t = 0$ 附近出现的很薄的时间层。

数学中处理奇异极限的分支称为奇异摄动理论。有关介绍可参考 Jordan 与 Smith（1987）或 Lin 与 Segel（1988）的著作。另一个与奇异极限有关的问题将在 7.5 节简单讨论。

3.6 不完美分岔与灾变

如早前所述，叉式分岔在具有对称性的问题中很普遍。例如，旋转环上的小球问题（3.5 节），在环的左右两侧存在完美的对称性。但是很多实际情形中，对称性只能是近似的——一种导致左右两边稍微不同的不完美性。我们现在要看一下当存在不完美性的时候会发生什么。

例如，考虑下面系统

$$\dot{x} = h + rx - x^3 \tag{1}$$

如 $h = 0$，则有超临界叉式分岔的标准形式，而且存在关于 x 与 $-x$ 的对称性。但是这种对称性当 $h \neq 0$ 时被破坏了。基于此，称 h 为**不完美参数**。

式（1）的分析相对于我们前面考虑的分岔问题有点难，因为我们要考虑两个独立参数（h 与 r）。为了清楚表述，可认为 r 固定，然后研究 h 变化时的影响。第一步是分析式（1）的不动点。这可以被显式表示，但我们不得不使用三次方程烦琐的求根公式。同图 3.1.2 那样，利用图形的方法更加清楚。把 $y = rx - x^3$ 与 $y = -h$ 画在同一个轴上，并求其交点（见图 3.6.1）。那些交点出现在式（1）的不动点上。当 $r \leq 0$ 时，三次方函数单调下降，故它与水平直线 $y = -h$ 恰好有一个交点（见图 3.6.1a）。更有趣的情况是，当 $r > 0$ 时，则可能出现一个、两个或三个依赖于 h 值的不动点（见图 3.6.1b）。

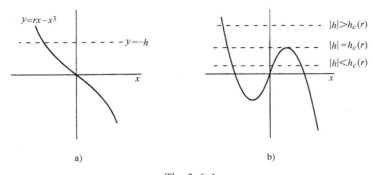

图 3.6.1

a) $r \leq 0$ b) $r > 0$

临界情形发生在水平线与三次方曲线局部最小值或局部最大值相切时；这时我们得到鞍-结分岔。为了寻找这种分岔出现时的 h 值，注意当 $\dfrac{\mathrm{d}}{\mathrm{d}x}(rx - x^3) = r - 3x^2 = 0$ 时三次方曲线有一个局部最大值。因此

$$x_{\max} = \sqrt{\frac{r}{3}}$$

而且在局部最大值处，三次方函数的值为

$$rx_{\max} - (x_{\max})^3 = \frac{2r}{3}\sqrt{\frac{r}{3}}$$

同样地，最小值为这个量的相反数。因此，在 $h = \pm h_c(r)$ 处鞍-结分岔出现，这里

$$h_c(r) = \frac{2r}{3}\sqrt{\frac{r}{3}}$$

式 (1) 对 $|h| < h_c(r)$ 有三个不动点，而当 $|h| > h_c(r)$ 时有一个不动点。

为了总结目前的结果，我们在 (r, h) 平面上画出**分岔曲线** $h = \pm h_c(r)$（见图 3.6.2）。注意这两条分岔曲线在 $(r, h) = (0, 0)$ 处相切；这样的点称为**尖点**。我们也标注了对应不同不动点数目的区域。鞍-结分岔出现在这些区域的边界上，除了尖点处，这时得到余维-2 分岔。（这个奇特的术语本质上意味着我们得调节两个参数，h 与 r，来实现这类分岔。直到现在，所有的分岔都可以通过调节一个参数得到，因此称为余维-1 分岔。）

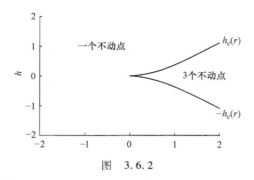

图 3.6.2

在以后的研究中类似于图 3.6.2 的图证明很有用。称此类图为**稳定图**。它们显示了当我们在**参数空间**中移动时发生的不同行为（这里是 (r,h) 平面）。

现在我们以更熟悉的方式，通过固定 h，画出 x^* 相对于 r 的分岔图，来呈现我们的结果（见图 3.6.3）。

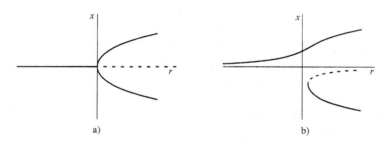

图 3.6.3

a) $h = 0$ b) $h \neq 0$

当 $h = 0$ 时，我们有通常的叉式分岔图（见图 3.6.3a），但是当 $h \neq 0$ 时，叉式分岔断开为两段（见图 3.6.3b）。上面一段全为稳定的不动点，而下面一般包括稳定的与不稳定的分支。当从负值开始增加 r 时，在 $r = 0$ 处，不再有突然的改变；不动点沿着上面的分支光滑地移动；而下方的稳定点分支无法到达，除非我们做相当大的扰动。

或者，也可以固定 r，画出 x^* 相对于 h 的图形（见图 3.6.4）。

当 $r \leqslant 0$ 时，对每个 h 值都有一个稳定的不动点（见图 3.6.4a）。但是当 $r > 0$ 时，在 $|h| < h_c(r)$ 处有三个不动点，否则只有一个不动

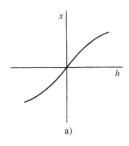 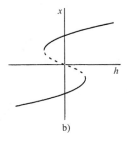

图 3.6.4

a) $r \leqslant 0$ b) $r > 0$

点（见图 3.6.4b）。在这个三值区域，中间一支是不稳定的，而上下两支是稳定的。注意这些图看起来像图 3.6.1 旋转了 90°。

有一个画出这些结果的最终方法，如果你喜欢在三维空间画图，这对你或许很有吸引力。这种展示的方法囊括了截面或投影的其他所有方法。如果在 (r, h) 平面上方画出不动点 x^*，那么会得到图 3.6.5 所示的**尖点灾变曲面**。曲面在其自身某些地方折叠。这些褶皱在 (r, h) 平面的投影产生了图 3.6.2 所示的分岔曲线。在定值 h 处的截面产生了图 3.6.3，而在定值 r 处产生了图 3.6.4。

术语灾变受到以下事实启发，当参数变化时，系统状态能够跨越上方曲面的边界，之后它不连续地落入下方曲面（见图 3.6.6）。这种跳跃对桥梁或者建筑物的稳定可能是灾难性的。我们将在昆虫爆发（3.7 节）以及下面的力学例子中看到灾变的科学实例。

关于灾变的更多内容，可参考 Zeeman（1977）或者 Poston 与 Stewart（1978）的著作。意外的是，在 20 世纪 70 年代后期对此曾有

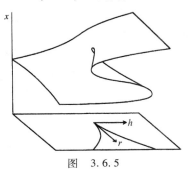 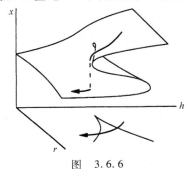

图 3.6.5   图 3.6.6

过激烈的争论。如果你喜欢看争斗，可参考一下 Zahler 与 Sussman（1977）以及 Kolata（1977）的著作。

斜线上的小球

作为一个关于不完美分岔与灾变的简单例子，考虑下面的力学系统（见图3.6.7）。

让一个质量为 m 的小球沿着与水平线的夹角为 θ 的直线下滑。该物体被附着在一个刚度系数为 k 而自然长

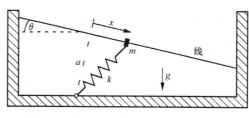

图 3.6.7

度为 L_0 的弹簧上，还受到重力作用。沿着直线选择坐标，使得$x=0$出现在离弹簧的支撑点最近的点上。令 a 为支撑点与直线的距离。

在练习题3.5.4与练习题3.6.5中，要求你分析小球平衡点的位置。但是，我们首先得到一些物理的直观结果。当直线为水平时（$\theta=0$），在线的左右两边有完美的对称性，而 $x=0$ 一直为一个平衡点。该平衡点的稳定性依赖于 L_0 与 a 的相对大小：若 $L_0<a$，弹簧在拉伸状态，因而平衡点应该是稳定的。但当 $L_0>a$ 时，弹簧被压缩，我们便能预见在 $x=0$ 处的不稳定平衡点，以及在其两侧的一对稳定平衡点。练习题3.5.4处理了这个简单的情形。

当我们将直线倾斜后，这个问题变得更有趣了（$\theta\neq0$）。对小的倾斜，我们可以预见，若 $L_0>a$，仍有三个平衡点。但是当倾斜变陡时，你可以直观地看到，上坡的平衡点或许会突然消失，导致小球灾变性地跳到下面的平衡点。你甚至可能想构建这个力学系统，并试验一下。练习题3.6.5要求你给出其中的数学细节。

3.7　昆虫爆发

这是一个关于分岔与灾变的生物学例子，我们现在转向一种名叫云杉蚜虫的昆虫的突然爆发模型。这种昆虫在加拿大是很严重的一类害虫，它们危害冷杉树的叶子。当爆发发生时，这类蚜虫能使树叶脱

落，并在四年内杀死森林中大部分杉树。

Ludwig 等在 1978 年提出并分析了一个关于昆虫与森林的精妙模型。他们利用时间尺度分离的方法把问题简化：蚜虫数目在快时间尺度上演化（它们能在一年内使密度增加至 5 倍，因而它们有一个按月的时间尺度），而树的生长与死亡在很慢的时间尺度上（它们在 7～10 年内才能完全更换树叶，而它们在没有蚜虫时的生命跨度为 100～150 年。）因此，考虑到蚜虫的动力学，森林变量可视为常数。在分析的结尾，我们将允许森林缓慢变化——这种偏移最终会导致大爆发。

模型

给出的蚜虫数目动力学模型为

$$\dot{N} = RN\left(1 - \frac{N}{K}\right) - p(N)$$

在没有天敌时，假定蚜虫的数目依照逻辑斯谛方程增长，增长率为 R，而承载容量为 K。承载容量由树上剩余的树叶多少决定，因而是一个变化较慢的参数；在当前阶段，我们按照常数处理。项 $p(N)$ 表示由于天敌捕食造成的死亡率，主要为鸟类导致的，假定其图形如图 3.7.1 所示。当蚜虫很少时，几乎没有天敌，鸟类在其他地方觅

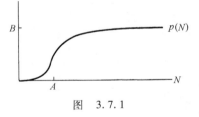

图　3.7.1

食。但是，一旦蚜虫数目超过某个临界值 $N = A$，天敌突然出现，然后达到饱和（鸟类以最大限度进食）。Ludwig 等（1978）假定 $p(N)$ 为特定的表达式

$$p(N) = \frac{BN^2}{A^2 + N^2}$$

式中，$A > 0$，$B > 0$。因此，整个模型为

$$\dot{N} = RN\left(1 - \frac{N}{K}\right) - \frac{BN^2}{A^2 + N^2} \tag{1}$$

现在有几个问题需要回答。在这个模型中，"爆发"是指什么意思？其思想一定是，当参数变化时，蚜虫的数目突然从低水平跳跃至

高水平。但是我们说"低"和"高"是什么意思？是否存在具有这样性质的解呢？为了回答这几个问题，如 3.5 节那样，将模型转化为无量纲形式非常方便。

无量纲公式化

模型式（1）有 4 个参数：R、K、A 和 B。与通常一样，有多个将系统无量纲化的方法。例如，A 与 K 都和 N 具有相同的量纲，而且对于 N/A 或者 N/K 都可作为无量纲数目水平。经常会采用反复试验的方法寻找最佳的选择。在这种情况下，我们启发式的方法是对方程加以调整，使得无量纲组只出现在与逻辑斯谛模型有关的部分，而与天敌捕食有关的部分无关。这证明能够简化不动点的图形分析。

为了去掉天敌项的参数，将式（1）除以 B，然后令

$$x = N/A$$

这使得

$$\frac{A}{B}\frac{dx}{dt} = \frac{R}{B}Ax\left(1 - \frac{Ax}{K}\right) - \frac{x^2}{1 + x^2} \tag{2}$$

式（2）显示应该引入一个无量纲时间 τ 和无量纲组 r 与 k，如下：

$$\tau = \frac{Bt}{A}, \quad r = \frac{RA}{B}, \quad k = \frac{K}{A}$$

于是式（2）变为

$$\frac{dx}{d\tau} = rx\left(1 - \frac{x}{k}\right) - \frac{x^2}{1 + x^2} \tag{3}$$

此为最终的无量纲形式。这里 r 与 k 分别是无量纲的增长率与承载容量。

不动点分析

式（3）具有一个不动点 $x^* = 0$，它将一直不稳定（练习题 3.7.1）。其直观的解释是对于很小的 x，天敌的影响极其微小，所以蚜虫数目在零附近以指数增长。

式（3）的另一个不动点由

$$r\left(1 - \frac{x}{k}\right) = \frac{x}{1 + x^2} \tag{4}$$

的解给出。

这个方程利用图形方法很容易被分析——我们简单画出式（4）的左右两边，观察它们的交点（见图 3.7.2）。式（4）的左侧代表 x 轴截距为 k 而 y 轴的截距为 r 的直线，而右侧代表了一个独立于任何参数的曲线！因此，当变化 r 与 k 时，直线会移动，但曲线不会——这个便利的性质便是我们进行无量纲化的原因。

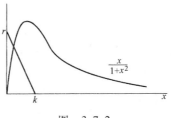

图 3.7.2

如图 3.7.2 所示，若 k 足够小，对任意 $r > 0$ 仅有一个交点。但是对于大的 k 值，可能会有 1 个、2 个或者 3 个交点，这依赖于参数 r 的值（见图 3.7.3）。假定有三个交点 a、b 与 c。当固定 k 而减小 r 时，直线关于 k 进行逆时针旋转，然后不动点 b 与 c 向着彼此移动，最后在直线与曲线相切时的鞍-结分岔中合并

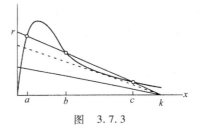

图 3.7.3

（见图 3.7.3 中的虚线）。在分岔之后，仅剩的不动点为 a（当然，除了 $x^* = 0$）。同样地，当 r 增加时，a 与 b 也会碰撞而消失。

为了判断不动点的稳定性，我们知道 $x^* = 0$ 不稳定，同时观察到当沿着 x 轴移动时，稳定的类型会发生交换。

因此，a 是稳定的，b 是不稳定的，而 c 是稳定的。所以，对应于三个正不动点的范围内的 r 与 k，向量场定性地与图 3.7.4 类似。小的稳定不动点 a 称为蚜虫数目的**安全水平**，而大点的稳定点 c 称为**爆**

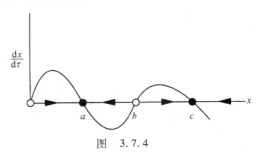

图 3.7.4

发水平。从昆虫控制的角度看，我们会把数目控制在 a 处，而远离 c 处。系统的状态趋势决定于初始条件 x_0，$x_0 > b$ 当且仅当爆发出现。在这个意义下，不稳定平衡点 b 承担着**爆发阈值**的角色。

爆发也可以由鞍-结分岔诱发。若参数 r 与 k 以此种方式移动，则不动点 a 消失，然后数目出现突然跳跃到爆发水平 c。这种情况在滞后效应下更为严重——即使参数重新回到其在爆发前的值，数目也不会下降到安全水平。

计算分岔曲线

现在我们计算系统发生鞍-结分岔时 (k, r) 空间的曲线。计算相比 3.6 节中的有些难：例如，我们不能将 r 写为 k 的显式函数。我们转而将分岔曲线写为**参数形式**$(k(x), r(x))$，这里 x 取遍所有正值。（请不要被这个传统的术语迷惑——在那些参数方程中称 x 为参数，即使 k 与 r 本身也是不同意义下的参数。）

如前所述，鞍-结分岔的条件是直线 $r(1 - x/k)$ 与曲线 $x/(1 + x^2)$ 相切。因此需要两式成立

$$r\left(1 - \frac{x}{k}\right) = \frac{x}{1 + x^2} \tag{5}$$

以及

$$\frac{\mathrm{d}}{\mathrm{d}x}\left[r\left(1 - \frac{x}{k}\right)\right] = \frac{\mathrm{d}}{\mathrm{d}x}\left[\frac{x}{1 + x^2}\right] \tag{6}$$

求微分，式（6）变为

$$-\frac{r}{k} = \frac{1 - x^2}{(1 + x^2)^2} \tag{7}$$

将 r/k 的这种表示代入式（5），仅用 x 来表示 r。其结果为

$$r = \frac{2x^3}{(1 + x^2)^2} \tag{8}$$

于是，把式（8）代入式（7）可得

$$k = \frac{2x^3}{x^2 - 1} \tag{9}$$

条件 $k > 0$ 意味着 x 必须被限制在范围 $x > 1$ 内。

式（8）与式（9）一起定义了分岔曲线。对每个 $x > 1$，在 (k, r) 平面内画出相应的点 $(k(x), r(x))$。给出的曲线如图 3.7.5 所示。（练习题 3.7.2 处理了这些曲线的某些解析性质。）

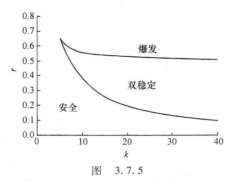

图   3.7.5

图 3.7.5 中的不同区域根据存在的稳定不动点进行了标注。安全水平 a 是小 r 值下唯一的稳定状态，而爆发水平 c 则对应大 r 值下唯一的稳定状态。在**双稳定**区域，两种稳定状态都存在。

稳定图与图 3.6.2 很接近。它也可视为尖点灾变面的投影，如图 3.7.6 所示意的那样。这里你要准确画出这个曲面是非常有挑战性的。

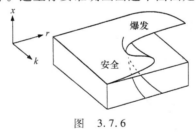

图   3.7.6

与观察进行比较

现在需要确定无量纲组 $r = RA/B$ 与 $k = K/A$ 在生物学中的合理值。一种复杂的情况是在森林的状况发生改变时，这些参数会慢慢地改变。根据 Ludwig 等（1978），r 值随着森林的增长而增加，而 k 值则保持不变。

他们做了如下解释：令 S 代表树的平均大小，解释为一棵树上树枝的总表面积。则承载容量 K 应该与可获得的树叶多少成比例，因而 $K = K'S$。同样地，天敌项中的半饱和参数 A 应与 S 成比例；天敌如鸟类搜索树叶的单位，而不是大片的森林，因而相对的量 A' 具有每个单位的树枝面积的蚜虫数量。因此 $A = A'S$，以及

$$r = \frac{RA'}{B}S, \quad k = \frac{K'}{A'} \quad\quad (10)$$

试验观察显示，对幼龄林而言，通常 $k \approx 300$，而 $r < 1/2$。因而，参数位于双稳定区域内。蚜虫数目因鸟类而下降，鸟类发现搜索每英亩的树枝数目更容易。但是，随着森林的生长，S 增加，因而 (k, r) 在参数空间内向上移动到如图 3.7.5 中的爆发区域。Ludwig 等（1978）估计对一个成熟林来说 $r \approx 1$，这很危险地位于爆发区域内。在爆发之后，杉树死亡，森林被桦树取代。但它们对营养使用率较低，最后杉树再次出现——这种恢复大概需要 50 ~ 100 年［Murray（2002）］。

我们总结一下这里出现的模型中的一些近似方法。树的动力学被忽略；对长时间尺度的行为参考 Ludwig 等（1978）。我们也忽略了蚜虫及其可能扩散的空间分布——对这方面问题的处理可参考 Ludwig 等（1979）与 Murray（2002）的论述。

第 3 章　练习题

3.1　鞍-结分岔

对下面每道练习题，画出当 r 变化时出现的定性上不同的所有向量场。证明鞍-结分岔出现于某个 r 的临界值，待确定。最后，画出不动点 x^* 相对于 r 的分岔图。

3.1.1　$\dot{x} = 1 + rx + x^2$　　　　**3.1.2**　$\dot{x} = r - \cosh x$

3.1.3　$\dot{x} = r + x - \ln(1 + x)$　　**3.1.4**　$\dot{x} = r + \frac{1}{2}x - x/(1+x)$

3.1.5　（不常见的分岔）在鞍-结分岔标准形式的讨论中，我们曾提到假设 $a = \partial f/\partial r \big|_{(x^*, r_c)} = 0$。为了观察 $a = \partial f/\partial r \big|_{(x^*, r_c)} \neq 0$ 时会发生什么，画出下面例子中的向量场，并画出不动点对于 r 的函数的图形。

（a）$\dot{x} = r^2 - x^2$

（b）$\dot{x} = r^2 + x^2$

3.2 跨临界分岔

对下面每道练习题，画出当 r 变化时出现的定性上不同的所有向量场。证明跨临界分岔出现于某个 r 的临界值，待确定。最后，画出不动点 x^* 相对于 r 的分岔图。

3.2.1 $\dot{x} = rx + x^2$ **3.2.2** $\dot{x} = rx - \ln(1 + x)$

3.2.3 $\dot{x} = x - rx(1 - x)$ **3.2.4** $\dot{x} = x(r - e^x)$

3.2.5 （化学动力学）考虑化学反应系统

$$A + X \underset{k_{-1}}{\overset{k_1}{\rightleftharpoons}} 2X, X + B \overset{k_2}{\longrightarrow} C$$

这是例题 2.3.2 的推广；这里的新特点是在生产 C 的过程中会耗尽 X。

a）假定 A 与 B 保持在不变浓度 a 与 b，证明物质的反应定律给出形如 $\dot{x} = c_1 x - c_2 x^2$ 的方程，这里 x 为物质 X 的浓度，而且 c_1 与 c_2 为待定常数。

b）证明当 $k_2 b > k_1 a$ 时 $x^* = 0$ 稳定，并解释为什么这在化学中有意义。

3.3 激光阈值

3.3.1 （改进的激光模型）在 3.3 节所考虑的简单激光模型中，我们写出关于 N 与 n 的代数方程，N 为被激原子的数目，而 n 为激光光子的数目。在更实际的模型里，这将被微分方程代替。例如，Milonni 与 Eberly（1988）证明了经过某些合理的近似，量子力学给出下面的系统：

$$\dot{n} = GnN - kn$$

$$\dot{N} = -GnN - fN + p$$

式中，G 为刺激发生的增益系数；k 为由于镜面投射与散射导致光子损失的衰减率；p 为泵的强度。所有参数是正数，而 p 可为任意符号。

这个二维系统将在练习题 8.1.13 中分析。现在，将它转化为一维系统，如下：

a）假定 N 比 n 松弛的快得多。我们做如下准静态近似 $\dot{N} \approx 0$。给定这个近似，用 $n(t)$ 来表示 $N(t)$，导出关于 n 的一阶系统。（这一步通常称为**浸渐消去法**，称 $N(t)$ 的演化受制于 $n(t)$ 的演化）。参考Haken（1983）的论述。

b）证明对 $p > p_c$，$n^* = 0$ 不稳定，这里 p_c 待定。

c）在激光阈值 p_c 处，会出现哪种分岔？

d）（难题）在哪些参数范围内，能够使用（a）中的近似？

3.3.2 （麦克斯韦-布洛赫方程）麦克斯韦-布洛赫（Maxwell-Bloch）方程给出了一个关于激光的更复杂的模型。这些方程刻画了电场 E、原子的平均极化度 P 以及粒子数反转 D 的动力学：

$$\dot{E} = \kappa(P - E)$$

$$\dot{P} = \gamma_1(ED - P)$$

$$\dot{D} = \gamma_2(\lambda + l - D - \lambda EP)$$

式中，κ 为激光腔中因光柱透射导致的衰减率；γ_1 与 γ_2 分别为原子极化与粒子数反转的衰减率；l 为泵的能量参数。参数 l 可为正数、负数或零；其他所有参数为正数。

这些方程与洛伦兹系统类似，可产生混沌行为［Haken（1983），Weiss 与 Vilaseca（1991）］。但是，很多实际的激光并不在混沌情境下运行。在最简单的情况 γ_1，$\gamma_2 \gg \kappa$；则有 P 与 D 迅速松弛到稳定值，因此可以利用绝热消去法，如下：

a）假定 $\dot{P} \approx 0, \dot{D} \approx 0$，用 E 来表示 P 与 D，并推导关于演化 E 的一阶方程。

b）找出关于 E 的方程的所有不动点。

c）画出 E^* 相对于 λ 的分岔图。（一定要区分稳定与不稳定的分支。）

3.4 叉式分岔

在下面的例题中，画出当 r 变化时出现的定性上不同的所有向量场。证明叉式分岔出现于某个 r 的临界值（待确定），并判断分岔为超临界的还是亚临界的。最后，画出不动点 x^* 相对于 r 的分岔图。

3.4.1 $\dot{x} = rx + 4x^3$ **3.4.2** $\dot{x} = rx - \sinh x$

3.4.3 $\dot{x} = rx - 4x^3$ **3.4.4** $\dot{x} = x + \dfrac{rx}{1 + x^2}$

下列练习题可用来检验判断不同分岔的能力——它们很容易混淆！在每种情况下，找出发生分岔的 r 值，并分类为鞍结分岔、跨临界分岔，超临界叉式分岔或者亚临界叉式分岔。最后，画出不动点 x^* 相对于 r 的分岔图。

3.4.5 $\dot{x} = r - 3x^2$ **3.4.6** $\dot{x} = rx - \dfrac{x}{1 + x}$

3.4.7 $\dot{x} = 5 - re^{-x^2}$ **3.4.8** $\dot{x} = rx - \dfrac{x}{1 + x^2}$

3.4.9 $\dot{x} = x + \tanh(rx)$ **3.4.10** $\dot{x} = rx + \dfrac{x^3}{1 + x^2}$

3.4.11 （一个有趣的分岔图）考虑系统 $\dot{x} = rx - \sin x$。

a）对于情况 $r = 0$，找出并区分所有的不动点，并画出向量场。

b）证明当 $r > 1$ 时，有唯一的不动点。是哪类不动点？

c）随着 r 从 ∞ 减小到 0，区分出现的所有分岔。

d）对于 $0 < r \ll 1$，求出发生分岔时 r 值的近似公式。

e）现在区分 r 从 0 减小到 $-\infty$ 时出现的所有分岔。

f）画出 $-\infty < r < \infty$ 的分岔图，并说明不动点分支的稳定性。

3.4.12 （四分岔）无伤大雅，我们指出叉式分岔可称为"三分岔"，因为当 $r > 0$ 时出现了不动点的三个分支。你能建立一个"四分岔"的例子吗？其中 $\dot{x} = f(x, r)$ 当 $r < 0$ 时没有不动点，当 $r > 0$ 时有四个不动点。如有可能，把你的结果推广到任意多分岔的情形。

3.4.13 （分岔图的计算机实现）对下面的向量场，利用计算机得到 x^* 相对于 r 的准确定量图形，这里 $0 \leqslant r \leqslant 3$。在每种情况下，有一个简单的方法和更难一点的牛顿-拉弗森法。

a）$\dot{x} = r - x - e^x$，b）$\dot{x} = 1 - x - e^{-rx}$

3.4.14 （亚临界分岔）考虑系统 $\dot{x} = rx + x^3 - x^5$，它具有亚临界

叉式分岔。

　　a）求出随 r 变化的所有不动点的代数表示。

　　b）画出随 r 变化的所有向量场。务必说明所有不动点及其稳定性。

　　c）计算 r_s，鞍-结分岔中出现非零不动点时的参数值。

3.4.15　（一阶相变）考虑系统 $\dot{x} = rx + x^3 - x^5$ 的势函数。计算 r_c，这里 r_c 满足条件 V 有三个等深的势阱，即 V 在三个局部最小值处的函数值相等。

　　（注意：在平衡点统计力学中，我们说在 $r = r_c$ 处发生一阶相变。对于这个 r 值，观察到系统位于三个极小值中任何一个的概率相等。水冻结成冰便是最熟悉的一阶相变的例子。）

3.4.16　（势）在（a）到（c）部分中，令 $V(x)$ 表示在 $\dot{x} = -dV/dx$ 意义上的势。将势化为 r 的函数。务必给出定性上不同的所有情况，包括 r 的分岔值。

　　a）（鞍-结分岔）$\dot{x} = r - x^2$

　　b）（跨临界分岔）$\dot{x} = rx - x^2$

　　c）（亚临界叉式分岔）$\dot{x} = rx + x^3 - x^5$

3.5　旋转环上的过阻尼球

3.5.1　考虑 3.5 节所讨论的旋转环上的小球。用物理语言解释小球为何不存在对应于 $\phi > \pi/2$ 的平衡点位置。

3.5.2　对方程（3.5.7）做所有不动点的线性稳定性分析，并确认图 3.5.6 的正确性。

3.5.3　证明方程（3.5.7）在 $\phi = 0$ 邻域内可化为 $\dfrac{d\phi}{d\tau} = A\phi - B\phi^3 + O(\phi^5)$。求 A 与 B。

3.5.4　（水平线上的小球）质量为 m 的小球被限制在水平直线上滑动。自然长度为 L_0 与弹性常数为 k 的弹簧附着在物体与一个支撑点 a 上，与直线的距离为 h（见图 1）。

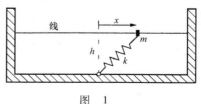

图　1

最后，假定小球的运动受到黏性阻尼力 $b\dot{x}$ 的阻碍。

a）写出小球的牛顿运动定律。

b）找出所有可能的平衡点，即不动点，表示为 k、h、m、b 与 L_0 的函数。

c）假定 $m = 0$。判断所有不动点的稳定性，并画出分岔图。

d）若 $m \neq 0$，m 为多小才能认为是可忽略的？在何种意义下它可以被忽略？

3.5.5 （快速瞬态的时间尺度）考虑在旋转环上的球，利用相平面分析来证明方程

$$\varepsilon \frac{\mathrm{d}^2 \phi}{\mathrm{d}\tau^2} + \frac{\mathrm{d}\phi}{\mathrm{d}\tau} = f(\phi)$$

存在迅速松弛到曲线 $\dfrac{\mathrm{d}\phi}{\mathrm{d}\tau} = f(\phi)$ 的解。

a）估计该快速瞬态关于 ε 的时间尺度，然后利用 m、g、r、ω 与 b 表示 $T_{快}$。

b）重新调整原来的微分方程，利用 $T_{快}$ 作为特征时间尺度，而不是 $T_{慢} = b/mg$。在这个时间尺度上，方程中哪一项可被忽略？

c）证明若 $\varepsilon \ll 1$，则 $T_{快} \ll T_{慢}$。（在这个意义上，$T_{快}$ 与 $T_{慢}$ 分离得很远）。

3.5.6 （关于奇异极限的模型问题）考虑线性微分方程

$$\varepsilon \ddot{x} + \dot{x} + x = 0$$

a）对所有的 $\varepsilon > 0$，利用解析方法求问题的解。

b）现在假定 $\varepsilon \ll 1$。证明存在两个分离很远的时间尺度，并利用 ε 估计它们。

c）画出 $\varepsilon \ll 1$ 时的解 $x(t)$，并在图上表示两个时间尺度。

d）对于用奇异极限 $\dot{x} + x = 0$ 来替换 $\varepsilon \ddot{x} + \dot{x} + x = 0$ 的正确性，可得到什么结论？

e）给出此问题的两个物理模拟，一个与机械系统有关，而另一个与电路有关。在每种情况下，求出关于 ε 的参数的无量纲组合，并陈述极限 $\varepsilon \ll 1$ 的物理意义。

3.5.7 （逻辑斯谛方程的无量纲化）考虑逻辑斯谛方程 $\dot{N} = rN$ $(1 - N/K)$，初始条件为 $N(0) = N_0$。

a）方程有三个量纲的参数 r、K 与 N_0。找出每个参数的量纲。

b）证明对选择合适的无量纲变量 x、x_0 与 τ，系统能被写为无量纲形式

$$\frac{\mathrm{d}x}{\mathrm{d}\tau} = x(1 - x), \ x(0) = x_0$$

c）求出关于变量 u 与 τ 的另一种不同的无量纲形式，这里选取 u 对应的初始条件总为 $u_0 = 1$。

d）你能想出无量纲化相比其他方法的优势吗？

3.5.8 （亚临界叉式分岔的无量纲化）一阶系统 $\dot{u} = au + bu^3 - cu^5$，式中 $b > 0$，$c > 0$，，在 $a = 0$ 处存在一个亚临界叉式分岔。证明方程可写为

$$\frac{\mathrm{d}x}{\mathrm{d}\tau} = rx + x^3 - x^5$$

式中，$x = u/U$，$\tau = t/T$，而 U、T 与 r 可利用 a、b 与 c 求得。

3.6 不完美分岔与灾变

3.6.1 （不完美分岔的简单问题）图 3.6.3b 中对应 $h > 0$ 还是 $h < 0$？

3.6.2 （不完美跨临界分岔）考虑系统 $\dot{x} = h + rx - x^2$。当 $h = 0$ 时，系统在 $r = 0$ 处经历了跨临界分岔。我们的目标是观察不完美参数 h 是如何影响 x^* 对于 r 的分岔曲线的。

a）画出 $\dot{x} = h + rx - x^2$ 在 $h < 0$，$h = 0$ 与 $h > 0$ 的分岔图。

b）画出 (r, h) 平面上对应不同定性向量场的区域，并判别对应区域边界上发生的分岔。

c）画出 (r, h) 平面上对应所有不同区域的势函数 $V(x)$。

3.6.3 （超临界分岔的扰动）考虑系统 $\dot{x} = rx + ax^2 - x^3$，这里 $-\infty < a < +\infty$。当 $a = 0$ 时，有超临界叉式分岔的标准形式。本练习题的目标是学习新参数 a 的影响。

a）对每个 a，存在 x^* 相对于 r 的分岔图。当 a 变化时，这些分岔图历经了定性的改变。画出 a 变化时，所能得到的定性上不同的所有分岔图。

b）画出 (r, a) 平面内对应不同定性向量场的区域，简要总结得到的结果。分岔发生在这些区域的边界上；判断出现的分岔类型。

3.6.4（不完美鞍-结分岔）若对具有鞍-结分岔的系统施加一个小扰动，会发生什么？

3.6.5（不完美分岔与灾变的机械例子）考虑 3.6 节结尾讨论的斜线上的小球。

a）证明小球平衡点的位置满足

$$mg\sin\theta = kx\left(1 - \frac{L_0}{\sqrt{x^2 + a^2}}\right)$$

b）证明这个平衡点方程能写成无量纲的形式

$$1 - \frac{h}{u} = \frac{R}{\sqrt{1 + u^2}}$$

c）给出 $R < 1$ 与 $R > 1$ 情况下无量纲方程的图形分析。每种情况有多少个不动点？

d）令 $r = R - 1$。证明对小的 r、h 与 u，平衡点方程可简化为 $h + ru - \frac{1}{2}u^3 \approx 0$。

e）求小的 r、h 与 u 极限中，鞍－结分岔曲线的近似公式。

f）证明分岔曲线的精确方程可写为如下的参数形式：

$$h(u) = -u^3, R(u) = (1 + u^2)^{3/2}$$

这里 $-\infty < u < +\infty$。（提示：你或许可以看下 3.7 节）验证该结果可约化为（d）中的近似结果。

g）给出 (r, h) 平面上分岔曲线的精确数值图形。

h）利用原始变量，从物理上解释得到的结果。

3.6.6（流体的斑图）Ahlers（1989）给出了关于流体系统中的一维模式的实验综述。在很多情况下，斑图从空间均匀的状态经过超临界或亚临界叉式分岔后首次出现。在分岔附近，斑图的振幅动力学在超临界情形由 $\dot{\tau}A = \varepsilon A - gA^3$ 近似地给出，而在亚临界情形则由 $\dot{\tau}A =$

$\varepsilon A - gA^3 - kA^5$ 近似给出。这里 $A(t)$ 为振幅，τ 为一般的时间尺度，ε 为刻画分岔之间距离的小无量纲参数。在超临界情形，参数 $g > 0$，而在亚临界情形下，有参数 $g < 0$ 与 $k > 0$。（在本文中，方程 $\tau\dot{A} = \varepsilon A - gA^3$ 常被称为朗道方程。）

a）Dubois 与 Bergé（1978）研究了在瑞利-贝纳尔（Rayleigh-Bénard）对流中的超临界分岔，并利用实验得出稳态振幅依指数律 $A^* \propto \varepsilon^\beta$ 依赖于 ε，这里 $\beta = 0.5 \pm 0.01$。朗道方程预测了什么？

b）当 $g = 0$ 时方程 $\tau\dot{A} = h + \varepsilon A - gA^3 - kA^5$ 称为经历三临界分岔；这种情况是超临界与亚临界分岔的边界线。找出当 $g = 0$ 时，A^* 与 ε 的关系。

c）根据泰勒-库埃特（Taylor-Couette）的涡流实验，Aitta 等（1985）能通过改变实验设置的纵横比使参数 g 的值从正到负地连续改变。假定方程被改为 $\tau\dot{A} = h + \varepsilon A - gA^3 - kA^5$，式中 $h > 0$ 代表着细微的不完美，画出在 $g > 0$，$g = 0$ 以及 $g < 0$ 三种情况下 A^* 相对于 ε 的分岔图。然后查看 Aitta 等（1985，图2）或 Ahlers（1989，图15）的实际数据。

d）在（c）的实验中，人们发现振幅 $A(t)$ 按照图2的方式朝着稳定态演变［根据 Ahlers（1989）的图18重画］。该结果对应 $g < 0$，$h \neq 0$ 时的不完美亚临界的情形。在实验中，参数 ε 在 $t = 0$ 时从负数切换到正数 ε_f。在图2中，ε_f 从底部向顶部而增大。

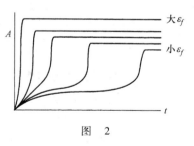

图　2

从直观上解释为什么曲线有这种奇怪的形状。为什么对大的 ε_f 曲线几乎竖直地趋于稳定态，而对于小的 ε_f，曲线在突然增加到最终值之前会达到一个平稳阶段？（提示：对不同 ε_f 的 $\dot{A}$ 相对于 A 的图形。）

3.6.7（磁场的简单模型）磁场可建模为巨大数量的电子自旋。在这个简单的**伊辛模型**中，自旋只能指向上方或者下方，并被赋值为 $S_i = \pm 1$，$i = 1$，$\cdots$，$N \gg 1$。由于量子力学的原因，自旋电子倾向于

指向其附近其他自旋电子的方向。另一方面，温度的随机化效应则容易破坏这种排列。磁场的一个重要宏观属性是其平均自旋或者磁化

$$m = \left| \frac{1}{N} \sum_{i=1}^{N} S_i \right|$$

在较高温度下，自旋指向随机方向，从而 $m \approx 0$；该物质处于顺磁状态。当温度下降时，m 保持在零附近，直到到达一个临界温度 T_c。于是，**相变**便发生了，而且物质自发地磁化。现在有 $m > 0$，于是我们便得到了铁磁体。

但是上下自旋的对称性意味着有两个可能的铁磁状态。这种对称性能被施加的额外磁场 h 所破坏，它倾向于向上或向下的任意方向。于是，在称为平均场理论的近似中，决定 m 的平衡值的方程为

$$h = T \operatorname{arctanh} m - Jnm$$

式中，J 与 n 为常数；$J > 0$ 为铁磁的耦合强度，n 为每个自旋电子的临界数目 ［Ma(1985)，第 459 页］。

a）利用图形方法，分析 $h = T \operatorname{arctanh} m - Jnm$ 的解 m^*。

b）对于特殊情形 $h = 0$，找出发生相变的温度临界值 T_c。

3.7 昆虫爆发

3.7.1 （关于昆虫爆发模型的简单问题）证明方程（3.7.3）的不动点 $x^* = 0$ 总是不稳定的。

3.7.2 （昆虫爆发模型的分岔曲线）

a）利用方程（3.7.8）与方程（3.7.9），画出 $r(x)$ 与 $k(x)$ 相对 x 的图形。求出当 $x \to 1$ 与 $x \to \infty$ 时 $r(x)$ 与 $k(x)$ 的极限行为。

b）找出图 3.7.5 所示的尖点处 r、k 与 x 的精确值。

3.7.3 （渔业模型）方程 $\dot{N} = rN\left(1 - \dfrac{N}{K}\right) - H$ 给出了一个关于渔业的极其简单的模型。在没有捕鱼时，假定鱼的数量以逻辑斯谛定律增长。捕鱼的影响被建模为 $-H$ 项，说明鱼以常数率 $H > 0$ 被捕捉或"收获"，独立于其数量 N。（这假定了渔民不担心鱼会被捕光并且他们每天捕捉相同数目的鱼。）

a）证明对适当定义的无量纲量 x、τ 与 h，系统能写为无量纲形式

$$\frac{\mathrm{d}x}{\mathrm{d}\tau} = x(1-x) - h$$

b）画出不同 h 值的向量场。

c）证明分岔发生在某个 h_c 处，并判断分岔的类别。

d）对 $h < h_c$ 与 $h > h_c$，讨论鱼的数量的长期行为，并对每种情况给出生物学上的解释。

该模型有个比较愚蠢的地方——鱼的数目可以为负数！一个更好的模型应该对所有的 H 值都在数目零处有不动点。这样的改进可参考下一个练习题。

3.7.4（改进的渔业模型）上题模型的一个改进为

$$\dot{N} = rN\left(1 - \frac{N}{K}\right) - H\frac{N}{A+N}$$

式中，$H > 0$，$A > 0$。该模型在两个方面更有实际意义：对所有参数值，它都有不动点 $N = 0$，而且鱼被捕捉的速度为 N 的减函数。这是合理的——当鱼越来越少时，难以捕获。因而每天的捕捉量下降。

a）给出参数 A 的生物学解释；它衡量了什么？

b）证明对适当定义的无量纲量 x、τ、a 与 h，系统能写成下面的无量纲形式

$$\frac{\mathrm{d}x}{\mathrm{d}\tau} = x(1-x) - h\frac{x}{a+x}$$

c）证明系统有一个、两个或者三个不动点，依赖于 a 和 h 的值。对每种情况的不动点进行分类。

d）分析 $x = 0$ 附近的动力学，证明当 $h = a$ 时，出现分岔。是哪种分岔类型？

e）证明当 $h = \frac{1}{4}(a+1)^2$，对于 $a < a_c$，出现另一个分岔，这里 a_c 待定。判断分岔的类型。

f）画出系统在 (a, h) 参数空间的分岔图。在其中某个稳定领域能否发生滞后？

3.7.5（一个生化开关）斑马的斑纹和蝴蝶的翅膀图案是生物图

案形成的两个最令人瞩目的例子。解释这两种图案的形成是生物学中的一个著名问题。更详细的综述可以参考 Murray（2003）。

作为图案形成的一个模型的组成部分，Lewis 等（1977）考虑了一个生物化学切换的简单例子，这里一个基因 G 被一种生物化学信号物质 S 所激活。例如，基因通常是未激活的，但当 S 的浓度超过某个阈值时，基因被"打开"并生成一种颜料或其他基因产物。令 $g(t)$ 表示基因产物的浓度，并假设 S 的浓度 s_0 为定值。其模型为

$$\dot{g} = k_1 s_0 - k_2 g + \frac{k_3 g^2}{k_4^2 + g^2}$$

式中，所有的 k 为正常数。g 的产出受到 s_0 的刺激，比率为 k_1，也受到自催化或正反馈过程（非线性项）。同时也存在比率为 k_2 的线性下降。

a）证明系统能化为无量纲形式

$$\frac{\mathrm{d}x}{\mathrm{d}\tau} = s - rx + \frac{x^2}{1 + x^2}$$

式中，$r > 0$，$s \geq 0$ 为无量纲组。

b）证明若 $s = 0$，当 $r < r_c$ 时存在两个正不动点 x^*，这里 r_c 待定。

c）假定开始没有基因产物，即 $g(0) = 0$，并假定 s 从零缓慢增加（激活信号被打开）；$g(t)$ 会发生什么？若 s 再回到零，会有什么结果？基因会再次关闭吗？

d）求出 (r, s) 空间内，分岔曲线的参数方程，并判断出现的分岔。

e）利用计算机给出 (r, s) 空间内稳定图的定量的精确图形。

对问题的深入讨论，可参考 Lewis 等（1977）；Edelstein-Keshet（1988），7.5 节；或 Murray（2002），第 6 章。

3.7.6 （传染病模型）在传染病学的开创性研究中，Kermack 与 McKendrick（1927）为传染病的演化提出了下面的简单模型。假设人群能被分为三类：$x(t) = $ 健康的人数；$y(t) = $ 生病的人数；$z(t) = $ 死亡人数；设总的人数数量上保持不变，除了因传染病而死亡的人群。（即传染病演化很迅速，我们忽略了因为出生、迁徙或其他原因死亡导致的人口缓慢变化。）

该模型为

$$\dot{x} = -kxy$$

$$\dot{y} = kxy - ly$$

$$\dot{z} = ly$$

式中，k 与 l 为正常数。该方程基于两个假设：

（i）健康人群发病率与 x、y 的乘积成比例。这是对的，如果健康与生病人群以与其人数成比例的比率相遇，而且每次相遇以常数概率引起疾病的传播。

（ii）病人以常数比率 l 死亡。

本练习题的目标是将这个三阶系统模型化简为能用我们的方法分析的一阶系统。（第 6 章我们将看到一个更简单的分析。）

a）证明 $x + y + z = N$，式中 N 为常数。

b）利用 $\dot{x}$ 与 $\dot{z}$ 的方程证明 $x(t) = x_0 \exp(-kz/l)$，式中 $x_0 = x(0)$。

c）证明 z 满足一阶方程 $\dot{z} = l[N - z - x_0 \exp(-kz/l)]$。

d）证明可通过适当的变量调整，将方程无量纲化为

$$\frac{du}{d\tau} = a - bu - e^{-u}$$

e）证明 $a \geqslant 1$，$b > 0$。

f）求出不动点 u^* 的个数，并对其稳定性进行分类。

g）证明 $\dot{u}(t)$ 的最大值与 $\dot{z}(t)$ 和 $y(t)$ 的最大值在相同时间出现。（该时间称为传染病的**顶峰**，表示为 $t_{顶峰}$。相比其他时间，此时有更多的病人与更高的每日死亡率。）

h）证明若 $b < 1$，则 $\dot{u}(t)$ 在 $t = 0$ 时增加，并在某个时间 $t_{顶峰} > 0$ 达到最大。因此情况在转好之前变得更糟。（传染病这一术语就对应于这一情形。）正 $\dot{u}(t)$ 最终减小到零。

i）另一方面，证明若 $b > 1$，$t_{顶峰} = 0$。（因而若 $b > 1$，传染病没有发生）。

j）条件 $b = 1$ 是发生传染病的**临界条件**。你能给出该条件的生物学解释吗？

k）Kermack 与 McKendrick 证明了他们的模型对 1906 年孟买瘟疫的数据给出了很好的拟合。你将怎样改进该模型使它更适合于艾滋病？哪个条件需要修改？

对传染病模型的介绍，可参考 Murray（2002），第 10 章；或者 Edelstein-Keshet（1988）。Murray（2002）、May 与 Andson（1987）讨论了艾滋病的模型。Anderson（1990）给出了 Kermack-McKendrick 的论文一个很好的评述。

下面两个练习题与非线性动力学在系统生物学中的应用有关，是由 Jordi Garcia-Ojalvo 友好建议的。

3.7.7（滞后激活）考虑蛋白质在正反馈环中激活其自身的转录，而它的启动子具有某种水平的基态表示：

$$\dot{p} = \alpha + \frac{\beta p^n}{K^n + p^n} - \delta p$$

式中，α 是基态转录率；β 为最大转录率；K 为激活系数；δ 为蛋白质的衰减率。为了方便研究，假定 n 很大（$n \gg 1$）。

a）画出非线性函数 $g(p) = \beta p^n / (K^n + p^n)$ 在 $n \gg 1$ 的图形。当 $n \to \infty$ 时，它趋于什么简单图形？

b）方程 $\dot{p}$ 的右边能写为 $g(p) - h(p)$，这里 $h(p) = \delta p - \alpha$。利用这种分解画出系统在三种情况的相图：(i) $\delta K - \alpha > \beta$，(ii) $\delta K - \alpha > \beta/2$，(iii) $\delta K - \alpha < 0$。

c）从现在开始，假设 $\delta K > \beta$。画出系统的分岔图。务必清楚表示不动点 p^* 关于 α 的位置与稳定性。

d）若 $\alpha = 0$ 缓慢变化到 $\alpha > \delta K$ 然后再减小到 $\alpha = 0$，讨论蛋白质的水平会怎样变化。证明这种脉冲式的刺激会导致滞后。

3.7.8（瞬时刺激的不可逆响应）细胞中的很多分子通过施加磷酸基团能打开或关闭，该过程称为磷酸化。添加磷酸基团会改变对分子起限制作用的分子构象，事实上，开启了开关并改变了分子的活性。这是一个最常见的方式，如分子控制着种类繁多的重要过程，从酶的活动到细胞复制、运动、发送信号以及新陈代谢。在其逆过程中，磷酸基团被移除，被称为去磷酸化。更多信息可见 Hardie（1999）与 Alon（2006）的著作。

为了说明瞬时刺激如何不可逆转地决定细胞的命运，Xiong 与 Ferrell（2003）考虑了一个磷酸化/去磷酸化循环的模型，其中磷酸化以两种不同方式引入：通过刺激信号 S，以及通过正反馈环中的磷酸化蛋白质自身。假定后面的过程是合作的，磷酸化蛋白质的动力学为

$$\dot{A}_p = k_p SA + \beta \frac{A_p^n}{K^n + A_p^n} - k_d A_p$$

式中，A 为无磷酸化蛋白质的浓度；A_p 为磷酸化蛋白质的浓度。假设总的蛋白质浓度为 $A_T = A + A_p$，其为常数。在模型中，k_p 为激活（磷酸化）率，而 k_d 为未激活率（未磷酸化）。为了简单，考虑方便的简单情况 $n \gg 1$，$K = A_T/2$，以及 $\beta = k_d A_T$。

a）将系统无量纲化，关于无量纲量 $x = A_p/K$，$\tau = k_d t$，$s = k_p S/k_d$，以及 $b = \beta/k_d K$。

b）首先假设没有刺激，有 $s = 0$。画出系统的相图。

c）画出系统对不变的刺激 $s > 0$ 能出现的定性上不同的相图。

d）考虑你在（b）部分计算到的不动点的行为，画出系统当刺激 s 不断增大时的分岔图。

e）证明系统在下面意义上不可逆：若细胞开始时无磷酸化蛋白质，也没有刺激，若刺激充分大，则蛋白质激活——但如果之后 s 减少到零，它却不会反激活。

f）重复上述分析，但这次对于 $\beta \ll k_d A_T$。在这种情况下，可逆性会怎么样？

4 圆上的流

4.0 引言

前面我们集中讨论了方程 $\dot{x}=f(x)$，并把它可视化为直线上的向量场。现在我们考虑一种新的微分方程及其相空间。方程

$$\dot{\theta}=f(\theta)$$

对应着**圆上的向量场**。这里 θ 为圆上一点，$\dot{\theta}$ 为该点处的速度向量，由 $\dot{\theta}=f(\theta)$ 确定。和直线一样，圆是一维的，但它有个重要的新特性：沿着一个方向，粒子能最终回到其初始位置（见图 4.0.1）。因而，在本书中周期解第一次成为可能！为了采用另一种方式，圆上的向量场提供了能产生振荡的动力系统的最基本模型。

图 4.0.1

但是，在其他所有方面，圆上的流与直线上的流很接近，因此本章会很短。我们将讨论一些简单振子的动力学，例如，该模型已用来建模萤火虫的发光与超导约瑟夫森（Josephson）结的电压振荡，尽管它们的振动频率大小相差大约 10 阶。

4.1 例子与定义

让我们从一些例子开始，然后给出圆上的向量场更详细的定义。

例题 4.1.1

画出对应于 $\dot{\theta}=\sin\theta$ 的圆上的向量场。

解：按照通常的做法把坐标放在圆上，$\theta = 0$ 在 "东方"，θ 在逆时针方向上增加。为了画出向量场，首先寻找由 $\dot{\theta} = 0$ 定义的不动点。不动点出现在 $\theta^* = 0$ 和 $\theta^* = \pi$。为了判断其稳定性，注意在上半圆周上 $\sin\theta > 0$。因而 $\dot{\theta} > 0$，流朝逆时针方向。同样地，在下半圆周上 $\dot{\theta} < 0$，流朝顺时针方向。因此，$\theta^* = \pi$ 是稳定的，而 $\theta^* = 0$ 是不稳定的。如图 4.1.1 所示。

事实上，我们在前面见过这个例题——它在 2.1 节给出过。在那里把 $\dot{x} = \sin x$ 看作直线上的向量场。比较图 2.1.1 与图 4.1.1，可以注意到，把系统看作圆上的向量场更加清楚。■

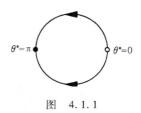

图　4.1.1

例题 4.1.2

解释为什么不能将 $\dot{\theta} = \theta$ 视为圆上的向量场，对于范围 $-\infty < \theta < \infty$。

解：速度不是唯一确定的。例如 $\theta = 0$ 与 $\theta = 2\pi$ 是圆上同一个点的两个标签，但第一个标签意味着在该点处速度为零，而另一个意味着速度为 2π。■

如果我们尽力避免这种非唯一性，通过将 θ 限制在 $-\pi < \theta \leqslant \pi$ 上，则速度向量在 $\theta = \pi$ 点上发生不连续的跳跃。不管怎么尝试，都无法认为 $\dot{\theta} = \theta$ 是圆上的向量场。

当然，将 $\dot{\theta} = \theta$ 当作直线上的向量场是没问题的，因为 $\theta = 0$ 与 $\theta = 2\pi$ 是不同的点，因而如何定义其速度都不会有冲突。

例题 4.1.2 显示了如何定义圆上的向量场。下面是几何上的定义：**圆上的向量场**是定义圆上每个点速度唯一的规则。

在实际中，这类向量场出现于一阶系统 $\dot{\theta} = f(\theta)$，这里 $f(\theta)$ 是周期为 2π 的实值函数。也就是，对任意实数 θ，$f(\theta + 2\pi) = f(\theta)$。而且，假定（同以往一样）$f(\theta)$ 足够光滑以保证解的存在性与唯一性。尽管系统可被看作直线上向量场的特殊情况，将其视为圆上的向量场通常会更加清楚（如例题 4.1.1）。这意味着没有区分差为 2π 的

整数倍的 θ。这是 $f(\theta)$ 的周期性重要的地方——它保证了速度 $\dot{\theta}$ 在圆上的每一个点都是唯一确定的，意思是 $\dot{\theta}$ 为相同的，无论称其为 θ，$\theta + 2\pi$，或者任意正数 k 对应的 θ、$\theta + 2\pi k$。

4.2 均匀振子

圆上的一点常被称为角度或者**相位**。最简单的振子的相位 θ 是均匀变化的：

$$\dot{\theta} = \omega$$

式中，ω 为常数。其解为

$$\theta(t) = \omega t + \theta_0$$

它对应着圆上角频率为 ω 的均匀运动。该解为**周期的**，意思是 $\theta(t)$ 以 2π 变化，因而在时间 $T = 2\pi/\omega$ 后，返回到同一个点。称 T 为振动的**周期**。

注意我们没有谈及振动的振幅。在系统中确实没有振幅变量。如果具有相位变量与振幅变量，将得到二维相空间；这种情况更加复杂，在本书后面将详细讨论。（或者你愿意的话，你可以想象振动发生于某些固定的振幅，其对应着圆上相空间的半径。在任何情况下，振幅都不影响动力学。）

例题 4.2.1

两个慢跑者，Speedy 与 Pokey，沿着圆形的跑道以稳定速度跑步。Speedy 跑一圈需要 T_1，而 Pokey 需要 T_2（$T_2 > T_1$）。当然，Speedy 将定期超过 Pokey；假定二人一起出发，Speedy 要多久才能超过 Pokey 一圈？

解：令 $\theta_1(t)$ 为跑道上 Speedy 的位置。则 $\dot{\theta}_1 = \omega_1$，这里 $\omega_1 = 2\pi/T_1$。该方程说明 Speedy 速度稳定，每隔 T_1 完成一圈；同样地，假定对于 Pokey，有 $\dot{\theta}_2 = \omega_2 = 2\pi/T_2$。

Speedy 超过 Pokey 一圈的条件为二人的角度差增加到 2π。因而，若定义**相位差**为 $\phi = \theta_1 - \theta_2$，则应找出 ϕ 增加到 2π 需要多长时间（见图 4.2.1）。利用减法，有 $\dot{\phi} = \dot{\theta}_1 - \dot{\theta}_2 = \omega_1 - \omega_2$。

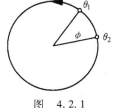

图 4.2.1

因此，ϕ 在时间

$$T_{-圈} = \frac{2\pi}{\omega_1 - \omega_2} = \left(\frac{1}{T_1} - \frac{1}{T_2} \right)^{-1}$$

之后增加到 2π。■

例题 4.2.1 阐明了被称为"**差拍现象**"的效应。两个具有不同频率的相互作用的振子将周期性地彼此进入同相或异相。你可能在周日早晨听过这种效应：两个不同教堂的钟有时会同时响起，然后慢慢分离，最后又同时响起。若振子相互作用（如两个慢跑者尽力待在一起或者两个敲钟人能听到对方），则可以得到更有趣的结果，如 4.5 节中萤火虫的发光节律。

4.3　非均匀振子

方程

$$\dot{\theta} = \omega - a\sin\theta \qquad (1)$$

出现在很多不同的科学与工程分支中。这里是一部分例子：

电子学（锁相环）

生物学（振动神经元、萤火虫发光节律、人类睡眠-苏醒周期）

凝聚态物理（约瑟夫森结、电荷密度波）

力学（不变力矩驱动下的过阻尼摆）

其中一部分应用稍后将在本章与练习题中讨论。

为了分析式（1），出于方便考虑，假定 $\omega > 0$，$a \geq 0$；ω 与 a 为负数的情况结果类似。$f(\theta) = \omega - a\sin\theta$ 的典型图形如图 4.3.1 所示。注意 ω 为平均值，而 a 为振幅。

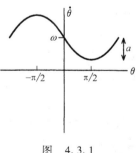

图　4.3.1

向量场

若 $a = 0$，式（1）简化为均匀振子。参数 a 引入了圆上流的非均匀性：流在 $\theta = -\pi/2$ 处最快，而在 $\theta = \pi/2$ 处最慢（见图 4.3.2a）。这种非均匀性随着 a 的增加更加显著。当 α 略小于 ω 时，振动不稳定

（忽快忽慢）：相位 $\theta(t)$ 需要很长时间经过 $\theta=\pi/2$ 附近的**瓶颈**，之后它在快得多的时间尺度上在圆上剩余部分快速运动。当 $a=\omega$ 时，系统完全停止振动：在 $\theta=\pi/2$ 处的鞍-结分岔中出现半稳定的不动点（见图 4.3.2b）。最后，当 $a>\omega$ 时，半稳定不动点分出一个稳定不动点与不稳定不动点（见图 4.3.2c）。当 $t\to\infty$ 时，所有的轨迹都被吸引到稳定不动点。

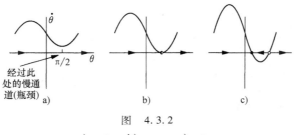

图 4.3.2

a）$a<\omega$ b）$a=\omega$ c）$a>\omega$

同样的信息可通过圆上向量场的图形表示（见图 4.3.3）。

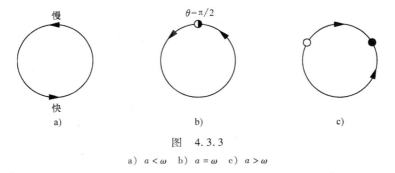

图 4.3.3

a）$a<\omega$ b）$a=\omega$ c）$a>\omega$

例题 4.3.1

利用线性稳定性分析对 $a>\omega$ 时式（1）的不动点进行分类。

解：不动点 θ^* 满足

$$\sin\theta^*=\omega/a,\ \cos\theta^*=\pm\sqrt{1-(\omega/a)^2}$$

其线性稳定性决定于

$$f'(\theta^*)=-a\cos\theta^*=\mp a\sqrt{1-(\omega/a)^2}$$

因此，对应 $\cos\theta^* > 0$ 的不动点是稳定的，因为 $f'(\theta^*) < 0$。这和图 4.3.2c 相吻合。■

振动周期

对 $a < \omega$，振动的周期可以用解析方法求解，如下：
θ 改变 2π 所需的时间由

$$T = \int dt = \int_0^{2\pi} \frac{dt}{d\theta} d\theta$$

$$= \int_0^{2\pi} \frac{d\theta}{\omega - a\sin\theta}$$

给出，这里利用（1）代替 $dt/d\theta$。这个积分可以用复变量方法求值，或者利用变换 $u = \tan\dfrac{\theta}{2}$。（详见练习题 4.3.2）结果为

$$T = \frac{2\pi}{\sqrt{\omega^2 - a^2}} \tag{2}$$

图 4.3.4 显示了 T 作为 a 的函数的图形。

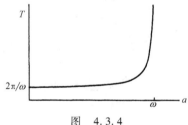

图 4.3.4

当 $a = 0$ 时，式（2）可简化为 $T = 2\pi/\omega$，是均匀振子的熟知结果。该周期随着 a 增加，当 a 从左边趋于 ω 时发散（我们用 $a \to \omega^-$ 表示此极限）。

我们可以估计发散的阶，注意到当 $a \to \omega^-$ 时，有

$$\sqrt{\omega^2 - a^2} = \sqrt{\omega + a}\,\sqrt{\omega - a}$$

$$\approx \sqrt{2\omega}\,\sqrt{\omega - a}$$

因此，

$$T \approx \left(\frac{\pi\sqrt{2}}{\sqrt{\omega}}\right)\frac{1}{\sqrt{\omega - a}} \tag{3}$$

它表明 T 像 $(a_c - a)^{-1/2}$ 般爆炸，这里 $a_c = \omega$。下面我们解释这个**平方根标度律**的起源。

鬼魂与瓶颈

上面所发现的平方根标度律是鞍-结分岔附近系统的非常一般的特征。在不动点碰撞后，存在鞍-结点的残余或者**鬼魂**，会导致系统很缓慢地通过瓶颈。

例如，考虑 a 减小时的 $\dot{\theta} = \omega - a\sin\theta$，从 $a > \omega$ 开始。随着 a 减小，两个不动点会相互靠近、碰撞、消失（这个过程在前面的图 4.3.3 中展示过，现在只需从右往左看）。对于略小于 ω 的 a 值，在 $\pi/2$ 附近的不动点不再存在，但仍能通过鞍-结点鬼魂感觉到（见图 4.3.5）。

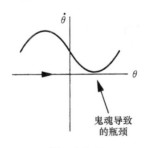

图　4.3.5

$\theta(t)$ 的图形具有图 4.3.6 所示的形状。注意轨迹如何把几乎所有的时间都用在通过瓶颈上。

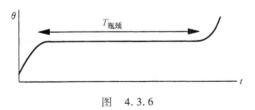

图　4.3.6

现在我们推导通过瓶颈所需时间的一般的标度律。唯一与之有关的是，最小值的小邻域内 $\dot{\theta}$ 的行为，因为在那里消耗的时间决定了该问题中的其他时间尺度。一般地，$\dot{\theta}$ 在其最小值附近看起来像抛物

线。则问题极大地简化了：动力学能被简化为鞍－结分岔的标准形式！利用空间的局部调整，写出如下的向量场

$$\dot{x} = r + x^2$$

式中，r 与到分岔的距离成比例，而且 $0 < r \ll 1$。$\dot{x}$ 的图形如图 4.3.7 所示。

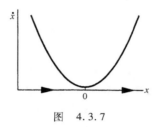

图 4.3.7

为了估计瓶颈内所消耗的时间，计算 x 从 $-\infty$（瓶颈一侧的所有路程）到 ∞（瓶颈另一侧的所有路程）所需的时间。结果为

$$T_{瓶颈} \approx \int_{-\infty}^{\infty} \frac{\mathrm{d}x}{r + x^2} = \frac{\pi}{\sqrt{r}} \tag{4}$$

它显示出平方根标度律的普遍性。（练习题 4.3.1 提示你如何计算式（4）中的积分。）

例题 4.3.2

利用标准形式而不必计算精确结果来估计 $\dot{\theta} = \omega - a\sin\theta$ 在极限 $a \to \omega^-$ 下的周期。

解：所求周期基本上是经过瓶颈所需的时间。为了估计该时间，在 $\theta = \pi/2$ 处利用泰勒展开式，这里出现了瓶颈。令 $\phi = \theta - \pi/2$，这里 ϕ 很小。则有

$$\begin{aligned}
\dot{\phi} &= \omega - a\sin\left(\phi + \frac{\pi}{2}\right) \\
&= \omega - a\cos\phi \\
&= \omega - a + \frac{1}{2}a\phi^2 + \cdots
\end{aligned}$$

它和预期的标准形式很接近。若令

$$x = (a/2)^{1/2}\phi, \quad r = \omega - a$$

则 $(a/2)^{1/2}\dot{x} \approx r + x^2$，直到 x 的领头阶。分离变量，可得

$$T \approx (2/a)^{1/2} \int_{-\infty}^{\infty} \frac{\mathrm{d}x}{r + x^2} = (2/a)^{1/2} \frac{\pi}{\sqrt{r}}$$

现在代入 $r = \omega - a$。而且，由于 $a \to \omega^-$，用 $2/\omega$ 替换 $2/a$。因此，有

$$T \approx \left(\frac{\pi \sqrt{2}}{\sqrt{\omega}} \right) \frac{1}{\sqrt{\omega - a}}$$

这和式（3）相吻合。

4.4　过阻尼摆

我们考虑一个非均匀振子的简单机械例子：一个由不变力矩驱动的过阻尼摆。令 θ 表示摆与向下的垂线的夹角，并假设 θ 在逆时针方向上增加（见图 4.4.1）。

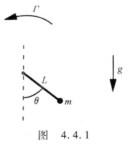

图　4.4.1

根据牛顿定律，有

$$mL^2\ddot{\theta} + b\dot{\theta} + mgL\sin\theta = \Gamma \tag{1}$$

式中，m 为质量；L 为摆的长度；b 为黏性阻尼系数；g 为重力加速度；Γ 为不变的作用力矩。所有这些参数都是正数。特别是，$\Gamma > 0$ 意味着作用力矩驱动摆逆时针运动，如图 4.4.1 所示。

式（1）为二阶系统，但在 b 值极大时的过阻尼极限中，它可用一阶系统近似（见 3.5 节与练习题 4.4.1）。在该极限中，惯性项 $mL^2\ddot{\theta}$ 可忽略，因而式（1）变为

$$b\dot{\theta} + mgL\sin\theta = \Gamma \tag{2}$$

为了从物理上考虑该问题，你应该想象摆浸没在糖浆中。力矩 Γ 使摆能在黏性环境中前进。注意到这是与常见的无摩擦情形相反的极限情况，那里能量是守恒的，摆永远来回摆动。而在当前情况下，能量因为阻尼而损耗，也因作用力矩而产生。

为了分析式（2），首先将其无量纲化。（两边同时）除以 mgL，可得

$$\frac{b}{mgL}\dot{\theta} = \frac{\Gamma}{mgL} - \sin\theta$$

因此，若令

$$\tau = \frac{mgL}{b}t, \quad \gamma = \frac{\Gamma}{mgL} \tag{3}$$

则

$$\theta' = \gamma - \sin\theta \tag{4}$$

式中，$\theta' = \mathrm{d}\theta/\mathrm{d}\tau$。

无量纲组 γ 为作用力矩与最大重力力矩的比值。若 $\gamma > 1$，作用力矩永远不会被重力力矩平衡掉，摆将连续地翻转。其旋转速度是非均匀的，因为重力在一侧会有助于作用力矩，而在另一侧与之相背（见图 4.4.2）。当 $\gamma \to 1^{+}$ 时，在慢的一侧，摆翻过 $\theta = \pi/2$ 会需要更长时间。当 $\gamma = 1$ 时，不动点出现在 $\theta^* = \pi/2$，然后当 $\gamma < 1$ 分成两个不动点（见图 4.4.3）。从物理的立场看，很清楚的是，两

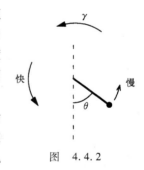

图　4.4.2

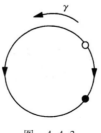

图　4.4.3

个平衡点中较低的那个是稳定不动点。

当 γ 减小时，这两个不动点继续分离。最后当 $\Gamma = 0$ 时，作用力矩消失，在顶端有一个不稳定不动点（倒立摆），在底端则有一个稳定不动点。

4.5　萤火虫

萤火虫为自然界中的同步提供了一个最壮观的例子。在东南亚很多地方，上千的雄性萤火虫夜晚在树上集结，并同时闪烁。同时，雌性萤火虫在上面盘旋，寻找具有最漂亮的亮光的雄性。

为了欣赏这种美妙的景象，你可以看一看相关电影或者视频。在戴维·阿滕伯勒（David Attenborough）主演的纪录片《生命之源》（*The Trials of life*）中有一集名为《与陌生人谈话》（*Talking to Strangers*），该集中展示了一个很棒的例子。对同步萤火虫的一个很好的介绍可见 Buck 与 Buck（1976），Buck（1988）中有一个全面的综述。同步萤火虫的数学模型可见 Mirollo 与 Strogatz（1990）以及 Ermentrout（1991）的论述。

同步是怎么发生的？当然萤火虫开始时并不会同步；它们黄昏时到达树上，随着夜晚降临同步逐渐形成。关键是萤火虫相互影响：当一个萤火虫看到另一个发光时，它加快或减慢发光速度以使得下一轮中发光的相位更加接近。

Hanson（1978）利用实验研究了这种效应，通过对着一只萤火虫周期性闪光，并观察它尝试同步；对接近萤火虫自然周期（大概 0.9s）的周期范围，萤火虫能将其频率与周期性刺激相匹配。在这种情况下，我们说萤火虫已被刺激所**携带**。但是若刺激太快或者太慢时，萤火虫无法跟上，携带会消失——便会发生差拍现象。但是与4.2 节中的差拍现象相比，刺激与萤火虫的相位差不会均匀增加。该相位差在差拍周期的一段内慢慢增加，当萤火虫无法同步时，则会迅速经过 2π，之后萤火虫在下一个差拍周期内再次试图同步。这个过程被称为**相移**。

模型

Ermentrout 与 Rinzel(1984) 提出了一个萤火虫发光节律及其对刺激反应的简单模型。假设 $\theta(t)$ 为萤火虫发光节律的相位，这里 $\theta = 0$ 对应发光的时刻。假设没有刺激时，萤火虫根据 $\dot{\theta} = \omega$ 以频率 ω 完成其周期。

现在假定有一个周期刺激，其相位 Θ 满足

$$\dot{\Theta} = \Omega \tag{1}$$

式中，$\Theta = 0$ 对应着刺激闪光。我们对萤火虫对该刺激的回应做如下建模：若刺激在周期之前，则假设萤火虫加速发光试图同步。相反地，萤火虫如发光过早则减慢发光。一个融合该假设的简单模型为

$$\dot{\theta} = \omega + A\sin(\Theta - \theta) \tag{2}$$

式中，$A > 0$。例如，若 Θ 在 θ 之前（即 $0 < \Theta - \theta < \pi$），萤火虫加速（$\dot{\theta} > \omega$）。**重置强度** A 度量了萤火虫修正其瞬时频率的速度。

分析

为了观察携带是否会发生，看一下相位差 $\phi = \Theta - \theta$ 的动力学。式（1）减去式（2）可得

$$\dot{\phi} = \dot{\Theta} - \dot{\theta} = \Omega - \omega - A\sin\phi \tag{3}$$

它是一个关于 $\phi(t)$ 的非均匀振子的方程。方程（3）能利用

$$\tau = At, \quad \mu = \frac{\Omega - \omega}{A} \tag{4}$$

无量纲化，则

$$\phi' = \mu - \sin\phi \tag{5}$$

式中，$\phi' = \mathrm{d}\phi/\mathrm{d}\tau$。无量纲组 μ 为频率差相对于重置强度的度量。当 μ 很小时，频率相对很接近，我们预期携带可能会出现。图 4.5.1 印证了这一点，其中画出了式（5）对于不同 $\mu \geqslant 0$ 的向量场。（$\mu < 0$ 的情况很相似。）

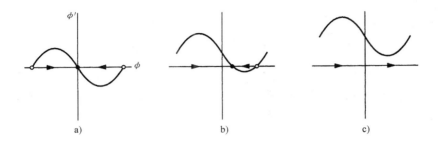

图　4.5.1

a）$\mu = 0$　b）$0 < \mu < 1$　c）$\mu > 1$

当 $\mu = 0$ 时，所有轨迹都流向稳定的不动点 $\phi^* = 0$（见图 4.5.1a）。因此在 $\Theta = \omega$ 的情况下，萤火虫最终以零相位差被携带。换句话说，若萤火虫在其自然频率被驱动，萤火虫与刺激同步发光。

图 4.5.1b 中显示，对于 $0 < \mu < 1$，图 4.5.1a 所示的曲线上扬，稳定与不稳定的不动点靠得更近。所有轨迹这次仍被吸引到一个稳定的不动点，但是有 $\phi^* > 0$。由于相位差趋于常数，称萤火虫的频率与刺激实现了**锁相**。

锁相意味着萤火虫与刺激采用相同的瞬时频率，尽管它们不能同步闪光。$\phi^* > 0$ 意味着在每个周期中刺激闪光都在萤火虫闪光之前。这解释得通——假设 $\mu > 0$，意味着 $\Omega > \omega$；刺激闪光则比萤火虫快，并驱使它超过自身频率而更快发光。所以萤火虫无法跟上。但它不会被落下一个周期——它会被落下固定的常量 ϕ^*。

若继续增加 μ，稳定的与不稳定的不动点最终在 $\mu = 1$ 处的鞍-结分岔中合并。对 $\mu > 1$ 两个不动点消失，锁相消失；相位差 μ 无限期地增加，对应着相移（见图 4.5.1c）。（当然，一旦 ϕ 达到 2π，振子又出现同相。）注意，相位不会以均匀速率分离，定性的与 Hanson（1978）的实验相吻合：ϕ 在其经过图 4.5.1c 中的正弦波的最小值 $\phi = \pi/2$ 时候，增长最慢，而在经过最大值 $\phi = -\pi/2$ 时候，增长最快。

这个模型给出了很多具体的可检验的预测。携带只有在驱动频率的一个对称区间内才可能预测，特别是 $\omega - A \leqslant \Omega \leqslant \omega + A$。该区间称为**携带范围**（见图 4.5.2）。

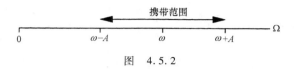

图 4.5.2

利用实验方法测量携带范围，确定参数 A 的值。于是模型给出了携带中的相位差的一个严格预测，即

$$\sin\phi^* = \frac{\Omega - \omega}{A} \tag{6}$$

式中，$-\pi/2 \leqslant \phi^* \leqslant \pi/2$，对应着式（3）的稳定不动点。

而且，对于 $\mu > 1$，相移的周期可做如下预测。ϕ 变化 2π 所需时间为

$$
\begin{aligned}
T_{(\text{相})移} &= \int \mathrm{d}t = \int_0^{2\pi} \frac{\mathrm{d}t}{\mathrm{d}\phi}\mathrm{d}\phi \\
&= \int_0^{2\pi} \frac{\mathrm{d}\phi}{\Omega - \omega - A\sin\phi}
\end{aligned}
$$

为了求该积分的值，利用 4.3 节中的式（2），可得

$$T_{(\text{相})移} = \frac{2\pi}{\sqrt{(\Omega - \omega)^2 - A^2}} \tag{7}$$

由于事先假定 A 与 ω 为萤火虫固定的属性，预测式（6）与式（7）容易通过变化驱动频率 Ω 来检验。这样的实验还没有做。

事实上，关于萤火虫同步闪光的生物事实更加复杂。这里的模型对某些物种是合理的，例如对 Pteroptyx Cribellata，其行为好像 A 与 ω 为固定值。但是同步最好的物种 Pteroptyx malaccae 实际上会将频率 ω 改变到驱动频率 Ω（1978）。利用这种方法，它可以达到相位差近似为零，甚至当驱动周期与其自然周期偏差超过 $\pm 15\%$ 时！Ermentrout（1991）已给出了这种著名效应的模型。

4.6 超导约瑟夫森结

约瑟夫森结是一种超导装置，能够产生极高频率的电压振荡，通常是每秒 $10^{10} \sim 10^{11}$ 个周期。它们有巨大的工业前景，如放大器、电

压基准系统、检测器、混合器，以及数字电路中的快速开关等。约瑟夫森结能够探测小到 1V 的千万亿分之一的电势，而且能用于检测遥远星系的远红外辐射。对于约瑟夫森结的详细介绍，以及更一般的超导性，见 Van Duzer 与 Turner（1981）的论述。

尽管解释约瑟夫森效应的起因需要量子力学，我们仍能用经典的术语来描述约瑟夫森结的动力学。约瑟夫森结在非线性动力学的实验研究中特别有用，因为单结的方程与摆的方程一模一样！在本节中，我们将研究过阻尼极限下的单结动力学。在后面章节将讨论欠阻尼结，以及很多耦合在一起的结的阵列。

物理背景

约瑟夫森结包含两个放置得很近的超导体，并由一个弱连接隔开（见图 4.6.1）。该连接可以为绝缘体、一般金属、半导体、弱化的超导体或其他材料，将两个超导体弱耦合在一起。这两个超导区域可以分别由两个量子力学波函数 $\psi_1 e^{i\phi_1}$ 与 $\psi_2 e^{i\phi_2}$ 描述。因为需要处理大约 10^{23} 个电子，通常需要更复杂的描述。但从超导立场看，这些电子形成"库珀对"，而能用一个宏观的波函数来描述。这意味着电子之间的一致性达到惊人的程度。这种库珀对的行为就像萤火虫同步的微型版本：它们采用相同的相位，因为这被证实可以最小化超导体的能量。

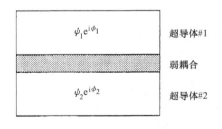

图　4.6.1

当约瑟夫森（1962）还是一个 22 岁的研究生时就指出在两个超导体之间应该可能有电流，尽管二者之间没有电势差。这种行为在经典理论中不可能，但由于库珀对穿过该结时的量子力学隧道效应，它可能会发生。Anderson 与 Rowell 在 1963 年观察到这种"约瑟夫森效应"。

意外的是，约瑟夫森在 1972 年获得了诺贝尔奖之后，他失去了对主流经典物理的兴趣，而且很少听闻其消息。见约瑟夫森（1982）的访谈，他回顾了其早期的工作，并讨论他的一些新的兴趣方向。

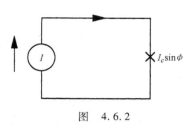

图 4.6.2

约瑟夫森连接

我们现在给出约瑟夫森效应更定量的描述。假定约瑟夫森结连接到直流电源上（见图 4.6.2），因而在结中有一个**恒定电流** $I > 0$。利用量子力学，可以证明，若电流比某个临界电流 I_c 小，结中没有产生电压；也就是，结的行为就像零电阻一样！但是，两个超导体的相位会分开一个常数相位差 $\phi = \phi_2 - \phi_1$，这里 ϕ 满足约瑟夫森电流与相位的关系

$$I = I_c \sin\phi \qquad (1)$$

式（1）意味着当**偏置电流 I** 增加时，相位差也增加。

当 I 超过 I_c 时，常数的相位差无法保持，结中产生了电压。结两侧的相位开始彼此下降，下降率由约瑟夫森电流与相位的关系决定

$$V = \frac{\hbar}{2e}\dot{\phi} \qquad (2)$$

式中，$V(t)$ 是结中的瞬时电压；$\hbar$ 为普朗克常量除以 2π；e 为电子上的电荷量。关于约瑟夫森关系式（1）与关系式（2）的基本推导，见 Feynman 的论述（Feynman 等（1965），第Ⅲ卷），并在 Van Duzer 与 Turner（1981）中再次给出。

等价电路与摆的模拟

关系式（1）只适用于电子对所携带的超电流。一般地，经过结的总电流也将包括位移电流与常规电流。利用电容表示位移电流，电阻表示常规电流，我们得到如图 4.6.3 所示的等价电路，Stewart

（1968）与 McCumber（1968）首次进行了分析。

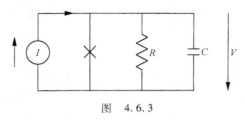

图 4.6.3

现在我们利用基尔霍夫电压与电流定律。对这个并联电路，每个支路中电压下降必须相等，因而电压都等于结中的电压 V。因而流过电容的电流等于 $C\dot{V}$，而流过电阻的电流为 V/R。这些电流与超电流 $I_c\sin\phi$ 之和等于偏置电流 I；因而

$$C\dot{V} + \frac{V}{R} + I_c\sin\phi = I \tag{3}$$

利用关系式（2），式（3）可以只通过相位 ϕ 重新表示。结果是

$$\frac{\hbar C}{2e}\ddot{\phi} + \frac{\hbar}{2eR}\dot{\phi} + I_c\sin\phi = I \tag{4}$$

它恰好与不变力矩下阻尼摆的方程非常类似！在 4.4 节的符号中，摆的方程为

$$mL^2\ddot{\theta} + b\dot{\theta} + mgL\sin\theta = \Gamma$$

因此，模拟如下：

摆	约瑟夫森结
角度 θ	相位差 ϕ
角速度 $\dot{\theta}$	电压 $\frac{\hbar}{2e}\dot{\phi}$
质量 m	电容 C
作用力矩 Γ	偏置电流 I
阻尼常数 b	电导率 $1/R$
最大重力力矩 mgL	临界电流 I_c

这个机械模拟通常在约瑟夫森结动力学的可视化中很有用。事实上，Sullivan 与 Zimmerman（1971）建立了这样的机械模拟，并将摆

的平均旋转率当成作用力矩的函数进行了测量；这便是对约瑟夫森结有重要物理意义的 $I\text{-}V$ 曲线（电流-电压曲线）的模拟。

典型的参数值

在分析式（4）之前，我们说一下约瑟夫森结的一些典型参数。通常来说，临界电流在范围 $I_c \approx 1\,\mu A - 1\,mA$ 内，电压值为 $I_c R \approx 1\,mV$。由于 $2e/h \approx 4.83 \times 10^{14}\,Hz/V$，通常的频率是 $10^{11}\,Hz$ 的级别。最后，通常约瑟夫森结的长度尺度为 $1\,\mu m$ 左右，但这依赖于其几何形状与使用的耦合类型。

无量纲化

若对式（4）两边同除以 I_c，并定义一个无量纲的时间

$$\tau = \frac{2eI_c R}{\hbar}t \qquad (5)$$

得到无量纲方程

$$\beta\phi'' + \phi' + \sin\phi = \frac{I}{I_c} \qquad (6)$$

式中，$\phi' = d\phi/d\tau$。无量纲组 β 定义为

$$\beta = \frac{2eI_c R^2 C}{\hbar}$$

称之为**麦坎伯（McCumber）参数**。它可认为是一个无量纲的电容。依赖于约瑟夫森结的大小、形状以及使用的耦合类型，β 的值可在 $\beta \approx 10^{-6}$ 到更大的值（$\beta \approx 10^6$）之间变化。

我们还没准备好对式（6）做一般性分析。现在，我们限制过阻尼界限 $\beta \ll 1$。则如 3.5 节所讨论的，$\beta\phi''$ 项在快速的初始瞬态后可以忽略，于是式（6）简化为非均匀振子

$$\phi' = \frac{I}{I_c} - \sin\phi \qquad (7)$$

正如从 4.3 节中所知道的，式（7）的解当 $I < I_c$ 时趋于不动点，当 $I > I_c$ 时呈周期性变化。

例题 4.6.1

利用解析方法求过阻尼界限内的**电流-电压曲线**。换句话说，求出电压 $\langle V \rangle$ 的平均值，视为常数驱动电流 I 的函数，假定所有瞬态都衰减，系统达到稳态运行。则画出 $\langle V \rangle$ 相对于 I 的图形。

解：由于电压相位的关系式（2），$\langle V \rangle = (\hbar/2e) \langle \dot{\phi} \rangle$，我们能求出 $\langle \phi' \rangle$，而且由式（5）中 τ 的定义有

$$\langle \dot{\phi} \rangle = \left\langle \frac{\mathrm{d}\phi}{\mathrm{d}t} \right\rangle = \left\langle \frac{\mathrm{d}\tau}{\mathrm{d}t} \frac{\mathrm{d}\phi}{\mathrm{d}\tau} \right\rangle = \frac{2eI_cR}{\hbar} \langle \phi' \rangle$$

因而

$$\langle V \rangle = I_c R \langle \phi' \rangle \tag{8}$$

这里考虑两种情况。当 $I < I_c$ 时，式（7）的解趋于不动点 $\phi^* = \arcsin (I/I_c)$，这里 $-\pi/2 \leqslant \phi^* \leqslant \pi/2$。因此在稳定态有 $\phi' = 0$，从而对 $I < I_c$ 有 $\langle V \rangle = 0$。

当 $I > I_c$ 时，式（7）的解是周期的，周期为

$$T = \frac{2\pi}{\sqrt{(I/I_c)^2 - 1}} \tag{9}$$

这里周期由 4.3 节中的式（2）得到。时间是以 τ 为单位进行测量的。我们计算一个周期内的平均值：

$$\langle \phi' \rangle = \frac{1}{T} \int_0^T \frac{\mathrm{d}\phi}{\mathrm{d}\tau} \mathrm{d}\tau = \frac{1}{T} \int_0^{2\pi} \mathrm{d}\phi = \frac{2\pi}{T} \tag{10}$$

联立式（8）~式（10），可得

$$\langle V \rangle = I_c R \sqrt{(I/I_c)^2 - 1}, \quad I > I_c$$

总之，有

$$\langle V \rangle = \begin{cases} 0, & I \leqslant I_c \\ I_c R \sqrt{(I/I_c)^2 - 1}, & I > I_c \end{cases} \tag{11}$$

图 4.6.4 给出了 I-V 曲线式（11）。

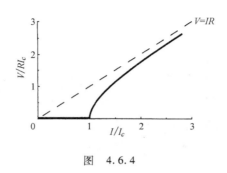

图 4.6.4

随着 I 增加，除非 $I > I_c$，电压保持为零；然后 $\langle V \rangle$ 迅速上升，最终逐渐满足欧姆性质 $\langle V \rangle \approx IR$ 对于 $I \gg I_c$。∎

例题 4.6.1 给出的分析仅适用于过阻尼界限 $\beta \ll 1$。系统行为当 β 不可忽略时变得有趣得多。特别是，如图 4.6.5 所示，I-V 曲线是**滞后**的。随着偏置电流从 $I = 0$ 慢慢增加，电压保持为零，除非 $I > I_c$；然后电压跳跃到非零值，如图 4.6.5 向上的箭头所示。电压随着 I 的增加而继续增加。但是，当慢慢减小电流时，电压不会在 I_c 处减小为零——在电压为零之前必须让电流小于 I_c。

之所以出现滞后现象是因为在 $\beta \neq 0$ 时系统具有**惯性**。对此，可利用模拟摆来理解。临界电流 I_c 类似于使摆翻转的临界力矩 Γ_c。一旦摆开始旋转，即使力矩小于 Γ_c 其惯性使它转动下去，旋转便会继续。在摆无法翻过顶部之前，力矩必须进一步减小。

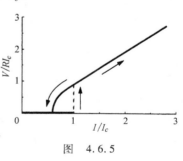

图 4.6.5

用更数学的术语来说，我们在 8.5 节将证明这种滞后之所以会发生，是因为稳定的不动点与稳定的周期轨道共存。我们在之前从没见过类似情况！对于直线上的向量场，只能存在不动点；对于圆上的向量场，不动点与周期解能存在，但不会同时发生。这里我们只看了在二维系统中发生这类新现象的一个例子，因此需要进行更深入的研究了。

第4章 练习题

4.1 例子与定义

4.1.1 对于 a 的哪个值，方程 $\dot{\theta} = \sin(a\theta)$ 给出了圆上的向量场？对下面的向量场，求不动点并分类，并画出圆上的相图。

4.1.2 $\dot{\theta} = 1 + 2\cos\theta$ **4.1.3** $\dot{\theta} = \sin 2\theta$

4.1.4 $\dot{\theta} = \sin^3\theta$ **4.1.5** $\dot{\theta} = \sin\theta + \cos\theta$

4.1.6 $\dot{\theta} = 3 + \cos 2\theta$ **4.1.7** $\dot{\theta} = \sin k\theta$，$k$ 为正整数。

4.1.8（圆上向量场的势）

a）考虑 $\dot{\theta} = \cos\theta$ 给出的圆上的向量场。证明系统有一个单值势 $V(\theta)$，即对圆上的每个点，都存在 V 值使得 $\dot{\theta} = -\mathrm{d}V/\mathrm{d}\theta$。（同以往一样，对任意整数 k，θ 与 $\theta + 2\pi k$ 可视为圆上的不动点。）

b）现在考虑 $\dot{\theta} = 1$。证明对该圆上的向量场，不存在单值势 $V(\theta)$。

c）一般准则是什么？什么时候 $\dot{\theta} = f(\theta)$ 才具有单值势？

4.1.9 在练习题 2.6.2 与练习题 2.7.7 中，你需要用两种解析方法证明以下结论：对直线上的向量场，周期解是不可能的。回顾这些论点，并解释为什么不能用于圆上的向量场。特别是，问题出在论述的哪一个部分？

4.2 均匀振子

4.2.1（教堂的钟）两个不同的教堂在敲钟。一个钟每 3s 响一次，另一个每 4s 一次。假定钟刚刚在同一时刻响过。多久后会再次一起响？用两种方法回答问题：利用常识与例题 4.2.1 的方法。

4.2.2（线性叠加产生的节拍）图 $x(t) = \sin 8t + \sin 9t$，$-20 < t < 20$。你应该发现，振动的振幅是调制过的——它周期性地增加或者减少。

a）振幅调制的周期是多少？

b）利用解析方法求解，利用三角不等式将正弦与余弦的和转化为正弦与余弦的乘积。

（在古代，这种节拍现象被用于乐器的调音。当你在乐器上弹奏你想要的音符时，敲击一个调音音叉。组合的声音 $A_1 \sin\omega_1 t + A_2 \sin\omega_2 t$ 随着两种振动进入同相或者异相或宏亮或轻柔。总振幅的最大值称为节拍。当节拍之间时间很长时，乐器就差不多合拍了。）

4.2.3（钟表问题）高中数学中有一个常见的例子：在 12：00，钟表的时针与分针完全重合。它们何时会再次重合？（利用本节的方法求解，并利用你选择的其他不同方法。）

4.3　非均匀振子

4.3.1　如文中所示，经过鞍-结瓶颈的时间大约是 $T_{瓶颈} = \int_{-\infty}^{\infty} \dfrac{\mathrm{d}x}{r + x^2}$。为了求该积分的值，令 $x = \sqrt{r}\tan\theta$，利用恒等式 $1 + \tan^2\theta = \sec^2\theta$，并适当改变积分的上下限，由此证明 $T_{瓶颈} = \pi/\sqrt{r}$。

4.3.2　非均匀振子的振动周期由积分 $T = \int_{-\pi}^{\pi} \dfrac{\mathrm{d}\theta}{\omega - a\sin\theta}$，这里 $\omega > a > 0$。利用下面方法求积分的值。

a）令 $u = \tan\dfrac{\theta}{2}$。求 θ，并利用 u 与 $\mathrm{d}u$ 表示 $\mathrm{d}\theta$。

b）证明 $\sin\theta = 2u/(1 + u^2)$。（提示：画出底为 1、高为 u 的直角三角形。由于利用定义 $u = \tan\dfrac{\theta}{2}$，则 $\dfrac{\theta}{2}$ 是长为 u 的边所对应的角。最后利用半角公式 $\sin\theta = 2\sin\dfrac{\theta}{2}\cos\dfrac{\theta}{2}$。）

c）证明当 $\theta \to \pm\pi$ 时，有 $u \to \pm\infty$，并以此重写积分的上、下限。

d）将 T 表示为关于 u 的积分。

e）最后计算（d）中被积函数分母的平方，并适当选择 x 与 r，将积分化简为练习题 4.3.1 中的积分。

对下面每个问题，画出作为控制参数 μ 函数的相图。并对随着 μ

变化出现的分岔进行分类，求出所有的分岔值 μ。

4.3.3 $\dot{\theta} = \mu \sin\theta - \sin 2\theta$

4.3.4 $\dot{\theta} = \dfrac{\sin\theta}{\mu + \cos\theta}$

4.3.5 $\dot{\theta} = \mu + \cos\theta + \cos 2\theta$

4.3.6 $\dot{\theta} = \mu + \sin\theta + \cos 2\theta$

4.3.7 $\dot{\theta} = \dfrac{\sin\theta}{\mu + \sin\theta}$

4.3.8 $\dot{\theta} = \dfrac{\sin 2\theta}{1 + \mu\sin\theta}$

4.3.9（标度律的另一种推导）对鞍-结分岔附近的系统，标度律 $T_{瓶颈} \sim O(r^{-1/2})$ 可推导如下：

a）假定 x 具有特征尺度 $O(r^a)$，这里 a 尚属未知。则 $x = r^a u$，这里 $u \sim O(1)$。同样地，假设 $t = r^a \tau$，$\tau \sim O(1)$。由此证明 $\dot{x} = r + x^2$ 可变形为 $r^{a-b}\dfrac{\mathrm{d}u}{\mathrm{d}\tau} = r + r^{2a}u^2$。

b）假设方程中的所有项都有关于 r 的相同的阶，并由此推导 $a = \dfrac{1}{2}$，$b = -\dfrac{1}{2}$。

4.3.10（非普遍的标度律）在经过瓶颈所需时间标度律的推导中，假定 $\dot{x}$ 具有二次最小值。这是普遍的情况。但是最小值为更高次时，会发生什么情况？假设瓶颈由 $\dot{x} = r + x^{2n}$ 描述，$n > 1$ 为整数。利用练习题 4.3.9 的方法，证明 $T_{瓶颈} \sim cr^b$，并求出 b 与 c 的值。

（可以将 c 保留在定积分中。若你知道复变量与留数理论，你应该能利用扇形区域 $\{z = re^{i\theta} : 0 \leqslant \theta \leqslant \pi/n, 0 \leqslant r \leqslant R\}$ 的边界以及令 $R \to \infty$ 精确求出 c 的值。）

4.4 过阻尼摆

4.4.1（过阻尼极限的合理性）求出用过阻尼极限 $b\dot{\theta} + mgL\sin\theta = \Gamma$ 来近似 $mL^2\ddot{\theta} + b\dot{\theta} + mgL\sin\theta = \Gamma$ 的条件。

4.4.2（理解 $\sin\theta(t)$）想象过阻尼摆的旋转运动，画出 $\sin\theta(t)$ 相对于 t 作为 $\theta' = \gamma - \sin\theta$ 的典型解。

波形如何依赖于 γ？对于不同的 γ 做出一系列图形，包括极限情况 $\gamma \approx 1$，以及 $\gamma >> 1$。对于摆，哪个物理量与 $\sin\theta(t)$ 成比例？

4.4.3（理解 $\dot\theta(t)$）重做练习题 4.4.2。这里考察 $\dot\theta(t)$ 而不是 $\sin\theta(t)$。

4.4.4（扭转弹簧）假定过阻尼摆与扭转弹簧相连。当摆旋转时，弹簧如同上了发条，产生相反力矩 $-k\theta$。然后运动方程变为

$$b\dot\theta + mgL\sin\theta = \Gamma - k\theta$$

a）方程是否给出了符合定义的圆上的向量场？

b）将方程无量纲化。

c）从长期来看，摆会如何运动？

d）证明当 k 从 0 变化到 ∞ 时，发生很多分岔。这是什么类型的分岔？

4.5 萤火虫

4.5.1（三角波）在萤火虫模型中，可任意选择萤火虫反应函数的正弦波形。考虑另一个模型 $\dot\Theta = \Omega$，$\dot\theta = \omega + Af(\Theta - \theta)$，式中 f 由三角波给出，而不是正弦波。特别地，令

$$f(\phi) = \begin{cases} \phi, & -\dfrac{\pi}{2} \leqslant \phi \leqslant \dfrac{\pi}{2} \\ \pi - \phi, & \dfrac{\pi}{2} \leqslant \phi \leqslant \dfrac{3\pi}{2} \end{cases}$$

在区间 $-\dfrac{\pi}{2} \leqslant \phi \leqslant \dfrac{3\pi}{2}$ 上，并且将 f 在此区间外按周期延拓。

a）画出 $f(\phi)$。

b）求出发生携带的范围。

c）假定萤火虫与刺激锁相，求出其相位差 ϕ^* 的公式。

d）求出公式 $T_{(相)移}$。

4.5.2（一般响应函数）可能的话重做上一题。假定只有 $f(\phi)$ 是光滑的，以 2π 为周期的函数，在区间 $-\pi \leqslant \phi \leqslant \pi$ 上具有单个最大值与最小值。

4.5.3 （激励系统） 假定你通过注入电流脉冲刺激一个神经元。若刺激很小，没有明显变化：神经元的膜电位少许增加，并返回到其静态电位。但是若刺激超过一定的阈值，神经元将"发射"，并在返回静态前产生一个大的电压尖脉冲。令人吃惊的是，尖脉冲的大小对刺激的大小依赖不大——阈值以上的各种情况都会产生本质上类似的结果。

在其他类型的细胞甚至化学反应中也发现了同样的现象［Winfree（1980），Rinzel 与 Ermentrout（1989），Murray（2002）］。这些系统称为**可激励的**。这个词很难定义，但大致地说，一个可激励系统有两个性质：（1）具有唯一全局吸引的静止态，（2）足够大的刺激会使得系统在返回静止态前在相空间内运动很长的距离。

这个练习题是对可激励系统的最简单的描述。令 $\dot{\theta} = \mu + \sin\theta$，这里 μ 略小于 1。

a）证明系统满足上述的两个性质。说明什么代表了"静止态"以及"阈值"？

b）令 $V(t) = \cos\theta(t)$。对不同初始条件画出 $V(t)$。（这里 V 类似于神经元的膜电位，而初始条件对应着静止态的各种扰动。）

4.6 超导约瑟夫森结

4.6.1 （电流与电压振荡） 考虑一个过阻尼极限 $\beta = 0$ 的约瑟夫森结。

a）画出作为 t 的函数的超电流 $I_c\sin\phi(t)$，首先假定 I/I_c 略大于 1，然后假定 $I/I_c \gg 1$。（提示：在每种情况下，将圆上的流可视化，如方程（4.6.7）所给出的）。

b）画出（a）中两种情况下的瞬时电压 $V(t)$。

4.6.2 （计算机作业） 通过积分方程（4.6.7），检验练习题4.6.1的定性解，并画出 $I_c\sin\phi(t)$ 与 $V(t)$ 的图形。

4.6.3 （洗衣板势） 这里有另一个将过阻尼约瑟夫森结动力学可视化的方法。如同 2.7 节，想象一个例子沿着一个合适的势滑下。

a）求出对应方程（4.6.7）的势函数。证明它不是圆上的单值函数。

b）对不同 I/I_c 值，画出作为 ϕ 的函数的势。这里 ϕ 视为常数，而不是角度。

c）增加 I，会有什么影响？

4.6.4（加载电阻的阵列）耦合约瑟夫森结的**阵列**引发了很多有趣的问题。其动力学尚未详细了解。这个问题在技术上很重要，因为阵列产生的电力输出比单结大得多，也因为阵列提供了一个关于（仍然很神秘的）高温超导的合理模型。关于一些有趣的动力学问题的介绍，见 Tsang 等（1991）、Strogatz 与 Mirollo（1993）的论述。

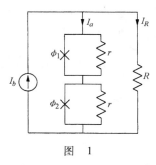

图　　1

图 1 显示了两个相同过阻尼约瑟夫森结的阵列。这些结彼此相连，与一个电阻"负载" R 并联。本题的练习是推导该电路的方程。特别是，需要求出 ϕ_1 与 ϕ_2 的微分方程。

a）写出 dc 偏置电流 I_b 与流经阵列的电流 I_a，以及流经电阻负载的电流 I_R 的关联方程。

b）令 V_1 与 V_2 代表流经第一个结与第二个结的电压。证明 $I_a = I_c \sin\phi_1 + V_1/r$ 与 $I_a = I_c \sin\phi_2 + V_2/r$。

c）令 $k = 1$，2。利用 $\dot{\phi}_k$ 表示 V_k。

d）利用上述结果，以及基尔霍夫电压定律，证明

$$I_b = I_c \sin\phi_k + \frac{\hbar}{2er}\dot{\phi}_k + \frac{\hbar}{2eR}(\dot{\phi}_1 + \dot{\phi}_2), \quad k = 1,2$$

e）（d）中的方程能写为如下关于 $\dot{\phi}_k$ 的方程更标准的形式。将 $k = 1$，2 的两个方程相加，利用该结果消去 $\dot{\phi}_1 + \dot{\phi}_2$ 项。证明由此得

到的方程具有形式

$$\dot{\phi}_k = \Omega + a\sin\phi_k + K \sum_{j=1}^{2} \sin\phi_j$$

并写出参数 Ω、a、K 的表达式。

4.6.5（电阻负载，N 个结）推广练习题 4.6.4 如下：不同于图 1 中的两个约瑟夫森结，考虑 N 个串联结的阵列。同以前一样，假定阵列与电阻负载 R 并联，每个结都是相同的，过阻尼的，并由不变的偏置电流 I_b 驱动。

证明其方程可写为无量纲形式

$$\frac{\mathrm{d}\phi_k}{\mathrm{d}\tau} = \Omega + a\sin\phi_k + \frac{1}{N} \sum_{j=1}^{N} \sin\phi_j, \ k = 1, \cdots, N$$

并写出无量纲组 Ω，a 以及无量纲时间 τ 的表达式。［更多讨论见例题 8.7.4 与 Tsang 等（1991）的论述。］

4.6.6（RLC 负载，N 个结）推广练习题 4.6.4 到 N 个结串联的情况，负载为同电容 C 和电感 L 串联的电阻 R。写出 ϕ_k 与 Q 的微分方程，这里 Q 为电容负载上的电荷量。［见 Strogatz 与 Mirollo（1993）的论述。］

第2部分

二 维 流

线性系统

5.0 引言

如我们所见，一维相空间的流受到极大的限制——所有的轨迹都被迫单调运动或者保持不变。在多维相空间中，轨迹可以在更大的空间移动，从而使更多情形的动力学行为成为可能。我们并不立即处理所有的复杂性，而是从一类最简单的多维系统——二维线性系统开始。如我们后面所看到的，这些系统本身很有趣，在非线性系统的不动点分类中也扮演了重要角色。我们从一些定义与例子开始。

5.1 定义与例子

一个二维线性系统是形如

$$\dot{x} = ax + by$$

$$\dot{y} = cx + dy$$

形式的系统，式中 a、b、c、d 为参数。若使用黑体来表示向量，该系统可写为更紧凑的矩阵形式

$$\dot{\boldsymbol{x}} = \boldsymbol{A}\boldsymbol{x}$$

式中

$$\boldsymbol{A} = \begin{pmatrix} a & b \\ c & d \end{pmatrix}, \ \boldsymbol{x} = \begin{pmatrix} x \\ y \end{pmatrix}$$

这样的系统称为**线性**的，意为若 $\boldsymbol{x}_1$、$\boldsymbol{x}_2$ 为其解，则其任意的线

性组合 $c_1 x_1 + c_2 x_2$ 也是其解。注意当 $x^* = 0$ 时，有 $\dot{x} = 0$，所以 $x^* = 0$ 对于任意 A 都是不动点。

$\dot{x} = Ax$ 的解能可视化为本文中称为**相平面** (x, y) 上运动的轨迹。我们的第一个例子将给出一个常见系统的相平面分析。

例题 5.1.1

如基础物理课程所讨论的，悬挂在弹簧上的物体的振动可由线性微分方程

$$m\ddot{x} + kx = 0 \qquad (1)$$

描述，式中 m 为质量，k 为弹簧常数，x 为物体相对于平衡点的位移（见图 5.1.1）。给出这个**简谐振子**的相平面分析。

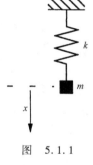

图 5.1.1

解：如你可能想到的，很容易通过解析方法求式（1）以正弦与余弦表示的解。但这便是线性方程特别的地方！对于我们最终感兴趣的非线性方程，通常很难求出解析解。我们需要提出新方法来推断类似系统（1）的行为，而不用求其解析解。

相平面中的运动由微分方程（1）的向量场所决定。为了求该向量场，我们注意到系统的**状态**由其当前位置 x 与 v 确定；如果我们知道 x 与 v 的值，则式（1）唯一确定系统的未来状态。

因此，用 x 与 v 将式（1）重写为

$$\dot{x} = v \qquad (2a)$$

$$\dot{v} = -\frac{k}{m}x \qquad (2b)$$

方程（2a）恰好是速度的定义，而方程（2b）为利用 v 重写的微分方程（1）。为了简化符号，令 $\omega^2 = k/m$。则方程（2）变为

$$\dot{x} = v \qquad (3a)$$

$$\dot{v} = -\omega^2 x \qquad (3b)$$

方程（3）在每个点（x，v）分配了一个向量（$\dot{x}$，$\dot{v}$）= （v，$-\omega^2 x$），因而代表了相平面上的一个**向量场**。

例如，让我们看一下在 x 轴上向量场看起来像什么样子。则有 v = 0，因此（$\dot{x}$，$\dot{v}$）=（0，$-\omega^2 x$）。因而对正数 x，向量垂直指向上方，而对于负数 x，向量垂直指向下方（见图 5.1.2）。随着 x 的模变大，向量（0，$-\omega^2 x$）变长。同样地，在 v 轴上，向量场是（$\dot{x}$，$\dot{v}$）=（v，0），当 $v > 0$ 时指向右方，而当 $v < 0$ 时指向左方。

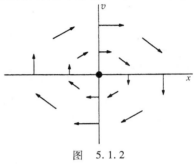

图 5.1.2

当我们在相空间中运动时，向量如图 5.1.2 中所示改变方向。

正如第 2 章中那样，利用虚拟流体的运动将向量场可视化很有帮助。在当前情况下，我们想象流体在相平面上以局部速度（$\dot{x}$，$\dot{v}$）=（v，$-\omega^2 x$）平稳流动。然后，为了求从（x_0，v_0）出发的轨迹，我们在（x_0，v_0）放置一个虚拟的粒子或者**相点**，并观察它是如何被流体携带着到处运动的。

图 5.1.2 中的流关于原点旋转。原点很特殊，就像是飓风的风眼：因为当（x，v）=（0，0）时，（$\dot{x}$，$\dot{v}$）=（0，0），所以放置在该处的相点将会保持不动，因而原点称为**不动点**。但是一个从其他任何地方出发的相点将会绕着原点运动，并最终回到其出发点。这样的轨迹称为**闭轨**，如图 5.1.3 所示。图 5.1.3 称为系统的**相图**——它显示了相空间中估计的整体图形。

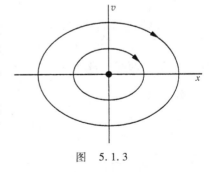

图 5.1.3

不动点和闭轨同原问题中弹簧上的物体有何关系？答案非常简单。不动点（x，v）=（0，0）对应着系统的静态平衡点：物体静止在平衡点处，因为弹簧是松弛的并永远保持不动。闭轨有着更有趣的解释：它们对应着周期运动，即物体的振动。为了看到这一点，只需观察闭轨（见图 5.1.4）上的一些点。当位移 x 为负向最大时，速度为零；这对应着振动的一个极端，弹簧被压缩到极点（见图 5.1.4）。

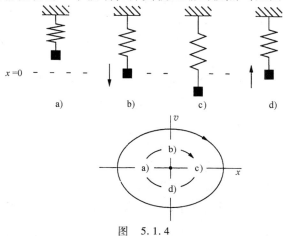

图 5.1.4

在相点沿着轨迹流动的下一个时刻，它被携带到 x 增加而 v 为正数的点；物体被推向相反方向的平衡位置。但是在物体达到 $x=0$ 时，它具有很大的速度（见图 5.1.4b），因而会越过 $x=0$。物体最终在其摆动的另一端停下来，这里 x 为正向最大，而速度 v 再次为零（见图 5.1.4c）。然后物体被再次拉动，最终完成一个周期（见图 5.1.4d）。

闭轨的形状也有有趣的物理解释。图 5.1.3 与图 5.1.4 中的轨道事实上是由方程 $\omega^2 x^2 + v^2 = C$ 给出的椭圆，式中 $C \geq 0$ 为常数。在练习题 5.1.1 中，问题是推导该几何结果，并证明其等价于能量的守恒。■

例题 5.1.2

求解线性系统 $\dot{x} = Ax$，这里 $A = \begin{pmatrix} a & 0 \\ 0 & -1 \end{pmatrix}$。画出当 a 从 $-\infty$ 变化到 $+\infty$ 时的相图，并展示不同的定性情况。

解：系统为

$$\begin{pmatrix} \dot{x} \\ \dot{y} \end{pmatrix} = \begin{pmatrix} a & 0 \\ 0 & -1 \end{pmatrix} \begin{pmatrix} x \\ y \end{pmatrix}$$

利用矩阵乘法，可得

$$\dot{x} = ax$$

$$\dot{y} = -y$$

它给出了两个**非耦合**的方程；y 方程中没有 x，反之亦然。在这种简单情况下，每个方程可单独求解。其解为

$$x(t) = x_0 e^{at} \tag{4a}$$

$$y(t) = y_0 e^{-t} \tag{4b}$$

对不同 a 值的相图如图 5.1.5 所示。在每种情况下，$y(t)$ 指数减小。当 $a < 0$ 时，$x(t)$ 也指数减小，所有轨道当 $t \to \infty$ 时都靠近原点。但是靠近的方向依赖于 a 与 -1 之间的大小关系。

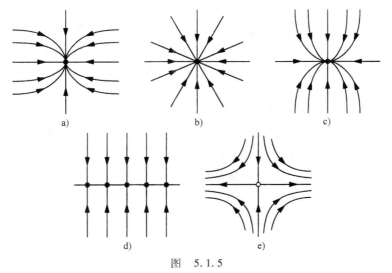

图 5.1.5

a）$a < -1$ b）$a = -1$ c）$1 < a < 0$ d）$a = 0$ e）$a > 0$

在图 5.1.5a 中，有 $a < -1$，意味着 $x(t)$ 比 $y(t)$ 减小得快。所有轨迹都趋于原点并与更慢的方向相切（这里是 y-方向）。直观的解释是，当 a 为很大的负值时，轨迹水平方向上迅速趋于 y 轴，因为 x 的减小几乎是瞬间的。然后轨迹沿着 y 轴慢慢靠近原点，因而这种靠近是与 y 轴相切的。另一方面，如果我们沿着轨迹反过来看（$t \to -\infty$），则所有轨迹都与减小更快的方向平行（这里为 x-方向）。通

过观察沿着轨迹的斜率 $dy/dx = \dot{y}/\dot{x}$，这些结论很容易证明；见练习题 5.1.2。在图 5.1.5a 中，不动点 $\boldsymbol{x}^* = 0$ 称为**稳定结点**。

图 5.1.5b 显示了 $a = -1$ 的情况。方程（4）显示 $y(t)/x(t) = y_0/x_0 =$ 常数，因而所有轨迹都是通过原点的直线。这是非常特殊的情况——它的出现是由于两个方向上的衰减率完全相等。在这种情况下，$\boldsymbol{x}^*$ 称为**对称的结点**或**星**。

当 $-1 < a < 0$ 时，我们仍有一个结点，但这时轨迹沿着 x 方向靠近 $\boldsymbol{x}^*$，对该范围中的 a 来说，这个方向减小得更慢（见图 5.1.5c）。

当 $a = 0$ 时，出现了引人注目的结果（见图 5.1.5d）。此时式（4a）变成 $x(t) \equiv x_0$，因而沿着 x 轴，存在**不动点构成的整条直线**。所有轨迹沿着垂直线达到不动点。

最后，当 $a > 0$ 时（见图 5.1.5e），$\boldsymbol{x}^*$ 因为 x 方向的指数增长而变为不稳定的。大多数轨迹转而离开 $\boldsymbol{x}^*$，指向无穷大。若轨迹从 y 轴出发，出现了例外情况；然后它走钢丝般地趋于原点。在前向时间上，轨迹渐近到 x 轴；在后向时间上，则到 y 轴；这里 $\boldsymbol{x}^*$ 称为**鞍点**。y 轴称为鞍点 $\boldsymbol{x}^*$ 的**稳定流形**，定义为满足当 $t \to \infty$ 时 $x(t) \to \boldsymbol{x}^*$ 的初始条件 $\boldsymbol{x}_0$ 的集合。同样地，$\boldsymbol{x}^*$ 的**不稳定流形**是满足当 $t \to -\infty$ 时 $x(t) \to \boldsymbol{x}^*$ 的初始条件 $\boldsymbol{x}_0$ 的集合。这里不稳定流形是 x 轴。注意，当 $t \to \infty$ 时一个典型的轨迹渐近趋于不稳定流形，而当 $t \to -\infty$ 时渐近趋于稳定流形。这听起来似乎搞反了，但却是正确的。∎

稳定性术语

引入一些术语是有用的，让我们讨论不动点不同类型的稳定性。这些术语对分析非线性系统的不动点特别有用。我们先非正式地介绍；不同类型稳定性的精确定义将在练习题 5.1.10 给出。

我们称图 5.1.5a、b、c 中的 $\boldsymbol{x}^* = 0$ 是**吸引**不动点；当 $t \to \infty$ 时，始于 $\boldsymbol{x}^*$ 附近的所有轨迹都趋于它。即当 $t \to \infty$ 时都有 $\boldsymbol{x}(t) \to \boldsymbol{x}^*$。事实上，$\boldsymbol{x}^*$ 吸引相空间中的所有轨迹，因此称之为**全局吸引**的。

有一个完全不同的稳定性概念，它与轨迹在所有时间的行为有关，而不仅仅是当 $t \to \infty$ 时。始于充分靠近 $\boldsymbol{x}^*$ 的所有轨迹若在所有时间始终保持离它很近，则称不动点 x^* 是**李雅普诺夫 （Liapunov） 稳定**的。在图 5.1.5a、b、c、d 中，原点是李雅普诺夫稳定的。

图 5.1.5d 显示了不动点可以是李雅普诺夫稳定的，但不是吸引的。这种情况经常出现，因而有一个特别的名字。当一个不动点是李雅普诺夫稳定的，但不是吸引的，称之为**中性稳定**的。附近的轨迹既不被中性稳定不动点所吸引，也不被它排斥。作为第二个例子，简谐振子的平衡点（见图 5.1.3）是中性稳定的。中性稳定性在没有摩擦的机械系统中常常遇到。相反地，不动点有可能是吸引的但不是李雅普诺夫稳定的。因而，稳定性的概念互不包含。下面圆上的向量场给出了一个例子：$\dot{\theta} = 1 - \cos\theta$（见图 5.1.6）。这里当 $t \to \infty$ 时 $\theta^* = 0$ 吸引所有轨迹，但它不是李雅普诺夫稳定的；存在一些轨迹开始时无穷接近 θ^*，但经过很远距离后又会回到 θ^*。

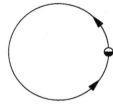

图 5.1.6

但是，实际中两种类型的稳定性会同时出现。若不动点既是李雅普诺夫稳定的，又是吸引的，我们称之为**稳定**的，有时称为**渐近稳定**的。

最后，图 5.1.5e 中 x^* 是**不稳定**的，因为既不是吸引的，又不是李雅普诺夫稳定的。

一个绘图的惯例：利用虚点表示不稳定不动点，实心黑点表示李雅普诺夫稳定不动点。该惯例与前面章节中的用法是一致的。

5.2 线性系统的分类

上节中的例子有很特殊的特点：矩阵 A 的两个元素为零。现在我们要学习任意 2×2 矩阵的一般情况，目的是分类所有可能出现的相图。

例题 5.1.2 提供了如何继续的线索。回顾 x 与 y 扮演的重要几何角色。它们决定了当 $t \to \pm\infty$ 时轨迹的方向。它们也包含着特别的**直线轨迹**：始于一条坐标轴的轨迹将永远在轴上，并沿着该轴以指数（形式）增加或者减小。

对于一般情况，我们将找出这些直线轨迹的模拟。也就是，寻找形如

$$x(t) = e^{\lambda t} v \qquad (1)$$

的轨迹，式中 $v \neq 0$ 是某个待定的固定向量，λ 为增长率，也待定。若这样的解存在，它们对应着沿着向量 v 张成的直线上的指数运动。

为了寻找 v 与 λ 的条件，将 $x(t) = e^{\lambda t} v$ 代入 $\dot{x} = Ax$，得到 $\lambda e^{\lambda t} v = e^{\lambda t} Av$。消去非零因子 $e^{\lambda t}$，得到

$$Av = \lambda v \qquad (2)$$

它说明了预期的直线解存在，若 v 是 A 的对应于**特征值 λ** 的**特征向量**。在这种情况下，称解式（1）为**特征解**。

回顾如何求解特征值与特征向量。（如果你需要提醒，见任意线性代数的书。）一般地，矩阵 A 的特征值由**特征方程** $\det(A - \lambda I) = 0$ 给出，式中 I 为单位矩阵。对于一个 2×2 矩阵

$$A = \begin{pmatrix} a & b \\ c & d \end{pmatrix}$$

特征方程为

$$\det \begin{pmatrix} a - \lambda & b \\ c & d - \lambda \end{pmatrix} = 0$$

展开行列式，可得

$$\lambda^2 - \tau \lambda + \Delta = 0 \qquad (3)$$

这里

$$\tau = \mathrm{tr}(A) = a + d$$
$$\Delta = \det(A) = ad - bc$$

则

$$\lambda_1 = \frac{\tau + \sqrt{\tau^2 - 4\Delta}}{2}, \ \lambda_2 = \frac{\tau - \sqrt{\tau^2 - 4\Delta}}{2} \qquad (4)$$

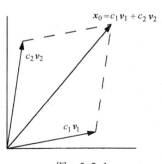

为二次方程（3）的解。换句话说，特征值仅依赖于矩阵 A 的迹与行列式。

典型的情况是，特征值不相等的情况：$\lambda_1 \neq \lambda_2$。在这种情况下，线性代数理论表明对应的特征向量 v_1、v_2 线性无关，因此张成了整个平面（见图 5.2.1）。

图　5.2.1

特别是，任意初始条件 $\boldsymbol{x}_0$ 可写为特征向量的线性组合，比如说 $\boldsymbol{x}_0 = c_1 \boldsymbol{v}_1 + c_2 \boldsymbol{v}_2$。于是我们可以写出 $\boldsymbol{x}(t)$ 的通解如下：

$$\boldsymbol{x}(t) = c_1 \mathrm{e}^{\lambda_1 t} \boldsymbol{v}_1 + c_2 \mathrm{e}^{\lambda_2 t} \boldsymbol{v}_2 \tag{5}$$

为什么这是通解呢？首先，它是 $\dot{\boldsymbol{x}} = \boldsymbol{A}\boldsymbol{x}$ 解的线性组合，因此它本身也是一个解。第二，它满足初始条件 $\boldsymbol{x}(0) = \boldsymbol{x}_0$，因而利用存在性与唯一性定理，它是唯一的解。（对存在性与唯一性定理的一般陈述见 6.2 节。）

例题 5.2.1

求解初值问题 $\dot{x} = x + y$，$\dot{y} = 4x - 2y$，服从初始条件 $(x_0, y_0) = (2, -3)$。

解：对应的矩阵方程为

$$\begin{pmatrix} \dot{x} \\ \dot{y} \end{pmatrix} = \begin{pmatrix} 1 & 1 \\ 4 & -2 \end{pmatrix} \begin{pmatrix} x \\ y \end{pmatrix}$$

首先，找出矩阵 $\boldsymbol{A}$ 的特征值。矩阵有 $\tau = -1$，$\Delta = -6$，因此特征方程为 $\lambda^2 + \lambda - 6 = 0$。所以

$$\lambda_1 = 2, \ \lambda_2 = -3$$

下面求特征向量。给定特征值 λ，对应的特征向量 $\boldsymbol{v} = (v_1, v_2)$ 满足

$$\begin{pmatrix} 1 - \lambda & 1 \\ 4 & -2 - \lambda \end{pmatrix} \begin{pmatrix} v_1 \\ v_2 \end{pmatrix} = \begin{pmatrix} 0 \\ 0 \end{pmatrix}$$

对于 $\lambda_1 = 2$，可得 $\begin{pmatrix} -1 & 1 \\ 4 & -4 \end{pmatrix} \begin{pmatrix} v_1 \\ v_2 \end{pmatrix} = \begin{pmatrix} 0 \\ 0 \end{pmatrix}$，这给出了一个非平凡解 $(v_1, v_2) = (1, 1)$，或者它的任意常数倍。（当然，特征向量的任意倍数还是特征向量；我们尽力选择最简单的倍数，但任意一个都可以。）同样地，对于 $\lambda_2 = -3$，特征方程变为 $\begin{pmatrix} 4 & 1 \\ 4 & 1 \end{pmatrix} \begin{pmatrix} v_1 \\ v_2 \end{pmatrix} = \begin{pmatrix} 0 \\ 0 \end{pmatrix}$，它有一个非平凡解 $(v_1, v_2) = (1, -4)$。总之，

$$\boldsymbol{v}_1 = \begin{pmatrix} 1 \\ 1 \end{pmatrix}, \ \boldsymbol{v}_2 = \begin{pmatrix} 1 \\ -4 \end{pmatrix}$$

下面我们写出特征解的线性组合作为通解。根据式（5），通解为

$$\boldsymbol{x}(t) = c_1 \begin{pmatrix} 1 \\ 1 \end{pmatrix} e^{2t} + c_2 \begin{pmatrix} 1 \\ -4 \end{pmatrix} e^{-3t} \tag{6}$$

最后，计算满足条件 $(x_0, y_0) = (2, -3)$ 的 c_1、c_2。在 $t = 0$ 处，式（6）变为

$$\begin{pmatrix} 2 \\ -3 \end{pmatrix} = c_1 \begin{pmatrix} 1 \\ 1 \end{pmatrix} + c_2 \begin{pmatrix} 1 \\ -4 \end{pmatrix}$$

这等价于代数系统

$$2 = c_1 + c_2$$
$$-3 = c_1 - 4c_2$$

解为 $c_1 = 1$，$c_2 = 1$。回代到式（6），可得

$$x(t) = e^{2t} + e^{-3t}$$
$$y(t) = e^{2t} - 4e^{-3t} \blacksquare$$

幸运的是，我们画线性系统的相图时不需要经历这些步骤。我们只需知道特征值与特征向量。

例题 5.2.2

画出例题 5.2.1 中系统的相图。

解：系统有特征值 $\lambda_1 = 2$，$\lambda_2 = -3$。因此，第一个特征解指数增长，而第二个特征解减小。这意味着原点是一个**鞍点**。其稳定流形是由特征向量 $\boldsymbol{v}_2 = (1, -4)$ 张成的直线，对应着减小的特征解。同样地，不稳定流形是 $\boldsymbol{v}_1 = (1, 1)$ 张成的直线。同所有鞍点一样，当 $t \to \infty$ 时一个典型的轨迹趋于不稳定流形，而

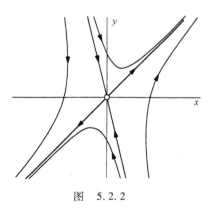

图 5.2.2

且当 $t \to -\infty$ 时趋于稳定流形。图 5.2.2 为其相图。$\blacksquare$

例题 5.2.3

画出 $\lambda_2 < \lambda_1 < 0$ 情况下的典型相图。

解：首先考虑 $\lambda_2 < \lambda_1 < 0$。则两个特征解以指数律减小。不动点是稳定结点，如图 5.1.5a 与图 5.1.5c 所示，除了现在特征向量通常不是相互垂直的。通常轨迹会与慢的特征方向相切而趋于原点，定义为对应小的 $|\lambda|$ 的特征向量张成的方向。在后向时间（$t \to \infty$），轨迹与快的特征方向平行。图 5.2.3 显示了相图。（如果

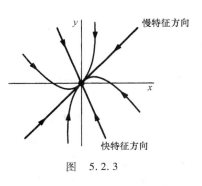

图 5.2.3

调转图 5.2.3 中的箭头，将得到不稳定结点的典型相图。）■

例题 5.2.4

若特征值为复数，会发生什么？

解：若特征值为复数，不动点或为**中心**（见图 5.2.4a）或为**焦点**（见图 5.2.4b）。我们已经看到 5.1 节中简谐振子的中心的例子；原点被一族闭轨包围。注意，因为附近的轨迹既不被不动点吸引，也不被它排斥，所以中心

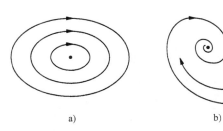

a) b)

图 5.2.4

a）中心 b）焦点

是中性稳定的。若简谐振子遇到轻微阻尼，会出现一个焦点。则轨迹只是不会闭合，因为振动在每个周期会失去少量能量。

为了解释这些陈述，注意到特征值计算公式为

$$\lambda_{1,2} = \frac{1}{2}\left(\tau \pm \sqrt{\tau^2 - 4\Delta}\right)$$

因而，当 $\tau^2 - 4\Delta < 0$ 时会出现复特征值。

为了简化记号，将特征值写为

$$\lambda_{1,2} = \alpha \pm i\omega$$

式中，

$$\alpha = \tau/2, \quad \omega = \frac{1}{2}\sqrt{4\Delta - \tau^2}$$

根据假设，$\omega \neq 0$。则特征值是不同的，因此通解仍为

$$x(t) = c_1 e^{\lambda_1 t} v_1 + c_2 e^{\lambda_2 t} v_2$$

但是现在 c 与 v 为**复数**，由于 λ 为复数。这意味着 $x(t)$ 包含了 $e^{(\alpha \pm i\omega)t}$ 的线性组合。利用欧拉公式，$e^{i\omega t} = \cos\omega t + i\sin\omega t$。因此，$x(t)$ 是包含了 $e^{\alpha t}\cos\omega t$ 与 $e^{\alpha t}\sin\omega t$ 的项的线性组合。若 $\alpha = \mathrm{Re}(\lambda) < 0$，这些项代表以指数率衰减的振动，若 $\alpha > 0$，则代表增长的振动。相应的不动点分别为**稳定的**与**不稳定的焦点**。图 5.2.4b 显示了稳定的情形。

若特征值为纯虚数（$\alpha = 0$），则所有的解为周期的，周期为 $T = 2\pi/\omega$。若振动具有固定的振幅，不动点为**中心**。

对于中心与焦点，很容易求出旋转是顺时针还是逆时针的；只需计算向量场中的向量，旋转的意义应该是显而易见的。∎

例题 5.2.5

在我们对一般情形的分析中，假设特征值是不同的。若特征值相等，会发生什么？

解：假定 $\lambda_1 = \lambda_2 = \lambda$。有两种可能：对应 λ 有两个独立的特征向量，或者有一个特征向量。若有两个独立的特征向量，则它们张成了平面，因此每个向量都是同一个特征值 λ 的特征向量。为了看到这一点，将任意特征向量 x_0 写为两个特征向量的线性组合 $x_0 = c_1 v_1 + c_2 v_2$。则

$$Ax_0 = A(c_1 v_1 + c_2 v_2) = c_1 \lambda v_1 + c_2 \lambda v_2 = \lambda x_0$$

因此 x_0 也是特征值 λ 的特征向量。由于左乘矩阵 A 只是将每个向量以因子 λ 进行拉伸，矩阵必须是单位矩阵的倍数：

$$A = \begin{pmatrix} \lambda & 0 \\ 0 & \lambda \end{pmatrix}$$

则若 $\lambda \neq 0$，所有的轨迹都是经过原点的直线（$x(t) = e^{\lambda t} x_0$），而且不动点是一个**星形**

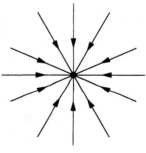

图 5.2.5

结点（见图 5.2.5）。另一方面，若 $\lambda = 0$，整个平面都被不动点所填满！（不奇怪——系统为 $\dot{x} = \mathbf{0}$。）

另一个可能是只有一个特征向量（更准确地，对应 λ 的特征空间是一维的）。例如，形如 $A = \begin{pmatrix} \lambda & b \\ 0 & \lambda \end{pmatrix}$，$b \neq 0$ 的任何矩阵，只有一个一维的特征空间（见练习题 5.2.11）。

当只有一个特征方向时，不动点是**退化结点**。一个典型的相图如图 5.2.6 所示。当 $t \to \infty$，以及当 $t \to -\infty$ 时，所有的轨迹都与所得的特征方向平行了。

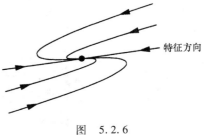

图　5.2.6

考虑退化结果的一个好办法是想象它是改变常规结点而得到的。常规结点有两个无关的特征方向；所有轨迹当 $t \to \infty$ 时都平行于慢的特征方向，当 $t \to -\infty$ 时都平行于快的特征方向（见图 5.2.7a）。

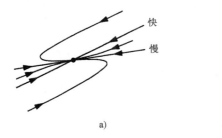

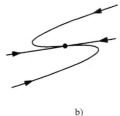

a)

b)

图　5.2.7

a）结点　b）退化结点

现在假定我们开始用这样的方式来改变系统的参数，使得两个特征方向剪贴到一起。则部分轨迹将在两个特征方向的坍塌区域内被挤压，而其他轨迹则被拉来拉去形成了退化结点（见图 5.2.7b）。

此情形的另一个直观方法是认识到退化结点是处于焦点与结点的分界线上。轨迹会试图绕着焦点旋转，但它们又无法实现。■

不动点的分类

至此，你大概已厌倦了所有例子，并准备考虑一个简单的分类方案。可喜的是，有一个这样的方法。我们可以在一张图上显示所有不同不动点的类型与稳定性（见图 5.2.8）。

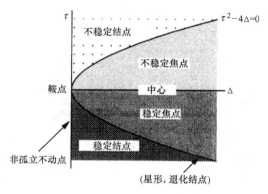

图　5.2.8

坐标轴为矩阵 A 的迹 τ 与行列式 Δ。表中的所有信息都隐含在下面的公式里：

$$\lambda_{1,2} = \frac{1}{2}(\tau \pm \sqrt{\tau^2 - 4\Delta}), \ \Delta = \lambda_1 \lambda_2, \ \tau = \lambda_1 + \lambda_2$$

第一个方程恰好是式（4）。第二个与第三个能通过将特征方程写为形如 $(\lambda - \lambda_1)(\lambda - \lambda_2) = \lambda^2 - \tau\lambda + \Delta = 0$ 而得到。

为了得到图 5.2.8，我们观察到以下结果：

若 $\Delta < 0$，特征值是实数，符号相反；因此不动点为鞍点。

若 $\Delta > 0$，特征值或者为相同符合的实数（结点），或者为共轭复数（焦点与中心）。结点满足 $\tau^2 - 4\Delta > 0$，而焦点满足 $\tau^2 - 4\Delta < 0$。抛物线 $\tau^2 - 4\Delta = 0$ 是结点与焦点的分界线；星形结点与退化结点在抛物线上。结点与焦点的稳定性由 τ 决定。当 $\tau < 0$ 时，两个特征值具有负实部，因此不动点是稳定的。不稳定焦点与结点有 $\tau > 0$。中性的稳定中心落在边界 $\tau = 0$ 上，这里特征值为纯虚数。

若 $\Delta = 0$，至少一个特征值为零。则原点不是孤立的不动点。此时，若 $A = 0$，或者一条直线都是不动点，如图 5.1.5d 所示，或者一个平面都是不动点。

图 5.2.8 显示了鞍点、结点与焦点是不动点的主要类型。它们发生在（Δ，τ）空间的很大开区域内。中心、星形、退化结点与非孤立不动点是发生（Δ，τ）空间曲线的**边界情形**。在这些边界情形中，中心尤其最为重要。它们通常发生在能量守恒的无摩擦机械系统中。

例题 5.2.6

对系统 $\dot{x} = Ax$ 的不动点 $x^* = 0$ 进行分类，式中 $A = \begin{pmatrix} 1 & 2 \\ 3 & 4 \end{pmatrix}$。

解：矩阵有 $\Delta = -2$。因此，不动点为鞍点。∎

例题 5.2.7

重做上一题，对于 $A = \begin{pmatrix} 2 & 1 \\ 3 & 4 \end{pmatrix}$。

解：现在 $\Delta = 5$，$\tau = 6$。由于 $\Delta > 0$ 与 $\tau^2 - 4\Delta = 16 > 0$，不动点是结点。它是不稳定的，因为 $\tau > 0$。∎

5.3　恋爱

为了提起你对线性系统分类的兴趣，我们现在讨论一个恋爱动力学的简单模型［Strogatz（1988）］。下面的故事阐述了其主要想法。

罗密欧爱上了朱丽叶，但在我们这个故事的版本中，朱丽叶是一个不稳定的爱人。罗密欧越爱她，朱丽叶越想离开并躲起来。但是当罗密欧灰心而后退时，朱丽叶开始发现他的吸引力。另一方面，罗密欧倾向于模仿她：当她爱他时，他会活跃起来；而当她恨他时，他也会变得冷淡。

令

$R(t)$ = 在时刻 t，罗密欧对朱丽叶的爱/恨

$J(t)$ = 在时刻 t，朱丽叶对罗密欧的爱/恨

R、J 为正值表示爱，负值表示恨。于是，他们不幸的恋爱模型为

$$\dot{R} = aJ$$

$$\dot{J} = -bR$$

式中，参数 a，b 为正数，与故事保持一致。

当然，他们爱情的悲惨结局是永无休止地爱恨循环；其系统有一个中心 $(R, J) = (0, 0)$。至少他们能做到在 1/4 的时间实现同时相爱（见图 5.3.1）。

现在考虑由一般线性系统

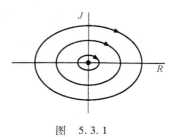

图　5.3.1

$$\dot{R} = aR + bJ$$

$$\dot{J} = cR + dJ$$

所决定的两人爱情的预测，这里参数 a、b、c、d 符号可正可负。符号的选择指定了恋爱的方式。如我的学生所命名的，选择 $a > 0$，$b > 0$ 指罗密欧是一个"热心的海狸"——他因为朱丽叶爱他而激动，进而被自身对朱丽叶的感情所激励。命名其他三种恋爱方式，并预测不同匹配的结局是一件有趣的事情。例如，一个"谨慎的爱人"（$a < 0$，$b > 0$）能否与"热心的海狸"找到真爱？这些问题会在练习题中考虑。

例题 5.3.1

当两个同样谨慎的爱人在一起会发生什么？

解：其系统为

$$\dot{R} = aR + bJ$$

$$\dot{J} = bR + aJ$$

其中 $a < 0$，$b > 0$。这里 a 是对谨慎程度的度量（他们中每个人都避免讨好对方），b 是责任心的度量（他们都会被对方的深入举动所激励）。我们猜测，结局依赖于 a，b 的相对大小。我们看一下会发生什么。

对应的矩阵是

$$A = \begin{pmatrix} a & b \\ b & a \end{pmatrix}$$

这里有

$$\tau = 2a < 0, \ \Delta = a^2 - b^2, \ \tau^2 - 4\Delta = 4b^2 > 0$$

因而不动点 $(R, J) = (0, 0)$ 当 $a^2 < b^2$ 时为鞍点，当 $a^2 > b^2$ 时为稳定结点。特征值与对应的特征向量为

$$\lambda_1 = a + b, \ \boldsymbol{v}_1 = (1, 1), \ \lambda_2 = a - b, \ \boldsymbol{v}_2 = (1, -1)$$

由于 $a + b > a - b$，当原点为鞍点时，特征向量 $(1, 1)$ 张成了不稳定流形，而当原点为稳定结点时，则张成了慢的特征方向。图 5.3.2 显示了两种情况的相图。

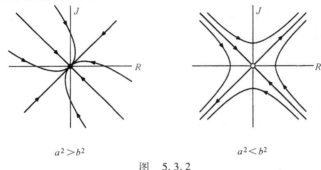

$$a^2 > b^2 \qquad\qquad a^2 < b^2$$

图　5.3.2

若 $a^2 > b^2$，恋爱始终失败而相互冷淡。这里的教训似乎是过度的谨慎导致冷漠。

若 $a^2 < b^2$，爱人们更加亲密，或者可能对彼此更加敏感。现在恋爱迅速增长。他们的关系依赖于他们的初始感觉，或者成为爱情盛宴，或者成为战争。在每种情况下，所有的轨迹都趋于直线 $R = J$，因而最终他们的感情是相互的。■

第 5 章　练习题

5.1　定义与例子

5.1.1（谐振子的椭圆与能量守恒）考虑谐振子 $\dot{x} = v$，$\dot{v} = -\omega^2 x$。

a）证明轨道由椭圆 $\omega^2 x^2 + v^2 = C$ 给出，式中 C 为任意非负常数。（提示：用 $\dot{v}$ 方程去除 $\dot{x}$ 方程，从 x 中分离 v，积分所得到的可分离

变量方程。）

b）证明该条件等价于能量守恒。

5.1.2 考虑系统 $\dot{x}=ax$，$\dot{y}=-y$，式中 $a<-1$。证明当 $t\to\infty$ 时所有的轨迹会与 y-方向平行，当 $t\to-\infty$ 时会与 x-方向平行。（提示：考察斜率 $dy/dx=\dot{y}/\dot{x}$。）

将下列方程写为矩阵形式。

5.1.3 $\dot{x}=-y$，$\dot{y}=-x$ **5.1.4** $\dot{x}=3x-2y$，$\dot{y}=2y-x$

5.1.5 $\dot{x}=0$，$\dot{y}=x+y$ **5.1.6** $\dot{x}=x$，$\dot{y}=5x+y$

画出下列系统的向量场，用合理的精度表示向量的长度与方向。画出其中典型的轨迹。

5.1.7 $\dot{x}=x$，$\dot{y}=x+y$ **5.1.8** $\dot{x}=-2y$，$\dot{y}=x$

5.1.9 考虑系统 $\dot{x}=-y$，$\dot{y}=-x$。

a）画出向量场。

b）证明系统的轨迹是形如 $x^2-y^2=C$ 的双曲线。（提示：方程意味着 $x\dot{x}-y\dot{y}=0$，然后两边积分。）

c）原点为鞍点；找出其稳定与不稳定流形的方程。

d）系统能分解，并求解如下：引入新变量 u 与 v，这里 $u=x+y$，$v=x-y$。然后利用 u，v 重新表示系统。从任意初始条件 (u_0,v_0) 出发，求解 $u(t)$，$v(t)$。

e）关于 u 与 v 的稳定流形与不稳定流形的方程是什么？

f）最后，利用（d）的解，写出从初始条件 (x_0,y_0) 出发的通解 $x(t)$，$y(t)$。

5.1.10（吸引与李雅普诺夫稳定）这是各种稳定性的正式定义。考虑系统 $\dot{\boldsymbol{x}}=\boldsymbol{f}(\boldsymbol{x})$ 的不动点 $\boldsymbol{x}^*$。我们称 $\boldsymbol{x}^*$ 是**吸引的**，若存在一个 $\delta>0$，只要 $\|\boldsymbol{x}(0)-\boldsymbol{x}^*\|<\delta$ 使得 $\lim\limits_{t\to\infty}\boldsymbol{x}(t)=\boldsymbol{x}^*$。换句话说，始于 $\boldsymbol{x}^*$ 的 δ 邻域内的任意轨迹保证会最终收敛到 $\boldsymbol{x}^*$。如图 1 所示，始于 $\boldsymbol{x}^*$ 附近的轨迹可以在短时间内偏离 $\boldsymbol{x}^*$，但它们从长期来看必定趋于 $\boldsymbol{x}^*$。

相比而言，李雅普诺夫稳定性需要附近的轨迹始终都保持得很近。我们说 $\boldsymbol{x}^*$ 是**李雅普诺夫稳定**的，若对每个 $\varepsilon>0$，均存在 $\delta>0$，使得只要 $\|\boldsymbol{x}(0)-\boldsymbol{x}^*\|<\delta$，那么对任意 $t\geq0$ 均有 $\|\boldsymbol{x}(t)-\boldsymbol{x}^*\|<\varepsilon$。因此，

始于 x^* 的 δ 邻域的轨迹对正时间都保持在 x^* 的 ε 邻域内（见图 1）。

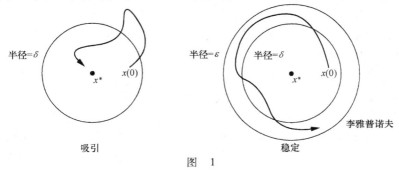

图　1

最后，x^* 是**渐近稳定**的，若它既是吸引的，又是李雅普诺夫稳定的。

对下面每个系统，判定原点是吸引的、李雅普诺夫稳定的、渐近稳定的还是以上都不是。

a）$\dot{x}=y$，$\dot{y}=-4x$　　　b）$\dot{x}=2y$，$\dot{y}=x$

c）$\dot{x}=0$，$\dot{y}=x$　　　d）$\dot{x}=0$，$\dot{y}=-y$

e）$\dot{x}=-x$，$\dot{y}=-5y$　　　f）$\dot{x}=x$，$\dot{y}=y$

5.1.11（稳定性证明）利用几种不同类型的稳定性定义，证明你的练习题 5.1.10 的答案是正确的。（你必须找一个合适的 δ 证明原点是吸引的，或者合适的 $\delta(\varepsilon)$ 证明李雅普诺夫稳定性）。

5.1.12（源自对称性的闭轨）利用向量场的对称性，简单证明简单谐振子 $\dot{x}=v$，$\dot{v}=-x$ 的轨道是闭合的。（提示：考虑一条始于 v 轴的点 $(0, -v_0)$ 的轨迹，并假设轨迹与 x 轴交于 $(x, 0)$ 处。然后利用对称性，找出它与 x 轴、v 轴的交点。）

5.1.13 你觉得"鞍点"为什么会被称为"鞍点"？与实际的马鞍（用于马的那种）有什么联系？

5.2　线性系统的分类

5.2.1 考虑系统 $\dot{x}=4x-y$，$\dot{y}=2x+y$。

a）将系统写为 $\dot{x}=Ax$ 的形式。证明特征多项式为 $\lambda^2-5\lambda+6$，并求 A 的特征值与特征向量。

b）求出系统的通解。

c）对原点处不动点进行分类。

d）求系统在初始条件 $(x_0, y_0) = (3, 4)$ 下的解。

5.2.2（复数特征值）本练习题引导你学习特征值为复数的系统的解。系统为 $\dot{x} = x - y$，$\dot{y} = x + y$。

a）求 A，并证明其特征值为 $\lambda_1 = 1 + i$，$\lambda_2 = 1 - i$，特征向量为 $\boldsymbol{v}_1 = (i, 1)$，$\boldsymbol{v}_2 = (-i, 1)$。（注意特征值为共轭复数，特征向量也是如此）——对于具有复数特征值的实矩阵 A，总有这种情况。

b）通解为 $\boldsymbol{x}(t) = c_1 e^{\lambda_1 t} \boldsymbol{v}_1 + c_2 e^{\lambda_2 t} \boldsymbol{v}_2$。因而在某种意义下，我们已完成了。但 $\boldsymbol{x}(t)$ 的形式包含了复系数，这看起来不常见。仅用实值函数表示 $\boldsymbol{x}(t)$。（提示：利用 $e^{i\omega t} = \cos\omega t + i\sin\omega t$ 的正弦与余弦重新表示 $\boldsymbol{x}(t)$，并将含有 i 的项与不含 i 的项分开。）

画出相图，并对下列系统的不动点进行分类。若特征值为实数，在图上标出来。

5.2.3 $\dot{x} = y$，$\dot{y} = -2x - 3y$　　**5.2.4** $\dot{x} = 5x + 10y$，$\dot{y} = -x - y$

5.2.5 $\dot{x} = 3x - 4y$，$\dot{y} = x - y$　　**5.2.6** $\dot{x} = -3x + 2y$，$\dot{y} = x - 2y$

5.2.7 $\dot{x} = 5x + 2y$，$\dot{y} = -17x - 5y$

5.2.8 $\dot{x} = -3x + 4y$，$\dot{y} = -2x + 3y$

5.2.9 $\dot{x} = 4x - 3y$，$\dot{y} = 8x - 6y$

5.2.10 $\dot{x} = y$，$\dot{y} = -x - 2y$

5.2.11 证明任意形如 $A = \begin{pmatrix} \lambda & b \\ 0 & \lambda \end{pmatrix}$，$b \neq 0$ 的矩阵对应特征值 λ 只有一个一维特征空间。然后求解系统 $\dot{x} = Ax$，并画出相图。

5.2.12（LRC 电路）考虑电路方程 $L\ddot{I} + R\dot{I} + I/C = 0$，其中 $L > 0$，$C > 0$，$R \geq 0$。

a）把方程重写为二阶线性系统。

b）证明若 $R > 0$，原点渐近稳定，而若 $R = 0$，原点是中心稳定的。

c）对原点处的不动点进行分类，依赖于 $R^2 C - 4L$ 为正数、负数或者零，并画出三种情况下的相图。

5.2.13（阻尼谐振子）阻尼谐振子的运动由 $m\ddot{x} + b\dot{x} + kx = 0$ 描述，其中 $b > 0$ 为阻尼常数。

a）把方程重写为二阶线性系统。

b）对原点处的不动点进行分类，并画出相图。务必证明，依赖于参数的相对大小能发生的三种情况。

c）你的结果与过阻尼、临界阻尼和欠阻尼有何关联？

5.2.14（随机系统的项目）假设我们随机选择一个线性系统；比如说，原点有多大的可能是不稳定焦点？更具体地说，考虑系统 $\dot{\boldsymbol{x}} = \boldsymbol{Ax}$，其中 $\boldsymbol{A} = \begin{pmatrix} a & b \\ c & d \end{pmatrix}$。假定我们独立地随机从区间 $[-1, 1]$ 均匀地选择元素 a、b、c、d。求所有不同类型不动点的概率。

为了检验你的答案（或者若你遇到分析上的障碍），试试蒙特卡罗（Monte Carlo）方法。在计算机上生成上百万的随机矩阵，并用计算机统计鞍点、不稳定焦点等的相对频率。

若用标准正态分布替代均匀分布，结果是否相同？

5.3 恋爱

5.3.1（命名）在 $\dot{R} = aR + bJ$ 中，为 a、b 的符号所确定的 4 种恋爱方式起个名字。

5.3.2 考虑由 $\dot{R} = J$，$\dot{J} = -R + J$ 描述的系统。

a）描述罗密欧与朱丽叶的恋爱风格。

b）对原点处的不动点进行分类。这对恋爱意味着什么？

c）画出作为时间 t 的函数 $R(t)$ 与 $J(t)$，假定 $R(0) = 1$，$J(0) = 0$。

在下面每个问题中，依据 a、b 的符号与相对大小预测恋爱的走向。

5.3.3（脱离自身感情）假定罗密欧与朱丽叶相互作用，但不顾及自身：$\dot{R} = aJ$，$\dot{J} = bR$。会发生什么？

5.3.4（水火之势）异性相吸吗？分析 $\dot{R} = aR + bJ$，$\dot{J} = -bR - aJ$。

5.3.5（豆荚中的豌豆）若罗密欧与朱丽叶有相同的恋爱风格（$\dot{R} = aR + bJ$，$\dot{J} = bR + aJ$）。他们会相互厌倦还是幸福无比？

5.3.6（机器人罗密欧）什么都不能改变罗密欧对朱丽叶的感情：$\dot{R} = 0$，$\dot{J} = aR + bJ$。朱丽叶最终是爱他还是恨他？

6 相平面

6.0 引言

本章开始研究二维非线性系统。我们首先考虑它们的一些一般性质。然后，基于线性系统理论（第 5 章）对不动点进行分类。进而，通过对生物（如两类物种之间的竞争）和物理（如保守系统、可逆系统和钟摆）方面一系列的例题进行分析，使这一理论得到进一步发展。在本章的结尾部分，分别对指数理论和提供相图全局信息的拓扑方法进行了讨论。

本章主要对不动点进行阐述。接下来的两章将会对二维系统的闭合轨道和分岔进行讨论。

6.1 相图

相平面中向量场的一般表达式为

$$\dot{x}_1 = f_1(x_1, x_2)$$
$$\dot{x}_2 = f_2(x_1, x_2)$$

其中，f_1 和 f_2 为给定的函数。利用向量的定义，这个系统可以被表达为如下简洁的向量形式

$$\dot{x} = f(x)$$

其中 $x = (x_1, x_2)$，$f(x) = (f_1(x), f_2(x))$。x 表示相平面中的一点，$\dot{x}$ 表示该点的速度向量。

当相点沿着向量场流动时，在相平面中形成一条弯曲的轨线，所

得的图像解为 $x(t)$（见图 6.1.1）。进而，由
于每个点对应一个初始条件，这使得整个相
平面被不同的轨迹填充。

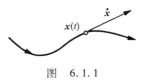

图　6.1.1

对于非线性系统，轨迹的解析解通常无
法找到。即便能找到解析解的显式，也常因
其太复杂而难以洞察其本质。因此，我们将尝试确定解的定性行为。
我们的目标是直接根据 $f(x)$ 的性质来描绘系统的相图。相图的种类
丰富多样，图 6.1.2 描绘出其中一例。

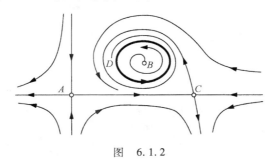

图　6.1.2

相图中一些最显著的特征如下：

1. **不动点**，如图 6.1.2 中所示的 A，B 和 C。不动点满足 $f(x^*) = 0$，其值对应着系统的稳定状态或平衡点。

2. **闭合轨道**（闭轨），如图 6.1.2 中所示的 D。其对应着系统的
周期轨道，也就是对于所有的 t，及某些 $T > 0$ 时，方程 $x(t + T) = x(t)$ 的解。

3. 处于不动点及闭轨附近轨迹的排列。例如，处于 A 和 C 附近
的流形是相似的，却不同于 B 附近的流形。

4. 不动点和闭轨的稳定性或不稳定性。这里，不动点 A、B 和 C
附近的轨迹倾向于远离它们，因此它们是不稳定的，而闭合轨道是稳
定的。

相图的数值计算

有时候我们也对相图的定量方面感兴趣。幸运的是，$\dot{x} = f(x)$ 的

积分运算不比 $\dot{x} = f(x)$ 困难多少。只需用向量 x 和 $f(x)$ 替换标量 x 和 $f(x)$，2.8 节的计算方法依旧可以起作用。我们将使用龙格-库塔方法，其中向量表达式为

$$x_{n+1} = x_n + \frac{1}{6}(k_1 + 2k_2 + 2k_3 + k_4)$$

其中，

$$k_1 = f(x_n)\Delta t$$

$$k_2 = f\left(x_n + \frac{1}{2}k_1\right)\Delta t$$

$$k_3 = f\left(x_n + \frac{1}{2}k_2\right)\Delta t$$

$$k_4 = f\left(x_n + \frac{1}{2}k_3\right)\Delta t$$

其中步长 $\Delta t = 0.1$ 足够保证所需的精确度。

当画图像时，它经常在向量场呈现一个代表性的向量网格。不幸的是，向量方向和大小的不同使图像变得混乱。通过使用短线段来表示流的局部方向，能够清楚地表示一个向量场的图像。

例题 6.1.1

考虑系统 $\dot{x} = x + e^{-y}$，$\dot{y} = -y$。首先用定性的论据去获得有关图像的信息。然后，利用计算机画出其方向场。最后，用龙格-库塔方法计算几条轨道，并且画在相平面上。

解：首先，我们要找到同时满足 $\dot{x} = 0$，$\dot{y} = 0$ 的不动点。唯一解是 $(x^*, y^*) = (-1, 0)$。为了确定稳定不动点，注意 $y(t) \to 0$，当 $t \to \infty$ 时，因为 $\dot{y} = -y$ 的解是 $y(t) = y_0 e^{-t}$。所以当 $e^{-y} \to 1$ 时，等式最终变为 $\dot{x} \approx x + 1$；这是一个以指数方式增长的解，它说明不动点是不稳定的。实际上，如果我们只关注在 x 轴上的初始条件，那么当 $y_0 = 0$ 时，每个点都有 $y(t) = 0$，所以在 x 轴上的流被 $\dot{x} = x + 1$ 严格刻画。因此这些不动点是不稳定的。

想要画出相图，需要画出定义在曲线 $\dot{x} = 0$ 或者 $\dot{y} = 0$ 上的**零点**

集。零点集表明在这点处流是完全平行或者垂直的（见图6.1.3）。例如，在 $\dot{y} = 0$ 处，流是水平的，因为当 $\dot{y} = -y$ 时，它趋近直线 $y = 0$。沿着这条线，当 $\dot{x} = x + 1 > 0$ 时流向右，即 $x > -1$。

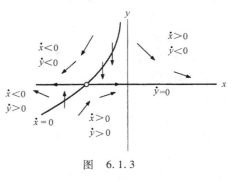

图 6.1.3

同样地，在 $\dot{x} = x + e^{-y} = 0$ 处流是垂直的，此处的曲线如图6.1.3所示，$\dot{y} < 0$ 时，曲线的上部流是下降的，因为 $y > 0$。

零点集将 $\dot{x}$ 和 $\dot{y}$ 各自变化的特征区域分割成几部分。图6.1.3画出了一些有代表性的向量。即使只有有限的信息获得，图6.1.3仍旧给出了一个完整流形。

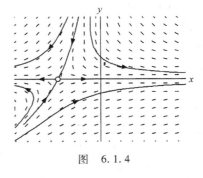

图 6.1.4

我们现在用计算机来完成这一问题。在图6.1.4中，方向场用线段标明，几条轨道如图所示。注意这些轨道总是遵循所处位置的斜率。

这些不动点现在看起来像一个鞍点的非线性版本。■

6.2 存在性、唯一性与拓扑结果

到目前为止，我们有一点乐观——在这个阶段，还不能保证一般的非线性系统 $\dot{x} = f(x)$ 有解！幸运的是，2.5节给出的存在性和唯一性理论可以被推广到二维空间。由于之前的文献还没有涉及，在此我们先陈述 n 维系统的结果：

存在唯一性定理：考虑系统 $\dot{x} = f(x)$，$x(0) = x_0$ 的初值问题。假设 f 是连续函数，且它的全部偏导数 $\partial f_i / \partial x_j$，$i, j = 1, 2, \cdots, n$ 在开

连通集 $D \subset \mathbf{R}^n$ 上对 x 是连续的。那么，当 $x_0 \in D$ 时，对于 $t = 0$ 的初值问题，系统在时间区间 $(-\tau, \tau)$ 上存在一个解 $x(t)$ 且解是唯一的。

也就是说，如果 f 是连续可微的，那么就能够证明解是存在且唯一的。此定理的证明与 $n = 1$ 时是同理的，而且在许多微分方程的文献中都涉及此方面的内容。

从现在开始，假定所有的向量场是足够光滑的，以保证从相空间中任一点出发的解是存在且唯一的。

存在唯一性定理有一个重要的推论：不同的轨道是不相交的。如果两条轨道的确相交过，那么从交点处出发就出现两个解，这与解的唯一性是相悖的。说得更直观些，一条轨道不可能同时朝两个方向移动。

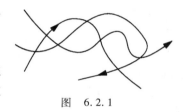

由于轨道之间不能相交，相图将会以清晰的形态呈现。否则它们有可能是一堆纵横交错的曲线（见图 6.2.1）。而存在唯一性定理避免了这种情况的发生。

图　6.2.1

在二维空间中（相对于多维空间），这些定理有更强的拓扑结果。例如，在相平面中有一闭轨 C，任意从 C 中出发的轨道都将在这个闭轨 C 内（见图6.2.2）。

有界轨道的走向是什么呢？如果不动点在 C 内，那么 C 内的轨迹可能最终会逼近这些不动点中的一个。但若在 C 内没有不动点呢？通过直觉判断，这些轨道不会一直在 C 内，若是这样，那就对了。对于空间中的向

图　6.2.2

量场，**庞加莱-本迪克松（Poincaré-Bendixson）定理**指出若一条轨道被局限于一个封闭有界的区域且在这一区域内没有不动点，那么这一轨道最后一定会逼近一条闭轨。7.3 节将会对这个重要定理进行讨论。

在了解此之前，首先需要清楚地了解不动点。

6.3　不动点与线性化

本节我们把早在 2.4 节中所提出的一维系统的**线性化**技巧进行推

广。通过借助线性系统相应的方法，我们希望能够近似获得某一不动点附近的相图。

线性系统

考虑系统：

$$\dot{x} = f(x, y)$$

$$\dot{y} = g(x, y)$$

假定（x^*，y^*）为一不动点，则

$$f(x^*, y^*) = 0, \quad g(x^*, y^*) = 0$$

令

$$u = x - x^*, \quad v = y - y^*$$

表示对不动点进行小扰动的两个分量。为了了解这一扰动是增大还是消减，先观察 u 和 v 的微分方程。

$$\dot{u} = \dot{x} \quad （因为 x^* 为常数）$$

$$= f(x^* + u, y^* + v) \quad （利用替换）$$

$$= f(x^*, y^*) + u\frac{\partial f}{\partial x} + v\frac{\partial f}{\partial y} + O(u^2, v^2, uv) \quad （泰勒展式）$$

$$= u\frac{\partial f}{\partial x} + v\frac{\partial f}{\partial y} + O(u^2, v^2, uv) \quad （因 f(x^*, y^*) = 0）$$

其中为了简化符号，对于上式中的 $\partial f/\partial x$ 和 $\partial f/\partial y$，要注意这些偏导数是在不动点（x^*，y^*）处的数值并非函数。由于 u 和 v 非常小，其所对应的**二次项简式** $O(u^2, v^2, uv)$ 也是一个非常小的变量。

同样，

$$\dot{v} = u\frac{\partial g}{\partial x} + v\frac{\partial g}{\partial y} + O(u^2, v^2, uv)$$

因此，能够推出扰动（u，v），根据

$$\begin{pmatrix} \dot{u} \\ \dot{v} \end{pmatrix} = \begin{pmatrix} \dfrac{\partial f}{\partial x} & \dfrac{\partial f}{\partial y} \\ \dfrac{\partial g}{\partial x} & \dfrac{\partial g}{\partial y} \end{pmatrix} \begin{pmatrix} u \\ v \end{pmatrix} + 二次项 \tag{1}$$

其中矩阵

$$A = \begin{pmatrix} \dfrac{\partial f}{\partial x} & \dfrac{\partial f}{\partial y} \\[2mm] \dfrac{\partial g}{\partial x} & \dfrac{\partial g}{\partial y} \end{pmatrix}_{(x^*, y^*)}$$

称为在不动点（x^*，y^*）处的**雅可比矩阵**。它其实是类似于 2.4 节中导数 $f'(x^*)$ 的多元情形。

由于式（1）中的二次项很小，几乎可以忽略不计。若忽略不计，将获得如下的线性化系统：

$$\begin{pmatrix} \dot{u} \\ \dot{v} \end{pmatrix} = \begin{pmatrix} \dfrac{\partial f}{\partial x} & \dfrac{\partial f}{\partial y} \\[2mm] \dfrac{\partial g}{\partial x} & \dfrac{\partial g}{\partial y} \end{pmatrix} \begin{pmatrix} u \\ v \end{pmatrix} \tag{2}$$

通过利用 5.2 节中的方法，其动力学特性能够得到分析。

微小非线性项的影响

在式（1）中忽略掉二次项对结果真的没有影响吗？换句话说，通过这一线性表达式能否正确地绘制出不动点附近的相图？只要线性表达式的不动点不是 5.2 节中讨论的边界情形中的一类，那么答案就是肯定的。也就是说，如果线性表达式认为不动点是鞍点、结点或一个焦点，那么对于原非线性系统方程来讲，该不动点也是一个鞍点、结点或焦点。Andronov 等（1973）给出了这个结果的证明，此外例题 6.3.1 也对这一结果做了具体的阐述。

边界情形（中心、退化结点、星形结点或非孤立不动点）更加微妙。我们将在例题 6.3.2 和练习题 6.3.11 中了解到，它们随着微小的非线性项的变化而变化。

例题 6.3.1

找到 $\dot{x} = -x + x^3$，$\dot{y} = -2y$ 的所有不动点，并且利用线性化将它们分类。然后画出整个非线性系统的相图并检查结果。

解：需要同时满足 $\dot{x} = 0$，$\dot{y} = 0$（即 $x = 0$ 或 $x = \pm 1$ 和 $y = 0$），才能求出不动点。求得的三个不动点分别为（0，0），（1，0）和（-1，0）。

在点 (x,y) 的雅可比矩阵为

$$A = \begin{pmatrix} \dfrac{\partial \dot{x}}{\partial x} & \dfrac{\partial \dot{x}}{\partial y} \\[2mm] \dfrac{\partial \dot{y}}{\partial x} & \dfrac{\partial \dot{y}}{\partial y} \end{pmatrix} \begin{pmatrix} -1+3x^2 & 0 \\ 0 & -2 \end{pmatrix}$$

接下来计算在不动点处的 A 值。在 $(0,0)$ 处，$A = \begin{pmatrix} -1 & 0 \\ 0 & -2 \end{pmatrix}$，因此 $(0,0)$ 是一个稳定的结点。在 $(\pm 1,0)$ 处，$A = \begin{pmatrix} 2 & 0 \\ 0 & -2 \end{pmatrix}$，因此，这两个点都为鞍点。

现在由于稳定结点和鞍点都不属于边界情形，因此我们确定对非线性系统的所有不动点的预测是正确的。

由于 x 和 y 的方程表达式是非耦合的（即核，两个系统是彼此独立的一阶系统），故对于这个非线性系统，此结论能够被明显地检验出来。在 y 轴上，所有轨道指数衰变到 $y=0$。在 x 轴方向上，所有轨道被 $x=\pm 1$ 所排斥，进而被吸引到 $x=0$。由 $\dot{x}=0$，因此 $x=0$ 和 $x=\pm 1$ 是不变的，而且从这些直线出发的所有轨道也不会发生改变，而是一直停留在这些直线上。同理，$y=0$ 也是一条不变的直线。我们注意到对于变换 $x \to -x$，$y \to -y$，方程保持不变，因此相图对于 x 轴和 y 轴是对称的。通过以上信息，我们能够画出图 6.3.1。

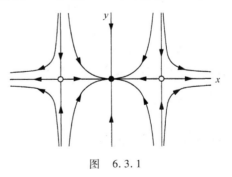

图　6.3.1

通过图 6.3.1 所示，可以观察到与线性的预测结果是一致的，即 $(0,0)$ 是稳定结点，$(\pm 1,0)$ 是鞍点。■

接下来的例题表明，微小的变化能够把中心变为焦点。

例题 6.3.2

考虑系统：

$$\dot{x} = -y + ax(x^2 + y^2)$$

$$\dot{y} = x + ay(x^2 + y^2)$$

其中，a 为参数。证明对所有的 a 线性化系统会错误地得出原点是中心，但事实上，当 $a < 0$，原点为稳定焦点，当 $a > 0$ 时，为不稳定焦点。

解： 想要得到 $(x^*, y^*) = (0, 0)$ 处的线性化系统，要么直接从定义出发计算出雅可比矩阵，要么直接应用下述的简洁方式。对于原点为不动点的任意系统，由于 $u = x - x^* = x$，$y = y - y^* = y$，x 和 y 表示不动点的偏差。因此可以通过忽略掉 x 和 y 的非线性项得到相应的线性系统 $\dot{x} = -y$，$\dot{y} = x$。其雅可比矩阵为

$$A = \begin{pmatrix} 0 & -1 \\ 1 & 0 \end{pmatrix}$$

其中，$\tau = 0$，$\Delta = 1 > 0$，因此根据线性化系统，原点始终为中心。

我们利用**极坐标**变化来分析此非线性系统。令 $x = r\cos\theta$，$y = r\cos\theta$，由于 $x^2 + y^2 = r^2$，因而 $x\dot{x} + y\dot{y} = r\dot{r}$，通过替换 $\dot{x}$、$\dot{y}$，能够得到关于 r 的微分方程：

$$\begin{aligned} r\dot{r} &= x(-y + ax(x^2 + y^2)) + y(x + ay(x^2 + y^2)) \\ &= a(x^2 + y^2)^2 \\ &= ar^4 \end{aligned}$$

因此，$\dot{r} = ar^3$。在练习题 6.3.12 中，可以推出关于 θ 的微分方程：

$$\dot{\theta} = \frac{x\dot{y} - y\dot{x}}{r^2}$$

替换掉 $\dot{x}$、$\dot{y}$ 后，$\dot{\theta} = 1$。因此，在极坐标系下，原系统变为

$$\dot{r} = ar^3$$

$$\dot{\theta} = 1$$

由于径向运动和角运动是独立的，因此，对极坐标系下的系统分析变得简单而容易。所有的轨迹都以一个恒定的角速度 $\dot{\theta} = 1$ 围绕原点旋转。

正如图 6.3.2 中所示，径向运动取决于参数 a。

如果 $a < 0$，当 $t \to \infty$ 时，$r(t)$ 单调趋于零。此时，原点是一个稳定焦点。（但注意到它的衰减非常缓慢，正如图 6.3.2 中所模拟的轨

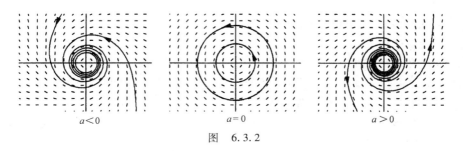

图 6.3.2

迹。) 当 $a = 0$ 时，对所有的 t，$r(t) = r_0$，原点为中心。当 $a > 0$ 时，则 $r(t)$ 单调趋于无穷，原点为不稳定焦点。

现在，我们了解到为什么中心如此微妙：所有的轨道被要求完全封闭在一个圆内。细微地改变将会使得中心转变成焦点。■

类似地，星形结点和退化结点也能通过小的非线性发生改变；但不同于中心点的是，它们的稳定性保持不变。例如，一个稳定的星形结点可能被变为稳定的焦点（练习题 6.3.11），但不能变为不稳定的焦点。这是合理的，在图 5.2.8 线性系统的分类中：星形结点和退化结点明确地存在于稳定或不稳定区域，而中心点存在于稳定和不稳定之间的边缘。

如果我们只对稳定性感兴趣，而对轨道复杂的几何结构不感兴趣，那不动点大致可以分为以下几类：

鲁棒情形：

排斥子（也叫作源）：两个特征值都有正实部。

吸引子（也叫作汇）：两个特征值都有负实部。

鞍点：一个特征值是正的，一个特征值是负的。

边缘情形：

中心：两个特征值都是纯虚数。

高阶和非孤立的不动点：至少有一个特征值是 0。

因此，从稳定性的角度来看，边缘情形就是至少有一个特征值满足 $\mathrm{Re}(\lambda) = 0$。

双曲不动点、拓扑等价性和结构稳定性

如果两个特征值的 $\mathrm{Re}(\lambda) \neq 0$，不动点被称作**双曲点**。（看起来像"鞍点"，但不幸的是这一叫法已被大众所接受。）由于双曲不动点的

稳定性不受小的非线性部分影响，因此它们是鲁棒的，而非双曲不动点则是脆弱的。

在向量场那一节中，我们已了解了一个简单的双曲型例题。在2.4节我们了解到，只要 $f'(x^*) \neq 0$，不动点的稳定性能够通过线性化精确地预测。这个条件同 $Re(\lambda) \neq 0$ 类似。

这些想法也可以推广到高阶系统。如果线性化的所有特征值都不在虚轴上，即 $Re(\lambda_i) \neq 0$，$i = 1, 2, \cdots, n$，那么一个 n 阶系统的一个不动点是双曲型的。著名的哈特曼-格罗伯曼（Hartman-Grobman）定理指出，靠近一个双曲型不动点的局部相图与线性化的相图是拓扑等价的。不动点的稳定类型是由线性化决定的。这里**拓扑等价**的意思是将一个局部相图映射到另一个相图上的一个同胚（一个连续且逆连续的变形），这使得轨道也映射到了其他轨道上，且时间的概念（即箭头的方向）也被保留。

直觉上，如果一个是另一个的变形，则两个相图是拓扑等价的。弯曲和翘曲是允许的，但不允许裂开，因此闭轨道必须保持封闭状态，且连接鞍点的轨道不能被断开，等等。

双曲型不动点同时也阐述了结构稳定性这一重要的一般性概念。如果相图的拓扑结构不能被向量场一个任意小的扰动所改变，那么这个相图是**结构稳定**的。譬如，一个鞍点的相图是结构稳定的，但一个中心的相图是结构不稳定的，因为一个任意小的阻力都能将中心变为一个焦点。

6.4 兔子与羊

在接下来的几节中，我们会对几个简单相图的例题进行分析。首先分析经典的**猎物-捕食者（Lotka-Volterra）种群竞争模型**，这里设想为兔子和羊。假定两个物种同时竞争一种食物（草），其中草的数量是有限的。此外，忽略所有其他复杂的因素，如捕食者、气候影响和其他食物来源。因此，我们应该考虑两个主要的因素是：

1. 在没有其他物种的环境下，每个物种都可以生长到它自身所能承载的极限。对于每一个物种的成长，可通过逻辑斯谛模型进行模拟（回忆2.3节）。由于兔子繁殖能力更强，或许我们应该赋予它们更高的内在增长率。

2. 当兔子和羊两个种群相遇后，竞争就开始了。有时兔子开始吃草，羊经常会把兔子推到一边，然后一点一点地吃草。假定两物种数量之间存在一定比例时，彼此的竞争开始。（例如，如果兔子的数量是羊的两倍，那么一只兔子遇到一只羊的概率也会增加一倍。）再者，假设冲突会减少每个物种的增长率，显然，这样会对兔子数量影响更大。

体现这个假设的物种模型如下：

$$\dot{x} = x(3 - x - 2y)$$
$$\dot{y} = y(2 - x - y)$$

其中

$$x(t) = 兔子的数量$$
$$y(t) = 羊的数量$$

并且 $x \geqslant 0$，$y \geqslant 0$。系数被用来反映此情景，但是其他方面是任意的。在这个练习中，如果系数改变，会发生什么呢？

通过解方程组 $\dot{x} = 0$ 和 $\dot{y} = 0$，能够找到不动点。四个不动点分别为 $(0,0)$，$(0,2)$，$(3,0)$ 和 $(1,1)$。通过计算如下的雅可比矩阵，能够对它们分类

$$A = \begin{pmatrix} \dfrac{\partial \dot{x}}{\partial x} & \dfrac{\partial \dot{x}}{\partial y} \\ \dfrac{\partial \dot{y}}{\partial x} & \dfrac{\partial \dot{y}}{\partial y} \end{pmatrix} = \begin{pmatrix} 3 - 2x - 2y & -2x \\ -y & 2 - x - 2y \end{pmatrix}$$

现在依次考虑四个不动点：

$$(0,0): \quad A = \begin{pmatrix} 3 & 0 \\ 0 & 2 \end{pmatrix}$$

特征值是 $\lambda = 3$，2，所以 $(0,0)$ 是不稳定结点。离开原点后的轨道平行于 $\lambda = 2$（对应的）特征向量且相切于向量 $v = (0,1)$。（回忆一般性准则，即轨道在结点处与最小 $|\lambda|$ 的特征方向相切。）因此，$(0,0)$ 附近的相图看起来如图 6.4.1 所示。

$$(0,2): \quad A = \begin{pmatrix} -1 & 0 \\ -2 & -2 \end{pmatrix}$$

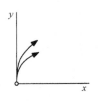

图 6.4.1

由于矩阵是下三角形矩阵，通过观察可以了解到此矩阵的特征值 $\lambda = -1$，-2。因此不动点是稳定结点。轨迹沿着 $\lambda = -1$（对应的）特征向量的方向逼近不动点；同时也可检验 $v = (1, -2)$ 能否张成这个特征方向。图 6.4.2 显示了不动点（0，2）附近的相图。

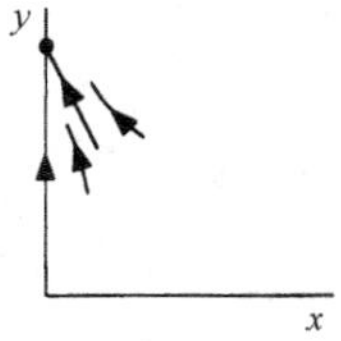

图 6.4.2

$$(3,0): \boldsymbol{A} = \begin{pmatrix} -3 & -6 \\ 0 & -1 \end{pmatrix}, \lambda = -3, -1$$

这也是一个稳定结点。轨道沿着较缓特征方向逼近且由 $v = (3, -1)$ 张成，如图 6.4.3 所示。

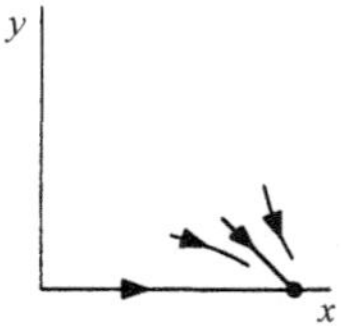

$$(1,1): \boldsymbol{A} = \begin{pmatrix} -1 & -2 \\ -1 & -1 \end{pmatrix}, 它的 \tau = -2, \Delta = -1,$$

$$\lambda = -1 \pm \sqrt{2}$$

因此，这是一个鞍点。如图 6.4.4 所示（1，1）附近的相图。

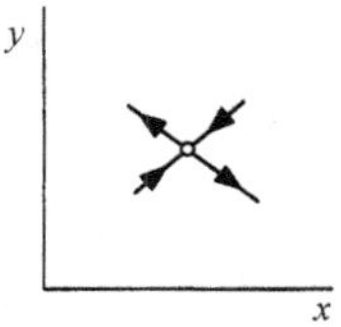

图 6.4.3

合并图 6.4.1 ~ 图 6.4.4，得到整个相图 6.4.5。进而当 $x = 0$ 时，$\dot{x} = 0$；当 $y = 0$ 时，$\dot{y} = 0$，注意到 x 和 y 轴包含直线轨道。

现在我们利用常识来补充相图的其余部分（见图 6.4.6）。例如，一些从原点附近出发的轨道一定会到达位于 x 轴上的稳定结点，而其他的轨道一定会到达位于 y 轴上的稳定结点。在这两者之间，一定存在一条不能确定方向的特殊轨迹，故而它朝鞍点运动。这条轨迹是鞍点的一部分**稳定流形**，如图 6.4.6 中的粗线部分。

图 6.4.4

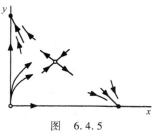

图 6.4.5

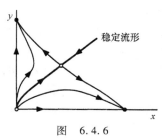

稳定流形

图 6.4.6

稳定流形的其他分支由来自无穷远的一条轨道构成。如图 6.4.7 所示，计算机模拟所确认的相图。

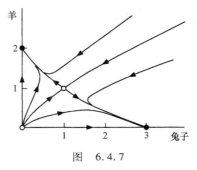

图 6.4.7

相图在生物学中很有意义和价值。它诠释了一个物种通常会导致其他物种灭亡。从稳定流形下方出发的轨迹最终导致了羊群的灭亡，而从上方出发的轨迹最终导致了兔群的消亡。这种分歧情况同样也发生在其他的竞争模型中，因此，生物学家们总结出了物种竞争排除原理，它表明两个竞争同一资源的物种一般不能共存。如 Pianka（1981）对生物学的讨论，以及 Pielou（1969）、Edelstein-Keshet（1988）或者 Murray（2002）在相关方面的分析。

这些例题也阐述了一些一般性的数学概念。如吸引域：对于一个吸引不动点 x^*，当 $t \to \infty$ 时，$x(t) \to x^*$，其初始条件为 x_0，我们把符合这一条件的初始值 x_0 集定义为**吸引域**。譬如：结点（3，0）处的吸引域由位于鞍点稳定流形下面的所有点组成。这个区域如图 6.4.8 的阴影区域所示。

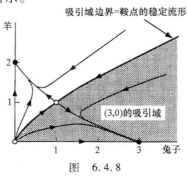

图 6.4.8

因为稳定流形把两个结点的吸引域分隔开来，所以称为**吸引域边界**。同样，构成稳定流形的两条轨道习惯上叫作**分界线**。由于它将相空间分隔成具有不同长期行为的区域，因此吸引域和边界很重要。

6.5 保守系统

很多重要二阶系统都是源自牛顿定律 $F = ma$。例如，思考一个质子 m 在非线性力 $F(x)$ 下沿 x 轴移动。运动方程是

$$m\ddot{x} = F(x)$$

注意，假设 F 是关于 $\dot{x}$ 和 t 是独立的；而且没有任何摩擦或阻力，且驱动力是不随时间变化的。

在这些假设条件下，我们能够发现能量是守恒的。令 $V(x)$ 表示**势能**，且被 $F(x) = -dV/dx$ 定义。那么

$$m\ddot{x} + \frac{dV}{dx} = 0 \tag{1}$$

现在需要记住一个窍门：两边同乘以 $\dot{x}$，注意式子的左边变为一个精确的关于时间的导数！

$$m\dot{x}\ddot{x} + \frac{dV}{dx}\dot{x} = 0 \Rightarrow \frac{d}{dt}\left[\frac{1}{2}m\dot{x}^2 + V(x)\right] = 0$$

这里，通过运用反向链式法则

$$\frac{d}{dt}V(x(t)) = \frac{dV}{dx}\frac{dx}{dt}$$

因此，对于一个特定的解 $x(t)$，总**能量**

$$E = \frac{1}{2}m\dot{x}^2 + V(x)$$

关于时间是不变的。能量经常被称作一个守恒量、一种恒定运动或者首次积分。具有一个守恒量的系统被称作**保守系统**。

接下来会更全面和准确地定义保守系统。假定某一系统 $\dot{x} = f(x)$，一个**守恒量**是指一个实值连续函数 $E(x)$ 且在轨道上是恒定的，即 $dE/dt = 0$。为了避免一些平凡的例题，我们也要求 $E(x)$ 在每一个开集上都为不恒定的。此外，像 $E(x) \equiv 0$ 的恒定函数是能够作为每个式子的

守恒量，所以每个式子都将是守恒的！我们的警告排除了这种愚蠢。

第一个例题指出了保守系统的基本情况。

例题 6.5.1

证明：一个保守系统不会存在任何吸引不动点。

解：假设 x^* 是一个吸引不动点。那么在吸引域中的所有点将具有同等能量 $E(x^*)$。（因为能量在轨道上是守恒的，并且在区域内的所有轨迹都流向 x^*）。因此 $E(x)$ 对于所有吸引域内的 x 一定是常量函数。因为在保守系统中我们要求 $E(x)$ 对于所有开集是非恒定的，因此这与保守系统的定义是矛盾的。■

如果有吸引的不动点不存在，那么哪种不动点是存在的呢？在接下来的例题中，我们对鞍点和中心点的存在性进行分析。

例题 6.5.2

考虑一个质量 $m = 1$ 的粒子移动，其中它的双阱势能为 $V(x) = -\dfrac{1}{2}x^2 + \dfrac{1}{4}x^4$。找到所有平衡点并对其进行分类。此外，画出相图并阐述其物理意义。

解：由于力是 $-dV/dx = x - x^3$，所以运动方程为

$$\ddot{x} = x - x^3$$

上式能够被改写为如下向量场：

$$\dot{x} = y$$
$$\dot{y} = x - x^3$$

式中，y 代表粒子的速度。由 $(\dot{x}, \dot{y}) = (0, 0)$ 解出平衡点 $(x^*, y^*) = (0, 0)$。因此平衡点是 $(x^*, y^*) = (0, 0)$，$(\pm 1, 0)$。通过计算如下雅可比矩阵的行列式对这些点分类：

$$A = \begin{pmatrix} 0 & 1 \\ 1 - 3x^2 & 0 \end{pmatrix}$$

在 $(0, 0)$ 处，$\Delta = -1$，原点是一个鞍点。但是当 $(x^*, y^*) = (\pm 1, 0)$ 时，$\tau = 0$，$\Delta = 2$；可以预测这些平衡点为中心。

此时，你应该注意——在 6.3 节中，小的非线性项能够轻易地破

坏通过线性逼近所预测的中心。由于能量守恒，此情形非彼情形。此时的封闭曲线轨是通过能量恒定的**等高线**来定义，即

$$E = \frac{1}{2}y^2 - \frac{1}{2}x^2 + \frac{1}{4}x^4 = c \quad (c \text{ 是常数})$$

图 6.5.1 展示了不同 E 值的轨迹。为了确定箭头沿着轨迹的指向，我们很容易在某些方便的位置计算出向量 $(\dot{x}, \dot{y})$。例如，$\dot{x} > 0$，$\dot{y} = 0$ 在 y 轴正半轴，运动是向右的。相邻轨迹方向遵循连续性。

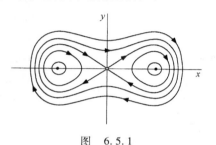

正如我们所预期的，系统有一个鞍点（0，0）和两个中心（1，0）和（-1，0）。每个中性稳定的中心都被一族小的闭轨所环绕。这里也存在一些大的闭轨将三个不动点圈住。

除了平衡解和两条特殊的轨迹（这些轨迹的始点和终点都为

图　6.5.1

原点），这个系统的解是典型的周期性的。更进一步地，当 $t \to \pm \infty$ 时，这些轨迹逼近原点。把出发点和终点都为同一不动点的轨道，称为**同宿轨**。同宿轨在各种保守系统中很常见，但在其他系统中很少。由于轨道永远在试图达到不动点，因此要注意的是一个同宿轨并不对应一个周期解。

最后，让我们把双阱势能中无阻尼运动的粒子跟相图结合起来（见图 6.5.2）。

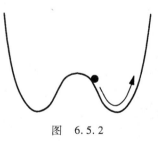

这个中性稳定平衡点对应的粒子静止在其中一个阱的底部，且小的闭轨表示这些平衡点的小振荡。代表更多能量振荡的大轨道使粒子在类似驼峰的曲线上来回运动。到这里，大家是否明白鞍点和同宿轨的意思了？■

图　6.5.2

例题 6.5.3

描绘出例题 6.5.2 中能量函数 $E(x, y)$ 的图像。

解：图 6.5.3 显示了 $E(x, y)$ 的图像。能量 E 被绘制在相图各个点 (x, y) 上。由此产生的表面常称为系统的**能量面**。

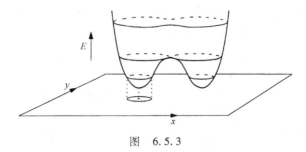

图　6.5.3

图 6.5.3 说明在相平面中，E 的局部最小值投射到相平面的中心。略高能量的等高线对应于环绕这些中心的小轨道。鞍点和它的同宿轨位于更高的能量处，并且包围所有三个不动点的大轨道是所有轨道中能量最大的。

有时认为流出现在能量面而不在相图上，对解决这一问题很有帮助。但是注意——轨迹一定得保持在一个大的恒定值 E，所以它们会绕着能量面运动，而不会掉下来。■

非线性中心

中心一般是非常容易被破坏的，但是以上的例题说明，当系统守恒时，它们会变得更鲁棒。现在我们在二阶保守系统中介绍关于非线性中心的定理。

该定理指出中心处在能量函数的局部最小值处。这是合理的——无论它是什么形状，人们总希望中性稳定平衡点和小型振荡发生在任意势阱底部。

定理 6.5.1：（保守系统的非线性中心）考虑系统 $\dot{x} = f(x)$，其中点 $x = (x, y) \in \mathbf{R}^2$，且 f 是连续可导的。假设存在一个守恒量 $E(x)$，x^* 是一个孤立不动点（在它的一个小邻域内没有其他不动点。如果 x^* 是 E 的局部极小值，那么所有足够接近 x^* 的轨迹都是闭合的。

证明思路：由于 E 在轨迹上是恒定的，每一条轨迹都包含在 E 的等高线上。靠近局部最小值或者局部最大值时，等高线是闭的。（通过图 6.5.3，能够明显地观察到这一点，不需证明。）现在剩下的唯一问题是轨迹是否真的围绕着等高线运动或者它是否停留在等高线的一个不动点上。但是因为假设 x^* 是一个孤立不动点，在等高线上不可能有充分靠近 x^* 的不动点。因此在 x^* 足够小邻域内的所有轨迹都是闭曲线，故 x^* 是中心。■

关于这个结论的两个注：

1. 这个定理对于 E 的局部最大值也是有效的。只要把函数 E 换成 $-E$，这样最大值就转变成最小值，然后应用定理 6.5.1。

2. 需要假设 x^* 是孤立的。否则由于不动点在等高线上（见练习题 6.5.12），存在一个反例。

下一节中将会介绍非线性中心的另一定理。

6.6 可逆系统

许多机械系统存在**时间反演对称性**。意思是不论时间是向前还是向后，它们的动力学特性看起来是一样的。例如，假如你正在看一个来回摆动的无阻尼摆的电影，如果将这个电影从后往前播放，它同从前往后播放是一样的。

事实上，形式为 $m\ddot{x} = F(x)$ 的任何机械系统在时间反演下都是对称的。如果对变量进行变换 $t \rightarrow -t$，二阶导数 $\ddot{x}$ 保持不变，因此方程是不变的。当然，速率 $\dot{x}$ 会被翻转。让我们看看在相图中这意味着什么？等价的系统为

$$\dot{x} = y$$

$$\dot{y} = \frac{1}{m}F(x)$$

式中，y 是速率。如果对变量进行变换 $t \rightarrow -t$，$y \rightarrow -y$，两个等式保持不变。因此如果 $(x(-t)，-y(-t))$ 是一个解，那么 $(x(t)，y(t))$ 也是一个解。因此每条轨道都有一条"孪生"轨迹：它们是关于 x 轴对称的，唯一不同的是因时间的正反而运动（见图 6.6.1）。

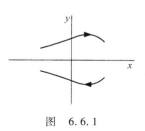

图 6.6.1

x 轴上方的轨道和 x 轴下方的轨道看起来一样，除了箭头的方向是相反的。

更一般地，定义一个在 $t \to -t$，$y \to -y$ 下是不变的任意二阶**可逆系统**。例如，任意形式的系统为

$$\dot{x} = f(x, y)$$
$$\dot{y} = g(x, y)$$

式中，f 是关于 y 的奇函数 $(f(x, -y) = -f(x, y))$；g 是关于 y 的偶函数 $(g(x, -y) = g(x, y))$，并且 f 和 g 是可逆的。

尽管可逆系统和保守系统不一样，但却有很多相同的性质。例如，接下来的定理说明：中心在可逆系统中也是稳定的。

定理 6.6.1：（可逆系统的非线性中心）假设原点 $x^* = 0$ 是一个连续可导系统的线性中心，系统为

$$\dot{x} = f(x, y)$$
$$\dot{y} = g(x, y)$$

假定系统是可逆的。如果无限接近原点，所有的轨道都是闭曲线。

证明思路：考虑接近原点且从 x 正轴出发的轨迹（见图 6.6.2）。由于线性中心的重要影响，流围绕着原点旋转且接近原点，最

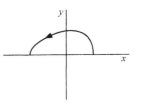

图 6.6.2

终轨迹与 x 轴负半轴相交。（尽管这一步的证明不太严格，但看起来是合理的。）现在我们利用可逆性。通过反射轨迹穿过 x 轴，改变 t 的符号，将得到一对有相同终点但箭头方向相反的轨迹（见图 6.6.3）。

如同我们所期望的，两个轨迹形成一个闭曲线。因此所有足够接近原点的轨迹都是闭合。■

例题 6.6.1

如下所示：

$$\dot{x} = y - y^3$$
$$\dot{y} = -x - y^2$$

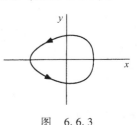

图 6.6.3

在原点有一个非线性中心，并且画出相图。

解：我们将会说明定理的假设是被满足的。在原点的雅可比矩阵为

$$A = \begin{pmatrix} 0 & 1 \\ -1 & 0 \end{pmatrix}$$

有 $\tau = 0$，$\Delta > 0$，所以原点是线性中心。进而，由于方程在变换 $t \to -t$，$y \to -y$ 下保持不变，这个系统是可逆的。通过定理 6.6.1 知，原点是一个非线性中心。

系统的其他不动点是（-1，1）和（-1，-1）。通过计算其线性化则容易得出它们是鞍点。图 6.6.4 所呈现的是计算机生成的相图。它看起来像一个奇特的海洋生物，可能是一条魔鬼鱼。从图中可以观察到这种逆向对称很明显。x 轴上方与下方的轨迹是成对的，但箭头的方向相反。

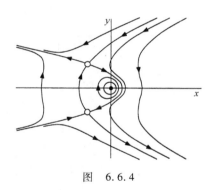

图 6.6.4

注意：成对的鞍点被一对轨迹连接起来。它们被叫作**异宿轨道**或者**鞍形连接**。像同宿轨道一样，异宿轨道在可逆或者守恒的系统中比其他类型的系统更常见。■

虽然我们已经借助计算机画出图 6.6.4，但是它也可以仅通过定性推理画出。例如，异宿轨的存在性可以通过可逆性理论严格地推导出来（练习题 6.6.6）。下一例题将阐述这一理论。

例题 6.6.2

应用可逆性，说明式子

$$\dot{x} = y$$
$$\dot{y} = x - x^2$$

在 $x \geqslant 0$ 半平面上，存在一个同宿轨。

解：考虑原点处鞍点的不稳定流形。因为向量（1，1）为线性化系统的不稳定特征方向，该流形沿此向量离开原点。因此，在原点附近，一部分不稳定流形落在第一象限 $x > 0$，$y > 0$。现在想象，从 x、y 小的正值开始，坐标（$x(t)$，$y(t)$）的相点沿着不稳定流形移动。首先，由于 $\dot{x} = y > 0$，$x(t)$ 一定增加。并且，对小的 x，由 $\dot{y} = x - x^2 > 0$，所以开始时 $y(t)$ 也增加，因此相点向右上方移动。它的水平速率持续增加，它肯定在某个时间穿过垂线 $x = 1$。于是由 $\dot{y} < 0$，$y(t)$ 下降，最后到达 $y = 0$。如图 6.6.5 所示。

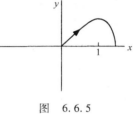

图 6.6.5

现在，通过可逆性，这里必有一对有相同终点且箭头方向相反的轨迹（见图 6.6.6）。两条轨迹一起形成同宿轨。■

通过把可逆性拓展到高阶系统中，形成了一个更一般的可逆性定义。考虑相空间中任意到自身的映射 $R(x)$ 满足 $R^2(x) = x$。换句话说，如果这个映射作用两次，所有的点都返回到它们的起始位置。在二维的例题中，一个关于 x 轴（或者任意通过原点的轴）的反射具有这个性质。如果在变量改变

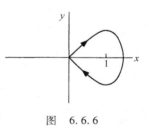

图 6.6.6

为 $t \to -t$，$x \to R(x)$ 是不变的，那么系统 $\dot{x} = f(x)$ 是**可逆的**。

下一个例题说明更一般的可逆性概念，并且强调了可逆系统和保守系统之间主要不同之处。

例题 6.6.3

证明：如下所示系统

$$\dot{x} = -2\cos x - \cos y$$
$$\dot{y} = -2\cos y - \cos x$$

是可逆的，但是不守恒。然后画出相图。

解：系统在变换 $t \rightarrow -t$，$x \rightarrow -x$，$y \rightarrow -y$ 下是不变的。因此对于之前的定义 $R(x,y) = (-x, -y)$，这个系统是可逆的。

为了说明系统是不守恒的，只需说明它有一个吸引子。（在例题 6.5.1 中，一个保守系统是不能有吸引子的。）

不动点满足 $2\cos x = -\cos y$ 和 $2\cos y = -\cos x$。同时解这两个等式会得到 $\cos x^* = \cos y^* = 0$。因此这里有四个不动点，分别为 $(x^*, y^*) = \left(\pm \dfrac{\pi}{2}, \pm \dfrac{\pi}{2} \right)$。

我们认为 $(x^*, y^*) = \left(-\dfrac{\pi}{2}, -\dfrac{\pi}{2} \right)$ 是一个吸引子。因为这点的雅可比行列式为

$$A = \begin{pmatrix} 2\sin x^* & \sin y^* \\ \sin x^* & 2\sin y^* \end{pmatrix} = \begin{pmatrix} -2 & -1 \\ -1 & -2 \end{pmatrix}$$

它有 $\tau = -4$，$\Delta = 3$，$\tau^2 - 4\Delta = 4$。因此这个不动点是一个稳定的结点。这表明系统是不守恒的。

可以证明其余三个不动点分别是一个不稳定结点和两个鞍点。如图 6.6.7（计算机生成的相图）所示，为了观察可逆对称性，对比任意两点 (x, y) 和 $R(x, y) = (-x, -y)$ 的动力学特性。轨道看起来是一样的，但是箭头方向相反。特别地，在 $\left(-\dfrac{\pi}{2}, -\dfrac{\pi}{2} \right)$ 处的稳定结点和在 $\left(\dfrac{\pi}{2}, \dfrac{\pi}{2} \right)$ 处的不稳定结点是成对的。∎

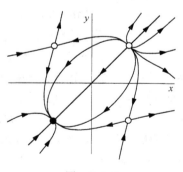

图 6.6.7

例题 6.6.3 中的系统与通过电阻负载的两个耦合超导约瑟夫森（Tsang 等 1991）模型是紧密相关的。练习题 6.6.9 和例题 8.7.4 进行了进一步的讨论。相反地，不守恒的系统在激光［Politi 等（1986）］和流体流［Stone、Nadim 和 Strogatz（1991）和练习题 6.6.8］中被提及。

6.7 钟摆

还记得我们学过的第一个非线性系统吗？钟摆！但是在小学课程中，钟摆的非线性本质通过小角度的近似值 $\sin\theta \approx \theta$ 被忽略。在本节，我们利用相图方法去分析钟摆，即使是在大角度的区域，即钟摆旋转到顶部这一大角度的区域。

在缺少阻力和外部吸引力的情况下，钟摆的运动由下面的式子决定：

$$\frac{d^2\theta}{dt^2} + \frac{g}{L}\sin\theta = 0 \qquad (1)$$

式中，θ 是与垂线的夹角；g 是指重力加速度；L 是指钟摆的长度（见图 6.7.1）。

我们通过引入一个频率 $\omega = \sqrt{g/L}$ 和一个无量纲的时间 $\tau = \omega t$ 对式（1）无量纲化。然后等式变为

$$\ddot{\theta} + \sin\theta = 0 \qquad (2)$$

式中，$\ddot{\theta}$ 表示 θ 对 τ 的二阶导数。在相平面中相应的系统是

$$\dot{\theta} = v \qquad (3a)$$

$$\dot{v} = -\sin\theta \qquad (3b)$$

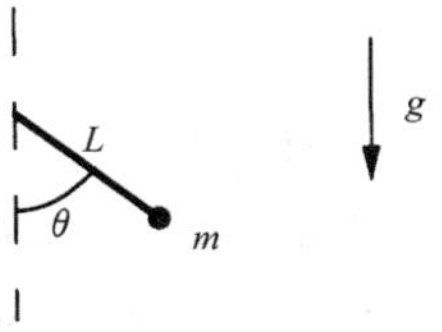

图 6.7.1

式中，v 是指角速度（无量纲）。

不动点是 $(\theta^*, v^*) = (k\pi, 0)$，$k$ 为任意整数。两个角度之间相差 2π 在本质上没有差别，所以我们主要关注两个不动点 $(0, 0)$ 和 $(\pi, 0)$。在 $(0, 0)$ 处，雅可比行列式为

$$A = \begin{pmatrix} 0 & 1 \\ -1 & 0 \end{pmatrix}$$

所以原点是一个线性中心。

事实上，原点是一个非线性中心，由于以下两个原因。

第一，式（3）是可逆的：在变换 $\tau \to -\tau$，$v \to -v$ 下，方程保持

不变。定理 6.6.1 也意味着原点是一个非线性中心。

第二，这个系统也是保守的。对式（2）两边同乘 $\dot{\theta}$，并积分得

$$\dot{\theta}(\ddot{\theta} + \sin\theta) = 0 \Rightarrow \frac{1}{2}\dot{\theta}^2 - \cos\theta = 常数$$

能量函数为

$$E(\theta, v) = \frac{1}{2}v^2 - \cos\theta \tag{4}$$

由于当（θ，v）很小时，能量函数 $E \approx \frac{1}{2}(v^2 + \theta^2) - 1$ 在（0，0）处有一个局部极小值。因此定理 6.5.1 提供了另一种证明原点是一个非线性中心的方法（这个结论也说明了闭曲线近似于圆，圆的方程 $v^2 + \theta^2 \approx 2(E+1)$）。

现在我们已经证明原点不是线性中心，考虑不动点（π，0）。它的雅可比矩阵是

$$A = \begin{pmatrix} 0 & 1 \\ 1 & 0 \end{pmatrix}$$

特征方程是 $\lambda^2 - 1 = 0$，得到 $\lambda_1 = -1$，$\lambda_2 = 1$；不动点是一个鞍点。相应的特征向量是 $v_1 = (1, -1)$，$v_2 = (1, 1)$。

不动点附近的相图可以根据已知的信息画出来（见图 6.7.2）。

为了完整地得到相图的信息，我们取不同的 E 值画出相应的能量等高线。最终结果如图 6.7.3 所示。正如我们所期望的，图像在 θ 方向上是周期性的。

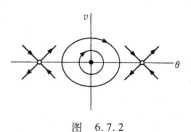

图 6.7.2

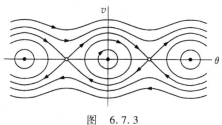

图 6.7.3

现在看物理解释。随着钟摆停止摆动并垂直下来，中心对应一个稳定平衡点的中性状态。这是最低可能的能量态（$E = -1$）。环绕中心的小轨道表示平衡点处的小振子，习惯上叫作**天平动**。随着 E 增加，曲线也在增长。临界的情况是 $E = 1$，对应于图 6.7.3 中连接鞍点的异宿轨道。鞍点代表一个倒转的静止钟摆；因此，异宿轨代表着奇妙的运动，这里当它接近倒转的位置时，钟摆会慢慢精确地停下来。对于 $E > 1$ 的情况，钟摆反复旋转到顶部。因为 $\theta = -\pi$ 和 $\theta = +\pi$ 被认为处于相同的物理位置，因此这些**旋转**也被认为是周期解。

柱面相空间

当把表面围绕成一个柱面时，钟摆的相图更具有启发性（见图 6.7.4）。事实上，因为它融合了实数角速度 v 和角度 θ 之间基本的几何差异，因此对于钟摆来讲，一个柱面是一个中性的相空间。

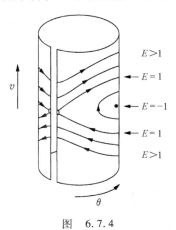

图   6.7.4

对于柱空间，存在几个优点。现在周期性的旋转运动看起来是周期的——对于 $E > 1$，它们是环绕圆柱的闭轨。同时，图 6.7.3 很明显地呈现出鞍点全部处在同一物理状态（一个静止倒转的钟摆）。图 6.7.3 的异宿轨在柱面上变成了同宿轨。

图 6.7.4 中顶部和底部明显是对称的。例如，两个同宿轨有相同的能量和形状。为了强调此对称性，垂直地画出能量等高线而非角速

度 v（见图 6.7.5）是有意义的。然后，在柱面上的轨道仍保持在恒定的高度，而柱面则被弯曲成 **U 形管**。管子的两端被钟摆的旋转方向分成，顺时针方向或者逆时针方向。

在低能量处，这些区别不再存在；钟摆来回地振荡。在 $E=1$ 处的同宿轨位于旋转和振动之间的界线。

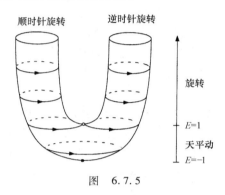

图　6.7.5

首先，你可能认为在 U 形管一端的轨道被错误地画出来。看起来好像顺时针和逆时针运动的方向应该是两个相反的方向。但是如果你考虑图 6.7.6 所示的坐标系，你将会看到图是正确的。

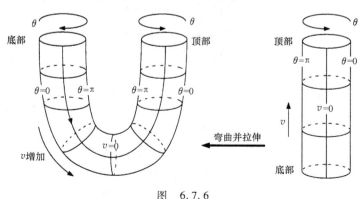

图　6.7.6

这个观点是当柱面的底部弯曲成 U 形时，增加的 θ 的方向发生颠倒（图 6.7.6 展示的坐标系不是真正的轨迹，真正的轨迹如图 6.7.5 中所示）。

阻尼

现在我们返回到相空间中，并且假设给钟摆加入少量的线性阻尼。于是方程变为

$$\ddot{\theta} + b\,\dot{\theta} + \sin\theta = 0$$

式中，$b > 0$ 是阻尼强度。当鞍点保持不变时，中心变为稳定焦点。图 6.7.7 所示为一个计算机生成的相图。

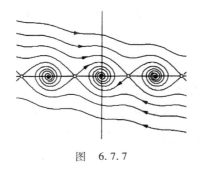

图 6.7.7

现在 U 形管中的图像变得清晰了。除了不动点外，所有的轨迹连续降低（见图 6.7.8）。

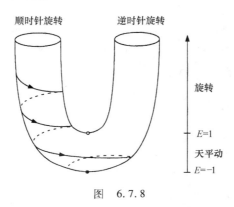

图 6.7.8

通过计算沿着一条轨道能量的改变，我们可以明确地看到：

$$\frac{\mathrm{d}E}{\mathrm{d}\tau} = \frac{\mathrm{d}}{\mathrm{d}\tau}\left(\frac{1}{2}\dot{\theta}^2 - \cos\theta\right) = \dot{\theta}\,(\ddot{\theta} + \sin\theta) = -b\,\dot{\theta}^2 \leqslant 0$$

因此除了在不动点 $\dot{\theta} \equiv 0$ 处外，E 沿着轨迹单调递减。

图 6.7.8 中的轨迹有以下的物理含义：钟摆首先顺时针旋转。随着能量的减少，难以旋转到顶部。相应的轨迹焦点下降到 U 形管的一端，直到 $E < 1$；然后钟摆没有足够的能量旋转，所以它稳定在 U 形管底部做小的振荡。最终运动衰弱，在稳定平衡处停下来。

这个例题表明我们无须借助复杂的公式，就可以获得钟摆所有重要的动力学特性。对于这些特性，即使我们可以获得它们，但想要获得这些分析结果会很难，且解释公式也比较困难。

6.8　指数理论

在 6.3 节我们学会如何在不动点处将一个系统线性化。线性化是局部法的重要例题：它给我们提供了不动点附近轨道的微观视图，但是它不能告诉我们轨迹离开小邻域后会发生什么。此外，如果向量场由二次或者高次项所引发，那么线性化什么用也没有。

在本节中我们将讨论指数理论，一类能够提供相图全局信息的方法。它能够让我们回答这些问题：一个闭轨是否一定围绕着一个不动点？如果是这样的话，那么是什么类型的不动点呢？什么类型的不动点能够在分岔处合并？通过这个方法，我们也能获得高阶不动点附近轨迹的信息。最后，我们有时也可以通过指数理论来排除在相图某一部分上闭曲线存在的可能性。

一个闭曲线的指数

一个闭曲线 C 的指数是一个用来测量向量场在 C 上扭曲程度的整数。正如我们将要看到的，指数也提供了关于任意不动点的信息，这些不动点可能位于曲线内部。

这个思想可能会使你想起静电学中的概念。在该学科中，人们经常引入一个假设的闭曲面（一个高斯面）去探究电荷配置的情况。通过研究曲面上电场的行为，人们可以确定曲面内的总电荷量。令人惊讶的是，在曲面上的行为告诉我们在曲面很远的地方发生了什么！在此文中，电场类似于向量场，高斯面类似于曲线 C，总电荷量则同指数是类似的。

现在让我们给出更准确的概念。假设在相平面中 $\dot{x} = f(\dot{x})$ 是一个光滑的向量场。考虑一个闭曲线 C（见图 6.8.1）。这个曲线不一定是一个轨迹——它只是一个环，我们将它放入相平面中去研究向量场的行为。我们也假定 C 是一个"简单的闭曲线"（它自身不相交）且没有穿过系统的任意不动点。那么在 C 上任意一点 x，向量场 $\dot{x} = (\dot{x}, \dot{y})$ 在 x 轴正方向很好地定义了一个角 $\phi = \arctan(\dot{y}/\dot{x})$（见图 6.8.1）。

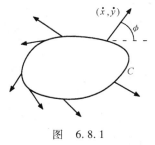

因为向量场是光滑的，随着 x 绕 C 逆时针移动，角 ϕ 不断地变化。同时，当 x 返回到它起始的地方时，ϕ 也回到原始的方向。因此，绕过一圈，ϕ 变化了 2π 的一个整数倍。令 $[\phi]_C$ 表示 ϕ 绕一圈的净改变量。对于向量场 f，**闭曲线 C 的指数**被定义为

图　6.8.1

$$I_C = \frac{1}{2\pi}[\phi]_C$$

从而，随着 x 绕 C 逆时针移动一次，I_C 是由向量场产生逆时针旋转的净值。

为了计算指数，我们不需要知道每一处的向量场而只需要知道它沿着 C 的向量场即可。前面的两个例题说明了这个观点。

例题 6.8.1

如图 6.8.2 所示，给定沿着 C 的向量场的变化，找到 I_C。

解：当我们沿逆时针方向穿过 C 一次时，相当于向量旋转了一整圈。因此 $I_C = +1$。

如果你无法对其可视化，这里有一个简单的方法。给向量按逆时针顺序编号，从 C 的任意一个位置开始（见图 6.8.3a）。然后传输这些向量（不用旋转!）以至于它们的

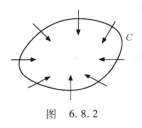

图　6.8.2

末端在同一个点（见图 6.8.3b）。指数同编过号的向量逆时针旋转的净值是相同的。

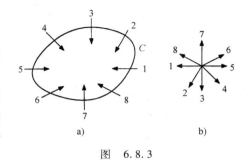

图 6.8.3

如图 6.8.3b 所示，我们按照从向量#1 到向量#8 增加的顺序前进，向量逆时针旋转一周。因此 $I_C = +1$。■

例题 6.8.2

如图 6.8.4a 所示，对于闭曲线的向量场，计算 I_C。

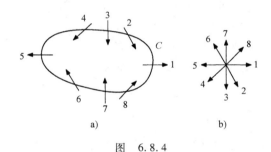

图 6.8.4

解：我们使用与例题 6.8.1 中相同的架构方法。当我们绕 C 做一个环绕，向量旋转一整圈，但是现在完全相反。换句话说，当我们绕 C 逆时针运动时，C 上的向量顺时针旋转。如图 6.8.4b 所示；按照从向量#1到向量#8 增加的顺序前进，向量逆时针旋转一周。因此 $I_C = -1$。■

在很多情况下，我们能够得到向量场的方程，而不能获得它的图像。这时，我们必须自己画出图像，重复以上步骤。但有时候这是混乱的，如下一个例题所示。

例题 6.8.3

考虑向量场 $\dot{x} = x^2 y$，$\dot{y} = x^2 - y^2$，找到 I_C，其中 C 是单位圆 $x^2 + y^2 = 1$。

解：为了清楚地得到向量场的图像，考虑几个在 C 上方便选择的点就足够了。例如，在 $(x, y) = (1, 0)$ 处，向量是 $(\dot{x}, \dot{y}) = (x^2 y, x^2 - y^2) = (0, 1)$，如图 6.8.5a 中的标签#1。现在我们绕 C 逆时针移动，去计算向量。在 $(x, y) = \dfrac{1}{\sqrt{2}}(1, 1)$，有 $(\dot{x}, \dot{y}) = \dfrac{1}{2\sqrt{2}}(1, 0)$，如图中的标签#2。其余向量也都类似。需要注意的是，圆上不同的点可能有相同的向量；例如，向量#3 和向量#7 都是 $(0, -1)$。

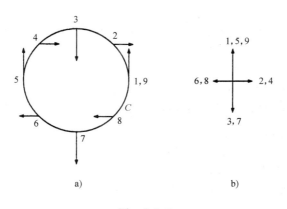

图 6.8.5

现在我们将这些向量转换到图 6.8.5b 上。当我们按顺序从#1 到#9 移动时，向量在#1 和#3 之间顺时针旋转了 180°，然后在#3 和#7 之间逆时针旋转了 360°，最后#7 和#9 之间又顺时针旋转了 180°，在 C 上完成了一个圆。如此 $[\phi]_C = -\pi + 2\pi - \pi = 0$ 且 $I_C = 0$。■

在这个例题中，我们画了 9 个向量，但是需要你画出更多的向量才能观察到向量场在细节处的变化。

指数的性质

现在我们列举指数几个最重要的特征。

1. 假设 C 不需要穿过不动点，就能够不断地变形为 C'，那么 $I_C = I_{C'}$。这个性质能够被很好地证明：假设当 C 变形为 C' 时，指数 I_C 也在连续地变化。但 I_C 是一个整数——因此它只能跳跃式地发生变化！（更正式地说，如果一个整数值函数是连续的，那么它一定是一个常数。）

当你思考这一结论时，需要了解的是，我们使用的假设是要求中间曲线不通过任何不动点。

2. 如果 C 内不包含任何不动点，那么 $I_C = 0$。

证明：通过性质（1），我们可以在不改变指数的情况下，将 C 收缩成一个小圆。由于所有的向量的指向接近同一个方向故所假设的向量场是光滑的（见图 6.8.6），所以在这样一个圆 ϕ 上基本不变，因此 $\left[\phi\right]_C = 0$，$I_C = 0$。

图 6.8.6

3. 如果我们通过变换 $t \to -t$ 反转向量场中全部的箭头，指数保持不变。

证明：所有角度从 ϕ 变为 $\phi + \pi$。因此 $\left[\phi\right]_C$ 保持不变。

4. 假设闭曲线 C 为一个系统的轨迹，即 C 是一个闭轨。那么 $I_C = +1$。

这一点不需证明，只需要通过直觉上就能判断此点（见图 6.8.7）。

注意向量场同 C 每一点处都相切，因为 C 是一条轨迹。因此，当 x 绕 C 走一周，切向量也旋转一周。

图 6.8.7

一个点的指数

上述性质在几个方面是有效且重要的，它使我们能够定义一个如下关于不动点的指数。

假设 x^* 是一个孤立不动点。x^* 的**指数** I 被定义为 I_C，其中 C 是包含 x^* 且不包含其他不动点的任意闭轨。通过上述的性质（1），I_C 是独立于 C 的，且仅仅是 x^* 的性质。所以我们去掉下标 C，直接使用符号 I 表示点的指数。

例题 6.8.4

求稳定结点、不稳定结点和鞍点的指数。

解：稳定结点附近的向量场看起来像例题 6.8.1 中的向量场一

样。因此 $I = +1$。不稳定结点的指数也是 $+1$，因为唯一的不同就是所有箭头方向是相反的；通过性质（3）可知，这并不能改变指数！（这个观察表明指数本身和稳定性没有关系。）最终，由于这个向量场与例题 6.8.2 讨论的向量场相似，因此鞍点的 $I = -1$。■

在练习题 6.8.1 中，要求证明对于焦点、中心、退化结点和星形均有 $I = +1$。从而，与所有其他的孤立不动点相似的类型比，鞍点是一个与其他孤立不动点族不同的种类。

曲线指数和在它内的不动点指数以一种巧妙简单的方法联系起来。这便是以下定理的内容。

定理 6.8.1：如果闭曲线 C 包围 n 个孤立不动点 $\boldsymbol{x}_1^*$，$\boldsymbol{x}_2^*$，$\cdots$，$\boldsymbol{x}_n^*$，则

$$I_C = I_1 + I_2 + \cdots + I_n$$

式中，I_k 是 $\boldsymbol{x}_k^*$ 的指数，$k = 1$，2，$\cdots$，n。

证明思路：这是一个熟悉的论点，它在多元微积分学、复变函数、静电学和其他很多学科中被提出。我们将 C 看作一个气球，并且吸进外部的气体，同时要小心不碰到任意一个不动点。这次变形的结果是形成一个新的闭曲线 $\varGamma$，包含 n 个内含不动点的小圆圈 γ_1，γ_2，$\cdots$，γ_n，且有一个双向的桥梁把这些圆圈连接起来（见图 6.8.8）。

由于在变形中不能穿过任何不动点，因此通过应用性质（1），得到 $I_\varGamma = I_C$。现在我们通过考虑 $[\phi]_\varGamma$ 计算 $I_\varGamma$。这些小圆和双向桥对 $[\phi]_\varGamma$ 都有影响。关键是当双向桥被撤销后所产生的效果：当我们绕 $\varGamma$

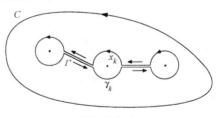

图 6.8.8

移动时，每一个桥梁都会在一个方向被穿过一次，之后又在反方向穿过一次。如此，我们只需要考虑来自小圆圈的贡献。在第 γ_k 个小圆圈上，通过 I_k 的定义，角度 ϕ 以 $[\phi]_{\gamma_k} = 2\pi I_k$ 改变。由于 $I_\varGamma = I_C$，因此

$$I_\varGamma = \frac{1}{2\pi}[\phi]_\varGamma = \frac{1}{2\pi}\sum_{k=1}^{n}[\phi]_{\gamma_k} = \sum_{k=1}^{n} I_k$$

证毕。■

这个定理让人想起了静电学中的高斯定律，即通过曲面的电流跟总的封闭电量成比例。如练习题 6.8.12 中，会进一步讨论指数和电量之间的相似性。

定理 6.8.2：相平面中的任意闭轨一定会圈住不动点且指数之和为 +1。

证明：令 C 表示闭轨。由上面的性质（4）得 $I_C = +1$。然后定理 6.8.1 表明 $\sum_{k=1}^{n} I_k = +1$。∎

定理 6.8.2 有很多实际的推论。例如，它表明在相平面中，任意闭轨内至少有一个不动点（你可能已注意到这点）。如果闭曲线内只有一个不动点，它不可能是一个鞍点。另外，定理 6.8.2 有时候可以用来排除闭轨迹出现的可能性，就像下面这个例题所示。

例题 6.8.5

证明闭轨道不可能存在于 6.4 节中研究的"兔子与羊"系统

$$\dot{x} = x(3 - x - 2y)$$
$$\dot{y} = y(2 - x - y)$$

式中，$x \geq 0$，$y \geq 0$。

解：如同前面所示，这个系统有四个不动点：（0，0）是不稳定结点；（0，2）和（3，0）是稳定结点；且（1，1）是鞍点。每一个点的指数如图 6.8.9 所示。

现在假设这个系统有一个闭曲线。那么它在哪里呢？这里有三个不同的位置，通过虚线 C_1、C_2、C_3 表示。它们可以被下列方法排除：像 C_1 这类曲线是不可能的，因为它们不包含任意一个不动点，像 C_2 这类曲线违反了内部不动点的指数之和为 +1 的要求。但是像 C_3 这类曲线又错在什么地方呢？问题是这样的曲线总是穿过 x 轴

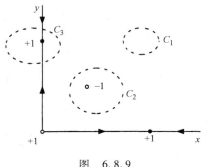

图 6.8.9

或 y 轴，且这些轴线还包括直线型的轨道。因此 C_3 违反了轨迹不能相交的准则（见 6.2 节）。∎

例题 6.8.6

证明系统 $\dot{x} = xe^{-x}$，$\dot{y} = 1 + x + y^2$ 没有闭轨。

解：该系统没有不动点：如果 $\dot{x} = 0$，则 $x = 0$ 且 $\dot{y} = 1 + y^2 \neq 0$。由定理 6.8.2 知，闭轨是不存在的。∎

第 6 章　练习题

6.1　相图

对于下面的每一个系统，找出它们的不动点。然后画出零点集、向量场和合理的图像。

6.1.1　$\dot{x} = x - y$，$\dot{y} = 1 - e^x$

6.1.2　$\dot{x} = x - x^3$，$\dot{y} = -y$

6.1.3　$\dot{x} = x(x - y)$，$\dot{y} = y(2x - y)$

6.1.4　$\dot{x} = y$，$\dot{y} = x(1 + y) - 1$

6.1.5　$\dot{x} = x(2 - x - y)$，$\dot{y} = x - y$

6.1.6　$\dot{x} = x^2 - y$，$\dot{y} = x - y$

6.1.7　（零点集与稳定流形）对于例题 6.1.1 中一个令人困惑的问题。图 6.1.3 中的斜率线 $\dot{x} = 0$ 同鞍点的稳定流形有一个相似的形状和位置，如图 6.1.4 所示。但是它们是不同的曲线！想要弄清楚这两个曲线之间的关系，就把它们画在同一个图像中。

（计算机模拟）画出以下系统的相图。

6.1.8　（范德波尔（van der Pol）振子）$\dot{x} = y$，$\dot{y} = -x + y(1 - x^2)$。

6.1.9　（偶极子不动点）$\dot{x} = 2xy$，$\dot{y} = y^2 - x^2$。

6.1.10　（两只眼的怪物）$\dot{x} = y + y^2$，$\dot{y} = -\dfrac{1}{2}x + \dfrac{1}{5}y - xy + \dfrac{6}{5}y^2$。

[Borrelli 和 Coleman（1987），第 385 页。]

6.1.11　（鹦鹉）$\dot{x} = y + y^2$，$\dot{y} = -x + \dfrac{1}{5}y - xy + \dfrac{6}{5}y^2$。[Borrelli

和 Coleman（1987），第 384 页。]

6.1.12 （鞍形连接）一个确定的系统有两个不动点，且都为鞍点。画出其相图，其中

a）一条轨迹连接鞍点；

b）没有轨迹连接鞍点。

6.1.13 画出一条恰好有三个闭轨道和一个不动点的相图。

6.1.14 （鞍点稳定流形的级数逼近）回顾例题 6.1.1 的系统 $\dot{x} = x + e^{-y}$，$\dot{y} = -y$。我们证明了这个系统有一个不动点，在 $(-1, 0)$ 处为一鞍点。它的不稳定流形是 x 轴，但它的稳定流形是一个很难找到的曲线。这个练习题的目的是求出这个未知曲线的近似解。

a）任取稳定流形上的一个点 (x, y)，且假设 (x, y) 接近 $(-1, 0)$。引入一个新变量 $u = x + 1$，并写出稳定流形的式子 $y = a_1 u + a_2 u^2 + O(u^3)$。为了求出系数，推导 $\mathrm{d}y/\mathrm{d}u$ 的两个表达式，且令它们相等。

b）核对分析结果给出的曲线，同图 6.1.4 所示的稳定流形具有相同的形状。

6.2 存在性、唯一性与拓扑结果

6.2.1 我们要求不同的轨迹永不相交。但是在许多图像中，不同的轨迹好像相交于一个不动点。这是矛盾的吗？

6.2.2 考虑系统 $\dot{x} = y$，$\dot{y} = -x + (1 - x^2 - y^2)y$。

a）让 D 表示开平面 $x^2 + y^2 < 4$。证明系统满足存在性和唯一性定理的假设遍及区域 D。

b）通过代换，证明 $x(t) = \sin(t)$，$y(t) = \cos(t)$ 是这个系统的精确解。

c）现在考虑一个不同的解，此情形的初始条件是 $x(0) = \dfrac{1}{2}$，$y(0) = 0$。不做任何计算，解释为什么这个解对于所有的 $t < \infty$，一定满足 $x^2(t) + y^2(t) < 1$。

6.3 不动点与线性化

对于以下每个系统，求出不动点，给它们分类，画出邻近的轨迹，并且试着填充相图的剩余部分。

6.3.1 $\dot{x} = x - y$，$\dot{y} = x^2 - 4$ **6.3.2** $\dot{x} = \sin y$，$\dot{y} = x - x^3$

6.3.3 $\dot{x} = 1 + y - e^{-x}$，$\dot{y} = x^3 - y$ **6.3.4** $\dot{x} = y + x - x^3$，$\dot{y} = -y$

6.3.5 $\dot{x} = \sin y$，$\dot{y} = \cos x$ **6.3.6** $\dot{x} = xy - 1$，$\dot{y} = x - y^3$

6.3.7 对于以上每个非线性系统，通过计算机模拟生成图像并与你画的草图进行比较。

6.3.8 （重力平衡）一个粒子沿着连接两个静止的质量（m_1 和 m_2）运动，它们被一个固定的距离 a 隔开。令 x 表示粒子到 m_1 的距离。

a）证明 $\ddot{x} = \dfrac{Gm_2}{(x-a)^2} - \dfrac{Gm_1}{x^2}$，式中 G 是引力常数。

b）找到粒子的平衡点。判断它是否稳定？

6.3.9 考虑系统 $\dot{x} = y^3 - 4x$，$\dot{y} = y^3 - y - 3x$。

a）求出所有的不动点，并给它们分类。

b）证明直线 $x = y$ 是不变的，即任意轨道的起始点都是它。

c）证明对于所有的轨迹，当 $t \to \infty$ 时，$|x(t) - y(t)| \to 0$。（提示：形成一个关于 $x - y$ 的微分方程。）

d）画出相图。

e）如果使用计算机作图，在方形区域 $-20 \leqslant x$，$y \leqslant 20$ 画一个精确的图像。（由于具有较大的三次方非线性项，为了避免数值的不稳定性，你需要用一个非常小的步长。）注意当 $t \to -\infty$ 时，轨迹似乎接近一个确定的曲线；你可以直观地解释这个现象并且找到这个曲线的近似方程吗？

6.3.10 （处理一个线性不确定的不动点）这个练习题是为了画出 $\dot{x} = xy$，$\dot{y} = x^2 - y$ 的图像。

a）证明线性化预测原点是一个非孤立不动点。

b）证明原点实际上是一个孤立不动点。

c）原点是排斥还是吸引一个鞍点或是其他什么？画出沿着零点集的向量场及图上其他点处的向量场，利用这一信息画出相图。

d）通过计算机模拟生成相图来检查（c）中的答案。

（注意：这个问题可以用中心流行理论的方法解决，这种方法在 Wiggins（1990）及 Guckenheimer 和 Holmes（1983）中被解释。）

6.3.11 （非线性式子可以将星形结点变为一个焦点）这是一个

解释边界上的不动点易受到非线性项影响的例题。考虑极坐标系统 $\dot{r} = -r$，$\dot{\theta} = 1/\ln r$。

a）给一个初始条件 (r_0, θ_0)，得到确切的 $r(t)$ 和 $\theta(t)$。

b）证明当 $t \to \infty$ 时，$r(t) \to 0$ 且 $|\theta(t)| \to \infty$。因此，原点对于此非线性系统是一个稳定焦点。

c）写出 x、y 坐标系下的系统。

d）证明关于原点的线性系统是 $\dot{x} = -x$，$\dot{y} = -y$。因此，对于线性系统原点是一个稳定的星形结点。

6.3.12（极坐标）利用恒等式 $\theta = \arctan(y/x)$，证明 $\dot{\theta} = (x\dot{y} - y\dot{x})/r^2$。

6.3.13（另一个线性中心实际上是非线性焦点）思考系统 $\dot{x} = -y - x^3$，$\dot{y} = x$。证明原点是一个焦点，尽管线性预测它是一个中心。

6.3.14 系统 $\dot{x} = -y + ax^3$，$\dot{y} = x + ay^3$，对于参数 a 的所有实值，在原点处对不动点分类。

6.3.15 考虑系统 $\dot{r} = r(1 - r^2)$，$\dot{\theta} = 1 - \cos\theta$，其中 r、θ 代表极坐标轴。画出相图并且证明不动点 $r^* = 1$，$\theta^* = 0$ 是吸引的但不是李雅普诺夫稳定的。

6.3.16（鞍点切换和结构稳定性）考虑系统 $\dot{x} = a + x^2 - xy$，$\dot{y} = y^2 - x^2 - 1$，其中 a 是参数。

a）画出在 $a = 0$ 点处的图像。证明存在一条轨迹连接两个鞍点。（这一轨迹称为一个鞍形连接。）

b）如果需要，在计算机的辅助下，画出 $a < 0$ 和 $a > 0$ 的相图。

注意当 $a \neq 0$ 时，相图有一个不同的拓扑特性：鞍点不再被一条轨迹连接。这个习题的重点是在（a）中的相图不是结构稳定的，因为它的拓扑可以被任意的小扰动 a 所改变。

6.3.17（性质不定的不动点）系统 $\dot{x} = xy - x^2y + y^3$，$\dot{y} = y^2 + x^3 - xy^2$。在原点处存在一个棘手的高阶不动点。利用极坐标或其他坐标系，画出相图。

6.4 兔子与羊

考虑以下的"兔子与羊"问题，其中 $x \geq 0$，$y \geq 0$。求出不动点，研究它们的稳定性，画出零点集，并画出合理的相图。指出任意稳定不动点的吸引域。

6.4.1 $\dot{x} = x(3-x-y)$，$\dot{y} = y(2-x-y)$

6.4.2 $\dot{x} = x(3-2x-y)$，$\dot{y} = y(2-x-y)$

6.4.3 $\dot{x} = x(3-2x-2y)$，$\dot{y} = y(2-x-y)$

下面三个练习题是处理复杂度增加的竞争模型。假设所有情况中有 $N_1 \geq 0$，$N_2 \geq 0$。

6.4.4 最简单的模型是 $\dot{N}_1 = r_1 N_1 - b_1 N_1 N_2$，$\dot{N}_2 = r_2 N_2 - b_2 N_1 N_2$。

a）在什么情形下，这个模型与文中所考虑的模型相比，缺乏实际性？

b）如何对 N_1、N_2 和 t 进行适当的尺度调节，使模型能够无纲量化为 $x' = x(1-y)$，$y' = y(\rho - x)$，并找出无因次群 ρ。

c）画出（b）中系统的零点集和向量场。

d）画出相图，评论其在生物学中的意义。

e）证明（几乎）全部的轨道都是形式为 $\rho \ln x - x = \ln y - y + C$ 的曲线。（提示：求得一个 dy/dx 的微分方程，然后分离变量。）指出哪种轨迹不是上述的形式？

6.4.5 现在假设物种#1 有一个有限的承载能力 K_1。从而

$$\dot{N}_1 = r_1 N_1 (1 - N_1/K_1) - b_1 N_1 N_2$$

$$\dot{N}_2 = r_2 N_2 - b_2 N_1 N_2$$

无量纲化模型并进行分析。证明这里有两种性质不同的图像，它们取决于 K_1 的大小。（提示：画出零点集。）并描述每种情况的长期变化行为。

6.4.6 最后，假设两类种群有限的承载能力为

$$\dot{N}_1 = r_1 N_1 (1 - N_1/K_1) - b_1 N_1 N_2$$

$$\dot{N}_2 = r_2 N_2 (1 - N_2/K_2) - b_2 N_1 N_2$$

a）无量纲化模型？得需要多少无因次群？

b）考虑到其长期的行为，证明存在四种不同性质的相图。

c）找出两个种群能够稳定共存的条件。解释这些条件下的生物

意义。（提示：承载能力反映了种群内部的竞争，而 b 反映了种群之间的竞争。）

6.4.7 （双模激光）根据 Haken（1983，129 页），一个双模激光器产生两种不同类型的光子，它们的数量为 n_1 和 n_2。通过类比 3.3 节中讨论的相似激光模型，速率方程是

$$\dot{n}_1 = G_1 N n_1 - K_1 n_1$$

$$\dot{n}_2 = G_2 N n_2 - K_2 n_2$$

式中，$N(t) = N_0 - \alpha_1 n_1 - \alpha_2 n_2$ 是激发态原子的数量。参数 G_1、G_2、K_1、K_2、α_1、α_2、N_0 都为正的。

a）讨论不动点 $n_1^* = n_2^* = 0$ 的稳定性。

b）找到其他任何可能存在的不动点，并且进行分类。

c）改变不同参数值，会生成多少性质不同的图像？对于每一种情况，对于激光长期的变化行为，模型能够预测到什么？

6.4.8 系统 $\dot{x} = ax^c - \phi x$，$\dot{y} = by^c - \phi y$，其中 $\phi \equiv ax^c + by^c$，曾经被用来模拟两个相互关联物种的进化动力学 [Nowak（2006）]。这里 x 和 y 表示物种的相对密度，参数 a、b、$c > 0$。这个模型与众不同的特点是每个物种的增长律为指数 c。这个问题的目的是研究 c 值如何影响系统的长期动力学。

a）证明如果初始条件满足 $x_0 + y_0 = 1$，则对所有 t 都有 $x(t) + y(t) = 1$。因此，任何起始于这条线的轨迹并最终永远停留在这条线上。（假定这个问题的其他部分，x_0 和 y_0 是非负的。）

b）证明所有始于正象限的轨迹都被吸引到不变线 $x + y = 1$ 上（在（a）部分发现的）。从而，系统的长期动力学的分析归结为搞清楚轨迹如何沿着这条不变的直线运动。

c）在 (x, y) 平面画出简单情况 $c = 1$ 时的相图。系统长期行为怎样依赖 a 和 b 的大小？

d）当 $c > 1$ 时，图像如何变化？

e）最后，讨论当 $c > 1$ 时，会发生什么？

6.4.9 （国家经济模型）以下这个练习题改编自练习题 2.24（Jordan 和 Smith（1987））。一个简单的国家经济模型，以"凯恩斯交

叉"模型为基础，模型表达式为：$\dot{I} = I - \alpha C$，$\dot{C} = \beta(1 - C - G)$，其中 $I \geq 0$ 是国家的收入，$C \geq 0$ 是消费者的消费速度，且 $G \geq 0$ 是政府支出的速度。参数 α 和 β 满足 $1 < \alpha < \infty$ 和 $1 \leq \beta < \infty$。

a) 证明如果政府支出速度 G 为一常数，则这个模型有一个不动点，因此经济存在一个稳定的状态。将这个不动点归为 α 和 β 的函数。在 $\beta = 1$ 时的极限情况下，证明经济是波动的。

b) 下一个，假设政府支出随着国家收入线性地增长：$G = G_0 + kI$，其中 $k > 0$。确定什么情况下存在一个合理的经济平衡点，也就是说在第一象限 $I \geq 0$，$C \geq 0$ 内存在一点。证明如果 k 超过一个临界值 k_c 这种平衡就会被打破，确定 k_c。当 $k > k_c$ 时，预测经济有什么行为？

c) 最终，假设政府支出随着国家收入呈二次方增长：$G = G_0 + kI^2$。证明系统随着 G_0 的变化，在第一象限内有两个、一个或者没有不动点。通过解释图像，讨论在各种情况中的经济学含义。

6.4.10 （超循环方程）在生物起源之前的进化模型 ［Eigen 和 Schuster（1978）］中，一族 $n \geq 2$ 的 RNA 分子或者其他自我复制的化学单元在一个封闭的反馈回路中，被认为能够催化彼此复制，其中作为催化剂的一个分子为下一个分子服务。Eigen 和 Schuster 考虑各种假设的反应组合，最简单的无量纲形式是

$$\dot{x}_i = \left(x_{i-1} - \sum_{j=1}^{n} x_j x_{j-1} \right), i = 1, 2, \cdots, n$$

这里指数被简化为模 n，因此 $x_0 = x_n$。这里 x_i 表示模 i 的相关频率。从现在开始，我们关注 $n = 2$ 的情况，且假设对于所有 i 都有 $x_i > 0$。

a) 说明当 $n = 2$ 时，系统化简化为 $\dot{x}_1 = x_1(x_2 - 2x_1 x_2)$，$\dot{x}_2 = x_2(x_1 - 2x_1 x_2)$。

b) 找出所有不动点并进行分类。（记得我们假设对于所有 i 都有 $x_i > 0$。）

c) 令 $u = x_1 + x_2$。通过推导和分析 u 与 $x_1 x_2$ 的微分方程 $\dot{u}$，证明当 $t \to \infty$ 时，$u(t) \to 1$。

d) 令 $v = x_1 - x_2$，证明当 $t \to \infty$ 时，$v(t) \to 0$。

e）通过结合（c）和（d）的结果，证明 $(x(t), y(t)) \to \left(\frac{1}{2}, \frac{1}{2}\right)$。

f）通过计算机画出相图。并解释它。

当 n 很大时，超循环方程的动力学特性变得更加丰富——见 Hofbauer 和 Sigmund（1998）的 12 章。

6. 4. 11　（激进派、保守派和中间派）Vasquez 和 Redner（2004，第 8489 页）提到一种高度简化的模型，它是由激进派、保守派和中间派构成的政治观点动力学模型。激进派和保守派从来不彼此讨论；他们在政治上分歧太大而不会发生对话。但是他们都和中间派讨论——这便是观点发生变化的原因。每当其中一方的过激分子和中间派议员讨论时，一方会说服另一方改变他或她的想法，获胜方取决于参数 r 的符号。如果 $r > 0$，过激分子总是获胜且劝服中间派议员投向他们。如果 $r < 0$，中间派议员总是赢且将过激分子拉向中间派。这个模型的方程为

$$\dot{x} = rxz$$

$$\dot{y} = ryz$$

$$\dot{z} = -rxz - ryz$$

式中，x、y 和 z 分别是总人数中激进派、保守派、中间派的比例。

a）证明集合 $x + y + z = 1$ 是不变的。

b）当 r 分别为正、负值时，分析模型所预测的长期动力学行为。

c）通过政治角度来解释其结果。

6.5　保守系统

6. 5. 1　考虑系统 $\ddot{x} = x^3 - x$。

a）求出所有的平衡点并进行分类。

b）找到一个守恒量。

c）画出相图。

6. 5. 2　考虑系统 $\ddot{x} = x - x^2$。

a）求出所有的平衡点并进行分类。

b）画出相图。

c）找到一个可以将闭合和非闭合的轨迹隔离开的同宿轨方程。

6.5.3 找到系统 $\dot{x} = a - e^x$ 的一个守恒量，并画出 $a < 0$，$a = 0$ 和 $a > 0$ 的相图。

6.5.4 画出系统 $\dot{x} = ax - x^2$ 在 $a < 0$，$a = 0$ 和 $a > 0$ 时的相图。

6.5.5 研究系统 $\dot{x} = (x - a)(x^2 - a)$ 平衡点的稳定性，参数 a 取所有实数。（提示：它可能帮助你画出右边的部分。另一个选择是对于一个适当的势能函数 V，将方程重写为 $\dot{x} = -V'(x)$，然后通过直觉理解粒子移动的势能。）

6.5.6 （再探传染病模型）在练习题 3.7.6 中，分析了 Kermack-McKendrick 的传染病模型，将该模型简化为一个确定的一阶系统。在这个问题中，你会发现在相图中，分析变得会多么容易。同上述一样，令 $x(t) \geq 0$ 表示健康人群的数量，$y(t) \geq 0$ 表示患病人群的数量。于是模型为

$$\dot{x} = -kxy, \dot{y} = kxy - ly$$

式中，$k > 0$，$l > 0$。（方程 $z(t)$ 表示死亡人数，它在 x，y 中几乎不发挥作用，所以我们忽略了它。）

a）找出所有不动点并进行分类。

b）画出零点集和向量场。

c）找出系统的一个守恒量。（提示：构造一个 dy/dx 的微分方程。分离变量并对两边求积分。）

d）画出相图。当 $t \to \infty$ 时，会发生什么？

e）令 (x_0, y_0) 为初始条件。如果 $y(t)$ 开始增加，就说一种流行病发生了。那么在什么条件下流行病会发生呢？

6.5.7 （广义相对论和行星轨道）一个行星绕太阳运动轨迹的相对论方程为

$$\frac{d^2 u}{d\theta^2} + u = \alpha + \varepsilon u^2$$

其中，$u = 1/r$ 且 r、θ 是行星在它的运动平面的极坐标。参数 α 是正的，可以在经典牛顿力学中明确地找到；式子 εu^2 是爱因斯坦修正项。这里 ε 是一个非常小的正参数。

a）改写方程成为（u，v）一个平面的系统，其中 $v = \mathrm{d}u/\mathrm{d}\theta$。

b）找出系统的平衡点。

c）根据线性性质，证明在（u，v）相平面中，其中一个平衡点为中心。验证其是否为一个非线性中心？

d）证明在（c）中得到的平衡点对应于一个圆形的行星轨道。

哈密顿（Hamiltonian）系统是经典力学的基础；它们提供了一个等价且更一般情形下牛顿定律的几何解释。同时它们对天体力学和等离子体物理学也很重要。哈密顿系统的理论是深奥和美丽的，但是作为非线性动力学的第一课可能太专业和精细。见 Arnold（1978）、Lichtenberg 和 Lieberman（1992）、Tabor（1989）或者 Henon（1983）的介绍。

这里有一个哈密顿系统最简单的例题。令 $H(p, q)$ 是一个光滑、两个变量的实值函数。变量 q 是"广义的坐标"，p 是"共轭的动量"。（在一些物理环境中，H 也明确地依赖时间 t，但在这里忽略这种可能性。）于是系统的形式变为

$$\dot{q} = \partial H/\partial p, \quad \dot{p} = \partial H/\partial q$$

被称为一个哈密顿系统，且函数 H 叫作哈密顿函数。$\dot{q}$ 和 $\dot{p}$ 的方程式叫作哈密顿方程。

下面三个是关于哈密顿系统的练习题。

6.5.8（谐振子）质量为 m 的一个简单谐振子，弹簧常量 k、位移 x 和动量 p，哈密顿函数是 $H = \dfrac{p^2}{2m} + \dfrac{kx^2}{2}$。清晰地写出哈密顿方程。证明一个方程给出了动量的一般定义，另一个等价于 $F = ma$。证明 H 是总能量。

6.5.9 证明对于任意一个哈密顿系统，$H(x, p)$ 是一个守恒的量。（提示：通过应用链式法则和调用哈密顿方程证明 $\dot{H} = 0$。）因此轨迹位于等高线 $H(x, p) = C$ 上。

6.5.10（反平方定律）一个粒子在一种反平方力量的影响下在平面上移动。它由哈密顿函数 $H(p, r) = \dfrac{p^2}{2} + \dfrac{h^2}{2r^2} - \dfrac{k}{r}$ 决定，其中 $r > 0$ 是与原点的距离，p 是径向动量。参数 h 和 k 分别是角动量和力常数。

a）假设 $k > 0$，对应于一个像重力的吸引力。在（r, p）平面上画出相图。（提示：画出"有效势能"$V(r) = h^2/2r^2 - k/r$，然后寻找与高度 E 水平线的交叉点。利用这个信息在不同的正负值 E 下，画出相应的等高线 $H(p, r) = E$。）

b）证明当 $-k^2/2h^2 < E < 0$，轨道是封闭的。在这种情况下，粒子会被这股力量所"捕获"。当 $E > 0$ 及 $E = 0$ 分别会发生什么？

c）如果 $k < 0$（电子排斥），证明这里不存在周期性轨道。

6.5.11 （阻尼双阱振子的吸引域）假设我们对例题 6.5.2 中的双阱振子增加少量的阻尼。那么新系统变为 $\dot{x} = y$，$\dot{y} = -by + x - x^3$，其中 $0 < b << 1$。画出在稳定不动点（x^*, y^*）=（1, 0）下的吸引域。让图像足够大以便吸引域的整体结构能够清晰地表示出来。

6.5.12 （在定理 6.5.1 中，为什么我们需要假设孤立的最小值）考虑系统 $\dot{x} = xy$，$\dot{y} = -x^2$。

a）证明 $E = x^2 + y^2$ 是守恒的。

b）证明原点是不动点，但不是一个孤立的不动点。

c）因为 E 在原点处为一个局部最小值，人们可能认为原点一定是中心。但这是对定理 6.5.1 的误用；定理不能在这里应用，因为原点不是一个孤立的不动点。证明原点实际上没有被闭轨所包围，且画出真正的相图。

6.5.13 （非线性中心）

a）证明对于所有 $\varepsilon > 0$，达芬（Duffing）方程 $\ddot{x} + x + \varepsilon x^3 = 0$ 在原点处有一个非线性中心。

b）如果 $\varepsilon < 0$，证明所有接近原点的轨迹是闭的。那些远离原点的轨迹是怎样的呢？

6.5.14 （滑翔机）思考一个滑翔机以速度 v，与水平线夹角为 θ 飞翔。它的运动近似地被以下无量纲方程所表示

$$\dot{v} = -\sin\theta - Dv^2$$

$$v\dot{\theta} = -\cos\theta + v^2$$

其中三角函数项代表重力的影响度，v^2 项代表阻力和升力的影响度。

a）假设这里没有阻力（$D = 0$）。证明 $v^3 - 3v\cos\theta$ 是一个守恒量。

画出这种情况的相图。从物理方面解释结果——滑翔机的飞翔路径看起来像什么？

b）研究有阻力的情形（$D > 0$）。

在以下四个练习题中，我们返回到 3.5 节讨论过的一个小球在旋转环上运动的问题，回忆珠子的运动方程

$$mr\ddot{\phi} = -b\dot{\phi} - mg\sin\phi + mr\omega^2\sin\phi\cos\phi$$

之前，我们探讨了限制阻力过大的情形。下面四个练习题分析了更一般情况下的动力学问题。

6.5.15 （光滑的珠子）考虑无阻尼的情形 $b = 0$。

a）证明等式可以被无量纲化为 $\phi'' = \sin\phi(\cos\phi - \gamma^{-1})$，其中 $\gamma = r\omega^2/g$ 跟前面一样，很好地表示了无量纲化时间 $\tau = \omega t$ 的差异。

b）随着 γ 的改变，画出所有不同的相图。

c）对于小球物理运动来讲，相图意味着什么？

6.5.16 （小球的小振荡）返回到最初系统的变量。证明当 $b = 0$ 且 ω 足够大时，系统有一对对称的稳定平衡点。找出这些平衡点处小振荡的近似频率。（请解释你的答案，用 t 而不是 τ）。

6.5.17 （小球运动中一个令人费解的常量）当 $b = 0$ 时，找出一个守恒量。你可能认为它本质上是小球的总能量，但是它不是！明确地表明小球的动能和势能不守恒。这是否符合物理规律？你可以为这个守恒的量找到一个物理解释吗？（提示：考虑参考坐标系和移动约束。）

6.5.18 （小球的一般情形）最后，令 b 是任意的。定义 b 的一个近似无量纲化形式，随着 b 和 γ 的改变，画出所有性质不同的相图。

6.5.19 （兔子与狐狸）模型 $\dot{R} = aR - bRF$，$\dot{F} = -cF + dRF$ 是猎物-捕食者模型。式中，$R(t)$ 是兔子的数量；$F(t)$ 是狐狸的数量，且参数 $a > 0$，$b > 0$，$c > 0$，$d > 0$。

a）讨论这个模型中每个式子的生物学意义。对任意一个不切实际的假设进行评论。

b）证明这个模型可以通过无量纲化重新变为 $x' = x(1 - y)$，$y = \mu y(x - 1)$。

c）由无量纲化的变量，找到一个守恒的量。

d）对于几乎所有的初始条件，证明这个模型可以预测两个种群数量的周期。

这个模型在很多教科书中被提及。生物数学学家不考虑猎物-捕食者模型，因为它不是结构稳定的，且真正的捕食周期通常有一个特征振幅。换句话说，真实的模型应该预测一个单一的闭轨，或者是有限多个，但不是中性稳定周期的一个连续族。见在 May（1972）、Edelstein-Keshet（1988）、Murray（2002）中的讨论。

6.5.20　（石头-剪刀-布）在儿童石头-剪刀-布的游戏中，石头打败剪刀（通过粉碎它）；剪刀打败布（通过剪碎它）；布打败石头（通过包住它）。在生物环境中，类似于这种现象非传递的竞争发生在某些种类的细菌中［Kirkup 和 Riley（2004）］和蜥蜴［Sinervo 和 Lively（1996）］中。

考虑以下这个理想化的模型，三个竞争的物种被困在一个石头-剪刀-布的生死游戏中：

$$\dot{P} = P(R - S)$$

$$\dot{R} = R(S - P)$$

$$\dot{S} = S(P - R)$$

式中，P、R 和 S（全是正的）表示布、石头、剪刀的个数。

a）首先通过几句话来解释这些等式中各变化项。特别要说明为什么某些特定项前有加号或者减号。你不一定要写很多——只要能够说明等式是如何反映石头-剪刀-布的问题就行。同时，指出这里哪些地方做了一些生物学方面的假设。

b）证明 $P + R + S$ 是一个守恒的量。

c）证明 PRS 也是守恒的。

d）当 $t \to \infty$ 时，系统会怎样？证明你的答案是正确的。（提示：在三维空间 (P, R, S) 上，可视化水平函数集 $E_1(P, R, S) = P + R + S$ 和 $E_2(P, R, S) = PRS$。所有的轨迹一定同时位于两个函数的水平集时，从这一事实中能推断出什么？

6.6 可逆系统

证明以下每一个系统都是可逆的，并且画出相图。

6.6.1 $\dot{x} = y(1-x^2)$，$\dot{y} = 1-y^2$

6.6.2 $\dot{x} = y$，$\dot{y} = x\cos y$

6.6.3 （墙纸）考虑系统 $\dot{x} = \sin y$，$\dot{y} = \sin x$。

a）证明系统是可逆的。

b）求出所有不动点并进行分类。

c）证明直线 $y = \pm x$ 是不变的（从其出发的轨迹最终又停留其上）。

d）画出相图。

6.6.4 （计算机探究）对以下每个可逆系统，尽量用手画出相图。然后再通过计算机模拟检查你的草图。若计算机显示的图像与预期的不同，尝试着给出解释。

a）$\ddot{x} + (\dot{x})^2 + x = 3$

b）$\dot{x} = y - y^3$，$\dot{y} = x\cos y$

c）$\dot{x} = \sin y$，$\dot{y} = y^2 - x$

6.6.5 考虑形式为 $\ddot{x} + f(\dot{x}) + g(x) = 0$ 的方程，其中 f 是一个偶函数，f 和 g 都是光滑的。

a）说明方程在时间对称变换 $t \to -t$ 下是不变的。

b）证明平衡点不是稳定的结点或焦点。

6.6.6 （魔鬼鱼）通过定性分析推导出例题 6.6.1 中"魔鬼鱼"的相图。

a）画出零点集 $\dot{x} = 0$ 和 $\dot{y} = 0$。

b）求出 $\dot{x}$，$\dot{y}$ 在不同相空间区域下的符号。

c）计算出在 $(-1, \pm 1)$ 鞍点处的特征值和特征向量。

d）考虑 $(-1, -1)$ 处的不稳定流形。通过对 $\dot{x}$、$\dot{y}$ 的符号进行分析，并证明这个不稳定流形与 x 轴负半轴相交。然后利用可逆性证明一个连接 $(-1, -1)$ 和 $(-1, 1)$ 的异宿轨存在。

e）利用相似分析的方法，证明另外一个异宿轨存在，且画出其他几条轨迹来填充图像。

6.6.7 （具有正负阻尼的振子）证明系统 $\ddot{x} + x\dot{x} + x = 0$ 是可逆的，且画出相图。

6.6.8 （柱面上的可逆系统和一个圆柱）当研究稳定斯托克斯流中一个液滴内部的混沌流线时，Stone 等（1991）提出系统

$$\dot{x} = \frac{\sqrt{2}}{4}x(x-1)\sin\phi, \quad \dot{\phi} = \frac{1}{2}\Big[\beta - \frac{1}{\sqrt{2}}\cos\phi - \frac{1}{8\sqrt{2}}x\cos\phi\Big]$$

式中，$0 \le x \le 1$，$-\pi \le \phi \le \pi$。

由于系统在 ϕ 中是以 2π 为周期的，它可能被看作是一个柱面上的一个向量场（见 6.7 节中柱面上的另一个向量场）。x 轴沿着柱面移动，ϕ 轴绕着柱面移动。注意柱面的相空间是有限的，界线为 $x = 0$ 和 $x = 1$ 所截的两个圆。

a）证明系统是可逆的。

b）验证当 $\dfrac{9}{8\sqrt{2}} > \beta > \dfrac{1}{\sqrt{2}}$ 时，在柱面上系统有三个不动点，其中一个是鞍点。证明这个鞍点通过一个同宿轨跟自身相连，这个同宿轨缠绕在柱面上。利用可逆性，证明存在一族闭轨夹在 $x = 0$ 所截的圆和同宿轨之间。画出柱面的图像，并通过数值积分检查你的结果。

c）证明当 β 从上面趋近 $\dfrac{1}{\sqrt{2}}$ 时，鞍点在 $x = 0$ 所截的圆移动，同宿轨如套索般收紧。证明当 $\beta = \dfrac{1}{\sqrt{2}}$ 时所有的闭轨消失。

d）当 $0 < \beta < \dfrac{1}{\sqrt{2}}$ 时，证明在边界 $x = 0$ 上有两个鞍点。并画出柱面上的相图。

6.6.9 （约瑟夫森结矩阵）如练习题 4.6.4 和练习题 4.6.5 讨论的一样，方程

$$\frac{\mathrm{d}\phi_k}{\mathrm{d}\tau} = \Omega + a\sin\phi_k + \frac{1}{N}\sum_{j=1}^{N}\sin\phi_j, \quad k = 1, 2$$

作为一个具有电阻负载约瑟夫森结的无量纲电路方程组呈现。

a）令 $\theta_k = \phi_k - \dfrac{\pi}{2}$，证明此系统对于 θ_k 是可逆的。

b）证明当 $|\Omega/(a+1)| < 1$ 时，有四个不动点（mod2π），当 $|\Omega/(a+1)| > 1$ 时，没有不动点。

c）利用计算机，研究当 Ω 在区间 $0 \leqslant \Omega \leqslant 3$ 上变化时，对于 $a=1$ 生成的相图。

关于此系统的更多信息，见 Tsang 等（1991）。

6.6.10 原点是系统 $\dot{x} = -y - x^2$，$\dot{y} = x$ 的一个非线性中心吗？

6.6.11 （旋转动力学和球面上的相图）在剪切流中物体的旋转动力学由如下方程表达：

$$\theta = \cot\phi\cos\theta, \quad \phi = (\cos^2\phi + A\sin^2\phi)\sin\theta$$

式中，θ 和 ϕ 是用来描述物体方向的球面坐标。我们约定 $-\pi < \theta \leqslant \pi$ 是"经度"，即和 z 轴的夹角，$-\dfrac{\pi}{2} \leqslant \phi \leqslant \dfrac{\pi}{2}$ 是"纬度"，即从赤道到北极的夹角。参数 A 取决于物体的形状。

a）用两种方法证明等式是可逆的：在变换 $t \to -t$，$\theta \to -\theta$ 下和变换 $t \to -t$，$\phi \to -\phi$ 下。

b）研究 A 分别为正、零和负值时的相图。你可能会利用墨卡托（Mercator）投影画出相图（将 θ 和 ϕ 处理成直角），但是如果可以的话，最好设想它在球面上运动。

c）把结果同在剪切流中物体的翻滚运动联系起来。说明当 $t \to \infty$ 时，物体的方向会发生什么？

6.7 钟摆

6.7.1 （阻尼钟摆）对于任意 $b > 0$ 时，找出 $\ddot{\theta} + b\dot{\theta} + \sin\theta = 0$ 的不动点，并对其进行分类，且画出不同情况下的相图。

6.7.2 （由不变扭矩驱动的钟摆）等式 $\ddot{\theta} + \sin\theta = \gamma$ 描述了一个由不变扭矩驱动的无阻尼钟摆的动力学，或者是由一个恒定的偏置电流驱动的无阻尼约瑟夫森结。

a）随着 γ 的变化，找到所有的平衡点，并将它们进行分类。

b）画出零点集和向量场。

c）这个系统是守恒的吗？如果是的话，求出一个守恒量。这个系统是可逆的吗？

d）随着 γ 的变化，在平面上画出相图。

e）找出在相图中，在任意中心处小振荡的近似频率。

6.7.3 （非线性阻尼）对于所有 $a \geqslant 0$，分析系统 $\ddot{\theta} + (1 + a\cos\theta)\dot{\theta} + \sin\theta = 0$。

6.7.4 （钟摆周期）假设一个由 $\ddot{\theta} + \sin\theta = 0$ 刻画的钟摆以振幅 α 摆动。利用复杂的操作，我们将推导出一个关于钟摆的函数 $T(\alpha)$。

a）利用能量守恒，获得 $\dot{\theta}^2 = 2(\cos\theta - \cos\alpha)$，因此

$$T = 4\int_0^\alpha \frac{\mathrm{d}\theta}{[2(\cos\theta - \cos\alpha)]^{1/2}}$$

b）利用半角公式，得到

$$T = 4\int_0^\alpha \frac{\mathrm{d}\theta}{\left[4\left(\sin^2\frac{1}{2}\alpha - \sin^2\frac{1}{2}\theta\right)\right]^{\frac{1}{2}}}$$

c）（a）和（b）部分中的公式的缺点是 α 出现在被积函数和积分函数的上限中。将 α 从被积函数的上限中去掉，当 θ 从 0 到 α 变动时，我们引进一个新的角度变量 ϕ 从 0 到 $\frac{\pi}{2}$ 变动。特别地，令 $\left(\sin\frac{1}{2}\alpha\right)\sin\phi = \sin\frac{1}{2}\theta$。利用这些置换，重写（b）中的式子为对 ϕ 积分的一个表达式。从而得到一个精确的结果

$$T = 4\int_0^{\frac{\pi}{2}} \frac{\mathrm{d}\phi}{\cos\frac{1}{2}\theta} = 4K\left(\sin^2\frac{1}{2}\alpha\right)$$

其中第一类完全椭圆积分定义如下：

$$K(m) = \int_0^{\frac{\pi}{2}} \frac{\mathrm{d}\phi}{(1 - m\sin^2\phi)^{\frac{1}{2}}}, \quad 0 \leqslant m \leqslant 1$$

d）通过利用二项式展开椭圆积分，并逐项进行积分，证明

$$T(\alpha) = 2\pi\left[1 + \frac{1}{16}\alpha^2 + O(\alpha^4)\right], \quad \alpha \leqslant 1$$

注意大幅波动需要更长的时间。

6.7.5 （周期数值解）通过利用微分方程的数值积分或椭圆积分的数值估计来重做练习题 6.7.4。特别地，计算周期 $T(\alpha)$，其中 α 以步长为 10°，从 0 到 180°变化。

6.8 指数理论

6.8.1 证明以下每一个不动点都有一个指数等于 +1。

a）稳定焦点   b）不稳定焦点   c）中心   d）星形结点

e）退化结点

（不寻常不动点）对以下每个系统，找到不动点并计算相应的指数。（提示：画出围绕不动点的小闭轨 C，并检查 C 上向量场的变化情况。）

6.8.2 $\dot{x} = x^2$，$\dot{y} = y$ **6.8.3** $\dot{x} = y - x$，$\dot{y} = x^2$

6.8.4 $\dot{x} = y^3$，$\dot{y} = x$ **6.8.5** $\dot{x} = xy$，$\dot{y} = x + y$

6.8.6 相空间中的一条闭轨包围了 S 个鞍点、N 个结点、F 个焦点和 C 个中心这些常见的类型。证明 $N + F + C = 1 + S$。

6.8.7 （排除闭轨道）利用指数理论去证明系统 $\dot{x} = x(4 - y - x^2)$，$\dot{y} = y(x - 1)$ 不存在闭轨。

6.8.8 在相平面上一个光滑向量场有三个闭轨道。其中的两个轨道，设为 C_1 和 C_2，位于第三个轨道 C_3 内。然而，C_1 不在 C_2 内，反之亦然。

a）画出这三个圆圈的布局。

b）证明至少有一个不动点在以 C_1、C_2、C_3 为边界的区域内。

6.8.9 在相平面上一个光滑向量场有两个闭轨迹，其中一个在另一个里面。里面的环路顺时针旋转，外面的环路逆时针旋转。判断正误：这里至少有一个不动点位于两个轨迹之间。如果是对的，证明它。如果是错的，请举出一个简单的反例。

6.8.10 （拓扑思维的开放式问题）定理 6.8.2 除了适用于平面还适用于曲面吗？在环面、柱面和球面上各种类型的闭轨上，检查它的正确性。

6.8.11 （复向量场）令 $z = x + iy$，探究复向量场 $\dot{z} = z^k$ 和 $\dot{z} = \bar{z}^k$，其中 $k > 0$ 是一个整数，$\bar{z} = x - iy$ 是 z 的复共轭。

a）求 $k = 1$，2，3 在笛卡儿坐标和极坐标下的向量场表达式。

b）证明原点是唯一的不动点，且计算出指数。

c）将结果推广到任意整数 $k > 0$。

6.8.12　（"物质和反物质"）在不动点的分岔和粒子与反粒子的碰撞之间存在着相似性。让我们用指数理论探索这一相似点。例如，一个由 $\dot{x} = a + x^2$，$\dot{y} = -y$ 给出的二维鞍-结点分岔模型，其中 a 是参数。

a）随着 a 从 $-\infty$ 到 ∞ 变化，找到所有的不动点并进行分类。

b）证明随着 a 改变，所有不动点指数和是一个守恒量。

c）叙述并证明这个结果的一般性推论，系统的形式为 $\dot{x} = \boldsymbol{f}(\boldsymbol{x}, a)$，其中 $\boldsymbol{x} \in \mathbf{R}^2$ 且 a 是参数。

6.8.13　（曲线指数的积分公式）考虑平面上一个光滑的向量场 $\dot{x} = f(x, y)$，$\dot{y} = g(x, y)$，令 C 为一个简单的闭轨，且不穿过任意不动点。通常令 $\phi = \arctan(\dot{y}/\dot{x})$，如图 6.8.1 所示。

a）证明 $d\phi = (fdg - gdf)/(f^2 + g^2)$。

b）导出积分公式

$$I_C = \frac{1}{2\pi} \oint_C \frac{fdg - gdf}{f^2 + g^2}$$

6.8.14　考虑线性系统族 $\dot{x} = x\cos\alpha - y\sin\alpha$，$\dot{y} = x\sin\alpha + y\cos\alpha$，$\alpha$ 是参数，在区间 $0 \leq \alpha \leq \pi$ 上变化。令 C 表示不穿过原点的一条简单闭轨。

a）作为 α 的一个函数，对原点处不动点进行分类。

b）利用练习题 6.8.13 推导出的积分公式，证明 I_C 与 α 无关。

c）令 C 为一个以原点为中心的圆。通过选取 α 并估计其积分，计算出 I_C。

极限环

7.0 引言

极限环是一个孤立的闭轨迹。孤立意味着邻近的轨迹不是闭的；它们盘旋着接近或远离极限环（见图7.0.1）。

图 7.0.1

如果所有邻近的轨迹都靠近极限环，我们就说极限环是稳定的或吸引的。否则，极限环是不稳定的，或者在特殊情况下是半稳定的。

稳定极限环具有很重要的科学意义——它们模拟了具有自发维持的振荡系统。换句话说，这些系统即使在缺乏外部周期强制力的情况下也会振荡。对于此类情况，可以给出数不尽的例子，我们仅提如下的一小部分，如心脏的跳动；起搏器神经元的定期发射；人体温度和激素分泌的日常节律；化学反应的自发振子以及桥梁和飞机机翼上危险的自激振荡。在每个情形中，都有自身所特定的周期、波形和振幅。如果系统有轻微地扰动，它总是返回到标准的周期。

极限环本质上是非线性现象；它们不能发生在线性系统中。当然，一个线性系统 $\dot{x} = Ax$ 可以有闭轨道，但它们不会是孤立的；如果 $x(t)$ 是一个周期解，则对任意常数 $c \neq 0$，$cx(t)$ 也是一个周期解。因

此 $x(t)$ 被一个单参数的闭轨族环绕（见图 7.0.2）。结果，一个线性振荡的振幅被它的初始条件完全设定；对振幅任意轻微的干扰都会一直持续下去。而相反的是，非线性系统极限环的振荡是由系统自身的结构决定的。

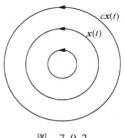

图 7.0.2

在下一节中，将介绍两个具有极限环系统的例题。在第一种情况中，极限环能够明显观察到，但通常情况下，判断一个给定的系统有一个极限环或闭轨是很困难的。7.2 ~ 7.4 节介绍了一些排除闭轨道或者证明它们存在性的技巧。接下来的章节讨论近似形状、闭轨道周期及研究稳定性的分析方法。

7.1　例子

如果运用极坐标，则能够明显地构造出极限环的例子。

例题 7.1.1　一个简单的极限环

考虑系统

$$\dot{r} = r(1 - r^2), \quad \dot{\theta} = 1 \tag{1}$$

式中，$r \geq 0$。径向和角动力学是分开的，所以可以单独分析。把 $\dot{r} = r(1 - r^2)$ 视为直线上的向量场，我们看到 $r^* = 0$ 是一个不稳定不动点，$r^* = 1$ 是一个稳定不动点（见图 7.1.1）。

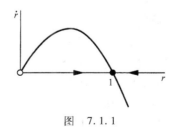

图 7.1.1

因此，返回到相平面上，所有的轨迹都在单调地靠近（除了 $r^* = 0$）单位圆 $r^* = 1$。因为在 θ 方向的运动是以一个固定角速度简单的旋转，我们看到所有轨道焦点渐近地向 $r = 1$ 的极限环靠近（见图 7.1.2）。

这对画出 t 的函数解具有指导意义。例如，在图 7.1.3 中，画 $x(t) = r(t)\cos\theta(t)$，为一个从极限环外部开始的轨迹。就像期望的那样，解是一个振幅恒定的正弦振荡，和式（1）中极限环的解 $x(t) = \cos(t + \theta_0)$ 相对应。■

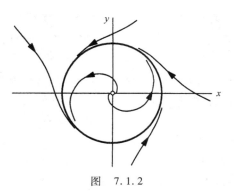

图　7.1.2

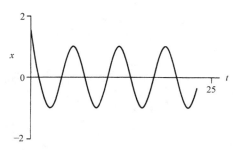

图　7.1.3

例题 7.1.2　范德波尔振子

下面是一个不易懂的例题，但是它在非线性动力学发展过程中起了重要作用，这就是**范德波尔方程**

$$\ddot{x} + \mu(x^2 - 1)\dot{x} + x = 0 \tag{2}$$

式中，$\mu \geqslant 0$ 是参数。历史上，这个方程同第一代收音机所使用的非线性电路（见练习题 7.1.6 的电路）有很多的联系。方程（2）看起来像一个简谐振子，但是有一个**非线性阻尼项** $\mu(x^2 - 1)\dot{x}$。当 $|x| > 1$ 时，这一项同正阻尼所起的作用相似，但当 $|x| < 1$ 时，像负阻尼。换句话说，它导致大振幅的振荡衰减，但是如果它们变得太小，它会将它们抽回去。

就像你可能猜到的一样，系统最终停在一个自发的振荡上，其中，在一个周期内系统所损耗的能量和所吸回的能量是平衡的。这个想法可以被更严格地描述，但是工作量很大，可以证明对每一个 $\mu \geqslant 0$，范德波尔方程有一个唯一稳定的极限环。这个结果遵循 7.4 节中所讨论的更一般性定理。

为了给出一个具体的解释，假设对于 $\mu = 1.5$，在 $t = 0$ 时，从 $(x, \dot{x}) = (0.5, 0)$ 开始，我们对式（2）进行数值积分。图 7.1.4 画出了相平面中的解，且图 7.1.5 展示了 $x(t)$ 的曲线图。现在，和例题 7.1.1 相对比，这个极限环不是一个环，稳定波形也不是一条正弦曲线。■

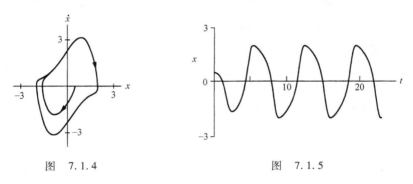

图 7.1.4　　　　　　　图 7.1.5

7.2 排除闭轨

假设我们基于数值证据或其他原因强烈的疑问，是一个特别的系统没有周期解。我们怎样证明它？在上一章中我们提到一种基于指数理论的方法，（见例题 6.8.5 和例题 6.8.6）。现在我们介绍三种其他排除闭轨的方法。尽管它们仅有有限的应用，但值得我们去了解。

梯度系统

假设系统可以被写为 $\dot{x} = -\nabla V$ 的形式，$V(x)$ 是一些连续可微的单值标量函数。这一系统被称为具有**势函数** V 的**梯度系统**。

定理 7.2.1：在梯度系统中不可能存在闭轨。

证明：假设存在一个闭轨。通过考虑经过一次电路循环后 V 的变

化，我们得到一个矛盾。一方面，由于 V 是单值，所以 $\Delta V = 0$。但是另一方面，

$$\begin{aligned} \Delta V &= \int_0^T \frac{\mathrm{d}V}{\mathrm{d}t} \mathrm{d}t \\ &= \int_0^T (\Delta V \cdot \dot{x}) \mathrm{d}t \\ &= -\int_0^T \|\dot{x}\|^2 \mathrm{d}t \\ &< 0 \end{aligned}$$

（除非 $\dot{x} \equiv 0$，在这种情形下轨迹是一个不动点，而不是一个闭轨）。这个矛盾说明闭轨在梯度系统中不存在。■

定理 7.2.1 中的问题是大部分二阶系统不是梯度系统。（尽管，奇怪的是直线上所有的向量场都是梯度系统；在 2.6 节和 2.7 节中，这给出了振荡缺乏时的另一种解释。）

例题 7.2.1

系统 $\dot{x} = \sin y$，$\dot{y} = x\cos y$ 没有闭轨道。

解：由于 $\dot{x} = -\partial V / \partial x, \dot{y} = -\partial V / \partial y$，因此这个系统是一个具有势函数 $V(x, y) = -x\sin y$ 的梯度系统。由定理 7.2.1 知，这里没有闭轨。■

怎样辨别一个系统是否是一个梯度系统呢？如果是梯度系统，怎样得到它的势函数 V？见练习题 7.2.5 和练习题 7.2.6。

即使系统不是一个梯度系统，相似的技巧可能依然适用，像下面这个例题。我们检测在绕假设的闭轨道一圈后能量函数的变化，并推出矛盾。

例题 7.2.2

证明非线性阻尼振子 $\ddot{x} + (\dot{x})^3 + x = 0$ 没有周期解。

解：假设这里有一个以 T 为周期的周期解 $x(t)$。考虑能量函数 $E(x, \dot{x}) = \frac{1}{2}(x^2 + \dot{x}^2)$。运动一圈后，$x$ 和 $\dot{x}$ 返回到它们的初始值，因此围绕任何闭轨道都有 $\Delta E = 0$。

另一方面，$\Delta E = \int_0^T \dot{E}\mathrm{d}t$。如果能证明这个积分是非零数，我们就得到一个矛盾。注意 $\dot{E} = \dot{x}(x + \ddot{x}) = \dot{x}(-\dot{x}^3) = -\dot{x}^4 \le 0$。因此 $\Delta E = -\int_0^T (\dot{x}^4)\mathrm{d}t \le 0$，当且仅当 $\dot{x} \equiv 0$ 时，等号成立。但 $\dot{x} \equiv 0$ 意味轨迹是一个不动点，这与最初假设它是一个闭轨道相反。如此，ΔE 是严格负的，这与 $\Delta E = 0$ 矛盾。因此这里没有周期解。■

李雅普诺夫函数

即使对与力学没有关系的系统，偶尔也可能构造一个沿轨迹减少的类似于能量的函数。这样的函数称为李雅普诺夫函数。如果一个李雅普诺夫函数存在，则闭轨道是不存在的，与例题 7.2.2 同理。

更确切地，考虑一个在 x^* 处有一个不动点的系统 $\dot{x} = f(x)$。假设可以得到一个**李雅普诺夫函数**，即存在一个具有以下特点的连续可微的实值函数 $V(x)$：

1. 对于全部 $x \ne x^*$ 且 $V(x^*) = 0$，有 $V(x) > 0$。（我们说 V 是正定的。）

2. 对于全部 $x \ne x^*$，$\dot{V} < 0$。（所有的轨迹从"坡下"流向 x^*。）

那么 x^* 是全局渐近稳定的：对于所有初始条件，当 $t \to \infty$ 时 $x(t) \to x^*$。特别地，这个系统没有闭轨道。［见 Jordan 和 Smith（1987）的证明。］

直观上是全部轨迹单调地向 $V(x)$ 图底部移动，并接近 x^*（见图 7.2.1）。

解不能被卡在任意一个地方，因为如果那样的话，V 将不会发生改变，但是由假设知，除了在 x^* 处，任何地方都有 $\dot{V} < 0$。

遗憾的是，并没有构造李雅普诺夫函数的系统方法，我们寄希望于未来的工作。但统计表偶尔会起作用，如下面这个例题。

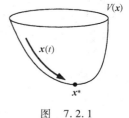

图 7.2.1

例题 7.2.3

通过构造一个李雅普诺夫函数，证明系统 $\dot{x} = -x + 4y$，$\dot{y} = -x - y^3$ 没有闭轨。

解：考虑 $V(x, y) = x^2 + ay^2$，其中 a 是之后要选择的参数。$\dot{V} = 2x\dot{x} + 2ay\dot{y} = 2x(-x + 4y) + 2ay(-x - y^3) = -2x^2 + (8 - 2a)xy - 2ay^4$。如果我们选择 $a = 4$，则 xy 这一项会消失且 $\dot{V} = -2x^2 - 8y^4$。通过观察发现，对于所有 $(x, y) \neq (0, 0)$ 都有 $V > 0$ 和 $\dot{V} < 0$。因此 $V = x^2 + 4y^2$ 是一个李雅普诺夫函数且没有闭轨。实际上，当 $t \to \infty$ 时，所有的轨迹都接近原点。∎

Dulac 准则

第三个排除闭轨的方法是建立在格林定理基础上的，被称为 Dulac 准则。

Dulac 准则：令 $\dot{x} = f(x)$ 为平面 R 上一个单连通子集的一个连续可微向量场。如果存在一个连续可微的实值函数 $g(x)$，使得 $\nabla \cdot (g\dot{x})$ 在 R 上符号不变，那么在 R 上是没有闭轨的。

证明：假设有一个闭轨 C 完全落在区域 R 内。令 A 表示 C 内区域（见图 7.2.2）。那么由格林定理得

$$\iint_A \nabla \cdot (g\dot{x}) \, \mathrm{d}A = \oint_C g\dot{x} \cdot n \, \mathrm{d}l$$

式中，n 是外法线；$\mathrm{d}l$ 是沿着 C 的弧长微元。首先看左边的二重积分：它一定是非零数，因为 $\nabla \cdot (g\dot{x})$ 在 R 上的符号不变。另一方面，假设 C 是一个轨迹（切向量 $\dot{x}$ 和 n 是正交的），由于任意一点都有 $\dot{x} \cdot n = 0$，故左边的线积分等于零。因此，这个矛盾表明这样的 C 是不存在的。

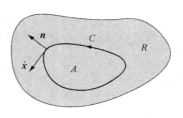

图 7.2.2

Dulac 准则具有和李雅普诺夫方法一样的缺点：寻找 $g(x)$ 是没有规律的，有时可以取为 $g = 1$、$1/x^a y^b$、e^{ax} 和 e^{ay}。

例题 7.2.4

证明系统 $\dot{x} = x(2 - x - y)$，$\dot{y} = y(4x - x^2 - 3)$ 在第一象限 $x > 0$，$y > 0$ 内没有闭轨。

解：直觉告诉我们，选择 $g = 1/xy$。则

$$\nabla \cdot (g\dot{x}) = \frac{\partial}{\partial x}(g\dot{x}) + \frac{\partial}{\partial y}(g\dot{y})$$

$$= \frac{\partial}{\partial x}\left(\frac{2 - x - y}{y}\right) + \frac{\partial}{\partial y}\left(\frac{4x - x^2 - 3}{x}\right)$$

$$= -1/y$$

$$< 0$$

因为区域 $x > 0$，$y > 0$ 是单连通的，g 和 f 满足要求的光滑条件，因此，根据 Dulac 准则表明第一象限是没有闭轨的。∎

例题 7.2.5

证明系统 $\dot{x} = y$，$\dot{y} = -x - y + x^2 + y^2$ 没有闭轨。

解：令 $g = e^{-2x}$，则

$$\nabla \cdot (g\dot{x}) = -2e^{-2x}y + e^{-2x}(-1 + 2y) = -e^{-2x} < 0$$

由 Dulac 准则知，无闭轨道。∎

7.3 庞加莱-本迪克松定理

现在我们知道如何排除闭轨，那么再回到相反的任务：找到在特殊系统中闭轨存在的方法。以下这个定理是在这一研究方向中少数几个结果中的一个。它也是非线性动力学中关键定理中的一个，因为它表明在相平面中混沌是不会发生的，正如在本节结尾部分中所讨论的一样。

庞加莱-本迪克松（Poincaré-Bendixson）定理：假设：

（1）R 是平面上一个封闭有界子集。

（2）$\dot{x} = f(x)$ 在一个包含 R 的开子集上是一个连续可微的向量场；

（3）R 不包含任何不动点；

（4）存在一个"局限"在 R 内的轨迹 C，意思是它开始于 R 并永远在 R 内运动（见图 7.3.1）。那么，或者 C 是一个闭轨道，或者当 $t \to \infty$ 时，它盘旋靠近一条闭轨道。

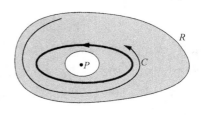

图 7.3.1

另一种情况是，R 包含一个闭轨（如图 7.3.1 所示的粗曲线）。

这个定理的证明很巧妙，需要拓扑学中一些较深入的知识点。关于细节，见 Perko（1991）、Coddington 和 Levinson（1995）、Hurewicz（1958）或者 Cesari（1963）的著作。

如图 7.3.1 所示，我们把 R 画出，为一个环状区域，因为任意闭轨一定包围一个不动点（见图 7.3.1 中的 P）且 R 中不允许存在不动点。

当应用庞加莱-本迪克松定理时，条件（1）~条件（3）容易满足；而条件（4）是困难的。我们如何确定一个被局限的轨迹 C 存在？标准的方法是构造一个**捕获区** R，即一个闭连通集：向量场从 R 的边界指向内部各处（见图 7.3.2）。那么 R 内的所有轨迹都是被限制的。如果我们也能使 R 内没有不动点，则庞加莱-本迪克松定理确定 R 包含一个闭轨。

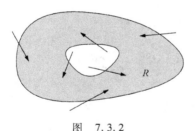

图   7.3.2

庞加莱-本迪克松定理很难应用在实际中。当系统在极坐标系中有一个简单表达时，情况就会变得简单。

例题 7.3.1

考虑系统

$$\dot{r} = r(1 - r^2) + \mu r\cos\theta, \quad \dot{\theta} = 1 \tag{1}$$

其中，$\mu = 0$，在 $r = 1$ 处，存在一个稳定的极限环，正如例题 7.1.1 中所讨论的。证明当 $\mu > 0$ 时，只要 μ 足够小，闭轨依旧存在。

解：我们找到两个半径分别为 r_{max} 和 r_{min} 的同心圆，在外部的圆上 $\dot{r} < 0$，在内部的圆上 $\dot{r} > 0$。环面域 $0 < r_{min} \leqslant r \leqslant r_{max}$ 是我们所期望

的捕获域。由于 $\dot{\theta} > 0$，环形内没有不动点；因此，如果 r_{max} 和 r_{min} 可以发现，庞加莱-本迪克松定理意味着闭轨是存在的。

要得到 r_{min}，我们要求对所有 θ，$\dot{r} = r(1-r^2) + \mu r\cos\theta > 0$。因为 $\cos\theta \geq -1$，对于 r_{min} 一个充分的条件是 $1-r^2-\mu > 0$。因此任意 $r_{min} < \sqrt{1-\mu}$ 都可行，只要 $\mu < 1$，会使得平方根是有意义的。我们选择最大的 r_{min}，使尽量紧地包围极限环的边缘。例如，我们会选择 $r_{min} = 0.999\sqrt{1-\mu}$。（即使 $r_{min} = \sqrt{1-\mu}$ 可行，但需要更仔细地证明。）依据一个类似的论据，如果 $r_{max} = 1.001\sqrt{1+\mu}$，在外面圆上的流是朝内的。

因此，对于所有 $\mu < 1$，都存在一个闭轨，它落在环形 $0.999\sqrt{1-\mu} < r < 1.0001\sqrt{1+\mu}$ 内。∎

在例题 7.3.1 中所用的估计是保守的。事实上，即使 $\mu \geq 1$，闭轨也可以存在。图 7.3.3 展示的是计算机模拟生成的 $\mu = 1$ 时式（1）的图像。在练习题 7.3.8 中，要求你探究 μ 更大时会发生什么，而且特别的是，是否存在一个 μ 的临界值，当超过这个值闭轨会消失。当然除此之外，当 μ 值较小时，还能获得一些分析的见解（练习题 7.3.9）。

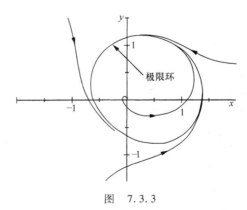

图　7.3.3

对极坐标不容易检验时，通过检查系统的零点集，我们仍然可以找到一个近似的捕获域，如下一个例题。

例题 7.3.2

对于基础生化过程——**糖酵解**，活细胞通过分解糖获得能量。在完整的酵母细胞以及酵母或肌肉提取物中，糖酵解以一种振荡的方式进行，各种媒介的浓度在几分钟为一个周期中起伏。见 Chance 等（1973）或 Goldbeter（1980）的论述。

这类振荡的一个简单模型由 Sel'kov（1968）提出。在无量纲化形式中，方程是

$$\dot{x} = -x + ay + x^2y$$
$$\dot{y} = b - ay - x^2y$$

式中，x 和 y 是 ADP（二磷酸腺苷）和 F6P（果糖-6-磷酸）的浓度，且 $a > 0$，$b > 0$ 是动力学参数。为这个系统构造捕获域。

解：首先找到零点集。第一个方程表明在曲线 $y = x/(a + x^2)$ 上 $\dot{x} = 0$，第二个方程表明在曲线 $y = b/(a + x^2)$ 上 $\dot{y} = 0$。图 7.3.4 画出了这些沿着一些代表性向量的零点集。

我们将如何画出这些向量呢？根据定义，箭头水平线 $\dot{x} = 0$ 的零点集是垂直的，在 $\dot{y} = 0$ 处的零点集是平行于水平线的。流向由 $\dot{x}$ 和 $\dot{y}$ 的符号决定。例如，在上面两个零点集的区域内，控制方程意味着 $\dot{x} > 0$ 和 $\dot{y} < 0$，所以箭头向下且向右。如图 7.3.4 所示。

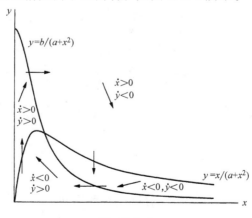

图　7.3.4

现在考虑图 7.3.5 中被虚线包围的区域。我们认为它是一个封闭区域。要证明这一点，必须证明边界上所有向量都指向该区域内。在水平和垂直的这两条边上是没有问题的：这个论断遵循图 7.3.4。构造中棘手的部分是斜率为 -1 的对角线从点 $(b, b/a)$ 到零点集 $y = x/(a + x^2)$ 的扩展。这是从哪儿来的？

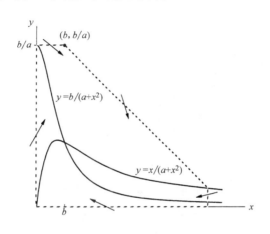

图　7.3.5

为了正确的理解，考虑 x 很大时，$\dot{x}$ 和 $\dot{y}$ 的极限。则 $\dot{x} \approx x^2 y$ 和 $\dot{y} \approx -x^2 y$，所以 $\dot{y}/\dot{x} = dy/dx \approx -1$ 沿着此轨道。因此当 x 很大时的向量场几乎是和对角线平行的。这意味着在更精确的计算下，对于足够大的 x，我们应该比较 $\dot{x}$ 和 $-\dot{y}$ 的大小。

特别地，考虑 $\dot{x} - (-\dot{y})$。得到

$$\dot{x} - (-\dot{y}) = -x + ay + x^2 y + (b - ay - x^2 y) = b - x$$

因此，如果 $x > b$，$-\dot{y} > \dot{x}$。

这个不等式意味着向量场指向图 7.3.5 中对角线的内部，因为 dy/dx 比 -1 小，因此向量比对角线更陡。故此区域正如我们所声称的是捕获域。■

我们可以推断在捕获域内有一个闭轨吗？不可以！在该区域内有一个不动点（为零点集的交点），所以不满足庞加莱-本迪克松定理的条件。但是如果这个不动点是一个排斥子，那么能证明一个闭曲线的

存在性，通过考虑图 7.3.6 中修正的"去心"区域。（这个洞是无限小的，但为了看得清晰需画得更大些。）

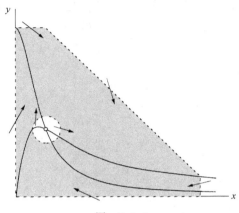

图　7.3.6

该排斥子把所有临近的轨道都驱赶到阴影区域，因为根据庞加莱-本迪克松定理，这个区域不存在不动点。

现在我们找出了在何种条件下不动点是一个排斥子。

例题 7.3.3

再一次考虑例题 7.3.2 中糖酵解振子 $\dot{x} = -x + ay + x^2 y$，$\dot{y} = b - ay - x^2 y$。证明：如果 a 和 b 满足某一适当条件，则存在一个闭轨。（如之前的 $a > 0$，$b > 0$。）

解：上面的讨论，使得我们能够找到条件满足不动点是一个排斥子。即一个不稳定结点或者焦点。一般地，雅可比矩阵为

$$A = \begin{pmatrix} -1 + 2xy & a + x^2 \\ -2xy & -(a + x^2) \end{pmatrix}$$

通过上式，得到不动点

$$x^* = b, \quad y^* = \frac{b}{a + b^2}$$

雅可比行列式为 $\Delta = a + b^2 > 0$，迹为

$$\tau = -\frac{b^4 + (2a - 1)b^2 + (a + a^2)}{a + b^2}$$

因此当 $\tau > 0$ 时，不动点是不稳定的，对于 $\tau < 0$ 不动点是稳定的。当

$$b^2 = \frac{1}{2}(1 - 2a \pm \sqrt{1 - 8a})$$

时，分界线 $\tau = 0$ 会出现。也因此，在 (a, b) 空间上定义了一个曲线，如图 7.3.7 所示。

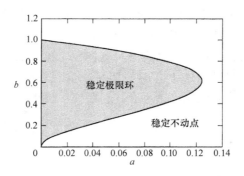

图 7.3.7

在这个区域的参数 $\tau > 0$，系统有一个闭轨——数值积分也说明了，它实际上是一个稳定的极限环。图 7.3.8 展示了在特殊情况 $a = 0.08, b = 0.6$ 下，计算机模拟生成的相图。■

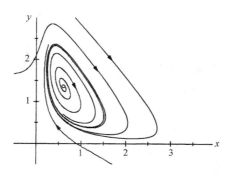

图 7.3.8

相平面没有混沌

庞加莱-本迪克松定理是非线性动力学中的核心结论之一。它是指相平面中动力学的可能性非常有限：如果一个轨迹局限于一个不包含不动点的封闭有界区域内，那么轨迹最终一定会靠近一个封闭的轨道。

这个结果主要依赖于平面的二维性。在多维系统中（$n \geqslant 3$），庞加莱-本迪克松定理不再适用，但会产生一些新的现象即轨迹可能永远在一个有界区域内部，不会停滞在一个不动点或一条闭轨上。在某些情况下，轨迹被一个称为奇怪吸引子的复杂几何图像所吸引——在一个分形集上，运动是非周期的，对初始条件具有敏感依赖性。这种敏感依赖性使得长期性的运动是不可预测的。这也就是我们所讨论的混沌。我们将很快讨论这个有趣的话题，但现在要知道的是庞加莱-本迪克松定理意味着混沌永远不会在相平面中发生。

7.4 李纳系统

在非线性动力学的早期，大概从 1920 年到 1950 年，涌现出大量对非线性振荡的研究。这个工作最初兴起是由于无线电和真空电子管技术的发展，后来在数学上得到发展和推广。人们发现许多振荡电路可以被如下形式的二阶微分方程模拟

$$\ddot{x} + f(x)\dot{x} + g(x) = 0 \qquad (1)$$

这就是著名的**李纳**（Liénard）**方程**。这个方程也是 7.1 节提到的范德波尔振子 $\ddot{x} + \mu(x^2 - 1)\dot{x} + x = 0$ 的推广。它也可以从力学角度解释为一个单位质量的物体受到非线性阻尼力 $-f(x)\dot{x}$ 和非线性回复力作用的运动方程。

李纳方程等价于系统

$$\begin{cases} \dot{x} = y \\ \dot{y} = -g(x) - f(x)y \end{cases} \qquad (2)$$

以下定理表明在对 f 和 g 适当的假设下，这个系统有唯一的稳定极限环。此证明可见 Jordan 和 Smith（1987）、Grimshaw（1990），或者 Perko（1991）的论述。

李纳定理：假设 $f(x)$ 和 $g(x)$ 满足以下条件：

（1）对所有 x，$f(x)$ 和 $g(x)$ 是连续可微的；

（2）对所有 x，有 $g(-x) = -g(x)$（即 $g(x)$ 是一个奇函数）；

（3）对所有 $x > 0$，$g(x) > 0$；

（4）对所有 x，有 $f(-x) = -f(x)$（即 $f(x)$ 是一个偶函数）；

（5）奇函数 $F(x) = \int_0^x f(u)\,\mathrm{d}u$ 在 $x = a$ 处是大于 0 的，当 $0 < x < a$ 时是负的，当 $x > a$ 时是正的且不减，当 $x \to \infty$ 时，$F(x) \to \infty$，那么系统 ［式（2）］ 在相平面中有环绕着原点的唯一稳定极限环。

这个结果是合理的。对 $g(x)$ 的假设意味着回复力的作用像一个弹簧，趋向于位移的减缓，然而对 $f(x)$ 的假设意味着对于 $|x|$ 很小时，阻力是负的，在 $|x|$ 大时，阻力是正的。因为小振荡被激起且大振荡被压制，所以系统往往会进入一个自我维持的一些中间振幅的振荡也就不足为奇了。

例题 7.4.1

证明范德波尔方程存在唯一的稳定极限环。

解：范德波尔方程 $\ddot{x} + \mu(x^2 - 1)\dot{x} + x = 0$ 有 $f(x) = \mu(x^2 - 1)$ 和 $g(x) = x$，所以李纳定理的条件（1）~条件（4）都明显满足。核对条件（5），注意

$$F(x) = \mu\left(\frac{1}{3}x^3 - x\right) = \frac{1}{3}\mu x(x^2 - 3)$$

因此当 $a = \sqrt{3}$ 时，条件（5）是满足的。从而范德波尔方程存在唯一稳定的极限环。∎

对于李纳方程及其相关方程族的周期解存在性具有其他几个经典结论，见 Stoker（1950）、Minorsky（1962）、Andronov 等（1973），以及 Jordan 和 Smith（1987）的论述。

7.5 松弛振荡

是时候改变思考角度了。到目前为止，我们一直关注定性问题：给定一个特定的二维系统，它有周期解吗？现在我们问一个定量的问

题：假定存在一个闭轨，我们能够解释其形状和周期吗？一般来说，这样的问题不能被精确求解，但如果某些参数很大或很小的话，我们仍然可以获得有用的近似解。

考虑对于 $\mu \gg 1$ 时的范德波尔方程

$$\ddot{x} + \mu(x^2 - 1)\dot{x} + x = 0$$

在这强非线性极限下，我们将看到，极限环开始由极其缓慢的过程形成然后突然松弛，紧随其后的是另一个缓慢的过程，等等。这种类型的振子通常被称为松弛振荡，因为在缓慢形成过程中积累的"压力"在突然张弛期间"放松"。松弛振荡发生在许多其他科学环境中，从拉弯的小提琴弦的黏滑振子到由恒定电流驱动神经细胞的周期性放电[Edelstein-Keshet（1988）、Murray（2002）、Rinzel 和 Ermentrout（1989）]。

例题 7.5.1

给出 $\mu \gg 1$ 的范德波尔方程的相平面分析。

解：通过引入不同的相平面变量" $\dot{x} = y, \dot{y} = \cdots$ "，使证明变得容易。为了得到这些新变量，注意

$$\ddot{x} + \mu(x^2 - 1)\dot{x} = \frac{\mathrm{d}}{\mathrm{d}t}\left(\dot{x} + \mu\left[\frac{1}{3}x^3 - x\right]\right)$$

所以，如果令

$$F(x) = \frac{1}{3}x^3 - x, \quad w = \dot{x} + \mu F(x) \tag{1}$$

范德波尔方程意味着

$$\dot{w} = \ddot{x} + \mu\dot{x}(x^2 - 1) = -x \tag{2}$$

因此范德波尔方程和式（1）、式（2）等价，它也可以被改写为

$$\dot{x} = w - \mu F(x)$$
$$\dot{w} = -x \tag{3}$$

通过对变量进一步改变。如果令

$$y = \frac{w}{\mu}$$

则式（3）变为

$$\dot{x} = \mu[y - F(x)]$$

$$\dot{y} = -\frac{1}{\mu}x \qquad (4)$$

现在考虑 (x,y) 相平面中一个典型的轨迹。图中的零点集是理解这一运动的关键点。我们认为所有轨迹的运动如图 7.5.1 所示；开始于除原点外的任意点，轨迹水平地快速移动到**三次曲线的零点集** $y = F(x)$ 处。然后缓慢地移动到零点集下面，直到它到达弯曲处（见图 7.5.1 中的点 B ），在这之后，它又快速地超过立方体的另一条边到达 C 。接下来它又沿着另一条边缓慢地移动直到轨迹到达下一个跳跃点 D ，此后，运动连续周期性地进行。

为了验证这幅图，假设初始条件不能太接近立方体的零点集，即假设 $y - F(x) \sim O(1)$ 。那么（4）意味着 $|\dot{x}| \sim O(\mu) \gg 1$ 且 $|\dot{y}| \sim O(\mu^{-1}) \ll 1$ ；因此在水平方向上速率是很大的，竖直方向上的速率很小，所以轨迹实际上在水平移动。如果初始条件是在零点集上方，那么 $y -$

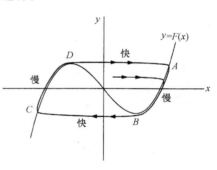

图 7.5.1

$F(x) > 0$ ，因此 $\dot{x} > 0$ ；如此轨迹朝着零点集向侧面移动。然而，一旦轨迹靠近 $y - F(x) \sim O(\mu^{-2})$ ，则 $\dot{x}$ 和 $\dot{y}$ 都为 $O(\mu^{-1})$ 。那么接下来会发生什么？轨迹会垂直地穿过零点集，如图 7.5.1 所示，然后沿着分支的后方以 $O(\mu^{-1})$ 的速度很慢地移动，直到它到达弯曲处，再次跳跃到另一侧。■

这个分析表明极限环有两个**广泛分离的时间尺度**：缓慢移动要求 $\Delta t \sim O(\mu)$ ，跳跃要求 $\Delta t \sim O(\mu^{-1})$ 。这两个时间尺度的波形 $x(t)$ 是明显的，如图 7.5.2 所示。在 $\mu = 10$ 和初始条件 $(x_0, y_0) = (2,0)$ 时，根据范德波尔方程的数值积分得到图 7.5.2。

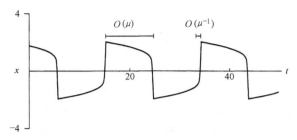

图 7.5.2

例题 7.5.2

估计 $\mu \gg 1$ 的范德波尔方程极限环的周期。

解：周期 T 是指沿着两条**慢分支**运动所需的时间，因为当 μ 很大时，在跳跃处花费的时间是可以忽略的。根据对称性，在每一条边上花费的时间一样长。因此 $T \approx 2\int_{t_A}^{t_B} \mathrm{d}t$。推导出一个 $\mathrm{d}t$ 的表达式，注意在慢分支上，$y \approx F(x)$，如此

$$\frac{\mathrm{d}y}{\mathrm{d}t} \approx F'(x)\frac{\mathrm{d}x}{\mathrm{d}t} = (x^2 - 1)\frac{\mathrm{d}x}{\mathrm{d}t}$$

但是由式（4）知 $\mathrm{d}y/\mathrm{d}t = -x/\mu$，得到 $\mathrm{d}x/\mathrm{d}t = -x/\mu(x^2-1)$。因此在慢分支上有

$$\mathrm{d}t \approx -\frac{\mu(x^2-1)}{x}\mathrm{d}x \tag{5}$$

可以检验（练习题 7.5.1），正分支从 $x_A = 2$ 开始，结束于 $x_B = 1$。因此

$$T \approx 2\int_2^1 \frac{-\mu}{x}(x^2-1)\mathrm{d}x = 2\mu\left[\frac{x^2}{2} - \ln x\right]_1^2 = \mu[3 - 2\ln 2] \tag{6}$$

这正是我们所预想的 $O(\mu)$。∎

式（6）可以被化简。经过大量工作，可以证明 $T \approx \mu[3 - 2\ln 2] + 2\alpha\mu^{1/3} + \cdots$，其中 $\alpha \approx 2.338$ 是 $\mathrm{Ai}(-\alpha) = 0$ 最小的根。其中 $\mathrm{Ai}(x)$ 是一个特殊函数，叫作艾里（Airy）函数。这种修正项来自于经过跳跃和缓慢运动之间的转变时的时间估计。见 Grimshaw（1990，161 ～

163 页）关于这个绝妙公式的简单推导，是 Mary Cartwright（1952）发现的。关于更多松弛振荡的内容见 Stoker（1950）的著作。

最后要注意的是：我们已经看到一个松弛振荡有两个时间尺度有序地运转——一个缓慢地增强后紧跟着一个快速地减缓。在下一节中我们会遇到这样的问题，两个时间跨度同时运转，这会使问题变得更加精妙。

7.6　弱非线性振子

本节解决具有如下形式的方程

$$\ddot{x} + x + \varepsilon h(x, \dot{x}) = 0 \tag{1}$$

式中，$0 \leqslant \varepsilon \ll 1$，且 $h(x, \dot{x})$ 为任意的光滑函数。这样的方程代表线性振子 $\ddot{x} + x = 0$ 的小扰动，因而也称为**弱非线性振子**。两个基本的例题是范德波尔方程

$$\ddot{x} + x + \varepsilon(x^2 - 1)\dot{x} = 0 \tag{2}$$

（这里取小的非线性扰动）以及**达芬方程**

$$\ddot{x} + x + \varepsilon x^3 = 0 \tag{3}$$

阐明可能出现的几种现象，图 7.6.1 展示的是在相平面 $(x, \dot{x})$ 上一个计算机生成的范德波尔方程的解，$\varepsilon = 0.1$，初始条件接近原点。轨迹是缓慢缠绕的焦点；振幅通过很多周期才能大幅度地增大。最终轨迹变为类似于一个近似圆的极限环，极限环的半径接近 2。

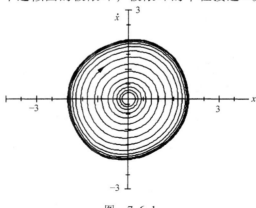

图　7.6.1

我们希望能够预测这个极限环的形状、周期和半径。我们将利用一个公理性事实分析：振子是"接近"一个简谐振子。

正则摄动理论和它的失效

第一种方法，我们要求式（1）在 ε 解下的幂级数形式的解。因此，如果 $x(t,\varepsilon)$ 是一个解，我们把它展开为

$$x(t,\varepsilon) = x_0(t) + \varepsilon x_1(t) + \varepsilon^2 x_2(t) + \cdots \qquad (4)$$

式中，未知函数 $x_k(t)$ 由控制方程和初始条件所决定。我们希望重要的信息能够包含在前面几项，最理想的是前两项，高阶项只是代表微小的修正。这种技术被称为正则摄动理论。它能够很好地处理某类问题（例如练习题 7.3.9），但是我们在此将会遇到困难。

为了揭示困难的根源，我们可以从一个能精确求解的实际问题开始。考虑弱阻尼线性振子

$$\ddot{x} + 2\varepsilon\dot{x} + x = 0 \qquad (5)$$

初始条件为

$$x(0) = 0, \ \dot{x}(0) = 1 \qquad (6)$$

利用第 5 章中的技巧，得到精确解

$$x(t,\varepsilon) = (1 - \varepsilon^2)^{-1/2}e^{-\varepsilon t}\sin[(1 - \varepsilon^2)^{1/2}t] \qquad (7)$$

现在我们利用摄动理论解决同样的问题。将式（4）代入式（5）得到

$$\frac{d^2}{dt^2}(x_0 + \varepsilon x_1 + \cdots) + 2\varepsilon\frac{d}{dt}(x_0 + \varepsilon x_1 + \cdots) + (x_0 + \varepsilon x_1 + \cdots) = 0$$

$$(8)$$

若根据 ε 的幂合并各项，可得

$$(\ddot{x}_0 + x_0) + \varepsilon(\ddot{x}_1 + 2\dot{x}_0 + x_1) + O(\varepsilon^2) = 0 \qquad (9)$$

因为式（9）假设对所有足够小的 ε 都成立，每个 ε 幂的系数必为零。那么得到

$$O(1): \ddot{x}_0 + x_0 = 0 \qquad (10)$$

$$O(\varepsilon): \ddot{x}_1 + 2\dot{x}_0 + x_1 = 0 \qquad (11)$$

（在此我们忽略 $O(\varepsilon^2)$ 和更高阶的方程。）

令式（6）作为这些方程的初始条件。在 $t = 0$ 处，式（4）意味着 $0 = x_0(0) + \varepsilon x_1(0) + \cdots$；这个等式对所有的 ε 都成立，所以

$$x_0(0) = 0, \ x_1(0) = 0 \qquad (12)$$

同理，对于 $\dot{x}(0)$ 应用相似的论据，有

$$\dot{x}_0(0) = 1, \ \dot{x}_1(0) = 0 \qquad (13)$$

现在我们依次求解初值问题；它们像多米诺骨牌一样。对于初始条件 $x_0(0) = 0, \dot{x}_0(0) = 1$，式（10）的解为

$$x_0(t) = \sin t \qquad (14)$$

把这个解代入式（11）得到

$$\ddot{x}_1 + x_1 = -2\cos t \qquad (15)$$

这便是遇到的第一个困难：方程（15）的右边是一个**共振**力。方程（15）满足 $x_1(0) = 0, \dot{x}_1(0) = 1$ 的解为

$$x_1(t) = -t\sin t \qquad (16)$$

它是一个长期项，即当 $t \to \infty$ 时，这一项无限地增大。

总之，根据摄动理论，式（5）和式（6）的解为

$$x(t, \varepsilon) = \sin t - \varepsilon t\sin t + O(\varepsilon^2) \qquad (17)$$

这如何同精确解式（7）比较呢？在练习题 7.6.1 中，要求证明这两个公式在如下意义上是相同的：如果式（7）是关于 ε 的幂级数展开式，那么前两项是由式（17）给出。实际上，式（17）是真实解且以收敛级数展开作为开头的。对任意值 t，只要 ε 足够小，式（17）就能给出一个很好的近似解——特别地，我们需要 $\varepsilon t \ll 1$，使得修正项（实际是 $O(\varepsilon^2 t^2)$）可以被忽略。

但是通常我们感兴趣的是 ε 固定，而不是 t 固定时的行为。在那种情况下，我们只能认为摄动近似仅对时刻 $t \ll O(1/\varepsilon)$ 有效。为了解释这种局限性，图 7.6.2 画出了式（7）的精确解和在 $\varepsilon = 0.1$ 时的摄动级数式（17）。正如我们所预期的，如果 $t \ll \dfrac{1}{\varepsilon} = 10$ 时，摄动级数非常有效，但在那之后它就失效了。

在很多情况下，对所有的 t 或者至少对大值 t，我们希望近似解能够反映真正解的定性行为。对于这一标准，式（17）是失效的，如

图 7.6.2 所示。这里主要存在两个问题：

1. 真实解式（7）显示出**两个时间尺度**：一个正弦振荡所对应的快时间 $t \sim O(1)$，一个振幅衰减的慢时间 $t \sim 1/\varepsilon$。式（17）完全不能反映慢时间尺度的行为。特别是由于长期项 $t\sin t$，式（17）错误地显示解随时间而增大，而由式

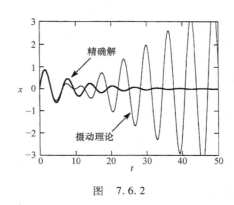

图　7.6.2

（7）可知振幅 $A = (1 - \varepsilon^2)^{-1/2} e^{-\varepsilon t}$ 呈指数衰减。

因为 $e^{-\varepsilon t} = 1 - \varepsilon t + O(\varepsilon^2 t^2)$，矛盾出现，所以对 ε 中的阶而言，它显现出（错误地）振幅好像随着 t 而增加。要想得到正确结果，我们需要计算级数中的无穷多项。那是无价值的；我们想要级数中的一两项便可有效的估计。

2. 式（7）中振荡频率是 $\omega = (1 - \varepsilon^2)^{1/2} \approx 1 - \dfrac{1}{2}\varepsilon^2$，它是从（17）的频率 $\omega = 1$ 慢慢转变的。经过很长时间 $t \sim O(1/\varepsilon^2)$ 后，频率误差会有一个重要的累积效应。注意，这是第三类，极慢时间尺度。

双计时

上面的基础例题揭示了一个更普遍的真相：在弱非线性振子中，要有（至少有）两个时间尺度。如图 7.6.1 所示的这一现象，相对于循环时间，焦点振幅非常缓慢地增加。相对于正则摄动理论，从最初就建立在两个时间尺度基础上的**双计时**分析方法，能够产生更好的近似效果。事实上，可以使用多于两个的时间尺度，但我们集中考虑简单的情形。

对式（1）应用双计时，让 $\tau = t$ 表示快时间 $O(1)$，令 $T = \varepsilon t$ 表示慢时间。我们会将双计时看作像是两个独立的变量。特别地，在快的时间尺度 τ 上，慢时间函数 T 会被看作常量。严格证明这个想法是困难的，但它是有效的！（如同好像说你的身高在一天内是一个常数。

当然，超过几个月或几年，你的身高会发生很大的改变，尤其是如果你是一个婴儿或处于青春期的青少年，但是在某一天内你的身高会保持在一个常数，就是一个好的近似值。）

现在我们转到此方法的机制上。将（1）的解按幂级数展开

$$x(t,\varepsilon) = x_0(\tau,T) + \varepsilon x_1(\tau,T) + O(\varepsilon^2) \tag{18}$$

利用链式法则，式（1）中对时间的导数被转换为

$$\dot{x} = \frac{\mathrm{d}x}{\mathrm{d}t} = \frac{\partial x}{\partial \tau} + \frac{\partial x}{\partial T}\frac{\partial T}{\partial t} = \frac{\partial x}{\partial \tau} + \varepsilon\frac{\partial x}{\partial T} \tag{19}$$

微分下标记号能使方程更加简洁；因此，将式（19）写作

$$\dot{x} = \partial_\tau x + \varepsilon\partial_T x \tag{20}$$

将式（18）代入式（20）后，合并 ε 的幂级数项，得到

$$\dot{x} = \partial_\tau x_0 + \varepsilon(\partial_T x_0 + \partial_\tau x_1) + O(\varepsilon^2) \tag{21}$$

相似地，

$$\ddot{x} = \partial_{\tau\tau} x_0 + \varepsilon(\partial_{\tau\tau} x_1 + 2\partial_{T\tau} x_0) + O(\varepsilon^2) \tag{22}$$

为了说明这个方法，把它应用到我们早期的测试问题中。

例题 7.6.1

利用双计时分析方法估计阻尼线性振子 $\ddot{x} + 2\varepsilon\dot{x} + x = 0$ 的解，初始条件为 $x(0) = 0, \dot{x}(0) = 1$。

解：将式（21）和式（22）的 $\dot{x}$ 和 $\ddot{x}$ 代入后，得到

$$\partial_{\tau\tau} x_0 + \varepsilon(\partial_{\tau\tau} x_1 + 2\partial_{T\tau} x_0) + 2\varepsilon\partial_\tau x_0 + x_0 + \varepsilon x_1 + O(\varepsilon^2) = 0 \tag{23}$$

合并 ε 的幂级数项生成一对微分方程：

$$O(1): \partial_{\tau\tau} x_0 + x_0 = 0 \tag{24}$$
$$O(\varepsilon): \partial_{\tau\tau} x_1 + 2\partial_{T\tau} x_0 + 2\partial_\tau x_0 + x_1 = 0 \tag{25}$$

方程（24）只是一个简谐振子。它的通解为

$$x_0 = A\sin\tau + B\cos\tau \tag{26}$$

有趣的是，事实上"常量"A 和 B 就是慢时间 T 的函数。现在我们用上述提到的方法：τ 和 T 可认为是彼此间独立变量，其中 T 在快时间尺度 τ 上的行为变化是不变的。

为了弄清 $A(T)$ 和 $B(T)$，我们需要去看 ε 的下一个序。把式（26）

代入式（25）得

$$\partial_{\tau\tau}x_1 + x_1 = -2(\partial_{T\tau}x_0 + \partial_\tau x_0) = -2(A' + A)\cos\tau + 2(B' + B)\sin\tau$$
（27）

式中，上撇号为关于 T 的微分。

现在我们会面临（15）一直困惑着我们的情况。对于此情况，式（27）右边就是一个在 x_1 的解中会产生像 $\tau\sin\tau$ 和 $\tau\cos\tau$ 这样长期项的共振力。这些将会导致收敛且无用的 x 的幂级数。由于我们需要从长期项中得出一个近似值，令共振项系数为 0——这是双计时计算所特有的。结果如下：

$$A' + A = 0 \tag{28}$$
$$B' + B = 0 \tag{29}$$

式（28）同式（29）的解为

$$A(T) = A(0)e^{-T}$$
$$B(T) = B(0)e^{-T}$$

最后一步是寻找 $A(0)$ 和 $B(0)$ 的初值，它们由式（18）和式（26）所决定，并且给定初始条件：$x(0) = 0, \dot{x}(0) = 1$。在式（18）中，令 $0 = x(0) = x_0(0,0) + \varepsilon x_1(0,0) + O(\varepsilon^2)$。对于足够小的 ε，为了满足此方程必有

$$x_0(0,0) = 0 \tag{30}$$

和 $x_1(0,0) = 0$。同理，

$$1 = \dot{x}(0) = \partial_\tau x_0(0,0) + \varepsilon(\partial_T x_0(0,0) + \partial_\tau x_1(0,0)) + O(\varepsilon^2)$$

因此，

$$\partial_\tau x_0(0,0) = 1 \tag{31}$$

而且 $\partial_T x_0(0,0) + \partial_\tau x_1(0,0) = 0$。结合式（26）和式（30），发现 $B(0) = 0$，因此得到 $B(T) \equiv 0$。同理，用式（26）和式（31）得 $A(0) = 1$，因此 $A(T) = e^{-T}$。于是式（26）可化为

$$x_0(\tau,T) = e^{-T}\sin\tau \tag{32}$$

因此，

$$x = e^{-T}\sin\tau + O(\varepsilon) = e^{-\varepsilon t}\sin t + O(\varepsilon) \tag{33}$$

为双计时所预测的近似解。■

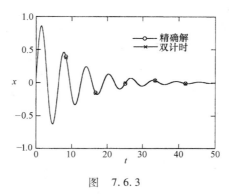

图 7.6.3

图 7.6.3 对比了 $\varepsilon = 0.1$ 时的双计时解式 （33） 和精确解式 （7）。如图所示，即使在 ε 并不是极小时，这两条曲线也几乎是一模一样的。因而这种方法是有效可行的。

如果我们想对例题 7.6.1 深入了解，要么解出 x_1 和它的高阶修正，要么引入一个极慢的时间 $\Im = \varepsilon^2 t$ 来研究由在频率处 $O(\varepsilon^2)$ 的误差所导致的一个长期相转变，但图 7.6.3 却显示我们已经得到了一个很好的近似值。

好，练习的题目已经够多了！既然我们已经校正了此方法，那么就用它来解决一个真正的非线性问题吧。

例题 7.6.2

用双计时方法证明当半径 $= 2 + O(\varepsilon)$，频率 $\omega = 1 + O(\varepsilon^2)$ 时，范德波尔振子 （2） 有一个几乎是圆形的极限环。

解：方程为 $\ddot{x} + x + \varepsilon(x^2 - 1)\dot{x} = 0$。通过式 （21）、式 （22） 与合并 ε 的幂，可得如下等式：

$$O(1): \partial_{\tau\tau}x_0 + x_0 = 0 \tag{34}$$

$$O(\varepsilon): \partial_{\tau\tau}x_1 + x_1 = -2\partial_{\tau T}x_0 - (x_0^2 - 1)\partial_\tau x_0 \tag{35}$$

通常，方程 $O(1)$ 是一个简单的谐振子。它的一般解可以被写成式 （26），或者

$$x_0 = r(T)\cos(\tau + \phi(T)) \tag{36}$$

其中，$r(T)$ 和 $\phi(T)$ 是 x_0 的慢变振幅和相位。

为了找到 r 和 ϕ 所刻画的等式，把式（36）代入式（35），得

$$\partial_{\tau\tau}x_1 + x_1 = -2\left(r'\sin(\tau+\phi) + r\phi'\cos(\tau+\phi)\right) -$$
$$r\sin(\tau+\phi)\left[r^2\cos^2(\tau+\phi) - 1\right] \tag{37}$$

以前，我们需要在等式右边避免出现共振项。这些项同 $\cos(\tau+\phi)$ 和 $\sin(\tau+\phi)$ 是成比例的。具有这一形式的某些项在之前的式（37）中已出现过。但最重要的是，还有一些共振的项潜藏在 $\sin(\tau+\phi)\cos^2(\tau+\phi)$ 中，根据如下三角恒等式，

$$\sin(\tau+\phi)\cos^2(\tau+\phi) = \frac{1}{4}\left[\sin(\tau+\phi) + \sin 3(\tau+\phi)\right] \tag{38}$$

（练习题7.6.10让我们了解到该如何获得这些恒等式。但通常不需要这么麻烦——可以有捷径，正如我们所见的。）将式（38）代入式（37），得到

$$\partial_{\tau\tau}x_1 + x_1 = \left[-2r' + r - \frac{1}{4}r^3\right]\sin(\tau+\phi) + \left[-2r\phi'\right]$$
$$\cos(\tau+\phi) - \frac{1}{4}r^3\sin 3(\tau+\phi) \tag{39}$$

为了避免长期项，要求

$$-2r' + r - \frac{1}{4}r^3 = 0 \tag{40}$$

$$-2r\phi' = 0 \tag{41}$$

先来看式（40）。它可以被改写为向量场：

$$r' = \frac{1}{8}r(4 - r^2) \tag{42}$$

在半线 $r \geqslant 0$ 处。根据第2章或例题7.1.1的方法，我们了解到 $r^* = 0$ 是一个不稳定不动点，$r^* = 2$ 是一个稳定不动点。因此，当 $T \to \infty$ 时，$r(T) \to 2$。其次，对于某些常数 ϕ_0，$\phi(T) = \phi_0$，由式（41）得出 $\phi' = 0$。因此 $x_0(\tau, T) \to 2\cos(\tau+\phi_0)$，所以当 $t \to \infty$ 时

$$x(t) \to 2\cos(t+\phi_0) + O(\varepsilon) \tag{43}$$

从而 $x(t)$ 趋近于一个半径 $= 2 + O(\varepsilon)$ 的稳定极限环。

为了求出式（43）中所隐含的频率，令 $\theta = t + \phi(T)$ 来表示余弦的角。借助于 ε 的一阶无穷小，给出角频率 ω：

$$\omega = \frac{d\theta}{dt} = 1 + \frac{d\phi}{dT}\frac{dT}{dt} = 1 + \varepsilon\phi' = 1 \tag{44}$$

因此 $\omega = 1 + O(\varepsilon^2)$。如果我们想得到 $O(\varepsilon^2)$ 对应的修正项显式，就要引入一个极慢的时间 $\Im = \varepsilon^2 t$，或者像练习题中那样，可利用庞加莱-林德斯泰特（Poincaré – Lindstedt）法。∎

平均方程

将同样的步骤用于弱非线性振子问题中，我们可以导出普适公式以节省时间。

考虑一类一般性的弱非线性振子：

$$\ddot{x} + x + \varepsilon h(x,\dot{x}) = 0 \tag{45}$$

当 $h = h(x_0, \partial_\tau x_0)$ 时，用二次代换可得

$$O(1): \partial_{\tau\tau} x_0 + x_0 = 0 \tag{46}$$

$$O(\varepsilon): \partial_{\tau\tau} x_1 + x_1 = -2\partial_{\tau T} x_0 - h \tag{47}$$

同例题 7.6.2，$O(1)$ 方程的解是

$$x_0 = r(T)\cos(\tau + \phi(T)) \tag{48}$$

类似于式（40）和式（41），我们的目标是得出 r' 和 ϕ' 的微分方程。像之前的处理一样，可以通常认为在式（47）右边没有和 $\cos(\tau + \phi)$ 和 $\sin(\tau + \phi)$ 成比例的项，把式（48）代入式（47），右边为

$$2[r'\sin(\tau + \phi) + r\phi'\cos(t + \phi)] - h \tag{49}$$

式中，$h = h(r\cos(\tau + \phi), -r\sin(\tau + \phi))$。

为了提取 h 中与 $\cos(\tau + \phi)$ 和 $\sin(\tau + \phi)$ 成比例的项，我们借用傅里叶分析（Fourier analysis）中的一些思想（如果你不太了解傅里叶分析，不用担心——我们会在例题 7.6.12 中推出我们所需的东西）。注意 h 是一个 $\tau + \phi$ 的以 2π 为周期的函数。令

$$\theta = \tau + \phi$$

傅里叶分析告诉我们 $h(\theta)$ 可以被写成**傅里叶级数**

$$h(\theta) = \sum_{k=0}^{\infty} a_k \cos k\theta + \sum_{k=1}^{\infty} b_k \sin k\theta \tag{50}$$

其中**傅里叶系数**为

$$a_0 = \frac{1}{2\pi}\int_0^{2\pi} h(\theta)\,\mathrm{d}\theta$$

$$a_k = \frac{1}{\pi}\int_0^{2\pi} h(\theta)\cos k\theta\mathrm{d}\theta,\ k \geqslant 1 \qquad (51)$$

$$b_k = \frac{1}{\pi}\int_0^{2\pi} h(\theta)\sin k\theta\mathrm{d}\theta,\ k \geqslant 1$$

因此式（49）可化为

$$2\left[r'\sin\theta + r\phi'\cos\theta\right] - \sum_{k=0}^{\infty} a_k\cos k\theta - \sum_{k=1}^{\infty} b_k\sin k\theta \qquad (52)$$

式（52）中唯一的共振项是 $[2r' - b_1]\sin\theta$ 和 $[2r\phi' - a_1]\cos\theta$ 。因此，为了避免长期项，我们需要 $r' = b_1/2$ 和 $r\phi' = a_1/2$ 。使用式（51）中 a_1 和 b_1 的表达式，可以得到

$$r' = \frac{1}{2\pi}\int_0^{2\pi} h(\theta)\sin\theta\mathrm{d}\theta \equiv \langle h\sin\theta\rangle$$

$$r\phi' = \frac{1}{2\pi}\int_0^{2\pi} h(\theta)\cos\theta\mathrm{d}\theta \equiv \langle h\cos\theta\rangle \qquad (53)$$

式中，尖括号 $\langle\cdot\rangle$ 表示 θ 的一个循环平均值。

式（53）中的等式就是**平均方程**或者叫作**慢时间方程**。为了使用它，首先需要准确地写出 $h = h(r\cos(\tau + \phi), -r\sin(\tau + \phi)) = h(r\cos\theta, -r\sin\theta)$ ，然后令慢变量 r 为常数，并计算出快变量 θ 的相关平均值。下面是一些经常出现的平均值：

$$\langle\cos\rangle = \langle\sin\rangle = 0, \langle\sin\cos\rangle = 0, \langle\cos^3\rangle = \langle\sin\rangle^3 = 0$$

$$\langle\cos^{2n+1}\rangle = \langle\sin^{2n+1}\rangle = 0, \langle\cos^2\rangle = \langle\sin^2\rangle = \frac{1}{2},$$

$$\langle\cos^4\rangle = \langle\sin^4\rangle = \frac{3}{8}, \langle\cos^2\sin^2\rangle = \frac{1}{8}$$

$$\langle\cos^{2n}\rangle = \langle\sin^{2n}\rangle = \frac{1\cdot3\cdot5\cdot\cdots\cdot(2n-1)}{2\cdot4\cdot6\cdot\cdots\cdot(2n)}, n\geqslant 1 \qquad (54)$$

其他的平均值可以由此推出，或通过直接积分得到。例如，

$$\langle\cos^2\sin^4\rangle = \langle(1-\sin^2)\sin^4\rangle = \langle\sin^4\rangle - \langle\sin^6\rangle = \frac{3}{8} - \frac{15}{48} = \frac{1}{16}$$

和

$$\langle \cos^3 \sin \rangle = \frac{1}{2\pi} \int_0^{2\pi} \cos^3 \theta \sin\theta d\theta = -\frac{1}{2\pi} [\cos^4 \theta]_0^{2\pi} = 0$$

例题 7.6.3

求出初始条件 $x(0) = 1$, $\dot{x}(0) = 0$ 时范德波尔方程 $\ddot{x} + x + \varepsilon(x^2 - 1)\dot{x} = 0$ 的平均方程，从中求出 $x(t, \varepsilon)$ 的近似公式。当 $\varepsilon = 0.1$ 时，对数值解和解析解进行对比。

解：根据范德波尔方程有 $h = (x^2 - 1)\dot{x} = (r^2\cos^2\theta - 1)(-r\sin\theta)$。因此式（53）可化为

$$r' = \langle h\sin\theta \rangle = \langle (r^2\cos^2\theta - 1)(-r\sin\theta)\sin\theta \rangle$$
$$= r\langle \sin^2\theta \rangle - r^3\langle \cos^2\theta\sin^2\theta \rangle$$
$$= \frac{1}{2}r - \frac{1}{8}r^3$$

和

$$r\phi' = \langle h\cos\theta \rangle = \langle (r^2\cos^2\theta - 1)(-r\sin\theta)\cos\theta \rangle$$
$$= r\langle \sin\theta\cos\theta \rangle - r^3\langle \cos^3\theta\sin\theta \rangle$$
$$= 0 - 0 = 0$$

这些式子和例题 7.6.2 中得出的完全相符。

这些初始条件 $x(0) = 1$, $\dot{x}(0) = 0$ 意味着 $r(0) \approx \sqrt{x(0)^2 + \dot{x}(0)^2} = 0$ 和 $\phi(0) \approx \arctan \dfrac{\dot{x}(0)}{x(0)} - \tau = 0 - 0 = 0$。由于 $\phi' = 0$，可以得出 $\phi(T) \equiv 0$。为了求出 $r(T)$，在 $r(0) = 1$ 时，解出 $r' = \dfrac{1}{2}r - \dfrac{1}{8}r^3$。微分方程分离成：

$$\int \frac{8\mathrm{d}r}{r(4 - r^2)} = \int \mathrm{d}T$$

在初始条件 $r(0) = 1$ 下，对部分分式积分得

$$r(T) = 2(1 + 3\mathrm{e}^{-T})^{-1/2} \tag{55}$$

因此，

$$x(t, \varepsilon) \sim x_0(\tau, T) + O(\varepsilon)$$

$$= \frac{2}{\sqrt{1+3\mathrm{e}^{-\varepsilon t}}}\cos t + O(\varepsilon) \tag{56}$$

式（56）描绘了振子经过旋转到达其极限环时的瞬态动力学。如例题 7.6.2 一样，当 $T \to \infty$ 时 $r(T) \to 2$。

在图 7.6.4 中，我们利用数值积分画出初始条件为 $x(0) = 1$，$\dot{x}(0) = 0$，当 $\varepsilon = 0.1$ 时范德波尔方程的"精确"解，并画出式（55）预测出的慢变振幅 $r(T)$，与之做比较，二者出奇地一致。或者我们可以画出整个式（56）的解而不仅仅是它的包络线，然后就会发现如图 7.6.3 所示，两条曲线几乎是完全重合的。∎

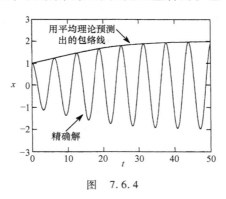

图　7.6.4

现在我们来看一个振子频率依赖于其振幅的例题。这是一个非线性固有的一般现象——不可能出现在线性振子中。

例题 7.6.4

找出对任意 ε，达芬振子 $\ddot{x} + x + \varepsilon x^3 = 0$ 中振幅与频率的近似关系，并解释其物理意义。

解：当这里有 $h = x^3 = r^3\cos^3\theta$ 时。式（53）可化为

$$r' = \langle h\sin\theta \rangle = r^3\langle \cos^3\theta\sin\theta \rangle = 0$$

和

$$r\phi' = \langle h\cos\theta \rangle = r^3\langle \cos^4\theta \rangle = \frac{3}{8}r^3$$

因此对于一些连续的 a，当 $\phi' = \frac{3}{8}a^2$ 时，$r(T) \equiv a$。和例题 7.6.2

一样，ω 的频率可以被写成

$$\omega = 1 + \varepsilon\phi' = 1 + \frac{3}{8}\varepsilon a^2 + O(\varepsilon^2) \tag{57}$$

现在来说其物理意义：达芬方程描绘了一个置于具有回复力 $F(x) = -x - \varepsilon x^3$ 的非线性弹簧上的单位质量物体的无阻尼运动。我们可以凭借对简单线性弹簧的直觉把 $F(x)$ 写成 $F(x) = -kx$，这里弹簧的刚度 k 取决于 x：

$$k = k(x) = 1 + \varepsilon x^2$$

令 $\varepsilon > 0$。那么当位移 x 增加时，弹簧越来越硬——这就是所谓的**硬弹簧**。在物理领域，我们把它看成是振荡增加的频率，与式（57）一致。当 $\varepsilon < 0$ 时我们得到了一个**软弹簧**，如钟摆的例题（例题 7.6.15）。

当 $r' = 0$ 时也有意义。达芬方程是一个保守系统，并且对所有任意足够小的 ε，在原点都有一个非线性中心（例题 6.5.13）。由于所有靠近原点的轨迹都是周期性的，所以振幅没有长期性的变化，始终都是 $r' = 0$。■

双计时运算法的正确性

我们来总结一下对双计时运算法正确性的讨论。经验法则表明，假设 x 和 x_0 都开始于相同初始条件，那么对于所有不超过 $t \sim O(1/\varepsilon)$ 的时刻，一次项近似值 x_0 都会在真解 x 的 $O(\varepsilon)$ 范围内。如果 x 是一个周期解，那情况更好：对于所有时刻 t，x_0 均位于真解 x 的 $O(\varepsilon)$ 范围内。

但当对这些问题的严格结果和精确的陈述，以及出现的一些微妙问题进行讨论时，你需要了解更高级的方法，例如 Guckenheimer 和 Holmes（1983）或者 Grimshaw（1990）。这些作者们用平均的方法——一个与双计时结果一致的替代方法。大家可以通过练习题 7.6.25 进一步了解这类强大而有效的技巧。

而且，我们一直用不太准确的公式逼近真解。相关的概念就是渐近近似。如果想要进一步了解渐近理论，可以查阅 Lin 和 Segel（1988）或 Bender 和 Orszag（1978）的著作。

第7章 练习题

7.1 例子

画出以下每个系统的相图（r，θ 分别表示极坐标）。

7.1.1 $\dot{r} = r^3 - 4r, \dot{\theta} = 1$

7.1.2 $\dot{r} = r(1 - r^2)(9 - r^2), \dot{\theta} = 1$

7.1.3 $\dot{r} = r(1 - r^2)(4 - r^2), \dot{\theta} = 2 - r^2$

7.1.4 $\dot{r} = r\sin r, \dot{\theta} = 1$

7.1.5 （从极坐标系到笛卡儿坐标系）证明：当 $x = r\cos\theta, y = r\sin\theta$ 时系统 $\dot{r} = r(1 - r^2), \dot{\theta} = 1$ 与

$$\dot{x} = x - y - x(x^2 + y^2), \dot{y} = x + y - y(x^2 + y^2)$$

等价。（提示：$\dot{x} = \dfrac{\mathrm{d}}{\mathrm{d}t}(r\cos\theta) = \dot{r}\cos\theta - r\dot{\theta}\sin\theta$）

7.1.6 （范德波尔振子器电路）图 1 展示了被用于早期商业收音机的"四极管多谐振子"电路，范德波尔分析过它。在范德波尔时代，有源元件仅是一个真空管，而现在它被半导体所取代。当 I 比较高时它就像一个普通的电阻，而当 I 比较低时它就成了一个负电阻（做能源）。它的伏安特性曲线 $V = f(I)$

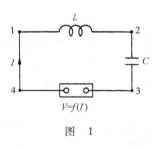

图 1

类似于一个三次函数。下面我们对其进行讨论。

假设一个电源连接到电路然后断开，那么什么样的方程可以用来表示这个电路电流和各电压的变化呢？

a）令 $V = V_{32} = -V_{23}$ 表示电路中 2 与 3 两点间的电压。证明：$V = -I/C$ 并且 $V = L\dot{I} + f(I)$。

b）证明：当 $x = L^{1/2}I$，$w = C^{1/2}V$，$\tau = (LC)^{-1/2}t$，$F(x) = f(L^{-1/2}x)$ 时式（1）中等式与

$$\frac{\mathrm{d}w}{\mathrm{d}\tau} = -x, \frac{\mathrm{d}x}{\mathrm{d}\tau} = w - \mu F(x)$$

等价。

在 7.5 节，我们知道了当 $F(x) = \frac{1}{3}x^3 - x$ 时（w,x）系统和范德波尔方程等价，因此电路产生了一个自激振荡。

7.1.7　（波形）当 $x(t) = r(t)\cos\theta(t)$ 时，考虑系统 $\dot{r} = r(4 - r^2)$，$\dot{\theta} = 1$。对于初始条件 $x(0) = 0.1$，$y(0) = 0$。在不需要得到它的表达式的情况下画出 $x(t)$ 的近似波形略图。

7.1.8　（一个圆形的极限环）当 $a > 0$ 时，考虑 $\ddot{x} + a\dot{x}(x^2 + \dot{x}^2 - 1) + x = 0$。

a）找出所有不动点并对其分类。

b）证明系统具有一个圆形的极限环，并指出它的周期和振幅。

c）判断极限环的稳定性。

d）证明极限环是唯一的，即没有其他的周期性轨道。

7.1.9　（圆形追逐问题）一只狗在一个圆形水塘中间看见一只鸭子在水塘边缘游动。狗每次都沿直线游向鸭子，换句话说狗的速度向量走势总是沿着它与鸭子的连线。同时鸭子以最快的速度沿着圆周逆时针逃离。

a）假设水塘的半径为单位半径，并且每个动物以相同速度前进，推导出关于狗的路径的一组微分等式。（提示：用图 2 中的坐标系找出 $\mathrm{d}R/\mathrm{d}\theta$ 和 $\mathrm{d}\phi/\mathrm{d}\theta$ 的等式）分析这个系统，明确地解出它。狗能否追上鸭子？

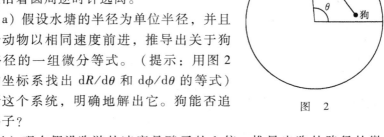

图　2

b）现在假设狗游的速度是鸭子的 k 倍。推导出狗的路径的微分等式。

c）如果 $k = \dfrac{1}{2}$，狗在这场追逐中会以什么而告终？

注解：这个问题有一个很长并且有趣的历史，至少可以追溯到 19 世纪中期。它比类似的追逐问题都要难得多——就初等函数而言，（a）中对狗的路径解一无所知。对这段文字漂亮的分析和解答可在 Davis（1962，第 113-125 页）和 Nahin（2007）中查到。

7.2 排除闭轨

画出以下梯度系统 $\dot{\boldsymbol{x}} = -\nabla V$ 的相图。

7.2.1 $\quad V = x^2 + y^2$ **7.2.2** $\quad V = x^2 - y^2$ **7.2.3** $\quad V = e^x \sin y$

7.2.4 证明：所有在一条线上的向量场都是梯度系统。那么在一个圆上的呢？

7.2.5 $\dot{x} = f(x, y), \dot{y} = g(x, y)$ 是一个定义在相平面上的平滑向量场。

a）证明：如果这是一个梯度系统，那么 $\partial f / \partial y = \partial g / \partial x$。

b）a）中的条件是充分条件吗？

7.2.6 假定一个系统是梯度系统，如何找出它的势函数 V。假设 $\dot{x} = f(x, y), \dot{y} = g(x, y)$。那么 $\dot{\boldsymbol{x}} = -\nabla V$ 意味着 $f(x, y) = -\partial V / \partial x$ 和 $g(x, y) = -\partial V / \partial y$。这两个等式可以通过"偏积分"而求出 V。用这个步骤找出以下系统的 V。

a）$\dot{x} = y^2 + y\cos x, \dot{y} = 2xy + \sin x$

b）$\dot{x} = 3x^2 - 1 - e^{2y}, \dot{y} = -2xe^{2y}$

7.2.7 考虑系统 $\dot{x} = y + 2xy, \dot{y} = x + x^2 - y^2$。

a）证明：$\partial f / \partial y = \partial g / \partial x$（练习题 7.2.5（a）已经证明了这是一个梯度系统）。

b）找出 V。

c）画出相图。

7.2.8 证明梯度系统的轨迹总是在直角处穿过等势线（不动点

处除外）。

7.2.9 以下系统是否是梯度系统？如果是，找出 V 并画出相图。在一个独立的图中，画出等势线 $V =$ 常数（如果它不是梯度系统，解决下一个问题）。

a) $\dot{x} = y + x^2 y, \dot{y} = -x + 2xy$

b) $\dot{x} = 2x, \dot{y} = 8y$

c) $\dot{x} = -2xe^{x^2+y^2}, \dot{y} = -2ye^{x^2+y^2}$

7.2.10 证明系统 $\dot{x} = y - x^3, \dot{y} = -x - y^3$ 没有闭轨选取合适的 a、b，构造一个李雅普诺夫函数 $V = ax^2 + by^2$。

7.2.11 证明当且仅当 $a > 0$ 且 $ac - b^2 > 0$ 时，$V = ax^2 + 2bxy + cy^2$ 是正定的（这是一个非常有用的准则，当二次项 V 包含"交叉项" $2bxy$ 时，我们可以通过它来判断 V 是否是正定的）。

7.2.12 证明 $\dot{x} = -x + 2y^3 - 2y^4, \dot{y} = -x - y + xy$ 没有周期解（提示：选择 a、m 和 n，令 $V = x^m + ay^n$ 为一个李雅普诺夫函数）。

7.2.13 练习题 6.4.6 中的竞争模型

$$\dot{N}_1 = r_1 N_1 (1 - N_1/K_1) - b_1 N_1 N_2, \dot{N}_2 = r_2 N_2 (1 - N_2/K_2) - b_2 N_1 N_2$$

用具有权重函数 $g = (N_1 N_2)^{-1}$ 的 Dulac 准则，证明这个系统在第一象限 $N_1 > 0, N_2 > 0$ 内没有周期轨。

7.2.14 考虑系统 $\dot{x} = x^2 - y - 1, \dot{y} = y(x - 2)$。

a) 证明它有三个不动点并对其分类。

b) 通过考虑三个不动点的两两连线，证明它没有闭轨。

c) 画出相图。

7.2.15 考虑系统 $\dot{x} = x(2 - x - y), \dot{y} = y(4x - x^2 - 3)$。从例题 7.2.4 中我们已经知道这个系统没有闭轨。

a) 找出三个不动点并对其分类。

b) 画出相图。

7.2.16 如果 R 不是单连通的，那么 Dulac 准则的结论就不成立并举一个反例。

7.2.17 假定 Dulac 准则的前提条件除了 R 拓扑等价于一个环面

外都成立，也就是说，它之中恰好只有一个洞。使用格林定理证明 R 中至多存在一个闭轨（这个结论用来证明闭轨是唯一时很有用）。

7.2.18 给出 $r > 0$ 且 $x, y \geqslant 0$ 的猎食模型

$$\dot{x} = rx\left(1 - \frac{x}{2}\right) - \frac{2x}{1+x}y, \quad \dot{y} = -y + \frac{2x}{1+x}y$$

选取适当的 α，使用方程 $g(x, y) = \dfrac{1+x}{x}y^{\alpha-1}$ 和 Dulac 准则证明这个系统无闭轨 ［Hofbauer 和 Sigmund（1998）］。

7.2.19 ［对爱情故事《乱世佳人》（又译作《飘》）的建模］ Rinaldi 等人在 2013 年建立了一个 Scarlett Ǒ'Hara 与 Rhett Butler 之间猛烈爱情的模型系统：

$$\dot{R} = -R + A_S + kSe^{-S}, \dot{S} = -S + A_R + kRe^{-R}$$

式中，R 表示 Rhett 对 Scarlett 的爱；S 表示 Scarlett 对 Rhett 的爱。参数 A_R、A_S 和 k 都是正的。

a）用浪漫的语言解释每个等式右边三项的意义。特别地，第三项函数项 kSe^{-S} 和 kRe^{-R} 是怎样表示 Scarlett 与 Rhett 相互爱慕的反应的？

b）证明所有轨迹都从第一象限 $R, S \geqslant 0$ 开始，并永远在第一象限内，并且从心理学上阐释这一结果。

c）用 Dulac 准则证明这个模型没有周期解（提示：能想出的最简单的 g 会对其有所帮助）。

d）用计算机画出系统的相图。假设参数值 $A_R = 1, A_S = 1.2, k = 15$，并假设当 Scarlett 与 Rhett 相见时相互并无好感，因此 $R(0) = S(0) = 0$。画出第一阶段他们俩发生关系的预测轨迹。

如果你对这段史诗般的爱情之中发生的迂回而曲折的故事感兴趣的话可以查阅 Rinaldi 等（2013）和电影本身。

7.3 庞加莱-本迪克松定理

7.3.1 考虑 $\dot{x} = x - y - x(x^2 + 5y^2), \dot{y} = x + y - y(x^2 + y^2)$。

a）对在原点处的不动点进行分类。

b）用 $r\dot{r} = x\dot{x} + y\dot{y}$ 和 $\dot{\theta} = (x\dot{y} - y\dot{x})/r^2$ 把系统化为极坐标系。

c）确定一个以原点为圆心、最大半径为 r_1 的圆，使得它上面的所有轨迹都有一个向外呈放射状的部分。

d）确定一个以原点为圆心、最小半径为 r_1 的圆，使得它上面的所有轨迹都有一个向内呈放射状的部分。

e）证明系统在捕获域 $r_1 \leqslant r \leqslant r_2$ 中某处有一个极限环。

7.3.2 用数值积分计算上题（练习题7.3.1）中的极限环，并验证它位于你构造的捕获域内。

7.3.3 证明系统 $\dot{x} = x - y - x^3, \dot{y} = x + y - y^3$ 有一个周期解。

7.3.4 考虑系统

$$\dot{x} = x(1 - 4x^2 - y^2) - \frac{1}{2}y(1 + x), \dot{y} = y(1 - 4x^2 - y^2) + 2x(1 + x)$$

a）证明原点是一个不稳定不动点。

b）考虑 $\dot{V}$，其中 $V = (1 - 4x^2 - y^2)^2$，证明当 $t \to \infty$ 时所有的轨迹都接近椭圆 $4x^2 + y^2 = 1$。

7.3.5 证明系统 $\dot{x} = -x - y + x(x^2 + 2y^2), \dot{y} = x - y + y(x^2 + 2y^2)$ 至少拥有一个周期解。

7.3.6 考虑振子方程 $\ddot{x} + F(x, \dot{x})\dot{x} + x = 0$，这里当 $r \leqslant a$ 时 $F(x, \dot{x}) < 0$，当 $r \geqslant b$ 时 $F(x, \dot{x}) > 0, r^2 = x^2 + \dot{x}^2$。

a）给出关于 F 假设的物理意义。

b）证明在区域 $a < r < b$ 中至少有一个闭轨。

7.3.7 考虑 $\dot{x} = y + ax(1 - 2b - r^2), \dot{y} = -x + ay(1 - r^2)$。其中 a 和 b 都是参数（$0 < a \leqslant 1, 0 \leqslant b < \frac{1}{2}$），且 $r^2 = x^2 + y^2$。

a）在极坐标系下重写系统。

b）证明这里至少有一个极限环，如果有多个，那么它们具有相同的周期 $T(a, b)$。

c）证明当 $b = 0$ 时仅有一个极限环。

7.3.8 回顾例题7.3.1中的系统 $\dot{r} = r(1 - r^2) + \mu r\cos\theta$，$\dot{\theta} = 1$。

用计算机画出 μ 在大于 0 时不同值下的相图。这里是否存在一个临界值 μ_c，当 $\mu = \mu_c$ 时闭轨不存在？如果有，估算出 μ_c。如果没有，请证明当 $\mu > 0$ 时所有的轨道都是闭合的。

7.3.9　（对一个闭轨的级数近似）在例题 7.3.1 中，我们用庞加莱-本迪克松定理证明了对所有的 $\mu < 1$ 时，系统 $\dot{r} = r(1 - r^2) + \mu r\cos\theta, \dot{\theta} = 1$ 在环面域 $\sqrt{1 - \mu} < r < \sqrt{1 + \mu}$ 中存在一个闭轨。

a）为了在 $\mu \ll 1$ 时粗略地估计出 $r(\theta)$ 的轨道形状，假设一个形如 $r(\theta) = 1 + \mu r_1(\theta) + O(\mu^2)$ 的幂级数解。将它替代 $dr/d\theta$ 的微分等式，忽略所有 $O(\mu^2)$ 项，从而得出一个 $r_1(\theta)$ 的简单微分等式。请明确地解出这个等式中的 $r_1(\theta)$。（这里使用的估算技巧叫作正则摄动理论，详细请看 7.6 节）

b）找出所估计出的轨迹 r 的最大值和最小值，然后证明它像预期的一样位于环形域 $\sqrt{1 - \mu} < r < \sqrt{1 + \mu}$ 中。

c）利用计算机从数值上计算出任意小 μ 时的 $r(\theta)$，并且把 $r(\theta)$ 的近似解析结果都画在同一张图中。其中 μ 如何依赖最大误差？

7.3.10　考虑一个二维系统 $\dot{x} = Ax - r^2 x$，这里 $r = \|x\|$，A 是具有复特征值 $\alpha \pm i\omega$ 的 2×2 的常实数矩阵。证明当 $\alpha > 0$ 时至少存在一个极限环，而当 $\alpha < 0$ 时没有。

7.3.11　（环图）假设 $\dot{x} = f(x)$ 是 $\mathbf{R}^2$ 上的光滑向量场。一个改良过的庞加莱-本迪克松定理指出，如果一个轨迹被困在了一个紧域中，那么它必定靠近一个不动点、一个闭轨或者一个称为环图的独特轨迹（一个不变集，包含被有限个轨迹连接的有限数个不动点，它们的方向要么全都是顺时针，要么全都是逆时针）。环图在实际中很少见，这里存在一个很简单的例题。

a）画出系统相图

$$\dot{r} = r(1 - r^2)\left[r^2\sin^2\theta + (r^2\cos^2\theta - 1)^2\right]$$

$$\dot{\theta} = r^2\sin^2\theta + (r^2\cos^2\theta - 1)^2$$

其中，r、θ 是极坐标。（提示：注意两个等式的公因数，检查是在哪里消失的。）

b）画出从单位圆出发的 x 与 t 的轨迹图。当 $t \to \infty$ 时会发生什么？

7.3.12 （一个在石头-剪刀-布游戏中的异宿环）三维系统

$$\dot{P} = P\big[(aR - S) - (a - 1)(PR + RS + PS)\big]$$

$$\dot{R} = R\big[(aS - P) - (a - 1)(PR + RS + PS)\big]$$

$$\dot{S} = S\big[(aP - R) - (a - 1)(PR + RS + PS)\big]$$

其中参数 $a > 0$。这是我们从练习题 6.5.20 中学过石头-剪刀-布模型的一般化模型。之前我们研究过 $a = 1$ 时的特殊情况，并且证明了系统有两个守恒量

$$E_1(P, R, S) = P + R + S, \quad E_2(P, R, S) = PRS$$

当 $a \neq 1$ 时我们发现上面的系统有一个循环曲线，或者称为众所周知的异宿环。通过一些尝试，我们可以使用 E_1 和 E_2 的方程，来证明异宿环是存在的（Sigmund 2010，42 页）。这个练习题的重点是提供了一个比练习题 7.3.11 中环图更自然的实例。

a）对于上述系统，证明 $\dot{E}_1 = (1 - E_1)(a - 1)(PR + RS + PS)$。因此，$E_1$ 不是处处守恒的，但是当把集合约束到 $E_1 = 1$ 时，它是守恒的。这个集合由三个有序实数对 (P, R, S) 所定义，且它是不变集，满足 $P + R + S = 1$。从它开始的一切轨迹都永远停留在它上面。请描述这个集合的几何意义和它的形状？

b）给出（1）中集合的一个子集，其中 $P \geq 0, R \geq 0, S \geq 0$ 且 $P + R + S = 1$。证明这个我们称为 T 的子集为不变集。它是什么样的形状？

从现在开始，我们要把注意力放到集合 T 的动力学上。

c）证明 T 的边界是由三个轨迹连接着的三个不动点组成的，在相同意义上都是确定方向的，因此它是一个环图（异宿环）。

d）证明：$\dot{E}_2 = \dfrac{(a - 1)E_2}{2}\big[(P - R)^2 + (R - S)^2 + (S - P)^2\big]$。

e）使用（b）~（d）部分的结论证明 $\dot{E}_2$ 在 T 的边界上消失，并且在内部的不动点 $(P^*, R^*, S^*) = \dfrac{1}{3}(1, 1, 1)$。

f）证明由先前当 $a > 1$ 时推出的推论：在 T 内部不动点吸引所有 T 的内部轨迹。

g）最后证明当 $a < 1$ 时，异宿环吸引所有在 T 内部开始的轨迹（内部不动点本身除外）。

7.4 李纳系统

7.4.1 证明当 $\mu > 0$ 时方程 $\ddot{x} + \mu(x^2 - 1)\dot{x} + \tanh x = 0$ 恰好有一个周期解，并对它的稳定性进行分类。

7.4.2 考虑方程 $\ddot{x} + \mu(x^4 - 1)\dot{x} + x = 0$。

a）当 $\mu > 0$ 时，证明系统存在唯一稳定的极限环。

b）用计算机画出当 $\mu = 1$ 时的相图。

c）当 $\mu < 0$ 时系统是否仍存在一个极限环？如果存在，它是稳定的还是非稳定的？

7.5 松弛振荡

7.5.1 对于 $\mu \gg 1$ 时的范德波尔振子，证明三次方零点集的正分支从 $x_A = 2$ 处开始，在 $x_B = 1$ 处结束。

7.5.2 在例题 7.5.1 中，我们使用了相平面（通常被叫作李纳平面）来分析 $\mu \gg 1$ 时的范德波尔振子。尝试当 $\dot{x} = y, \dot{y} = -x - \mu(x^2 - 1)$ 时，在标准相平面上重新分析。李纳平面的优势是什么？

7.5.3 当 $k \gg 1$ 时估计极限环 $\ddot{x} + k(x^2 - 4)\dot{x} + x = 1$ 的周期。

7.5.4 （分段线性的零点集）考虑方程 $\ddot{x} + \mu f(x)\dot{x} + x = 0$。其中 $|x| < 1$ 时 $f(x) = -1$，$|x| \geq 1$ 时 $f(x) = 1$。

a）证明系统和 $\dot{x} = \mu(y - F(x)), \dot{y} = -x/\mu$ 是等价的，这里 $F(x)$ 为分段线性函数：

$$F(x) = \begin{cases} x + 2, & x \leq -1 \\ -x, & |x| \leq 1 \\ x - 2, & x \geq 1 \end{cases}$$

b）画出零点集的图像。

c）当 $\mu \gg 1$ 时系统展示了一个松弛振荡，并且在 (x, y) 平面上画出极限环。

d）当 $\mu \gg 1$ 时估计极限环的周期。

7.5.5 考虑方程 $\ddot{x} + \mu(|x| - 1)\dot{x} + x = 0$。当 $\mu \gg 1$ 时，找到极限环的近似周期。

7.5.6 （偏置范德波尔模型）假设范德波尔振子被一个恒力：$\ddot{x} + \mu(x^2 - 1)\dot{x} + x = a$ 偏向，这里 a 可以是正的，负的或者零。（照惯例假设 $\mu > 0$）

a）找出所有不动点并分类。

b）画出在李纳平面上的零点集。证明如果它们相交于三次方零点集的中间分支，那么相应不动点是不稳定的。

c）对于 $\mu \gg 1$，证明如果 $|a| < a_c$，系统存在一个稳定极限环。其中 a_c 是待定的。（提示：用李纳平面来证明）。

d）当 a 稍微大于 a_c 时，画出其相图。证明这个系统是可激励的。（它有一个全局的吸引不动点，但在回到不动点前，某些干扰使系统在整个相空间处于长期的偏移，对比练习题 4.5.3）。

这个系统和 Fitzhugh-Nagumo 的神经活动模型系统密切相关，可以查阅 Murray（2002）或者见 Edelstein-Keshet（1988）中的简介。

7.5.7 （细胞周期）Tyson 在 1991 年提出了一个基于蛋白质 cdc2 和细胞周期素交互的细胞分裂周期模型。他证明了模型的数学本质就包含在以下这组无穷小量等式中：

$$\dot{u} = b(v - u)(\alpha + u^2) - u, \dot{v} = c - u$$

这里 u 和 cdc2-细胞周期素序列的活性成比例，且 v 和整个细胞周期素的浓度成比例。参数 $b \gg 1$ 和 $\alpha \ll 1$ 都是确定的并满足 $8\alpha b < 1$，且 c 是可调节的。

a）画出零点集。

b）证明在 $c_1 < c < c_2$ 时，系统展示了一个松弛振荡，这里 c_1、c_2 是待定的近似值。（我们很难找出 c_1、c_2 的准确解，但是如果假设 $8\alpha b \ll 1$ 就可以获得一个充分逼近的值。）

c）证明 c 比 c_1 略微小时，系统是易动的。

7.6 弱非线性振子

7.6.1 证明如果式（7.6.7）被写成一个关于 ε 的幂级数，我们可以重新得到式（7.6.17）。

7.6.2 （校正规则振动理论）考虑初值问题 $\ddot{x} + x + \varepsilon x = 0$ ，这里 $x(0) = 1, \dot{x}(0) = 0$ 。

a）获得此问题的准确解。

b）使用规则扰动理论，找出级数展开 $x(t,\varepsilon) = x_0(t) + \varepsilon x_1(t) + \varepsilon^2 x_2(t) + O(\varepsilon^3)$ 中的 x_0、x_1 和 x_2。

c）微扰解是否包含长期项？你期望它有吗？为什么？

7.6.3 （更多校正）考虑初值问题 $\ddot{x} + x = \varepsilon$ ，这里 $x(0) = 1$，$\dot{x}(0) = 0$。

a）准确地解决问题。

b）使用常规微扰理论，找出级数展开式 $x(t,\varepsilon) = x_0(t) + \varepsilon x_1(t) + \varepsilon^2 x_2(t) + O(\varepsilon^3)$ 中的 x_0、x_1 和 x_2。

c）解释为什么微扰解包含或不包含长期项。

对下列每个系统 $\ddot{x} + x + \varepsilon h(x,\dot{x}) = 0$ ，在 $0 < \varepsilon \ll 1$ 时计算平均方程（7.6.53）并且分析系统的长期行为。找到原始系统中任意极限环的振幅和频率。如果可能的话，假定初始状态 $x(0) = a, \dot{x}(0) = 0$ ，明确地解出平均方程中 $x(t,\varepsilon)$ 。

7.6.4 $h(x,\dot{x}) = x$ **7.6.5** $h(x,\dot{x}) = x\dot{x}^2$

7.6.6 $h(x,\dot{x}) = x\dot{x}$ **7.6.7** $h(x,\dot{x}) = (x^4 - 1)\dot{x}$

7.6.8 $h(x,\dot{x}) = (|x| - 1)\dot{x}$ **7.6.9** $h(x,\dot{x}) = (x^2 - 1)\dot{x}^3$

7.6.10 推导恒等式 $\sin\theta\cos^2\theta = \dfrac{1}{4}[\sin\theta + \sin3\theta]$ ，并用如下复数进行表达：

$$\cos\theta = \frac{e^{i\theta} + e^{-i\theta}}{2}, \quad \sin\theta = \frac{e^{i\theta} - e^{-i\theta}}{2i},$$

计算所有乘积，然后合并同类项，这是得出恒等式最直接的方法，并且不需要考虑其他的方法。

7.6.11 （高次谐波）注意方程（7.6.39）中的三次谐波 $\sin 3(\tau + \phi)$。高次谐波的产生是非线性系统的典型特征。为了发现这些项的影响，可以回到例题 7.6.2 中解出 x_1，假定原系统的初始条件是 $x(0) = 2, \dot{x}(0) = 0$。

7.6.12 （推导傅里叶系数）这个练习题让你通过公式（7.6.51）的导数来获得傅里叶系数。为了方便起见，令尖括号表示所有以 2π 为周期函数 $\langle f(\theta) \rangle \equiv \dfrac{1}{2\pi} \displaystyle\int_0^{2\pi} f(\theta) \mathrm{d}\theta$ 的平均值。令 k 和 m 是任意的整数。

a）使用分部积分法、负指数、三角恒等式或者其他的方法，得出正交关系：

对于所有 k、m：$\langle \cos k\theta \sin m\theta \rangle = 0$

对于所有 $k \neq m$：$\langle \cos k\theta \cos m\theta \rangle = \langle \sin k\theta \sin m\theta \rangle = 0$

对于所有 $k \neq 0$：$\langle \cos^2 k\theta \rangle = \langle \sin^2 k\theta \rangle = \dfrac{1}{2}$

b）为了找出 $k \neq 0$ 时的 a_k，在式（7.6.50）两边同时乘以 $\cos m\theta$，然后在区间 $[0, 2\pi]$ 中把两边一项一项地取平均值。现在用（a）中的正交关系证明等式右边除了 $k = m$ 项外其余都被抵消了！推出 $\langle h(\theta) \cos k\theta \rangle = \dfrac{1}{2} a_k$ 与式（7.6.51）中 a_k 的公式是等价的。

c）同理，得出 b_k 和 a_0 的公式。

7.6.13 （一个守恒振子的精确周期）考虑达芬振子 $\ddot{x} + x + \varepsilon x^3 = 0$，其中 $0 < \varepsilon \ll 1$，$x(0) = a$ 且 $\dot{x}(0) = 0$。

a）根据能量守恒，利用某个整数来表达振荡周期 $T(\varepsilon)$。

b）把被积函数扩展为 ε 的幂级数，并且逐项积分，来获得近似表达式 $T(\varepsilon) = c_0 + c_1 \varepsilon + c_2 \varepsilon^2 + O(\varepsilon^3)$。求出 c_0, c_1, c_2 并且检查 c_0，c_1 和式（7.6.57）是否一致。

7.6.14 （双计时的计算机测验）考虑方程 $\ddot{x} + \varepsilon \dot{x}^3 + x = 0$。

a）求出平均方程。

b）给出初始条件 $x(0) = a, \dot{x}(0) = 0$，解出平均方程并且找出 $x(t, \varepsilon)$ 的近似公式。

c）求出当 $a = 1, \varepsilon = 2, 0 \leqslant t \leqslant 50$ 时方程 $\ddot{x} + \varepsilon \dot{x}^3 + x = 0$ 的数值解，在同一个图中画出它和（b）中答案的图像。即使 ε 并不小，也要注意它们之间的一致性。

7.6.15 （钟摆）考虑钟摆方程：$\ddot{x} + \sin x = 0$。

a）使用例题 7.6.4 中的方法，证明振幅 $a \ll 1$ 的小振荡频率为 $\omega \approx 1 - \frac{1}{16} a^2$。（提示：当 $\frac{1}{6} x^3$ 是一个"小"微扰时，$\sin x \approx x - \frac{1}{6} x^3$。）

b）这里 ω 的公式和练习题 6.7.4 中获得的精确解是否一致？

7.6.16 （通过格林定理求范德波尔振子器振幅）这里给出了另一种方法，来判断范德波尔振子 $\ddot{x} + \varepsilon \dot{x}(x^2 - 1) + x = 0$ 近乎圆形的极限环半径，在限制 $\varepsilon \ll 1$ 时。假设极限环是一个半径为某个未知数 a，中心为原点的圆，使用格林定理的规范形式（也就是二维散度定理）：

$$\oint_C v \cdot n \, \mathrm{d}l = \iint_A \nabla \cdot v \, \mathrm{d}A$$

这里 C 是圆，A 是被围住的区域。通过代入 $v = \dot{x} = (\dot{x}, \dot{y})$ 并求积分值，证明 $a \approx 2$。

7.6.17 （荡秋千）给出小孩荡秋千的一个简单模型：

$$\ddot{x} + (1 + \varepsilon \gamma + \varepsilon \cos 2t) \sin x = 0$$

式中，ε 和 γ 都是参数且 $0 < \varepsilon \ll 1$。变量 x 表示秋千和垂线的角度，$1 + \varepsilon \gamma + \varepsilon \cos 2t$ 项模拟了引力和在近似两次秋千之间的自然频率中小孩子周期性前后蹬腿的效果。问题是：从不动点 $x = 0, \dot{x} = 0$ 附近开始，小孩子能通过前后蹬腿来让秋千动起来吗？或者她需要一个推力吗？

a）对于很小的 x，方程可变为 $\ddot{x} + (1 + \varepsilon \gamma + \varepsilon \cos 2t) x = 0$。证明平均方程（7.6.53）可化为

$$r' = \frac{1}{4} r \sin 2\phi, \quad \phi' = \frac{1}{2} \left(\gamma + \frac{1}{2} \cos 2\phi \right)$$

其中，$x = r \cos \theta = r(T) \cos(t + \phi(T))$，$\dot{x} = -r \sin \theta = -r(T) \sin(t + \phi(T))$，一撇是关于慢时间 $T = \varepsilon t$ 的微分。提示：对于在一个 θ 周期

内的平均项 $\cos2t\cos\theta\sin\theta$ ，回忆 $t = \theta - \phi$ 并使用三角恒等式：

$$\langle\cos2t\cos\theta\sin\theta\rangle = \frac{1}{2}\langle\cos(2\theta - 2\phi)\sin2\theta\rangle$$

$$= \frac{1}{2}\langle(\cos2\theta\cos2\phi + \sin2\theta\sin2\phi)\sin2\theta\rangle$$

$$= \frac{1}{4}\sin2\phi$$

b）对于以指数方式增长的振荡，证明不动点 $r = 0$ 是不稳定的。例如当 $k > 0$ 时，$r(T) = r_0 e^{kT}$，这里 $|\gamma| < \gamma_c$ 且 γ 是有待确定的。（提示：当 r 接近于 0 时，$\phi' \gg r'$ 因此 ϕ 可以很快地达到平衡。）

c）当 $|\gamma| < \gamma_c$ 时，依据 γ 写出增长率 k 的公式。

d）如果 $|\gamma| < \gamma_c$，平均方程的解会是怎样？

e）解释所得结果的物理意义。

7.6.18 （马蒂厄（Mathieu）方程和一个超慢速时间标度）考虑 $a \approx 1$ 时的马蒂厄方程 $\ddot{x} + (a + \varepsilon\cos t)x = 0$。利用慢时间 $T = \varepsilon^2 t$ 的双计时计算法，如果 $1 - \frac{1}{12}\varepsilon^2 + O(\varepsilon^4) \leqslant a \leqslant 1 + \frac{5}{12}\varepsilon^2 + O(\varepsilon^4)$，证明当 $t \to \infty$ 时，解是无界的。

7.6.19 （庞加莱-林德斯泰特法）这个练习题指导我们如何使用一个完善的扰动理论，叫作庞加莱-林德斯泰特法。给出达芬方程 $\ddot{x} + x + \varepsilon x^3 = 0$，其中 $0 < \varepsilon \ll 1$，$x(0) = a$，$\dot{x}(0) = 0$。通过相平面分析可知真解 $x(t, \varepsilon)$ 是周期性的，我们的目标就是找出对所有 t 都成立的 $x(t, \varepsilon)$ 的近似周期公式。关键点是预先认为频率 ω 是未知的，通过要求 $x(t, \varepsilon)$ 不包含长期项，对其求解。

a）定义一个新时间 $\tau = \omega t$，这样存在一个 2π 周期解 τ。证明方程可以变形为 $\omega^2 x'' + x + \varepsilon x^3 = 0$。

b）令 $x(\tau, \varepsilon) = x_0(\tau) + \varepsilon x_1(\tau) + \varepsilon^2 x_2(\tau) + O(\varepsilon^3)$ 且 $\omega = 1 + \varepsilon\omega_1 + \varepsilon^2\omega_2 + O(\varepsilon^3)$。（我们已经知道 $\omega_0 = 1$，由于当 $\varepsilon = 0$ 时，解有频率 $\omega = 1$。）把这些级数化为微分方程然后把 ε 的幂组合在一起，证明：

$$O(1): x''_0 + x_0 = 0$$

...

$$O(\varepsilon):x''_1 + x_1 = -2\omega_1 x''_0 - x_0^3$$

c）证明对所有 $k > 0$，初始条件变为 $x_0(0) = a$，$\dot{x}_0(0) = 0$；$x_k(0) = \dot{x}_k(0) = 0$。

d）解关于 x_0 的 $O(1)$ 方程。

e）证明通过代替 x_0 和使用三角恒等式，$O(\varepsilon)$ 方程可化为 $x''_1 + x_1 = \left(2\omega_1 a - \dfrac{3}{4}a^3\right)\cos\tau - \dfrac{1}{4}a^3\cos3\tau$。因此为了避免长期项，需要令 $\omega_1 = \dfrac{3}{8}a^2$。

f）解出 x_1。

两点注意：（1）这道习题证明了达芬振子有一个基于振幅的频率：$\omega = 1 + \dfrac{3}{8}\varepsilon a^2 + O(\varepsilon^2)$，其与式（7.6.57）一致。（2）庞加莱-林德斯泰特法易于求出近似周期解，但是它也只能做出这么多。如果你想知道瞬态的非周期解，就不能使用这个方法，需要使用双计时和平均值理论。

7.6.20 证明如果我们使用常规的扰动来解决练习题7.6.19，会得出 $x(t,\varepsilon) = a\cos t + \varepsilon a^3\left[-\dfrac{3}{8}t\sin t + \dfrac{1}{32}(\cos3t - \cos t)\right] + O(\varepsilon^3)$。说明这个解为什么不理想？

7.6.21 使用庞加莱-林德斯泰特法，证明范德波尔振子 $\ddot{x} + \varepsilon(x^2 - 1)\dot{x} + x = 0$ 的极限环频率是 $\omega = 1 - \dfrac{1}{16}\varepsilon^2 + O(\varepsilon^3)$。

7.6.22 （非对称弹簧）用庞加莱-林德斯泰特法找出当 $x(0) = a$，$\dot{x}(0) = 0$ 时，$\ddot{x} + x + \varepsilon x^2 = 0$ 解的展开式的前几项。证明振荡中心大约在 $x \approx \dfrac{1}{2}\varepsilon a^2$ 处。

7.6.23 找出 $\ddot{x} - \varepsilon x\dot{x} + x = 0$ 的周期解中振幅和频率的大致关系。

7.6.24 （计算代数）使用 Mathematica、Maple 或者其他计算代数软件包，在问题 $\ddot{x} + x - \varepsilon x^3 = 0, x(0) = a, \dot{x}(0) = 0$ 中应用庞加莱斯泰特法，找出频率 ω 的周期解，直到包含 $O(\varepsilon^3)$ 项结束。

7.6.25 （平均法）考虑弱非线性振子 $\ddot{x} + x + \varepsilon h(x,\dot{x},t) = 0$。令 $x(t) = r(t)\cos(t+\phi(t))$，$\dot{x} = -r(t)\sin(t+\phi(t))$。这里变量的改变应该被认为是 $r(t)$ 和 $\phi(t)$ 的定义。

a）证明 $\dot{r} = \varepsilon h\sin(t+\phi)$，$r\dot{\phi} = \varepsilon h\cos(t+\phi)$（因此当 $0 < \varepsilon \ll 1$ 时 r 和 ϕ 是缓慢变化的，且 $x(t)$ 被一个由缓慢浮动的幅相所调节的正弦曲线振荡）。

b）令 $r(t) = \bar{r}(t) = \dfrac{1}{2\pi}\displaystyle\int_{t-\pi}^{t+\pi} r(\tau)\,d\tau$ 表示在一个正弦曲线振荡周期 r 中的移动平均值。证明 $\dfrac{d\langle r\rangle}{dt} = \langle dr/dt\rangle$，也就是说，无论先积分还是先时间平均都不影响最终的结果。

c）证明 $\dfrac{d\langle r\rangle}{dt} = \varepsilon\langle h[r\cos(t+\phi),-r\sin(t+\phi),t]\sin(t+\phi)\rangle$。

d）（c）中的结论是精确的，但是没有用。因为左边包含 $\langle r\rangle$，右边涉及 r。现在考虑关键的近似：用 r 和 ϕ 在一个周期中的平均值来代替 r 和 ϕ。证明 $r(t) = \bar{r}(t) + O(\varepsilon)$，$\phi(t) = \bar{\phi}(t) + O(\varepsilon)$，因此

$$\frac{d\bar{r}}{dt} = \varepsilon\langle h[\bar{r}\cos(t+\bar{\phi}),-\bar{r}\sin(t+\bar{\phi}),t]\sin(t+\bar{\phi})\rangle + O(\varepsilon^2)$$

$$\frac{\bar{r}d\bar{\phi}}{dt} = \varepsilon\langle h[\bar{r}\cos(t+\bar{\phi}),-\bar{r}\sin(t+\bar{\phi}),t]\cos(t+\bar{\phi})\rangle + O(\varepsilon^2)$$

其中上划线的量被当作平均值中的常量来看待。这些方程就是平均方程（7.6.53），在文中由不同的方法得出的。习惯上去掉上划线。人们通常无法区分缓慢变化量和它们的平均值。

7.6.26 （校正平均值方法）考虑方程 $\ddot{x} = -\varepsilon x\sin^2 t$，这里 $0 \ll \varepsilon \ll 1$ 且在 $t = 0$ 时 $x = x_0$。

a）找出方程的精确解。

b）令 $\bar{x}(t) = \dfrac{1}{2\pi}\displaystyle\int_{t-\pi}^{t+\pi} x(\tau)\,dt$。证明 $x(t) = \bar{x}(t) + O(\varepsilon)$。用平均值理论找出满足 $\bar{x}$ 的近似微分方程并求解。

c）对比（a）和（b）中的解；由平均值所导致的误差有多大？

8 再探分岔

8.0 引言

本章将把之前的工作推广到分岔的研究（第3章）。正如从一维系统拓展到二维系统那样，我们仍然会发现，随着参数变化，不动点或出现或消失或不稳定，同样闭轨也有类似的特征。因此，我们开始描述振荡打开或关闭的模式。

在这个大背景下，分岔的精确含义是什么呢？常见的定义涉及"拓扑等价"的概念（6.3节）：随着某一参数的变化，如果相图的拓扑结构发生改变，我们就说发生了**分岔**，如不动点数目或稳定性、闭轨或鞍形连接随参数所发生的变化。

本章的结构如下：对于每一个分岔，我们从一个简单的典型的例题开始，通过不同小节中更具启发的例题逐渐深入。此外，利用基因开关、化学振子、驱动摆和约瑟夫森结模型来阐述这一理论。

8.1 鞍-结分岔、跨临界分岔与叉式分岔

在第3章讨论过的不动点分岔同在二维中的情形是类似的（事实上，所有维数的情形都类似）。结果表明，当维数增加时没有新的现象发生，随着分岔的发生所有特征在一维子空间中都会显现，而在更多维的情况下，正如我们接下来看到的，流或者受到一维子空间的吸引或者被它所排斥。

鞍-结分岔

对于不动点的产生和消失，鞍-结分岔是一个基本而且重要的概念。以下是二维中的典型例题：

$$\dot{x} = \mu - x^2$$
$$\dot{y} = -y \tag{1}$$

在 3.1 节中，我们已讨论了其在 x 轴方向的分岔行为，而在 y 轴方向，其运动呈指数形式衰减。

考虑随 μ 变化的相图。对于 $\mu > 0$，图 8.1.1 显示其存在两个不动点，其中 $(x^*, y^*) = (\sqrt{\mu}, 0)$ 为稳定结点，$(x^*, y^*) = (-\sqrt{\mu}, 0)$ 为鞍点。随着 μ 递减，鞍点和结点相互靠近，当 $\mu = 0$ 时两点碰撞，最终当 $\mu < 0$ 时两点消失。

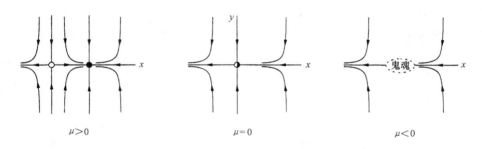

图 8.1.1

正如 4.3 节中所介绍的，即便是不动点消失，它们仍然会对流产生影响，它们会留下一个类似瓶颈的区域（称为鬼魂区域），这个区域不仅会把轨迹吸入而且还会延迟轨迹流出这一区域。与 4.3 节中相同，在这一瓶颈区域中消耗的时间随着 $(\mu - \mu_c)^{-1/2}$ 增多，其中 μ_c 为发

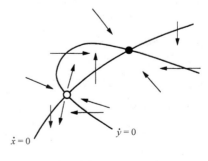

图 8.1.2

生鞍-结分岔的值。Strogatz 和 Westervelt（1989）研究了这一标度律在凝聚态物理学方面的应用。

图 8.1.1 所示情况是下面更一般情形的代表。考虑依赖参数 μ 的二维系统 $\dot{x} = f(x, y), \dot{y} = g(x, y)$。如图 8.1.2 所示，假定对于某个值 μ，零点集相交。由于 $\dot{x}$ 和 $\dot{y}$ 同时等于 0，我们注意到每个交点都对应一个不动点。因此，为了了解不动点随着 μ 变化的情况，我们必须要关注这些交点。现在假定随着 μ 变化零点集彼此分离，在点 $\mu = \mu_c$ 处相切。当 $\mu = \mu_c$ 时，不动点彼此相互逼近且相交。在零点集分开后，零点集之间不存在交点且不动点消失。关键是对于所有的鞍-结分岔都有此局部特征。

例题 8.1.1

Griffith（1971）研究了如下基因控制系统模型。假定某一基因活性能够被其编码的两个蛋白质备份诱发。换句话说，基因能够被自身所生成的基因触发，而且能够潜在地导致自催化反馈过程。此模型的无量纲表达式为

$$\dot{x} = -ax + y$$

$$\dot{y} = \frac{x^2}{1 + x^2} - by$$

式中，x 和 y 分别为蛋白质浓度和其所转化成信使核糖核酸（mRNA）浓度的比例；a 和 b 为控制 x 和 y 降解的参数且 $a > 0, b > 0$。

证明当 $a < a_c$ 时系统有三个不动点，其中 a_c 是待定参数。当 $a = a_c$ 时，不动点有两个在一个鞍-结分岔中合并。画出 $a < a_c$ 时的相图，并给出合理的生物解释。

解：如图 8.1.3 所示通过 $y = ax$ 能得到零点集，并且 S 形曲线表达式为

$$y = \frac{x^2}{b(1 + x^2)}$$

现在假定参数 b 不变，a 发

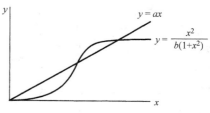

图　8.1.3

生变化。由于 a 为直线的斜率，其图像很容易被绘制。如图 8.1.3 所示，当 a 变小时，存在三个交点。随着 a 增大，顶部的两个交点彼此相互逼近，当直线同曲线相切时两交点重合。当 a 变大时，顶部的两个不动点消失，仅一个不动点存在。

为了求 a_c，我们直接计算不动点并确定它们合并的位置。当 $ax = \dfrac{x^2}{b(1+x^2)}$ 时，零点集相交。

当 $y^* = 0$ 时，其中一解 $x^* = 0$。其他的交点满足二次方程：

$$ab(1 + x^2) = x \tag{2}$$

其所对应的两个解为

$$x^* = \frac{1 \pm \sqrt{1 - 4a^2b^2}}{2ab}$$

如果 $1 - 4a^2b^2 > 0$，则 $2ab < 1$。当 $2ab = 1$ 时，三解合一。此时，$a_c = 1/2b$。

此外，我们还注意到在分岔处不动点 $x^* = 1$。

图 8.1.4 中的零点集提供了很多关于 $a < a_c$ 时相图的信息。向量场在直线 $y = ax$ 上是垂直的，在 S 形曲线处是水平的。通过观察 $\dot{x}$ 和 $\dot{y}$ 的符号，向量的箭头能够被描绘出。从上面的分析，能够观察出中间的不动点为一个鞍点，其他两个为汇点。为了确定是否如此，接下来研究不动点的分类。

在点 (x, y) 处的雅可比矩阵为

$$A = \begin{pmatrix} -a & 1 \\ \dfrac{2x}{(1+x^2)^2} & -b \end{pmatrix}$$

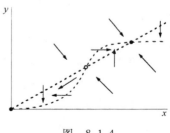

图 8.1.4

矩阵 A 的迹 $\tau = -(a + b) < 0$，因此不动点是汇点还是鞍点主要取决于行列式 Δ 的值。在 $(0, 0)$ 点处，$\Delta = ab > 0$，因此原点为一稳定不动点。事实上，由于 $\tau^2 - 4\Delta = (a - b)^2 > 0$（退化情形 $a = b$ 除外），故此不动点为稳定结点。在其他的两个不动点处，Δ 虽然复杂，

但通过式（2）可简化为

$$\Delta = ab - \frac{2x^*}{(1+(x^*)^2)^2} = ab\left[1 - \frac{2}{1+(x^*)^2}\right] = ab\left[\frac{(x^*)^2-1}{1+(x^*)^2}\right]$$

对于"中间"不动点，当 $0 < x^* < 1$ 时，$\Delta < 0$，因此它是一个鞍点。当 $x^* > 1$ 时，由于 $\Delta < ab, \tau^2 - 4\Delta > (a-b)^2 > 0$，不动点是稳定结点。

图 8.1.5 描绘了它的相图。回顾图 8.1.4，我们能够观察到鞍点的不稳定流形必然被困于两条零点集的狭窄通道内。更重要的是，稳定流形把平面分成两个区域，每个吸引域对应一个汇点。

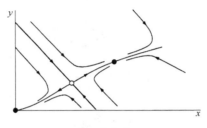

图 8.1.5

在生物系统中，仅当 mRNA 和蛋白质降解足够慢，即降解速度必须满足 $ab < 1/2$ 时，此系统行为才如同一个生化开关。在这种情况下，存在两类稳态：一类是在原点，在此处基因是不活跃的，而且周围没有蛋白质去激活它；另一类是当 x 和 y 很大时，此时基因是活跃的，而且还能得到高比例蛋白质的供给。鞍点的稳定流形就像一个开关，通过依赖参数 x 和 y，决定基因是打开还是关闭。■

如上所述，从定性的角度来看，图 8.1.5 中的流形与理想化图 8.1.1 的流形是类似的。所有的轨迹快速地释放到鞍点的不稳定流形中，这一流形与图 8.1.1 中 x 轴起着完全相同的作用。

因此，在许多方面，分岔是一维系统的基本特征，不动点随着不稳定流形滑向彼此，就像一条线上的水珠一样。这就是为什么我们用这么大的篇幅来介绍一维系统中的分岔，它也是高维系统分岔的基础。（"中心流形理论"已严格地证明了一维系统的基础作用——参看 Wiggins（1990）的引言）

跨临界和叉式分岔

通过运用与上述相同的思想，我们也能构造出在稳定不动点的跨临界和叉式分岔的典型例题。在 x 轴方向，动力学特性能够通过第 3 章介绍的正则形来得到，而在 y 轴方向，此运动则是指数衰减的。如下面的例题：

$$\dot{x} = \mu x - x^2, \quad \dot{y} = -y \,(\text{跨临界})$$

$$\dot{x} = \mu x - x^3, \quad \dot{y} = -y \,(\text{超临界叉式})$$

$$\dot{x} = \mu x + x^3, \quad \dot{y} = -y \,(\text{亚临界叉式})$$

其中每类情况的分析都相同，因此，我们仅讨论超临界叉式情形，其余的留下作为练习题。

例题 8.1.2

当 $\mu < 0$，$\mu = 0$ 和 $\mu > 0$ 时，分别绘制出上述超临界叉式系统 $\dot{x} = \mu x - x^3$ 的相图。

解：当 $\mu < 0$ 时，原点是稳定不动点。当 $\mu = 0$ 时，原点仍旧是稳定的，但沿着 x 轴方向是非常慢（代数型）的衰减而不是指数型衰减。这正是我们在 3.4 节和练习题 2.4.9 中所讨论过的"临界减慢"现象。当 $\mu > 0$ 时，原点失稳并产生两个新的对称不动点 $(x^*, y^*) = (\pm\sqrt{\mu}, 0)$。通过计算每个点的雅可比矩阵，我们得知原点为鞍点而其他两个不动点是稳定结点。正如图 8.1.6 所示的相图。■

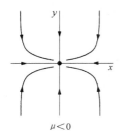
$\mu < 0$

$\mu = 0$

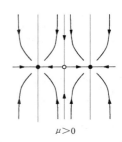
$\mu > 0$

图　8.1.6

如第 3 章所提及的，叉式分岔在有一个对称项的系统中是常见的，如下面的例题。

例题 8.1.3

在下述系统的原点处存在超临界叉式分岔

$$\dot{x} = \mu x + y + \sin x$$

$$\dot{y} = x - y$$

且确定分岔值 μ_c。当 μ 略大于 μ_c 时，绘制出原点处的相图。

解：当进行变量变换 $x \to -x, y \to -y$ 时，系统保持不变，因此相图必然是关于原点对称的。对于所有的 μ，原点是不动点。其相应的雅可比矩阵为

$$A = \begin{pmatrix} \mu + 1 & 1 \\ 1 & -1 \end{pmatrix}$$

其中，$\tau = \mu, \Delta = -(\mu + 2)$。因此，若 $\mu < -2$，则原点为稳定的不动点，若 $\mu > -2$，则原点为鞍点。这也意味着当 $\mu_c = -2$ 时，发生叉式分岔。为了确认这点，当 μ 逼近 μ_c 时，我们寻找一对接近原点的对称不动点。（要注意的是，在这个阶段我们不确定分岔是亚临界的还是超临界的。）由于不动点满足 $y = x$，因此 $(\mu + 1)x + \sin x = 0$。一个解是我们已经找到的 $x = 0$。现在假定 x 为很小的非零值，对其进行如下幂级数展开，得到

$$(\mu + 1)x + x - \frac{x^3}{3!} + O(x^5) = 0$$

上式两边除以 x 并忽略掉高阶项，得到 $\mu + 2 - x^2/6 \approx 0$。对于略大于 -2 的 μ，存在一组不动点 $x^* \approx \pm \sqrt{6(\mu + 2)}$。故当 $\mu_c = -2$ 时，存在一个超临界叉式分岔。（若这个分岔为亚临界的，则在原点稳定且还没有变为鞍点前，这对不动点是存在的。）由于分岔是超临界的，所以我们无须确认就知道不动点是稳定的。

当 μ 略大于 -2 时，要画出 $(0, 0)$ 附近的相图，求出原点处雅可比矩阵的特征值是有帮助的。这可以准确求解，但它和分岔点处的雅可比矩阵非常接近。因此

$$A = \begin{pmatrix} -1 & 1 \\ 1 & -1 \end{pmatrix}$$

因而特征值 $\lambda = 0$ 和 $\lambda = -2$ 的特征向量分别为 $(1,1)$ 和 $(1,-1)$。当 μ 略大于 -2 时，原点变为鞍点，因此原来的零特征值现在略大于零，这一信息都蕴含在相图 8.1.7 中。

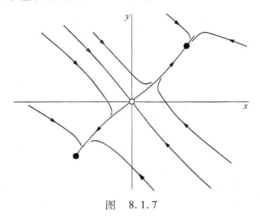

图 8.1.7

要注意的是，由于我们做了近似，图 8.1.7 仅在上述参数和相空间下局部有效。如果不是在原点附近，μ 也不逼近 μ_c，那么上述则是无效的。∎

上述所有的例题中，当 $\Delta = 0$ 或有一个特征值等于 0，则发生分岔。更一般地，鞍-结分岔、跨临界分岔和叉式分岔属于**零特征值分岔**。这些分岔涉及两个或更多不动点的碰撞。

在下一节中，我们将讨论一维系统中所不存在的一类基础的新型分岔。它提供了一种不动点无须与其他不动点碰撞便失去稳定性的路径。

8.2 霍普夫分岔

假定一个二维系统有一个稳定不动点。当参数 μ 变化时，不动点失稳的所有可能的方式是什么呢？雅可比矩阵的特征值是关键。如果不动点是稳定的，特征值 λ_1 和 λ_2 必然位于左半个平面，即 $\mathrm{Re}\lambda <$

0。由于 λ 满足一个实系数的二次方程，那么就可能存在两类图像，要么特征值都是负实数（见图 8.2.1a），要么它们是复共轭的（见图 8.2.1b）。为了使不动点失稳，随着 μ 变化，我们必须使得一个或两个特征值穿过右半平面。

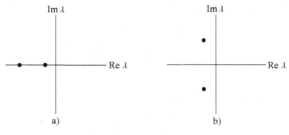

图 8.2.1

在 8.1 节，我们发现实特征值穿过 $\lambda = 0$ 的情形。这些正是第 3 章所讨论过的鞍-结分岔、跨临界分岔和叉式分岔。现在我们讨论另外一种可能的情景，即两个复共轭特征值同时穿过虚轴进入右半平面。

超临界霍普夫（Hopf）分岔

假定我们有一物理系统通过指数阻尼振荡稳定到平衡点处。换句话说，经过一段时间的流动，小扰动逐渐失去效用（见图 8.2.2a）。现在假定衰退率依赖一个控制参数 μ。如果衰退变得很缓慢，且最终在临界值 μ_c 点变为增长，这时平衡态将失稳。在许多情况下，对于上述的稳定状态，这一运动结果是一个小振幅的正弦极限环振荡（见图 8.2.2b）。这时，我们说系统经历了一个**超临界霍普夫分岔**。

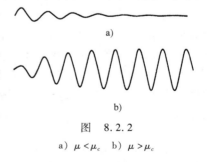

图 8.2.2
a) $\mu < \mu_c$ b) $\mu > \mu_c$

依据相空间中的流，当一个稳定焦点变成一个被近似小椭圆极限环所围绕的不稳定焦点时，一个超临界霍普夫分岔发生。霍普夫分岔

能够发生在任意 $n \geqslant 2$ 维数的相空间中，但在本章中接下来的部分，我们将重点讨论二维空间。

一个超临界霍普夫分岔系统的简单示例见下面这个系统：

$$\dot{r} = \mu r - r^3$$

$$\dot{\theta} = \omega + br^2$$

此系统存在三个参数：μ 控制原点处不动点的稳定性；ω 表示无穷小振荡的频率；对于大振幅的振子，b 决定频率对振幅的依赖度。

图 8.2.3 描绘出了在分岔上方和下方关于 μ 的相图。当 $\mu < 0$ 时，原点处（$r = 0$）是一个稳定的螺线，它的旋转方向依赖于 ω 的符号。当 $\mu = 0$ 时，尽管比较弱小，衰退仅为代数级的，但原点处仍是一个稳定的螺线。（这类情形如图 6.3.2 所示。回顾线性化将原点错误地预测为中心的那部分内容。）当 $\mu > 0$ 时，在原点处存在一个不稳定螺线，且在 $r = \sqrt{\mu}$ 时存在一个稳定的圆形极限环。

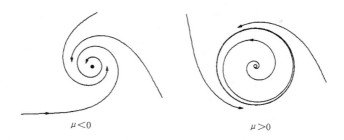

$\mu < 0$ $\qquad$ $\mu > 0$

图　8.2.3

为了了解在分岔中特征值的行为，观察笛卡儿坐标系下的系统，这使得我们很容易找到相应的雅可比矩阵。令 $x = r\cos\theta, y = r\sin\theta$，那么

$$
\begin{aligned}
\dot{x} &= \dot{r}\cos\theta - r\dot{\theta}\sin\theta \\
&= (\mu r - r^3)\cos\theta - r(\omega + br^2)\sin\theta \\
&= [\mu - (x^2 + y^2)]x - [(\omega + b(x^2 + y^2))]y \\
&= \mu x - \omega y + \text{三次项}
\end{aligned}
$$

同样

$$\dot{y} = \omega x + \mu y + 三次项$$

因此，在原点处的雅可比矩阵为

$$A = \begin{pmatrix} \mu & -\omega \\ \omega & \mu \end{pmatrix}$$

它的特征值为

$$\lambda = \mu \pm i\omega$$

正如所期望的，随着 μ 值从负值到正值，特征值从左到右穿过虚轴。

经验法则

对于超临界霍普夫分岔，理想化的情形是该分岔遵循着两个一般性原则：

1. 当 μ 逼近 μ_c 时，极限环的大小从零开始按照 $\sqrt{\mu - \mu_c}$ 的比例逐渐增大。

2. 在 $\mu = \mu_c$ 时，极限环的频率被近似地估计为 $\omega = \mathrm{Im}\lambda$。在极限环产生时，此表达式是准确的。随着 μ 逐渐逼近 μ_c 时，通过在 $O(\mu - \mu_c)$ 范围内修正能够达到精确。因此，这段时间的表达式为 $T = (2\pi/\mathrm{Im}\lambda) + O(\mu - \mu_c)$。

但理想的例题中还是有一些人为的色彩。首先，在实际情形中所遇到的霍普夫分岔，极限环不是圆形，而是椭圆形的，而且随着 μ 远离分岔点，它的形状也会变得扭曲。我们的例题仅仅是拓扑意义下的，而非几何意义下的。其次，在理想的情形下，随着 μ 的变化，特征值移动到水平线上，即 $\mathrm{Im}\lambda$ 完全与 λ 无关。通常地，特征值将沿着一条曲线变动穿过虚轴（见图8.2.4）。

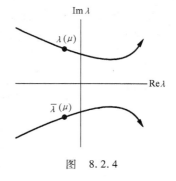

图 8.2.4

亚临界霍普夫分岔

像叉式分岔一样，霍普夫分岔也分为超临界和亚临界两类。由于亚临界在工程应用中总存在着潜在危险性，因此它更能引起关注。分岔过后，轨迹一定会跳跃到一个远处的吸引子，这一吸引子可能是一个不动点、一个极限环、无穷远或在三维和更多维中的一个混沌吸引子。如在第 9 章中，所研究的洛伦兹吸引子就是具有这一情形的例题。

现在，我们考虑一个二维的例题

$$\dot r = \mu r + r^3 - r^5$$
$$\dot\theta = \omega + br^2$$

与之前超临界情形最重要的不同是三次项 r^3 现在正变得失稳；此外，它有助于驱动轨迹远离原点。

相图如图 8.2.5 所示。当 $\mu < 0$ 时，在原点处，存在两个吸引子、一个稳定的极限环和一个稳定不动点。在它们之间，存在一个不稳定的环（见图 8.2.5 所示的虚线）。当 μ 增大时，收紧的不稳定环像一个绳套围绕着不动点。当 $\mu = 0$ 时，**亚临界霍普夫分岔**发生，此处不稳定环收缩为零振幅且吞没原点，并使原点不稳定。当 $\mu > 0$ 时，在区域内，大振幅的极限环为吸引子。此时，在原点附近的解被驱动为大振幅的振荡。

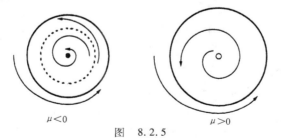

$\mu < 0$ 　　　　　$\mu > 0$

图 8.2.5

我们注意到，系统展现出滞后的现象：大振幅的振荡一旦出现，即使 μ 值重新设定为零，振荡也不会停止。事实上，大幅振荡运动将会持续到 $\mu = -1/4$，此处稳定和不稳定的环重合并消失。随着另一类分岔的出现，这种具有大振幅的环会消失。8.4 节将会对这类情形进行讨论。

在不同的动力学中都会发生亚临界 Hopf 分岔，如在神经细胞的动力学中［Rinzel 和 Erment-rout（1989）］、在气动弹性颤振和其他机翼振动动力学中［Dowell 和 Ilgamova（1988），Thompson 和 Stewart（1986）］以及在流体流的不稳定性中［Drazin 和 Reid（1981）］。

亚临界、超临界或退化分岔？

假定一个霍普夫分岔发生，如何判断它是亚临界的还是超临界的呢？通过线性化的方法是不能对它们进行判断的，因为在这两种情况下，一对特征值都是从左边移动到右边。

对它们的判断，虽然存在一种分析方法，但是实行起来比较困难。（如练习题 8.2.12～练习题 8.2.15 中的易处理情况。）一种快速且取巧的方法是通过计算机模拟。若在不动点失稳后，马上会出现一个小的吸引极限环，如果随着参数反向变化时，分岔的振幅收缩回零，那么这个分岔就是超临界的。否则，就可能是亚临界的，在这种情况下，最近的吸引子可能离不动点很远，而且随着参数反向变化时，系统会呈现出滞后的现象。当然，计算机的模拟结果不能等同于证明，因此在做任何确定性的结论之前，需要仔细地对数值进行检验。

最后，还应该注意**退化霍普夫分岔**。对于一个有阻尼钟摆系统 $\ddot{x} + \mu\dot{x} + \sin x = 0$。当阻尼参数 μ 从正值变为负值时，在原点的不动点从稳定变为不稳定的螺线。但当 $\mu = 0$ 时，由于在分岔的另一侧没有极限环，因此不存在一个真正的霍普夫分岔。反而在 $\mu = 0$ 处，存在围绕着原点的一个连续的闭轨道族。这些并非极限环。（极限环是一个孤立的闭轨。）

这种退化情况通常出现在，当一个不守恒系统在分岔点处突然变为守恒的时候。那么这个不动点会变为一个非线性中心点而不是一个被霍普夫分岔所要求的弱螺线。练习题 8.2.11 给出了另外一个例题。

例题 8.2.1

考虑系统 $\dot{x} = \mu x - y + xy^2, \dot{y} = x + \mu y + y^3$。证明在原点处，当 μ 变化时发生霍普夫分岔。判断此分岔是亚临界的、超临界的还是退化的？

解：原点处的雅可比矩阵为 $A = \begin{pmatrix} \mu & -1 \\ 1 & \mu \end{pmatrix}$，$\tau = 2\mu$，$\Delta = \mu^2 + 1 > 0$ 且 $\lambda = \mu \pm i$。随着 μ 从负值增加到正值，原点从稳定的螺线变为一个失稳的螺线。这意味着某一类霍普夫分岔在 $\mu = 0$ 时出现。

通过简单的推理和数值积分，来确定霍普夫分岔是亚临界的、超临界的还是退化的。系统在极坐标系下的表达式为

$$\dot{r} = \mu r + r y^2$$

因此，$\dot{r} \geq \mu r$。对于 $\mu > 0$ 时，这意味着 $r(t)$ 增长的速度至少为 $r_0 e^{\mu t}$。换句话说，所有的轨迹都被排斥到无穷。因此，对于 $\mu > 0$，是肯定不存在闭轨的。特别地，不稳定螺线没有被稳定极限环围绕，因此分岔不是超临界的。

分岔是退化的吗？当 $\mu = 0$ 时，对此需满足原点是非线性中心点。但离 x 轴较远的 $\dot{r}$ 是大于零的，因此闭轨是不可能出现的。

通过消失的过程，我们预想分岔是亚临界的。在 $\mu = -0.2$ 处，这点同时也被计算机模拟的相图所验证（见图 8.2.6）。

注意：在亚临界分岔点处，正如我们期望的，一个不稳定的极限环围绕着稳定不动点。进而，这个环几乎是椭圆的且围绕着一个缠绕的螺线，这同时也是各类霍普夫分岔的典型特征。∎

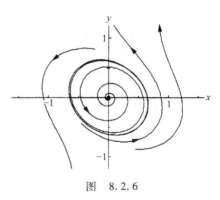

图 8.2.6

8.3 振荡化学反应

对于霍普夫分岔的应用方面，现在我们考虑一组**化学振子**的实验系统。这些系统不仅因为其背后的故事而著名，同时也因为其自身的特性而闻名。在介绍完它的背景知识后，我们分析一类关于二氧化氯

-碘-丙二酸反应的简单振荡模型。其中关于化学振荡的相关知识可以参考 Field 和 Burger（1985）所编写的专著，同时可以参考 Epstein 等（1983）、Winfree（1987b）和 Murray（2002）所发表的文章。

贝洛索夫的"假想的已发现的发现"

早在 20 世纪 50 年代，俄国生物化学家鲍尔斯·贝洛索夫（Boris Belousov）曾尝试模拟 Krebs 环———一个在活细胞内的新陈代谢过程。在铈催化剂的存在下，当他把柠檬酸和溴酸盐离子混合放入硫酸的溶液时，他惊讶地观察到，这些混合物首先变成黄色，然后大约 1min 后逐渐褪成无色，再经过 1min 后又变回黄色，然后再次变成无色……颜色就这样不断地振荡变化，大约 1h 后最终进入平衡态。

今天，这种能够自发振荡的化学反应已不奇怪，而且这种反应已成为在化学课中的典型演示 [Winfree（1980）]。但是，在贝洛索夫所处的时代，他的发现看上去很荒唐而无法发表。根据热力学定律，所有化学试剂在到达平衡点时，必须要经过单调性的过程。贝洛索夫的文章被一个又一个的杂志所拒绝。根据 Winfree（1987b，161 页），一个编辑甚至在退稿信中增加了讽刺的评论"假想的已发现的发现"。

尽管贝洛索夫的同行直到多年后才意识到此现象，但贝洛索夫最终还是在俄国医学会议不显眼的会刊上发表了一篇简短的摘要（Belousov 1959）。不过，他的这一发现直到 20 世纪 50 年代后期才在莫斯科化学家中流传，并且在 1961 年一个名为恰鲍廷斯基（Zhabotinsky）的研究生才被他的导师安排对此进行研究。恰鲍廷斯基最终确认了贝洛索夫的发现是正确的，并在 1968 年把他的工作在布拉格召开的一个国际会议（西方和前苏联科学家很少被允许参加的）中进行了报告。那时，学界对生物和生化振荡（Chance 等 1973）的兴趣很大，这个反应后来被称为 BZ 反应，被看作是那些更复杂系统的一类容易处理的模型。

生物学中已证明有着惊人的相似结果：Zaikin、Zhabotinsky（1970）和 Winfree（1972）在 BZ 试剂的无搅动层中，观测到美妙的正在传输的氧化波，并且发现这些波在碰撞中消失，就像在神经和心脏组织中的激感波一样。这些波形成了膨胀的同心环和焦点。焦点波现在被认为是在化学、生物和物理激发介质中普遍存在的现象。特别地，螺旋波和三维中的涡卷波类似，似乎牵涉到某些心律失常，它是一类被格外关注的医学问题（Winfree 1987b）。

贝洛索夫如果看到他的发现所带来的深远意义，一定会非常高兴。

在 1980 年，为表彰他和恰鲍廷斯基有关振荡反应的先驱工作，他们一起获得了前苏联的最高奖章——列宁奖。但不幸的是，贝洛索夫那时已经去世十年了。

Winfree（1984，1987b）进一步描述了 BZ 反应的历史。此外，在 Field 和 Burger（1985）中能够找到贝洛索夫原始文章的英文翻译。

二氧化氯-碘-丙二酸反应

化学振荡反应的机制是非常复杂的。BZ 反应被认为涉及二十多种基础反应步骤，但幸运的是，大多数反应很快达到平衡，这就意味着它们能够被简化为很少的三个微分方程。其中系统简化的方法及其分析方式见 Tyson（1985）。

与上述思想相同，Lengyel 等人在 1900 年提出并分析了另外一种振荡反应的模型——二氧化氯-碘-丙二酸反应（ClO_2-I_2-MA）。他们的实验呈现了下面三个反应，而且通过经验速率定律能够获得这个系统的行为：

$$MA + I_2 \rightarrow IMA + I^- + H^+; \quad \frac{d[I_2]}{dt} = -\frac{k_{1a}[MA][I_2]}{k_{1b} + [I_2]} \quad (1)$$

$$ClO_2 + I^- \rightarrow ClO_2^- + \frac{1}{2}I_2; \quad \frac{d[ClO_2]}{dt} = -k_2[ClO_2][I^-] \quad (2)$$

$$ClO_2 + 4I^- + 4H^+ \rightarrow Cl^- + 2I_2 + 2H_2O;$$

$$\frac{d[ClO_2^-]}{dt} = -k_{3a}[ClO_2^-][I^-][H^+] - k_{3b}[ClO_2^-][I_2]\frac{[I^-]}{u + [I^-]^2} \quad (3)$$

Lengyel 等人（1990）和 Lengyel、Epstein（1991）给出了动力学参数和典型的浓度值。

式（1）~式（3）的数值积分所展示的模型振荡同所观察到的实验结果是一致的。但这个模型仍然因其太复杂而不能通过获得解析解来分析。为了简化，Lengyel 等人（1990）利用他们在模拟中所发现的结果：在一个振荡期内的若干个级数改变下，三种反应物（MA，I_2 和 ClO_2）要比媒介（I^- 和 ClO_2^-）变化慢得多。通过把慢反应物的浓度假设为常量并且做一些其他合理的简化，他们把系统简化为两个参数的模型。（当然，由于这个近似忽略了反应物的缓慢消耗，因而此模型不能够解释系统最终接近平衡点。）经过适当的无量纲化，模型变为

$$\dot{x} = a - x - \frac{4xy}{1 + x^2} \tag{4}$$

$$\dot{y} = bx\left(1 - \frac{y}{1 + x^2}\right) \tag{5}$$

式中，x 和 y 表示 I^- 和 ClO_2^- 的无量纲浓度。对于慢反应物，参数 $a > 0, b > 0$ 分别依赖于经验速率常数和浓度。

通过构造一个捕获域并应用庞加莱-本迪克松定理，对式（4）和式（5）进行分析。然后，我们将展示超临界霍普夫分岔中出现了这一化学振荡。

例题 8.3.1

如果 a、b 满足某一待定的约束条件，证明在正象限 $x > 0, y > 0$ 处，系统［式（4）和式（5）］有一闭轨。

解：正如例题 7.3.2，零点集帮助我们构建了一个捕获域。式（4）在曲线

$$y = \frac{(a - x)(1 + x^2)}{4x} \tag{6}$$

处 $\dot{x} = 0$，且式（5）在 y 轴和抛物线 $y = 1 + x^2$ 处，$\dot{y} = 0$。这些零点集同一些代表性的向量一同被描绘在图 8.3.1 上。

（对于图 8.3.1，我们应用一些教学上的技巧；通过

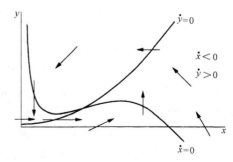

图 8.3.1

放大零点集［式（6）］的曲率来突出它的形状，而且还给了更多的空间来画向量。）

现在考虑图 8.3.2 中的虚线框。由于在边界点上的所有向量都会进入这个虚线框，因此它是一个捕获域。

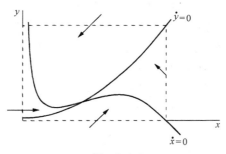

图 8.3.2

由于在虚线框内部，在零点集的交点处存在一个不动点，

$$x^* = a/5, y^* = 1 + (x^*)^2 = 1 + (a/5)^2$$

我们还不能应用庞加莱-本迪克松定理。现在如同例题 7.3.3 讨论的一样，如果不动点成为一个排斥子，则通过移去不动点，应用庞加莱-本迪克松定理去"戳破"这个盒子。

接下来要做的就是确定在什么条件下（如果有）不动点是一个排斥子。在 (x^*, y^*) 点的雅可比矩阵为

$$\frac{1}{1 + (x^*)^2} \begin{pmatrix} 3(x^*)^2 - 5 & -4x^* \\ 2b(x^*)^2 & -bx^* \end{pmatrix}$$

通过运用 $y^* = 1 + (x^*)^2$ 来简化雅可比矩阵的一些元素。雅可比矩阵的行列式和迹分别为

$$\Delta = \frac{5bx^*}{1 + (x^*)^2} > 0, \quad \tau = \frac{3(x^*)^2 - 5 - bx^*}{1 + (x^*)^2}$$

幸运的是，由于 $\Delta > 0$，不动点永远不是一个鞍点。因此，如果 $\tau > 0$，(x^*, y^*) 是一个排斥子。例如，如果

$$b < b_c \equiv 3a/5 - 25/a \tag{7}$$

成立，则庞加莱-本迪克松定理意味着在"戳破"盒子的某个地方，存在一个闭轨。∎

例题 8.3.2

应用数值积分，证明在 $b = b_c$ 处发生霍普夫分岔，并确定这个分岔是亚临界的还是超临界的。

解：当 b 减小并通过 b_c 时，上述分析结果表明不动点从一个稳定焦点变为一个不稳定焦点；这正是霍普夫分岔的特征。图 8.3.3 给出了两个典型的相图（我们选择参数 $a = 10$，则通过式（7），$b_c = 3.5$）。当 $b > b_c$ 时，所有轨迹螺旋进入稳定的不动点（见图 8.3.3a），而当 $b < b_c$ 时，它们被吸入一个稳定极限环（见图 8.3.3b）。

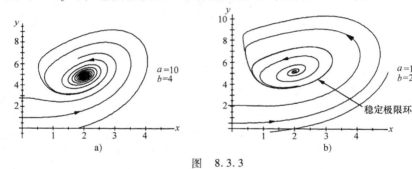

图 8.3.3

因不动点失稳后，被一稳定的极限环所围绕，因此分岔是超临界的。此外当 $b \to b_c$ 时，通过对相图的观察，我们能够确定极限环连续收缩到一点。■

图 8.3.4 示出了我们的结果。两个区域的边界由霍普夫分岔所在位置 $b = 3a/5 - 25/a$ 给出。

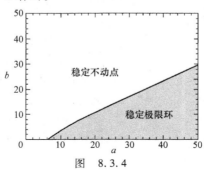

图 8.3.4

例题 8.3.3

当 b 略小于 b_c 时，估计极限环的周期。

解：根据分岔点处特征值的虚部，我们能够估计出其频率。通常，特征值满足 $\lambda^2 - \tau\lambda + \Delta = 0$。当 $b = b_c$ 时，由于 $\tau = 0$ 及 $\Delta > 0$，我们发现

$$\lambda = \pm \mathrm{i}\sqrt{\Delta}$$

但在 b_c 处，

$$\Delta = \frac{5b_c x^*}{1+(x^*)^2} = \frac{5\left(\dfrac{3a}{5} - \dfrac{25}{a}\right)\left(\dfrac{a}{5}\right)}{1+(a/5)^2} = \frac{15a^2 - 625}{a^2 + 25}$$

且，$\omega \approx \Delta^{1/2} = \left[(15a^2 - 625)/(a^2 + 25)\right]^{1/2}$，所以

$$T = 2\pi/\omega$$

$$= 2\pi\left[(a^2 + 25)/(15a^2 - 625)\right]^{1/2}$$

$T(a)$ 的图像如图 8.3.5 所示。当 $a \to \infty$ 时，$T \to 2\pi/\sqrt{15} \approx 1.63$。∎

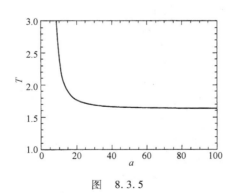

图　8.3.5

8.4　环的全局分岔

在二维系统中，有四种常见的极限环产生或消失的方式。其

中虽然霍普夫分岔是最著名的，但其他三种方式也很有名。由于它们处于相平面中大的范围而不仅仅是单个不动点处周边的区域，因此它们不容易被发现。因而，它们被称作**全局分岔**。在本节中，我们将给出一些全局分岔的典型例题，进而对这三种方式与霍普夫分岔进行对比。在 8.5 节、8.6 节和练习题中，将讨论对它们的一些科学应用。

环的鞍-结分岔

在一分岔处，两个极限环重合并消失，类似不动点的相关分岔，我们称为折叠或者**环的鞍-结分岔**。如下述系统

$$\dot{r} = \mu r + r^3 - r^5$$

$$\dot{\theta} = \omega + b r^2$$

在 8.2 节研究过，并讨论了当 $\mu = 0$ 时的亚临界霍普夫分岔，下面我们专注于当 $\mu < 0$ 时的动力学。

把径向方程 $\dot{r} = \mu r + r^3 - r^5$ 看作一维系统有助于我们接下来的研究。我们能够发现，这个系统在 $\mu_c = -1/4$ 处经历一个鞍-结分岔。对于上述的二维系统，这些不动点对应着圆形极限环。图 8.4.1 描绘出了"径向相图"和相应相平面的行为。

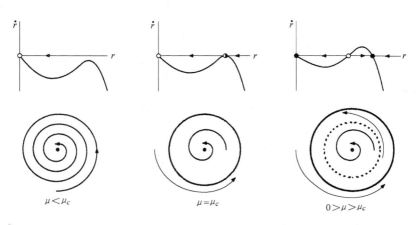

图 8.4.1

在 μ_c 处，一个半稳定环清晰地生成。随着 μ_c 增加，它分裂成一对极限环，一个是稳定的，一个是不稳定的。观察另一方面，随着 μ 减小并通过 μ_c 时，一个稳定和不稳定的环相互碰撞并消失。要注意的是，原点在分岔处不发生改变，自始至终都是稳定的。

更进一步，我们注意到，相对于霍普夫分岔——极限环有一个同 $(\mu - \mu_c)^{1/2}$ 成比例的小振幅，在环的生成处有 $O(1)$ 的振幅。

无限周期分岔

考虑系统

$$\dot{r} = r(1 - r^2)$$

$$\dot{\theta} = \mu - \sin\theta$$

式中，$\mu \geqslant 0$。这个系统把之前在第 3、4 章中所研究的两个一维系统合并起来。在径向上，随着 $t \to \infty$，所有轨迹（除 $r^* = 0$）单调地接近一个单位圆。在角方向上，当 $\mu > 1$ 时，反向运动；当 $\mu < 1$ 时，两条不变射线被 $\sin\theta = \mu$ 定义。所以，当 μ 递减并通过 $\mu_c = 1$ 时，相图发生改变，如图 8.4.2 所示。

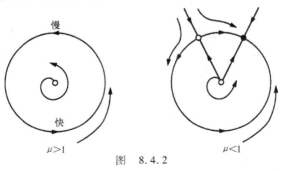

图 8.4.2

当 μ 减少时，在 $\theta = \pi/2$ 时，极限环 $r = 1$ 形成一个瓶颈，而且随着 $\mu \to 1^+$ 时，这一现象变得越来越明显。当一不动点出现在环上时，振荡周期加长并最终在 $\mu_c = 1$ 处变得无限长。从而形成**无限周期分岔**。当 $\mu < 1$ 时，不动点分成一个鞍点和一个结点。

当接近分岔时，振荡的幅度保持为 $O(1)$，但周期以 $(\mu - \mu_c)^{-1/2}$ 增长，4.3 节讨论了其原因。

同宿分岔

在这种情形下，极限环部分与鞍点离得越来越近。在分岔处，环与鞍点相交变为一个同宿轨。这是另外一种无限周期分岔，为了避免混淆，我们称它为鞍-环或同宿分岔。

由于找一个解析的例题很困难，因此我们求助于计算机。考虑系统

$$\dot{x} = y$$

$$\dot{y} = \mu y + x - x^2 + xy$$

图 8.4.3 绘制了在分岔前后的系统相图，其中仅重要的特性被显示出。

利用数值方法，可以发现分岔发生在点 $\mu_c \approx -0.8645$ 处。当 $\mu < \mu_c$ 时，如 $\mu_c = -0.92$，一个稳定的极限环接近在原点处的鞍点（见图 8.4.3a）。当 μ 增加到 μ_c 时，极限环膨胀（见图 8.4.3b）且爆裂为鞍点，同时产生一条同宿轨（见图 8.4.3c）。一旦 $\mu > \mu_c$，鞍形连接分裂且环被摧毁（见图 8.4.3d）。

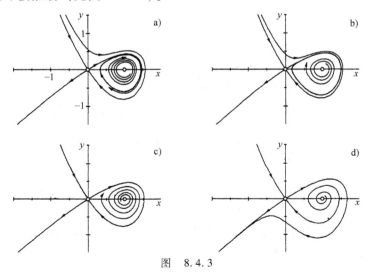

图 8.4.3

这个分岔的关键是鞍点不稳定流形的行为。观察离开原点往东北方的不稳定流形分支：在回路循环后，它要么同原点相撞（见图

8.4.3c)，要么突然转向一侧或另一侧（见图 8.4.3a、d）。

标度律

对于每个给定的分岔，都存在着当接近分岔时，主导着极限环的振幅和周期的特征标度律。令 μ 表示一些与分岔距离的无量纲测度，并假设 $\mu \ll 1$。二维系统环分岔的一般性标度律见表 8.4.1。

表 8.4.1

项目	稳定极限环的振幅	环周期
超临界霍普夫	$O(\mu^{1/2})$	$O(1)$
环的鞍-结分岔	$O(1)$	$O(1)$
无限周期	$O(1)$	$O(\mu^{-1/2})$
同宿	$O(1)$	$O(\ln\mu)$

除了同宿分岔的标度律外，上述标度律都已讨论过。其中周期的标度律可以估计由一条轨迹通过一个鞍点所需的时间来得到［见练习题 8.4.12 和 Gaspard（1990）］。

正如下述的例题，如果系统本身对称或其他特性使得问题变得非同宿的话，那么上述原则也会存在例外。

例题 8.4.1

范德波尔振子 $\ddot{x} + \varepsilon \dot{x}(x^2 - 1) + x = 0$ 不适合表 8.4.1 中任一情况。在 $\varepsilon = 0$ 处，原点的特征值是纯虚数（$\lambda = \pm i$），这意味着在 $\varepsilon = 0$ 处，发生霍普夫分岔。从 7.6 节，我们得知对于 $0 < \varepsilon \ll 1$，系统有一个振幅为 $r \approx 2$ 的极限环。解释这时的环为什么不随着标度律所预测的 $O(\varepsilon^{1/2})$ 增长？

解：在 $\varepsilon = 0$ 时，分岔是退化的。随着特征值穿过虚轴，对于相同的参数值，非线性项 $\varepsilon \dot{x} x^2$ 消失。如果之前也存在这一情况，那么就是一个不一般的巧合。

我们能够重新调整 x 来消除这一退化。将方程变形为 $\ddot{x} + x + \varepsilon \dot{x} x^2 - \varepsilon \dot{x} = 0$。令 $u^2 = \varepsilon x^2$ 来消除依赖于 ε 的非线性项，则 $u = \varepsilon^{1/2} x$，方程变为

$$\ddot{u} + u + u^2 \dot{u} - \varepsilon \dot{u} = 0$$

现在当特征值变为纯虚数时，非线性项没有消失，依然存在。从 7.6 节我们得知，对于 $0 < \varepsilon \ll 1$，极限环的解是 $x(t,\varepsilon) \approx 2\cos t$。利用 u 值，得到

$$u(t,\varepsilon) = (2\sqrt{\varepsilon})\cos t$$

因此，对于霍普夫分岔，正如我们所期望的，振幅随着 $\varepsilon^{1/2}$ 增长。

通过考虑二维系统中的典型例题，可以推导出标度律。在更多维的相空间中，相应的分岔遵守同样的标度律，但需要注意：①可能会出现一些额外的极限环分岔，因此上述的表格不能完全覆盖；②同宿分岔需要更精妙的分析。它接下来会产生一个混沌系统［Guckenheimer 和 Holmes（1983），Wiggins（1990）］。

所有的这些都指向一个问题：为什么你要关心这些标度律？假定你是一名实验科学家而且正在研究的系统展示出一个稳定的极限环振荡。现在，假定你改变了一个控制参数后，振荡停止。通过检验分岔附近的周期和振幅的标度律，你可以了解到一些系统动力学特性（如果有的话，通常无法确切地知道）。以这种方式，可能的模型被排除或支持，如 Gaspard（1990）的物理化学的例题。

8.5　驱动钟摆与约瑟夫森结滞后现象

本节将涉及同宿和无限周期发生时所蕴含的物理问题。这个问题曾在 4.4 节和 4.6 节介绍过。那时，我们曾研究过一个被恒定转矩驱动的有阻力钟摆，或者类似的，被一个恒定电流驱动的超导约瑟夫森结。由于当时还没准备好研究二维系统，因此我们曾将这两个问题简化为圆上的向量场，研究在忽略质量（对于钟摆）或忽略电容（对于约瑟夫森结）的过阻尼极限。

现在，我们准备处理二维的问题。正如之前在 4.6 节中所研究的，由于一个稳定极限环和一个稳定不动点的共存，足够弱阻尼的钟摆和约瑟夫森结，会显示出有趣的滞后效应。从物理意义上讲，钟摆要么会达到最顶部的旋转解，要么会进入重力和外加力矩平衡处的稳定静止状态。这个最终状态的确依赖于初始条件。我们的目的是理解这种双稳定如何形成。

我们将借助约瑟夫森结来进行讨论，同时在有需要的时候，也将会涉及钟摆的问题。

控制方程

如 4.6 节所阐述的，约瑟夫森结的控制方程为

$$\frac{\hbar C}{2e}\ddot{\phi} + \frac{\hbar}{2eR}\dot{\phi} + I_c\sin\phi = I_B \tag{1}$$

式中，$\hbar$ 表示普朗克常数除以 2π；e 表示电子电量；I_B 为恒定驱动电流；C、R 和 I_c 表示约瑟夫森结的电容、电阻和临界电流，此外 $\phi(t)$ 表示穿过约瑟夫森结的相位差。

为了强调阻尼的作用，用与 4.6 节不同的方式对方程（1）进行无量纲化。令

$$\tilde{t} = \left(\frac{2eI_c}{\hbar C}\right)^{1/2} t, \ I = \frac{I_B}{I_c}, \ \alpha = \left(\frac{\hbar}{2eI_cR^2C}\right)^{1/2} \tag{2}$$

则式（1）变为

$$\phi'' + \alpha\phi' + \sin\phi = I \tag{3}$$

式中，α 和 I 为无量纲阻尼和外加电流。式（3）主要表示关于 $\tilde{t}$ 的微分。这里根据相应的物理背景 $\alpha > 0$，不失一般性我们选择 $I \geq 0$（否则，重新定义 $\phi \rightarrow -\phi$）。

令 $y = \phi'$，然后系统可变为

$$\phi' = y \tag{4}$$
$$y' = I - \sin\phi - \alpha y$$

正如 6.7 节中，由于 ϕ 是一个角变量，y 是一个实数（最好理解为一个角速度），因此相空间是一个柱面。

不动点

式（4）的不动点满足 $y^* = 0$ 和 $\sin\phi^* = I$。因此，当 $I < 1$ 时，在柱面上存在两个不动点；而在 $I > 1$ 时，不存在不动点。当不动点存在时，对于雅可比矩阵

$$A = \begin{pmatrix} 0 & 1 \\ -\cos\phi^* & -\alpha \end{pmatrix}$$

由于 $\tau = -\alpha < 0$，$\Delta = \cos\phi^* = \pm\sqrt{1 - I^2}$，因此一个不动点为鞍点，另一个为汇点。当 $\Delta > 0$ 时，如果 $\tau^2 - 4\Delta = \alpha^2 - 4\sqrt{1 - I^2} > 0$，也就是说，当阻尼足够大或者 I 接近于 1 时，系统有一个稳定结点，否则汇点是一个稳定焦点。当 $I = 1$ 时，稳定结点和鞍点在不动点的鞍-结分岔处合并。

闭轨的存在性

当 $I > 1$ 时会发生什么呢？尽管不会有更多的不动点，但会发生一些新的现象。所有的轨迹被吸引到一个唯一的、稳定的极限环上。

第一步是证明存在一个周期解。我们会运用很久以前庞加莱所提出的一个思想，这一思想将会在之后的研究中频繁用到。

考虑零点集 $y = \alpha^{-1}(I - \sin\phi)$，它的 $y' = 0$。流在零点集以上是朝下的，在零点集以下是朝上的（见图 8.5.1）。

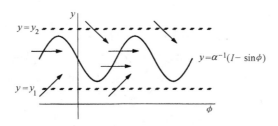

图 8.5.1

特别是，所有的轨迹最终进入 $y_1 \leq y \leq y_2$ 带（见图 8.5.1），并永远停留在这一区域。（其中，y_1 和 y_2 分别为任意确定数，并使得 $0 < y_1 < (I-1)/\alpha$ 和 $y_2 > (I+1)/\alpha$。）由于 $y > 0$ 意味着 $\phi' > 0$，这表明在这个带的内部，流一直是向右的。

同样，由于 $\phi = 0$ 和 $\phi = 2\pi$ 在柱面上是等价的，我们可能会把注意力局限到矩形盒 $0 \leq \phi \leq 2\pi$、$y_1 \leq y \leq y_2$ 中。这一矩形盒包括了流长期行为的所有信息（见图 8.5.2）。

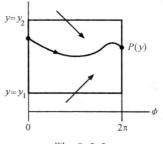

图 8.5.2

现在考虑一条高度为 y 并从盒子左侧出发的一条轨迹, 直到与盒子左侧高度为 $P(y)$ 处相交 (见图 8.5.2)。从 y 到 $P(y)$ 的映射称为**庞加莱映射**。这告诉我们, 当一轨迹围绕着柱面转一圈后, 它的高度会如何改变 (见图 8.5.3)。

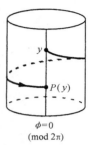

庞加莱映射也被称为**首次-回归映射**, 因为如果一条轨道从线 $\phi = 0 \pmod{2\pi}$ 高度为 y 的地方开始出发, 那么 $P(y)$ 是它首次回归到该线时的高度。

$\phi = 0$
$(\mathrm{mod}\ 2\pi)$

图 8.5.3

现在的关键点是: 我们不能明确地计算 $P(y)$, 但是如果可以证明有这样一个点 y^*, 如 $P(y^*) = y^*$, 那么相应的轨迹将是一个闭轨 (因为经过一圈后, 它返回到柱面上相同的位置)。

为了表明这一 y^* 一定存在, 我们至少需要粗略地知道 $P(y)$ 的图是什么样子的。考虑一个开始于 $y = y_1$、$\phi = 0$ 的轨迹。则有

$$P(y_1) > y_1$$

这是因为起初流是严格向上的, 且轨迹不会返回到直线 $y = y_1$, 因为在那条线上, 流都是向上的 (见图 8.5.1 和图 8.5.2)。同样的论点,

$$P(y_2) < y_2$$

此外, $P(y)$ 是一个连续函数。如果向量场足够光滑, 从定理得知, 微分方程的解是连续依赖初始条件的。

最后, $P(y)$ 是一个单调函数。 (通过画图, 能够确认: 如果 $P(y)$ 不单调, 两个轨迹会交叉。这是不允许的。) 这些结果表明, $P(y)$ 的形状如图 8.5.4 所示。

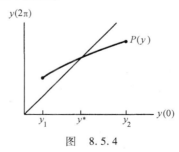

图 8.5.4

由介值定理 (或常识), $P(y)$ 的图像必然与 45°对角线在某处相交, 此交点正是我们期望的 y^*。

极限环的唯一性

上面证明了闭轨的*存在性*，而且也几乎证明了它的*唯一性*。但我们没有排除在某个区域内的 $P(y) \equiv y$ 可能性，在这种情况下，会有无穷多个封闭轨。

为了确定我们所声称的唯一性，回忆 6.7 节，在一个柱面上，有两个不同拓扑类型的周期轨：**天平动** 和 **旋转**（见图 8.5.5）。

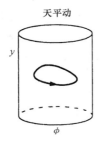
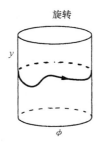

图 8.5.5

对于 $I > 1$，天平动是不可能的，因为任何天平动都必须围绕一个固定的点，通过指数理论——当 $I > 1$ 时，没有不动点。因此我们只需要考虑旋转。

假设有两个不同的旋转。在柱面上的相图与图 8.5.6 看起来很像。由于轨迹不交叉，两个旋转中的一个必会严格位于另一个的上方。令 $y_U(\phi)$ 和 $y_L(\phi)$ 表示"高"和"低"旋转，对于所有的 ϕ，在 $y_U(\phi) > y_L(\phi)$。

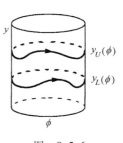

图 8.5.6

两个旋转的存在性将会导致矛盾，能量参数表示如下：

$$E = \frac{1}{2}y^2 - \cos\phi \tag{5}$$

经过任一个旋转 $y(\phi)$ 的环绕后，能量的改变量 ΔE 必然为零。因此

$$0 = \Delta E = \int_0^{2\pi} \frac{\mathrm{d}E}{\mathrm{d}\phi}\mathrm{d}\phi \tag{6}$$

但式（5）意味着

$$\frac{\mathrm{d}E}{\mathrm{d}\phi} = y\frac{\mathrm{d}y}{\mathrm{d}\phi} + \sin\phi \tag{7}$$

且由式（4）知

$$\frac{\mathrm{d}y}{\mathrm{d}\phi} = \frac{y'}{\phi'} = \frac{I - \sin\phi - \alpha y}{y} \tag{8}$$

把式（8）代入式（7），得到 $\mathrm{d}E/\mathrm{d}\phi = I - \alpha y$，因此式（6）表示，在任意旋转 $y(\phi)$ 上，

$$0 = \int_0^{2\pi} (I - \alpha y)\mathrm{d}\phi$$

等价地，任意旋转必须满足

$$\int_0^{2\pi} y(\phi)\mathrm{d}\phi = \frac{2\pi I}{\alpha} \tag{9}$$

但由于 $y_U(\phi) > y_L(\phi)$，故

$$\int_0^{2\pi} y_U(\phi)\mathrm{d}\phi > \int_0^{2\pi} y_L(\phi)\mathrm{d}\phi$$

而且，对于两个旋转式（9）都不成立。

这个矛盾证明了对于 $I > 1$ 的旋转是唯一的。

同宿分岔

假定从某个 $I > 1$ 开始 I 缓慢减少，旋转解会发生什么变化？考虑钟摆：随着驱动力矩的减少，钟摆的摆动越来越剧烈直到翻过顶部。在某个 $I_c < 1$ 的临界值，力矩不足以克服重力和阻力，钟摆不再翻转。然后，旋转消失且所有的解逐渐减弱到静止状态。

现在我们希望在相空间中可视化相应的分岔。在练习题 8.5.2 中要求证明（通过对相图的数值计算）如果 α 足够小的话，那么稳定极限环在同宿分岔中会被破坏。下面的插图概括了所得到的结果。

首先假设 $I_c < I < 1$。系统是双稳态的：一个汇点同一个稳定的极限环共存（见图 8.5.7）。

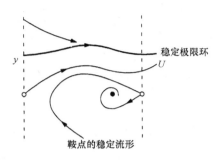

稳定极限环

U

鞍点的稳定流形

y

图 8.5.7

注意在图 8.5.7 中标记为 U 的轨道。它是鞍点不稳定流形的一个分支。当 $t \to \infty$ 时，U 渐近地接近稳定的极限环。

随着 I 减少，稳定极限环向下移动，挤压 U 并使得其与鞍点的稳定流形越来越近。当 $I = I_c$ 时，极限环与 U 在同宿分岔处合并。现在 U 是同宿轨——它把鞍点包含到自身（见图 8.5.8）。

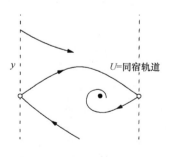

y

U=同宿轨道

图 8.5.8

最后，当 $I < I_c$ 时，鞍形连接断开，且 U 螺旋进入汇点（见图 8.5.9）。

仅当无量纲阻尼 α 足够小时，上述描述才是有效的。而对于大的 α，必然会有一些不同的情况发生。毕竟，当 α 为无穷大时，在 4.6 节中已研究过超过阻尼极限时的情况。在那节中，我们的分析表明周期解被一个无限周期分岔破坏（一个鞍点和一个结点产生在先前的极限环中）因此，如果 α 是一个大的有限值，也会产生一个无限周期分岔，这是合

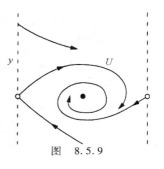

图　8.5.9

理的。这些直觉的想法是能够被数值积分所验证的（练习题 8.5.2）。

把这些都放在一起就得到图 8.5.10 中的稳定图。三类分岔发生：周期轨的同宿分岔与无限周期分岔、不动点的鞍-结分岔。

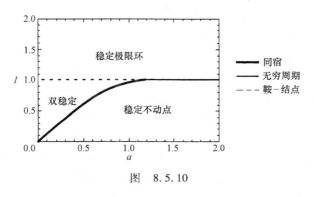

图　8.5.10

我们得到的图 8.5.10 的陈述都是启发式的。严格的证明见 Levi 等 (1978)。此外，Guckenheimer 和 Holmes （1983，202 页）在 $\alpha \ll 1$ 时，通过运用梅利尼科夫（Melnikov）方法，推导出在同宿分岔处的解析近似。他们证明了当 $\alpha \to 0$ 时，分岔曲线同直线 $I = 4\alpha/\pi$ 相切。即使对不是很小的 α，由于在图 8.5.10 中同宿分岔曲线的直线度，这一近似仍然有效。

滞后的电流-电压曲线

图 8.5.10 解释了为什么轻阻尼约瑟夫森结有滞后的 I-V 曲线。假定 α 是小的且 I 值最初是低于同宿分岔的（见图 8.5.10 中的粗线）。那么交点在稳定不动点处产生，对应着零电压状态。随着 I 增加并未

发生任何改变，直到 I 超过 1。那么，稳定不动点在鞍-结分岔处消失，而且相交点跳跃到一个非零电压状态（极限环）。

如果 I 返回且变小，在低于 $I=1$ 区域，极限环一直存在。但随着逐渐接近 I_c，它的频率连续地趋于零。正如我们所期望的，就像在 8.4 节中所讨论的标度律一样，频率趋于零如 $[\ln(I-I_c)]^{-1}$。现在回忆 4.6 节，交点的直流电压同它的振荡频率成比例。因此，当 $I \to I_c^+$ 时，电压也连续地返回到零（见图 8.5.11）。

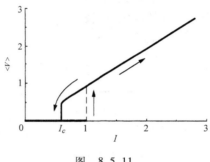

图　8.5.11

实际上，因为 $[\ln(I-I_c)]^{-1}$ 在 I_c 处具有任意阶导数（见练习题 8.5.1），故电压间断跳跃性地返回到零。曲线的倾斜度使得它不可能连续返回到零。例如，在钟摆的实验中，Sullivan 和 Zimmerman（1971）测试了 $I\text{-}V$ 曲线的机械模型，即旋转率同外加力矩的曲线关系。通过数据显示出在分岔处会出现一个跳跃到零旋转率的现象。

8.6　耦合振子与准周期性

除了平面和柱面，另外一个重要的二维相空间就是**环面**。它是如下系统的自然相空间。

$$\dot{\theta}_1 = f_1(\theta_1, \theta_2)$$
$$\dot{\theta}_2 = f_2(\theta_1, \theta_2)$$

其中在两个参数中，f_1 和 f_2 是周期性的。

譬如，**耦合阵子**的模型为

$$\dot{\theta}_1 = \omega_1 + K_1 \sin(\theta_2 - \theta_1)$$

$$\dot{\theta}_2 = \omega_2 + K_2 \sin(\theta_1 - \theta_2) \tag{1}$$

式中，θ_1、θ_2 是振子的相位，ω_1、ω_2 是它们的自然频率且均大于 0，K_1、K_2 是耦合常数且均大于或等于 0。式（1）被用来模拟人类生理节律和睡-醒周期之间的相互作用（Strogatz 1986，1987）。

理解式（1）的直观方式是想象两个朋友在一个环形跑道上慢跑。θ_1、θ_2 表示他们在轨道上的位置，ω_1、ω_2 与他们喜好的速度成比例。如果他们之间不是耦合的，那么每个人都以他或她所偏好的速度跑，快的人将会周期性地超过慢的人（正如例题 4.2.1）。但他们是朋友，想一起跑！因此他们必须妥协并调整他们的速度来达到一致。如果他们偏好的速度非常不同，相位同步将无法达到，他们可能会寻找新的跑步搭档。

为了解释环面上流的一些普遍特性，并提供一个环的鞍-结分岔例子（见 8.4 节），这里我们会对式（1）更加从理论上出发去考虑。为了将流可视化，想象两个点在一个圆上以瞬时速度 $\dot{\theta}_1$、$\dot{\theta}_2$ 运动（见图 8.6.1）。或者，我们想象一个单点在 θ_1、θ_2 坐标系下的环面上追踪一个轨迹（见图 8.6.2）。这一坐标系类似于经度和纬度。

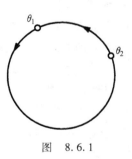

图　8.6.1

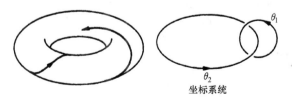

坐标系

图　8.6.2

由于环面的曲表面使得相图很难画出，所以我们更喜欢用一个等价的表达：具有周期边界条件的正方形。这样，如果一个轨迹跑出边界，它会在相反边界上重新出现，正如在一些视频游戏中所出现的那样（见图 8.6.3）。

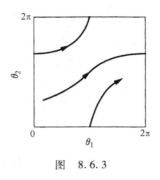

图 8.6.3

非耦合系统

即使表面看似平凡的非耦合振子（$K_1 = 0$，$K_2 = 0$），也有一些让人意外的结果。此时式（1）简化为 $\dot{\theta}_1 = \omega_1$，$\dot{\theta}_2 = \omega_2$。在正方形中相应的轨迹是一些具有固定斜率 $\mathrm{d}\theta_2/\mathrm{d}\theta_1 = \omega_2/\omega_1$ 的直线。当斜率为有理数或无理数时，存在两种完全不同的情形。

如果斜率是**有理数**，那么对于没有公因数的整数 p、q，$\omega_1/\omega_2 = p/q$。在这种情形下，环面上所有的轨迹都是闭轨，因为 θ_1 完成 p 个循环的同时，θ_2 完成 q 个循环。例如，图 8.6.4 显示了在正方形中具有 $p = 3$、$q = 2$ 的轨道。

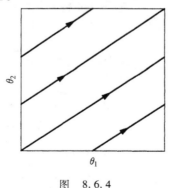

图 8.6.4

当在环面上绘图时，相同的轨迹给出了一个**三叶形纽结**！图 8.6.5 显示了一个三叶草，从环面的顶部观察，环面被一个三叶草的图像所围绕。

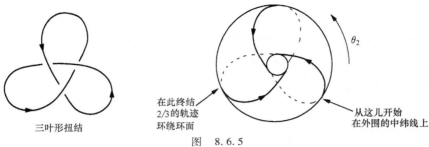

三叶形扭结

在此终结
2/3 的轨迹
环绕环面

从这儿开始
在外围的中纬线上

图 8.6.5

你知道为什么这个结点对应 $p=3$，$q=2$ 吗？沿着图 8.6.5 中打结的轨迹，计算出 θ_1 转一圈时 θ_2 旋转的圈数，其中 θ_1 是纬度，θ_2 是经度。从外围的中纬线开始，轨迹移动到顶部表面，潜入洞里并沿着底部表面运动，然后重现在外围的中纬线，这样就有 2/3 的轨迹沿着环面。因此当 θ_1 转一圈时，θ_2 转了 2/3 圈，所以 $p=3$，$q=2$。

实际上，如果 $p \geqslant 2$，$q \geqslant 2$ 没有公因数，则轨迹将一直会打结。由此产生的曲线被称作 $p:q$ 环结。

第二种可能性是斜率为**无理数**（见图 8.6.6）。则流为**准周期**的。每条轨迹无休止地缠绕在环上，永远不会和自身相交，也永远不会封闭。

我们如何确定轨迹是永远不会封闭的呢？任意闭轨必须满足 θ_1 和 θ_2 都运动了整数圈；因此斜率必须是有理数，这同假设相反。

进而，当斜率是无理数时，每条轨迹在环上是**稠密**的：换句话说，每个轨迹任意地接近环上给出的任一点。这不是说轨迹穿过每一个点，它只是任意接近（练习题 8.6.3）。

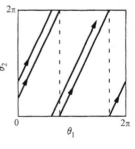

图 8.6.6

准周期性是十分有意义的，因为它是一种新型的长期行为。不像之前的概念（不动点、闭轨道、同宿轨、异宿轨和环），准周期仅在环面上发生。

耦合系统

现在考虑在耦合情况下的式（1），其中 $K_1 > 0$，$K_2 > 0$。它的动力学原理可以通过查看相位差 $\phi = \theta_1 - \theta_2$ 来解释。然后式（1）变为

$$\dot{\phi} = \dot{\theta}_1 - \dot{\theta}_2 = \omega_1 - \omega_2 - (K_1 + K_2)\sin\phi \qquad (2)$$

这就是 4.3 节中研究过的非均匀振子。通过画出标准图（见图 8.6.7），对于式（2），我们看到：当 $|\omega_1 - \omega_2| < K_1 + K_2$ 时，存在两个不动点；当 $|\omega_1 - \omega_2| > K_1 + K_2$ 时，没有不动点；当 $|\omega_1 - \omega_2| = K_1 + K_2$ 时，发生鞍-结分岔。

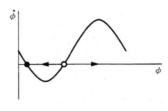

图 8.6.7

假设现在有两个不动点，由下式定义

$$\sin\phi^* = \frac{\omega_1 - \omega_2}{K_1 + K_2}$$

如图 8.6.7 所示，式（2）中所有轨迹都渐近地逼近稳定不动点。因此，返回到环面上，式（1）的轨迹接近一个稳定的**锁相**解，其中振子被一个恒定的相位差 ϕ^* 分离。锁相解是周期性的；事实上，两个振子以一个恒定的频率 $\omega^* = \dot{\theta}_1 = \dot{\theta}_2 = \omega_2 + K_2\sin\phi^*$ 振动。替换 $\sin\phi^*$ 后得到

$$\omega^* = \frac{K_1\omega_2 + K_2\omega_1}{K_1 + K_2}$$

这叫作**折中频率**，因为它介于两个振子的自然频率之间（见图 8.6.8）。

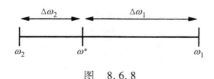

图 8.6.8

这种折中并非一半对一半的折中，而是频率按照耦合强度比例发生改变，如恒等式所示：

$$\left|\frac{\Delta\omega_1}{\Delta\omega_2}\right| \equiv \left|\frac{\omega_1 - \omega^*}{\omega_2 - \omega^*}\right| = \left|\frac{K_1}{K_2}\right|$$

现在我们准备画出环面上的相图（见图 8.6.9）。由于 $\dot{\theta}_1 = \dot{\theta}_2 = \omega^*$，稳定和不稳定的锁相解出现在斜率为 1 的对角线上。

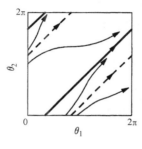

图　8.6.9

如果我们把自然频率分开，即通过给其中一个振子去谐，然后当 $|\omega_1 - \omega_2| = K_1 + K_2$ 时，锁相解相互接近且合并。因此，锁相解在环的鞍-结分岔处被破坏（见 8.4 节）。分岔后，流就像之前非耦合情况下的那样：是否为准周期性的或有理数流，依赖于相应的参数。唯一的区别是在正方形上的轨迹是曲线而不是直线。

8.7　庞加莱映射

在 8.5 节中我们使用庞加莱映射，证明了驱动摆和约瑟夫森结周期轨道的存在性。现在我们更一般性地讨论庞加莱映射。

庞加莱映射对于研究旋流是有用的，例如一个周期轨道附近的流（或者如我们在后面看到的一些混沌系统中的流）。考虑一个 n-维系统 $\dot{\boldsymbol{x}} = \boldsymbol{f}(\boldsymbol{x})$。令 S 为一个

图　8.7.1

$n-1$ 维的**截面**（见图 8.7.1）。要求 S 与流横切，即所有开始于 S 的轨迹都流经它，但不与它平行。

庞加莱映射 P 是一个 S 到它自身的映射，通过沿着轨道从一个与 S 的交点到下一个交点得到。如果 $\boldsymbol{x}_k \in S$ 表示第 k 个交点，那么庞加莱映射被定义为

$$\boldsymbol{x}_{k+1} = P(\boldsymbol{x}_k)$$

假设 $\boldsymbol{x}^*$ 是 P 的一个**不动点**，即 $P(\boldsymbol{x}^*) = \boldsymbol{x}^*$。那么一条始于 $\boldsymbol{x}^*$ 的轨迹，在一段时间 T 后又返回到 $\boldsymbol{x}^*$，因此它是原始系统 $\dot{\boldsymbol{x}} = f(\boldsymbol{x})$ 的一个闭轨。此外，通过观察在这个不动点附近 P 的行为，我们可以决定闭轨的稳定性。那么庞加莱映射将闭轨问题（这是很难的）转换为一个映像的不动点问题（原则上更容易，尽管在实际中不一直是这样）。问题是找到关于 P 的公式通常是不可能的。为了说明这个，我们先从可以明确计算出 P 的两个例题开始。

例题 8.7.1

考虑极坐标系中由 $\dot{r} = r(1 - r^2)$，$\dot{\theta} = 1$ 所给出的向量场。令 S 为正 x 轴，计算出庞加莱映射。证明系统有唯一的周期轨道，并分析其稳定性。

解：令 r_0 为 S 的初始条件。由于 $\dot{\theta} = 1$，经过 $t = 2\pi$ 的**时间**后，第一次返回到 S。然后 $r_1 = P(r_0)$，其中 r_1 满足

$$\int_{r_0}^{r_1} \frac{\mathrm{d}r}{r(1 - r^2)} = \int_0^{2\pi} \mathrm{d}t = 2\pi$$

积分值（练习题 8.7.1）为 $r_1 = \left[1 + e^{-4\pi}(r_0^{-2} - 1)\right]^{-1/2}$。因此 $P(r) = \left[1 + e^{-4\pi}(r^{-2} - 1)\right]^{-1/2}$。$P$ 的图像如图 8.7.2 所示。

一个不动点在 $r^* = 1$ 处，这里图像与 45°线相交。图 8.7.2 中的**蛛网**结构是我们在图形上迭代映射。给定一个输入值 r_k，画

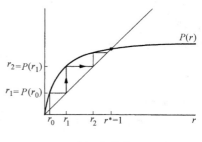

图 8.7.2

一条垂线直到与图像 P 相交；高度为输出值 r_{k+1}。通过迭代，令 r_{k+1} 成为新的输入值，通过画一条水平线直到与 45°对角线相交，然后重复这个过程。你要确信这种构造方法是有效的，我们将会经常用到它。

这个蛛网说明不动点 $r^* = 1$ 是稳定且唯一的。这一点也不奇怪，从例题 7.1.1 我们已经知道系统在 $r = 1$ 处有一个稳定极限环。■

例题 8.7.2

一个由正弦驱动的 RC 电路能写为无量纲的形式 $\dot{x} + x = A\sin\omega t$，$\omega > 0$。利用庞加莱映射，证明这个系统有全局稳定的唯一极限环。

解：这是我们在这本书中讨论的少数几个依赖时间的系统之一。这类系统总是能通过增加一个新变量而将其变为一个独立于时间的系统。这里引进 $\theta = \omega t$，并且把系统看作一个柱面上的向量场，柱面方程为 $\dot{\theta} = \omega$，$\dot{x} + x = A\sin\theta$。在柱面上的任意垂线组成一个适当的截面 S；我们选择 $S = \{(\theta, x) : \theta = 0 \mod 2\pi\}$。考虑在 S 上的初始条件：$\theta(0) = 0$，$x(0) = x_0$。然后两个紧挨的交点之间的时间间隔是 $t = 2\pi/\omega$。从物理意义上讲，我们抓住系统的每个驱动周期，并观察 x 的连续值。

为了计算 P，我们需要解微分方程。它的一般解是通解和特解的和：$x(t) = c_1 e^{-t} + c_2 \sin\omega t + c_3 \cos\omega t$。常量 c_2 和 c_3 可以明确地求出，但重点是它们依赖 A 和 ω，而不依赖初始条件 x_0；仅 c_1 依赖 x_0。为了确定对 x_0 的依赖性，观察在 $t = 0$，$x = x_0 = c_1 + c_3$。因此

$$x(t) = (x_0 - c_3)e^{-t} + c_2 \sin\omega t + c_3 \cos\omega t$$

P 由 $x_1 = P(x_0) = x(2\pi/\omega)$ 定义。代入得到

$$P(x_0) = x(2\pi/\omega) = (x_0 - c_3)e^{-2\pi/\omega} + c_3$$
$$= x_0 e^{-2\pi/\omega} + c_4$$

式中，$c_4 = c_3(1 - e^{-2\pi/\omega})$。

P 的图像是斜率 $e^{-2\pi/\omega} < 1$ 的一条直线，如图 8.7.3 所示。

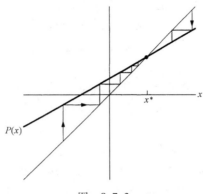

图 8.7.3

因为 P 有小于 1 的斜率，所以它与对角线仅有一个交点。此外，蛛网结构说明 x_k 与不动点的偏差在每一次迭代中被一个恒定的常数乘子驱使而减小。因此不动点是唯一且全局稳定的。

从物理意义上讲，不管初始条件如何，电路总是进入相同的受迫振荡中。这就是利用新方法观察的基础物理中一个熟悉的结果。■

周期轨道的线性稳定性

现在考虑一般情况：考虑具有闭轨的系统 $\dot{x} = f(x)$，我们怎样才能判断轨道是稳定的还是不稳定的？这等同于判断相应的庞加莱映射不动点 x^* 是否是稳定的。令 v_0 为 S 中一个无穷小的扰动 $\dot{x} + v_0$。在第一次返回到 S 后，

$$x^* + v_1 = P(x^* + v_0) = P(x^*) + [DP(x^*)]v_0 + O(||v_0||^2)$$

其中，$DP(x^*)$ 是一个 $(n-1) \times (n-1)$ 矩阵，称作在 x^* 的**线性庞加莱映射**。因为 $x^* = P(x^*)$，得到

$$v_1 = [DP(x^*)]v_0$$

假设我们忽略很小的项 $O(||v_0||^2)$。

我们所期望的稳定性标准可以通过 $DP(x^*)$ 的特征值 λ_j 来表达：当且仅当 $|\lambda_j| < 1$ $(j = 1, 2, \cdots, n-1)$ 时，闭轨是线性稳定的。

为了理解这个准则，可考虑没有重特征值的一般情况。然后对于一个特征向量 $\{e_j\}$ 的基，可以将一些标量 v_j 写为 $\boldsymbol{v}_0 = \sum_{j=1}^{n-1} v_j \boldsymbol{e}_j$。因此

$$\boldsymbol{v}_1 = \left[\boldsymbol{DP}(\boldsymbol{x}^*) \right] \sum_{j=1}^{n-1} v_j \boldsymbol{e}_j = \sum_{j=1}^{n-1} v_j \lambda_j \boldsymbol{e}_j$$

迭代线性映射 k 次后，得

$$\boldsymbol{v}_k = \sum_{j=1}^{n-1} v_j (\lambda_j)^k \boldsymbol{e}_j$$

因此，如果所有的 $|\lambda_j| > 1$，则 $||\boldsymbol{v}_k|| \to 0$。这表明 $\boldsymbol{x}^*$ 是线性稳定的。相反地，如果对一些 j 有 $|\lambda_j| > 1$，则扰动沿着向量 $\boldsymbol{e}_j$ 增长，因此 $\boldsymbol{x}^*$ 是不稳定的。当最大特征值 $|\lambda_m| = 1$ 时，一个临界的情况发生；这发生在周期轨道的分支上，此时则需要进行非线性稳定性分析。

λ_j 叫作周期轨道的**特征**或者 **Floquet** 乘子。（严格来讲，这些是非平凡的乘子；这里还有一个平凡乘子 $\lambda \equiv 1$，其与沿着周期轨道的扰动相对应。由于它们等同于时间平移，在此我们忽略了这样的扰动。）

一般地，特征乘子只能通过数值积分得到（见练习题 8.7.10）。下面的例题就是两个极少见的例外。

例题 8.7.3

找出例题 8.7.1 中极限环的特征乘子。

解：线性化庞加莱映射的不动点 $r^* = 1$。令 $r = 1 + \eta$，η 是无穷小量，则 $\dot{r} = \dot{\eta} = (1+\eta)[1-(1+\eta)^2]$。忽略 $O(\eta^2)$ 后，得到 $\dot{\eta} = -2\eta$。因此 $\eta(t) = \eta_0 e^{-2t}$。经过时间 $t = 2\pi$ 后，一个新的扰动为 $\eta_1 = e^{-4\pi}\eta$。因此，$e^{-4\pi}$ 是特征乘子。由于 $|e^{-4\pi}| < 1$，故极限环是线性稳定的。■

对这个简单的二维系统，线性的庞加莱映射降为一个 1×1 的矩阵，即一个数。例题 8.7.1 要求明确证明 $P'(r^*) = e^{-4\pi}$，像上述一般性理论那样。

最后一个例题来自对约瑟夫森结的耦合分析。

例题 8.7.4

N 维系统

$$\dot{\phi}_i = \Omega + a\sin\phi_i + \frac{1}{N}\sum_{j=1}^{N}\sin\phi_j \tag{1}$$

$i = 1, 2, \cdots, N$，描述了一系列与电阻负载的过阻尼约瑟夫森结的动力学特征（Tsang 等，1991）。

由于技术环节的原因，所有的结同相振荡对应的同相解是十分有意义的。这个同相解能够通过 $\phi_1(t) = \phi_2(t) = \cdots = \phi_N(t) = \phi^*(t)$ 来表达，其中 $\phi^*(t)$ 表示正常波形。找出同相解是周期的条件，并计算出这个解的特征乘子。

解：对于同相解，所有的 N 个方程可归纳为

$$\frac{\mathrm{d}\phi^*}{\mathrm{d}t} = \Omega + (a+1)\sin\phi^* \tag{2}$$

当且仅当 $|\Omega| > |a+1|$ 时，有一个周期解（在圆中）。为了确定同相解的稳定性，令 $\phi_i(t) = \phi^*(t) + \eta_i(t)$，其中 $\eta_i(t)$ 是无穷小扰动；然后将 ϕ_i 替换代入到式（1）中，同时去掉 η 中的二次项，得到

$$\dot{\eta}_i = [a\cos\phi^*(t)]\eta_i + [\cos\phi^*(t)]\frac{1}{N}\sum_{j=1}^{N}\eta_j \tag{3}$$

尽管我们不能得到 $\phi^*(t)$ 的显式，但没有关系，可以应用下述的两个技巧。第一个技巧，线性系统将会解除耦合，如果我们改变变量成为

$$\mu = \frac{1}{N}\sum_{j=1}^{N}\eta_j$$
$$\xi_i = \eta_{i+1} - \eta_i, \quad i = 1, 2, \cdots, N-1$$

然后 $\dot{\xi}_i = [a\cos\phi^*(t)]\xi_i$。分离变量得到

$$\frac{\mathrm{d}\xi_i}{\xi_i} = [a\cos\phi^*(t)]\mathrm{d}t = \frac{[a\cos\phi^*(t)]\mathrm{d}\phi^*}{\Omega + (a+1)\sin\phi^*}$$

我们使用式（2）来消除 $\mathrm{d}t$（这是第二个技巧）。

现在计算沿着电路闭轨 ϕ^* 一周的扰动变化

$$\oint \frac{d\xi_i}{\xi_i} = \int_0^{2\pi} \frac{[a\cos\phi^*(t)]d\phi^*}{\Omega + (a+1)\sin\phi^*}$$

$$\Rightarrow \ln\frac{\xi_i(T)}{\xi_i(0)} = \frac{a}{a+1}\ln[\Omega + (a+1)\sin\phi^*]_0^{2\pi} = 0$$

因此 $\xi_i(T) = \xi_i(0)$。相似地，可以得到 $\mu(T) = \mu(0)$。因此，对于所有的 i 有 $\eta_i(T) = \eta_i(0)$，所有的扰动在一个循环之后不发生改变。因此，所有的特征乘子 $\lambda_j = 1$。■

该计算显示了同相态是（线性）中性稳定的。这在技术上令人沮丧。人们可能希望通过阵列来实现相干振荡，然后获得比单结更大的电力输出。

由于上述的计算是以线性化为基础的，你可能会困惑是否被忽视的非线性项会使同相态稳定。事实上它们不能：一个可逆性论据证明这个同相态不是吸引的，即使非线性项依然存在（见练习题 8.7.11）。

第 8 章　练习题

8.1　鞍-结分岔、跨临界分岔和叉式分岔

8.1.1　对于下述的典型例题，画出随着 μ 变化的相图：

a）$\dot{x} = \mu x - x^2$，$\dot{y} = -y$（跨临界分岔）

b）$\dot{x} = \mu x + x^3$，$\dot{y} = -y$（亚临界叉式分岔）

对于下述的系统，找出关于 μ 在稳定不动点处的特征值，并且证明当 $\mu \to 0$ 时其中一个特征值趋向于 0。

8.1.2　$\dot{x} = \mu - x^2$，$\dot{y} = -y$

8.1.3　$\dot{x} = \mu x - x^2$，$\dot{y} = -y$

8.1.4　$\dot{x} = \mu x + x^3$，$\dot{y} = -y$

8.1.5　判断正误：在二维系统的零特征值分岔处，零点集总是相切的。（提示：考虑雅可比矩阵各行的几何意义。）

8.1.6　考虑系统 $\dot{x} = y - 2x$，$\dot{y} = \mu + x^2 - y$。

a）画出零点集。

b）找到随着 μ 变化时所发生的分岔，并对其进行分类。

c）画出关于 μ 的相图。

8.1.7 对于系统 $\dot{x} = y - ax, \dot{y} = -by + x/(1+x)$，找到所有的分岔，并分类。

8.1.8 （旋转环上的小球，探究）在 3.5 节中，我们导出了关于旋转环上小球运动的下述无量纲方程：

$$\varepsilon \frac{d^2\phi}{d\tau^2} = -\frac{d\phi}{d\tau} - \sin\phi + \gamma\sin\phi\cos\phi$$

式中，$\varepsilon > 0$ 表示与小球质量成比例的参数；$\gamma > 0$ 为小球旋转速度相关的参数。之前我们主要把注意力集中在过阻尼的限制 $\varepsilon \to 0$ 上。

a）现在对于任意的 $\varepsilon > 0$。当 ε，γ 变化时，找出所有的分岔，并对其进行分类。

b）在 ε、γ 的正象限中，画出其所对应的稳定图。

8.1.9 画出系统 $\ddot{x} + b\dot{x} - kx + x^3 = 0$ 的稳定性图，其中 b 和 k 是正、负或零。在 (b, k) 中标记分岔曲线。

8.1.10 （蚜虫与森林）Ludwig 等人在 1978 年提出一个关于云杉蚜虫在香脂冷杉森林中产生影响的模型。在 3.7 节中，我们考虑蚜虫群体的动力学；现在我们返回到森林的动力学。假设森林的情况，用 $S(t)$ 来描述树的平均大小，$E(t)$ 表示"能量保存"（一种广义的测量森林健康的方法）。对于一个恒定蚜虫数量 B，森林的动力学可表示为

$$\dot{S} = r_S S\left(1 - \frac{S}{K_S}\frac{K_E}{E}\right), \quad \dot{E} = r_E E\left(1 - \frac{E}{K_E}\right) - P\frac{B}{S}$$

式中，参数 $r_S > 0$，$r_E > 0$，$K_S > 0$，$K_E > 0$，$P > 0$。

a）解释此模型中各项所代表的生物意义。

b）无量纲化系统。

c）画出零点集。证明如果 B 很小的话，存在两个不动点，如果 B 很大时，不存在不动点。在临界值 B 处，会发生什么类型的分岔？

d）分别画出 B 很大和很小时的相图。

8.1.11 1985 年 Gray 和 Scott 在研究等温自催反应时，考虑了一类假想的反应，它的动力学可以通过下述的无量纲形式表示：

$$\dot{u} = a(1-u) - uv^2, \quad \dot{v} = uv^2 - (a+k)v$$

式中，参数 $a > 0$，$k > 0$。证明，当 $k = -a \pm \dfrac{1}{2}\sqrt{a}$ 时发生鞍-结分岔。

8.1.12 （相互作用的条形磁铁）考虑系统

$$\dot{\theta}_1 = K\sin(\theta_1 - \theta_2) - \sin\theta_1$$

$$\dot{\theta}_2 = K\sin(\theta_2 - \theta_1) - \sin\theta_2$$

式中，$K \geqslant 0$。比较粗略的物理解释为，假设两个条形磁铁被限制在一个平面内，但是绕着同一个固定点自由旋转，如图 1 所示。令 θ_1、θ_2 表示两个磁铁北极的角方向。$K\sin(\theta_2 - \theta_1)$ 项代表一个排斥力，使得两个北极 180°分离。而 $\sin\theta$ 项抵制这种排斥，它模拟外部磁力把两个条形磁铁的北极拉向东边。若磁

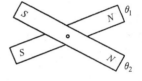

图 1

力惯性相对于黏滞阻尼忽略不计的话，那么上述等式几乎近似于真实的动力学。

a）找到系统的所有不动点并对其进行分类。

b）证明在 $K = \dfrac{1}{2}$ 时发生分岔。这是什么类型的分岔？（提示：回忆 $\sin(a - b) = \cos b\sin a - \sin b\cos a$。）

c）证明此系统是一个"梯度"系统，在此意义下，对于某些待定势函数 $V(\theta_1, \theta_2)$，$\dot{\theta}_i = -\partial V/\partial\theta_i$。

d）用（c）来证明系统没有周期轨道。

e）分别画出 $0 < K < \dfrac{1}{2}$，$K > \dfrac{1}{2}$ 时的相图。

8.1.13 （激光模型）在练习题 3.3.1 中我们介绍了激光模型

$$\dot{n} = GnN - kn$$

$$\dot{N} = -GnN - fN + p$$

式中，$N(t)$ 是激发原子的数量；$n(t)$ 是在激光场中光子的数量。参数 G 是受激发射的增益系数，k 是在光子镜像传输中，散射所造成的衰减率。f 是自发发射的衰减率，p 是泵的强度。所有参数除了 p 都是

正的。更多的信息可见 Milonni 和 Eberly（1988）的著作。

a）无量纲化系统。

b）找到并分类所有不动点。

c）随着无量纲参数变化时，画出所有不同性质的相图。

d）画出系统的稳定图。说明发生什么类型的分岔？

8.1.14 （双目竞争）一般情况下，当你看东西的时候，左、右眼看到的图像是非常的类似。（试着闭上一只眼，然后闭上另一只眼；除了被两眼之间的空间所造成的影响，看到的东西几乎一样。）但是当两个完全不同的图像同时出现在你的左右眼前时，会发生什么呢？你将会看到什么？两者图像的结合？这样的实验被做过几百年［Wade（1996）］，结果是惊人的：大脑通常保留一个图像的时间很短，然后是另一个，然后又是前一个图像，来回反复。这种切换现象就是著名的**双目竞争**。

双目竞争的数学模型通常假设，两个神经种群对应于两种竞争图像大脑的表示。这些种群互相竞争主导地位——每一个都想抑制另外一个。接下来的练习，是 Bard Ermentrout 对这类神经竞争的小型模型分析。

令 x_1 和 x_2 表示两个神经元群的平均放电率（本质上代表其活性水平）。假定

$$\dot{x}_1 = -x_1 + F(I - bx_2), \quad \dot{x}_2 = -x_2 + F(I - bx_1)$$

式中，$F(x) = 1/(1 + e^{-x})$ 为增益函数；I 是输入刺激强度（在这种情况下，刺激是图像；注意每个都被认为具有相同的力度）；b 是相互对立的强度。

a）画出 I、b（都是正值）不同值时的相平面。

b）证明对称不动点，$x_1^* = x_2^* = x^*$ 一直都是解（换句话说，对于所有的正值 I 和 b，此解依然存在），并且证明是唯一的。

c）证明对于足够大的值 b，这个对称解在叉式分岔处失稳。并说明叉式分岔是什么类型的分岔。

对于这个模型的改进，允许我们在两个所感知的图像间进行有节奏的切换，见练习题 8.2.17。更多精妙模型与其分岔结构的对比研究见 Shpiro 等人（2007）。

8.1.15　（忠实支持者的力量）有时一少部分的坚定拥护者可以赢得整个人群对他们观点的认可，例如美国公民权和女性选举权运动。考虑受 Xie 等人（2011）早期工作的启发，下面考虑 Marvel（2012）等人所研究关于这种情形的典型模型。

人群被分成四个不重叠的小组。最初，一小部分忠实支持者持有观点 A（例如：女人应该有投票权）并且坚持这个信念。无论任何人说什么做什么都不会改变他们的想法。另一个组的人目前同意他们的观点，但是不坚持观点 A。如果有人与其争论他（或她）的反观点 B，一个不坚持 A 的观点者就会变成 AB 观点，这意味着能够看到两者之间的优点。同样地，当面对 A 观点时，B 观点者会马上转变成 AB 子群体中的人。AB 组的人成为中性者，不会试图说服双方的任何人。当面对 A 或者 B 的对他们说服时，他们能够被轻易地说服加入到他们的阵营。每一步我们随机选择两个人，让其中一个人是一个支持者，另一个作为倾听者。假设四个组的成员随机地互相混合，动力学方程为

$$\dot{n}_A = (p + n_A)n_{AB} - n_A n_B$$

$$\dot{n}_B = n_B n_{AB} - (p + n_A)\eta_{AB}$$

其中，$n_{AB} = 1 - (p + n_A) - n_B$，这里参数 p 表示在人群中忠实支持者的比例。时间变量 n_A、n_B 分别是 A、B 以及 AB 子群体的比例。

a）解释并证明在控制方程中不同项的形式。

b）假设最初除了坚定相信 A 的人外，每个人都相信 B，因此，$n_B(0) = 1 - p$ 和 $n_A(0) = n_{AB}(0) = 0$。数值积分系统直到达到平衡。证明最终状态随着 p 的改变是不连续的。特别地，对于忠实支持者，存在一个临界值（p_c），当 $p < p_c$ 时，大多数人仍然接受 B，而 $p > p_c$ 时每个人都支持 A。

c）通过公式分析证明，$p_c = 1 - \sqrt{3}/2 \approx 0.134$。因此，在这个模型中，仅只有 13% 的人需要是坚定的支持者，就可以让其他每个人最终都支持他们的观点。

d）在 p_c 处发生什么类型的分岔？

8.2　霍普夫分岔

8.2.1　考虑偏范德波尔振子 $\ddot{x} + \mu(x^2 - 1)\dot{x} + x = a$。找到发生

在（μ，a）空间中霍普夫分岔发生的曲线。

接下来的三个练习题是处理系统 $\dot{x}=-y+\mu x+xy^2$，$\dot{y}=x+\mu y-x^2$。

8.2.2 通过计算在原点处线性化，系统 $\dot{x}=-y+\mu x+xy^2$，$\dot{y}=x+\mu y-x^2$ 当 $\mu=0$ 时有纯虚部的特征值。

8.2.3 （计算机作业）通过在计算机上画相图，证明系统 $\dot{x}=-y+\mu x+xy^2$，$\dot{y}=x+\mu y-x^2$ 在 $\mu=0$ 时经历了一个霍普夫分岔。它是亚临界的、超临界的还是退化的呢？

8.2.4 （一个启发式分析）系统 $\dot{x}=-y+\mu x+xy^2$，$\dot{y}=x+\mu y-x^2$ 可以通过如下直观、粗略的方法分析。

a）在极坐标系下，改写此系统。

b）证明，如果 $r\ll1$，$\dot{\theta}\approx1$ 并且 $\dot{r}\approx\mu r+\dfrac{1}{8}r^3+\cdots$，其中所忽略的项为振荡变化的，但其在一个周期上的平均值为零。

c）（b）中的公式指出对于 $\mu<0$，存在一个半径 $r\approx\sqrt{-8\mu}$ 的不稳定极限环。确定数值预测。（因为假定 $r\ll1$，仅当 $|\mu|\ll1$ 时，预测是被期望成立的。）

上述理由是不稳定的。见 Drazin（1992，188～190 页）通过庞加莱方法给出一个合理的分析。

对于下述的每一个系统，当 $\mu=0$ 时，霍普夫分岔在原点发生。使用计算机，画出相图并决定分岔是亚临界的还是超临界的。

8.2.5 $\dot{x}=y+\mu x$，$\dot{y}=-x+\mu y-x^2y$

8.2.6 $\dot{x}=\mu x+y-x^3$，$\dot{y}=-x+\mu y-2y^3$

8.2.7 $\dot{x}=\mu x+y-x^2$，$\dot{y}=-x+\mu y-2x^2$

8.2.8 （猎食模型）Odell（1980）考虑此系统

$$\dot{x}=x[x(1-x)-y]，\dot{y}=y(x-a)$$

式中，$x\geqslant0$ 时是猎物的无量纲数量；$y\geqslant0$ 时是捕食者的无量纲数量；$a\geqslant0$ 是控制参数。

a）画出在第一象限 $x\geqslant0$，$y\geqslant0$ 内的零点集。

b）不动点是（0，0），（1，0）和（a，$a-a^2$），并且将它们

分类。

c）画出 $a > 1$ 时的相图，并证明捕食者将会灭绝。

d）证明在 $a_c = \dfrac{1}{2}$ 时发生霍普夫分岔。它是亚临界的还是超临界的？

e）估计当 a 接近分岔处时，极限环振荡的频率。

f）当 $0 < a < 1$ 时，画出所有不同拓扑的相图。

Odell（1980）所写的文章值得查阅。这是一篇优秀的关于霍普夫分岔和相平面分析的教育概论。

8.2.9 考虑猎食模型

$$\dot{x} = x\left(b - x - \frac{y}{1+x}\right), \quad \dot{y} = y\left(\frac{x}{1+x} - ay\right)$$

式中，$x \geq 0$，$y \geq 0$ 时是种群；$a > 0$，$b > 0$ 时是参数。

a）画出零点集，并讨论随着 b 变化时，分岔发生。

b）证明对于所有的 $a > 0$，$b > 0$，存在一个正的不动点 $x^* > 0$，$y^* > 0$。（不需要明确地找到不动点；而只需使用一个图形来进行说明。）

c）如果

$$a = a_c = \frac{4(b-2)}{b^2(b+2)}$$

当 $b > 2$ 时，证明在正的不动点发生霍普夫分岔。（提示：发生霍普夫分岔一个必要的条件是 $\tau = 0$，τ 是在不动点处的雅可比矩阵的迹。当且仅当 $2x^* = b - 2$ 时，证明 $\tau = 0$。然后用不动点 x^* 来表示 a_c。最终，将 a_c 替换成 $x^* = (b-2)/2$。

d）使用计算机，检查（c）中表达式的正确性并且决定分岔是亚临界的还是超临界的。画出在霍普夫分岔上方和下方典型的相图。

8.2.10（细菌的呼吸）Fairén 和 Velarde（1979）考虑了一个关于细菌呼吸培养的模型。表达式如下：

$$\dot{x} = B - x - \frac{xy}{1 + qx^2},$$

$$\dot{y} = A - \frac{xy}{1 + qx^2}$$

式中，x、y 是营养和氧气的浓度；$A > 0$，$B > 0$，$q > 0$ 是参数。研究这个动力学模型。开始时，找到所有的不动点并对其进行分类。然后思考零点集并且尝试构造一个捕获域。当 A、B、q 满足什么条件时，系统有一个稳定的极限环？使用数值积分、庞加莱定理，霍普夫分岔的结果或者还是其他有用的方法。（这个问题是开放式的，可以作为课堂设计；看看你可以研究到什么程度。）

8.2.11（退化分岔不是霍普夫分岔）考虑阻尼达芬振子器 $\ddot{x} + \mu \dot{x} + x - x^3 = 0$。

a）证明随着 μ 减小到 0，原点从稳定变为不稳定的焦点。

b）画出 $\mu > 0$，$\mu = 0$ 以及 $\mu < 0$ 时的相图，并证明在 $\mu = 0$ 时的分岔是霍普夫分岔的退化版本。

8.2.12（判断霍普夫分岔是亚临界还是超临界的分析判据）对于霍普夫分岔的任意系统，能够通过适当的变化可以放入如下的式子：

$$\dot{x} = -\omega y + f(x, y), \quad \dot{y} = \omega x + g(x, y)$$

式中，f、g 包含高阶非线性项，此项仅在原点处消失。正如 Guckenheimer 和 Holmes（1983，152～156 页）所呈现的那样，计算下列量的符号，可以决定分岔是亚临界的还是超临界的：

$$16a = f_{xxx} + f_{yyy} + g_{xxx} + g_{yyy} +$$

$$\frac{1}{\omega}[f_{xy}(f_{xx} + f_{yy}) - g_{xy}(g_{xx} + g_{yy}) - f_{xx}g_{xx} + f_{yy}g_{yy}]$$

其中下标表示在（0，0）处求偏导数。标准是：如果 $a < 0$，分岔是超临界的；如果 $a > 0$，分岔是亚临界的。

a）计算系统 $\dot{x} = -y + xy^2$，$\dot{y} = x - x^2$ 的 a。

b）使用（a）部分，决定在 $\mu = 0$ 时，$\dot{x} = -y + \mu x + xy^2$，$\dot{y} = x + \mu y - x^2$ 发生什么样类型的霍普夫分岔。（比较练习题 8.2.2～练习题 8.2.4 的结果）

（大家可能疑惑 a 是测量什么的。粗略地讲，a 是在分岔处，控制径向动力学的式子 $\dot{r} = ar^3$ 中三次方项的系数。r 是极坐标系下轻微变化的系数。更多细节见 Guckenheimer 和 Holmes（1983）或者 Grimshaw（1990）的论述。）

对于下述的每一个系统，当 $\mu = 0$ 时，在原点处发生霍普夫分岔。使用练习题 8.2.12 分析判据，来确定分岔是亚临界的还是超临界的。通过数值模拟，证实你的结果。

8.2.13 $\dot{x} = y + \mu x$，$\dot{y} = -x + \mu y - x^2 y$

8.2.14 $\dot{x} = \mu x + y - x^3$，$\dot{y} = -x + \mu y + 2y^3$

8.2.15 $\dot{x} = \mu x + y - x^2$，$\dot{y} = -x + \mu y + 2x^2$

8.2.16 在例题 8.2.1 中，我们讨论了当 $\mu = 0$ 时，系统 $\dot{x} = \mu x - y + xy^2$，$\dot{y} = x + \mu y + y^3$ 发生亚临界霍普夫分岔。使用分析标准来证实分岔是亚临界的。

8.2.17 （再探双目竞争）练习题 8.1.14 中介绍了一个双目竞争的简化模型，双目竞争指这一不同寻常的视觉现象：当两个不同的图像同时展示在左右眼前，大脑仅短暂保留图像。第一个图像保留，然后另一个，然后又是第一个，如此反复，每一个都是在短暂的时间内被替换成另一个。在练习题 8.1.14 中所研究的模型，考虑了一个图像被另一个完全的抑制了，但是它们之间并非有节奏的替换。现在我们对此模型扩展得到所期望的振荡。（特别感谢 Bard Ermentrout 建立并分享了这一练习题以及之前的练习题 8.1.14）。

令 x_1 和 x_2 表示对两个图像解码的神经元数量，正如练习题 8.1.14，随着逐步适应，现在我们假设神经元解码后，活力开始减弱。控制方程变成：

$$\dot{x} = -x_1 + F(I - bx_2 - gy_1)$$

$$\dot{y}_1 = (-y_1 + x_1)/T$$

$$\dot{x}_2 = -x_2 + F(I - bx_1 - gy_2)$$

$$\dot{y}_2 = (-y_2 + x_2)/T$$

其中变量 y 代表在时间维度 T 上的适应恢复期和与相关联的神经元数量中，具有强度 g 的诱发疲劳期。

正如在练习题 8.1.14，增益函数 $F(x) = 1/(1 + e^{-x})$，I 是输入刺激（图像）的强度，b 是在神经群之间的相互排斥强度。现在，这是一个四维系统，但是它主要的稳定性质可从如下的二维计算中推出。

a) 证明 $x_1^* = y_1^* = x_2^* = y_2^* = u$ 对于所有的参数，都为不动点且 u 是被唯一定义的。

b) 证明不动点稳定矩阵（雅可比）线性化形式为

$$\begin{pmatrix} -c_1 & -c_2 & -c_3 & 0 \\ d_1 & -d_1 & 0 & 0 \\ -c_3 & 0 & -c_1 & -c_2 \\ 0 & 0 & d_1 & -d_1 \end{pmatrix}$$

我们可以重写分块矩阵为

$$\begin{pmatrix} A & B \\ B & A \end{pmatrix}$$

其中 A 和 B 是 2×2 矩阵。证明四个 4×4 分块矩阵特征值是通过特征值 $A - B$ 和 $A + B$ 的特征值给出的。

c) $A + B$ 的特征值都是负的，考虑此矩阵的迹和行列式。

d) 取决于 g、T 的大小，矩阵 $A - B$ 能够有一个负的特征值（导致 u 的叉式分岔）或者一个正的迹（导致霍普夫分岔）。

e) 使用计算机，证明霍普夫分岔是超临界的；所得的稳定极限环模拟了我们正要解释的振荡。（提示：当寻找趋于稳定极限环的轨迹时，确保对种群1和种群2使用不同的初始条件。换句话说，通过用 $x_1 \neq x_2$，$y_1 \neq y_2$ 来打破对称。）

8.3 振荡化学反应

8.3.1 （布鲁塞尔模型）布鲁塞尔（Brusselator）模型是一类假想的化学振子简单模型，此模型以化学家的家乡命名。（这是在化学振子团体中经常开的一个玩笑；这儿也有"俄勒冈模型"、"Palo Altonator 模型"等。）它的无量纲形式的动力学方程为

$$\dot{x} = 1 - (b+1)x + ax^2y$$

$$\dot{y} = bx - ax^2y$$

其中参数 $a > 0$，$b > 0$，$x \geq 0$，$y \geq 0$ 是无量纲形式的浓度。

a）找到所有的不动点并且使用雅可比矩阵进行分类。

b）画出零点集，构建一个流的捕获域。

c）证明在某个参数 $b = b_c$ 时发生霍普夫分岔，其中 b_c 待定。

d）当 $b > b_c$ 或者 $b < b_c$ 时，极限环是否存在？并使用庞加莱定理解释。

e）当 $b \approx b_c$ 时，找出极限环的近似时期。

8.3.2 Schnackenberg（1979）考虑以下的化学振子的假设模型：

$$X \underset{k_{-1}}{\overset{k_1}{\rightleftharpoons}} A, \ B \overset{k_2}{\longrightarrow} Y, \ 2X + Y \overset{k_3}{\longrightarrow} = 3X$$

通过使用质量反应定律和无量纲化，Schnackenberg 把系统简化成

$$\dot{x} = a - x + x^2 y$$

$$\dot{y} = b - x^2 y$$

其中 $a > 0$，$b > 0$ 为参数，$x > 0$，$y > 0$ 表示无量纲浓度。

a）证明所有的轨道最终到达一个确定的捕获域，这一区域待定。使得捕获域尽可能地小。（提示：对于大的 x，检查 $\dot{y}/\dot{x}$ 比率。）

b）证明系统有唯一的不动点并对其进行分类。

c）证明当 $b - a = (a + b)^3$ 时，系统经历一个霍普夫分岔。

d）借助计算机判断霍普夫分岔是亚临界的还是超临界的？

e）在 a，b 空间中，画出稳定图。（提示：由于这要求分析一个三次方项，因此，这对画出曲线 $b - a = (a + b)^3$ 有一点困扰。正如在 3.7 节中，分岔曲线的参数形式在这里是有帮助的。证明分岔曲线能够被表达为

$$a = \frac{1}{2} x^* (1 - (x^*)^2), \quad b = \frac{1}{2} x^* (1 + (x^*)^2)$$

其中 $x^* > 0$ 是不动点的 x 坐标。然后画出这些参数方程的分岔曲线。Murray（2002）论述了这个技巧。

8.3.3 （一个化学振子的松弛极限）分析二氧化氯碘丙二酸振子器模型（式（8.3.4）和式（8.3.5）），当 $b \ll 1$ 时，画出在相空间中的极限环，并估计其周期。

8.4 环的全局分岔

8.4.1 考虑 μ 微大 1 时的系统，$\dot{r} = r(1 - r^2)$，$\dot{\theta} = \mu - \sin\theta$。令

$x = r\cos\theta$, $y = r\sin\theta$。画出 $x(t)$ 和 $y(t)$ 的波形。（对于一个接近无限周期分岔的系统，可能从实验中观察到这些都是非常典型的。）

8.4.2 当 μ 变化时，考虑系统 $\dot{r} = r(\mu - \sin r)$，$\dot{\theta} = 1$ 的分岔。

8.4.3 （同宿分岔）使用数值积分，找到在系统 $\dot{x} = \mu x + y - x^2$，$\dot{y} = -x + \mu y + 2x^2$ 中发生同宿分岔时的 μ 值。画出分岔处上方和下方的相图。

8.4.4 （二阶锁相环）使用计算机，探求 $\mu \geq 0$ 时，系统 $\ddot{\theta} + (1 - \mu\cos\theta)\dot{\theta} + \sin\theta = 0$ 的相图。对于某些 μ 值，你应该找到系统有一个稳定的极限环。当 μ 从 0 开始逐渐增大时，对那些产生和破坏极限环的分岔进行分岔。

练习题 8.4.5～练习题 8.4.11 所解决的是在极限情况下的**受迫达芬振子器**，其中，迫使力、解谐、阻尼和非线性项都非常弱：

$$\ddot{x} + x + \varepsilon(bx^3 + k\dot{x} - ax - F\cos t) = 0$$

其中 $0 < \varepsilon \ll 1$，$b > 0$ 代表非线性，$k > 0$ 代表阻尼，a 代表去谐，$F > 0$ 是迫使力。这个系统谐波振子器的一个小扰动，因此可以用 7.6 节中的方法处理。由于在它的分析中出现了环的鞍-结分岔，因此我们把此问题的解决推迟到现在。

8.4.5 （平均方程）证明 (7.6.53) 中的平均方程是

$$r' = -\frac{1}{2}(kr + F\sin\phi), \quad \phi' = -\frac{1}{8}\left(4a - 3br^2 + \frac{4F}{r}\cos\phi\right)$$

其中 $x = r\cos(t + \phi)$，$\dot{x} = -r\sin(t + \phi)$，一撇通常表示关于慢时间 $T = \varepsilon t$ 的微分。（如果你跳过了 7.6 节，可以直接地接受这些方程。）

8.4.6 （平均方程和原始系统之间的对应）证明平均系统中的不动点与初始受迫振子中的锁相周期解相对应。进一步证明平均系统中不动点的鞍-结分岔与振子器中环的鞍-结分岔相对应。

8.4.7 （平均系统无周期解）将 (r, ϕ) 作为相平面中的极坐标。证明平均系统没有闭轨。（提示：对 $g(r, \phi) \equiv 1$ 使用 Dulac 准则，令 $\mathbf{x}' = (r', r\phi')$。计算 $\nabla \cdot \mathbf{x}' = \frac{1}{r}\frac{\partial}{\partial r}(rr') + \frac{1}{r}\frac{\partial}{\partial \phi}(r\phi')$ 并证明它只有一个符号）。

8.4.8 （平均系统没有源）之前练习题的结果证明我们仅需研究平均系统的不动点来确定它的长期行为。解释为什么上述的偏差计算，同时也暗示了不动点不可能是源点；而对于汇点和鞍点是可能的。

8.4.9 （共振曲线和尖点突变）在这一练习题中，你将被要求确定驱动振荡的平衡振幅是如何依赖其他参数的。

a）证明不动点满足 $r^2\left[k^2+\left(\dfrac{3}{4}br^2-a^2\right)\right]=F^2$。

b）从现在开始，假设 k 和 F 是固定的。画出线性振子器（$b=0$）时的 r-a 图。这是我们所熟悉的共振曲线。

c）对于非线性振子器（$b\neq0$）时，画出相应的 r-a 图。证明对于较小的非线性，$b<b_c$，曲线是单值的，并且找到一个关于 b_c 的显式。（因此我们得到有趣的结论：对于某些 a 和 b 的值，驱动的振子器有三个极限环。）

d）证明，如果在 r 为（a，b）平面上的一个曲面，那么所得到的结果就是一个尖点突变的表面（回忆 3.6 节）。

8.4.10 现在考虑更难的部分：分析平均系统的分岔。

a）在相空间中，画出零点集 $r'=0$ 和 $\phi'=0$。并且研究随着去谐参数 a 从负值增加到大的正值时，它们的交点是如何改变的。

b）假定 $b>b_c$ 时，证明随着 a 的增加，稳定不动点的数目从一个变化到两个，然后又再次变为一个。

8.4.11 （数值探究）取参数 $k=1$，$b=\dfrac{4}{3}$，$F=2$。

a）利用数值积分，随着 a 从负值增加到正值时，画出平均系统的相图。

b）证明 $a=2.8$ 时，有两个稳定的不动点。

c）现在我们返回到最初的受迫达芬方程。对它（进行）数值积分，并且画出 a 从 -1 缓慢增加到 5，并缓慢减少到 -1 时的 $x(t)$。你们可以看到一个生动的滞后效应，在某个值 a 上，极限环振荡突然发生跳跃，然后在另一个值 a 上，降下来。

8.4.12 （同宿分岔附近的标度）当同宿分岔接近某一闭轨时，

为了找到其周期变化程度，我们估计了一个轨迹经过鞍点时所花费的时间（在这个问题中，这个时间比其他的时间都要长）。假定系统可以被局部地表示为 $\dot{x} \approx \lambda_u x$，$\dot{y} \approx -\lambda_s y$。令轨道穿过点 $(\mu, 1)$，其中 $\mu \ll 1$ 是离稳定流形的距离。直到这个轨道逃逸出鞍点需要花费多长时间，也就是说到 $x(t) \approx 1$？［见 Gaspard（1990）详细的讨论］

8.5 驱动摆与约瑟夫森结滞后

8.5.1 证明在 I_c 处，$[\ln(I-I_c)]^{-1}$ 具有任意阶的导数。（提示：考虑 $f(I) = (\ln I)^{-1}$，尝试得到一个关于 $f^{(n)}(I)$ 的迭代方程 $f^{(n+1)}(I)$，$f^{(n)}(I)$ 表示 $f(I)$ 的第 n 次导。）

8.5.2 考虑驱动摆 $\phi'' + \alpha\phi' + \sin\phi = I$。通过相图的数值计算，验证如果 α 固定且足够小，那么随着 I 减小，系统的稳定极限环在同宿分岔处被破坏。证明：如果 α 太大时，分岔被一个无限周期分岔所取代。

8.5.3 （具有周期变承载能力的逻辑斯谛方程）逻辑斯谛方程 $\dot{N} = rN[1 - N/K(t)]$，其中承载能力在 t 时刻是正的、光滑的和以 T 为周期的。

a）利用文中庞加莱映射的论据，证明系统至少有一个以 T 为周期的稳定极限环，包含在 $K_{\min} \leqslant N \leqslant K_{\max}$。

b）这个极限环必然是唯一的吗？

8.5.4 （具有正弦收获的逻辑斯谛方程）在练习题 3.7.3 中，被要求考虑一个具有固定收获的养鱼业的简单模型。现在考虑一类广义模型，可能由于每日和季节性的差异，收获随着时间呈周期性变化。在简化的情况下，假定周期收获完全遵循正弦曲线 ［Benardete 等（2008）］。然后在禁止捕鱼期间，如果鱼群数量按逻辑斯谛方程增长的话，那么此无量纲形式的模型为 $\dot{x} = rx(1-x) - h(1 + \alpha\sin t)$。假定 r、$h > 0$，$0 < \alpha < 1$。

a）证明如果 $h > r/4$ 时，系统没有周期解，即使鱼群以周期 $T = 2\pi$ 捕获。在这种情况下鱼群数量会怎样？

b）利用文中庞加莱映射的论据，证明如果 $h < \dfrac{r}{4(1+\alpha)}$，当 $1/2 < x < 1$ 时，存在一个以 2π 为周期的解，事实上是一个稳定极限环。相似地，证明当 $0 < x < 1/2$ 时，存在一个不稳定的极限环。从生物学的角度来解释此结果。

c）在（a）和（b）的情况之间会发生什么，即对于 $\dfrac{r}{4(1+\alpha)} < h < \dfrac{r}{4}$。

8.5.5　（具有二次阻尼的驱动摆）考虑一个钟摆被一个恒转矩和空气阻力所产生的阻尼所驱动。方程以无量纲形式给出：

$$\ddot{\theta} + \alpha\,\dot{\theta}\,|\dot{\theta}| + \sin\theta = F$$

其中，$\alpha > 0$，$F > 0$ 分别为无因次的阻尼力和转矩。这里新的特性是我们假定阻尼是二次项的，而不是在速率 $v = \dot{\theta}$ 中线性的。实际情况是，如果阻尼主要是由于阻力所造成的，那么阻尼变为非线性的，而这将会使分析变得更加困难。但正如你们所看到的，二次阻尼使系统变得更简单——事实上，它变得更加容易解决了！

a）在（θ, v）平面上找到不动点并进行分类。如果根据线性化可以找到一个中心，那么确定这个边界情形是否真的为一个非线性中心，一个稳定焦点，或者是一个不稳定的焦点。（提示：在不动点附近找到一个李雅普诺夫函数。）

b）对于 $F > 1$，证明这个系统有一个稳定的极限环（这里，我们将相平面视作一个柱面而不是一个平面）。然后证明这个极限环是唯一的。

需要注意的是，极限环和同宿分岔曲线的精确表达式是可以找到的（Pedersen 和 Saermark，1973）；这也是二次阻尼众多优点中的一个。然而这个方法涉及一些变量改变的技巧。以下是它的工作原理：

c）在 $v > 0$ 区域，$\theta(t)$ 是单调递增的。因此它能够被倒置生成 $t(\theta)$。现在将 θ 视作一个新的独立（类时）变量，引入新的变量 $u = \dfrac{1}{2}v^2$。使用链式法则推导出 $\dfrac{du}{d\theta} = \ddot{\theta}$（仔细地写出每一个过程）。

d）因此，在 $v > 0$ 区域，钟摆方程变成 $\dfrac{du}{d\theta} + 2\alpha u + \sin\theta = F$，它是 $u(\theta)$ 中的一个线性方程。假设这个方程是正确的（即使你不能得到它），当 $F > 1$ 时，找到一个极限环的精确表达式。

e）现在固定 α 减小 F。证明极限环在某个临界 F 值，发生同宿分岔，即 $F = F_c(\alpha)$，并给出分岔曲线 $F_c(\alpha)$ 的精确表达式。

8.6 耦合振子与准周期性

8.6.1（"振子器死亡"和在一个环面上的分岔）在一篇关于神经振子器系统的文章中，Ermentrout 和 Kopell（1990）通过以下模型展示了"振子器死亡"的概念：

$$\dot\theta_1 = \omega_1 + \sin\theta_1\cos\theta_2, \quad \dot\theta_2 = \omega_2 + \sin\theta_2\cos\theta_1$$

其中，$\omega_1 > 0$，$\omega_2 > 0$。

a）随着 ω_1、ω_2 变化时，画出所有不同的相图。

b）找到在 ω_1、ω_2 参数空间随着分岔发生的曲线，并对不同的分岔进行分类。

c）在 ω_1、ω_2 参数空间，画出稳定图。

8.6.2 重新考虑系统式（8.6.1）：

$$\dot\theta_1 = \omega_1 + K_1\sin(\theta_2 - \theta_1), \quad \dot\theta_2 = \omega_2 + K_2\sin(\theta_1 - \theta_2)$$

a）对于 ω_1、$\omega_2 > 0$，K_1、$K_2 > 0$，系统没有不动点。

b）找到系统的守恒量。（提示：对 $\sin(\theta_2 - \theta_1)$ 有两种求解方法。应用守恒量的存在性来证明系统是一个在环面上的非泛型流；正常情况下，将不会具有任意的守恒量。）

c）假设 $K_1 = K_2$。证明系统可以无量纲化为

$$d\theta_1/d\tau = 1 + a\sin(\theta_2 - \theta_1), \quad d\theta_2/d\tau = \omega + a\sin(\theta_1 - \theta_2)$$

d）通过找到 $\lim\limits_{\tau\to\infty}\theta_1(\tau)/\theta_2(\tau)$ 的解析解。（提示：计算长期平均 $\langle d(\theta_1 + \theta_2)/d\tau \rangle$ 和 $\langle d(\theta_1 - \theta_2)/d\tau \rangle$，其中括号被定义为 $\langle f \rangle = \lim\limits_{\tau\to\infty}\dfrac{1}{T}\int_0^T f(t)\,d\tau$。对于其他的方法，见 Guckenheimer 和 Holmes（1983，第299页）的著作。

8.6.3 （无理数流产生的密集轨道）考虑环面上的流，$\dot{\theta}_1 = \omega_1$，$\dot{\theta}_2 = \omega_2$，其中 ω_1/ω_2 是无理数。证明每一条轨道都是**密集的**，也就是说，在环面上的任意点 p，任何初始 q 和任何 $\varepsilon > 0$，存在 $t < \infty$ 时，使得从 q 开始的轨道开始穿过 p 上 ε 的距离。

8.6.4 考虑系统

$$\dot{\theta}_1 = E - \sin\theta_1 + K\sin(\theta_2 - \theta_1), \quad \dot{\theta}_2 = E + \sin\theta_2 + K\sin(\theta_1 - \theta_2)$$

其中 E、$K \geq 0$。

a）找到所有的不动点并对其进行分类。

b）证明如果 E 足够大，系统在环面上有周期解。讨论什么类型的分岔产生此周期解？

c）找到产生周期解的 (E, K) 空间上的分岔曲线。

对于 $N \gg 1$ 的相位，在电荷-密度曲线相互转换下的模型上，广义的系统被提出。（Strogatz 等，1988，1989）。

8.6.5 （画出李萨如图形）使用计算机，画出以下参数方程 $x(t) = \sin t$，$y(t) = \sin\omega t$ 的曲线，其中参数 ω 可为有理数，也可为无理数：

(a) $\omega = 3$ 　(b) $\omega = \dfrac{2}{3}$ 　(c) $\omega = \dfrac{5}{3}$ 　(d) $\omega = \sqrt{2}$

(e) $\omega = \pi$ 　(f) $\omega = \dfrac{1}{2}(1 + \sqrt{5})$

这类曲线称为*李萨如图形*。在以前，通过用两个不同输入频率的交流电信号在示波器上展示。

8.6.6 （解释李萨如图形）李萨如图形是文中所讨论的结和准周期性的一种可视化方法。考虑四维系统中一对非耦合的谐振子：

$$\ddot{x} + x = 0, \quad \ddot{y} + \omega^2 = 0。$$

a）证明如果 $x = A(t)\sin\theta(t)$，$y = B(t)\sin\phi(t)$，那么 $\dot{A} = \dot{B} = 0$（因此 A、B 是固定的）且 $\dot{\theta} = 1$，$\dot{\theta} = \omega$。

b）解释为什么（a）意味着在四维相空间中，轨道被局限在二维环面上。

c）李萨如图形是如何与系统轨道相关联的？

8.6.7 （准周期的机械范例）方程

$$m \, \ddot{r} = \frac{h^2}{mr^3} - k, \quad \dot{\theta} = \frac{h}{mr^2}$$

质量 m 受一个中心常力 $k > 0$ 驱使。这里 r、θ 是极坐标，$h > 0$ 是常数（粒子的角动量）。

a）证明系统有一个解 $r = r_0$，$\dot{\theta} = \omega_\theta$ 对应着半径为 r，频率为 ω_θ 的匀速圆周运动。找出 r_0 和 ω_θ 的表达式。

b）找出关于圆轨道上，小的径向振荡频率 ω_r。

c）通过计算旋转圈数 ω_r/ω_θ，证明这些小的径向振荡与准周期运动相对应。

d）对于径向振荡的任意振幅，通过几何学上的观点来证明这个运动或者是周期的，或者是准周期的。（以一种更有趣的方式来说，此运动永远不是混沌的。）

e）你能想象出这个系统在机械上是如何实现的吗？

8.6.8 使用计算机解练习题 8.6.7 中的方程，在极坐标 r，θ 平面上画出粒子的路径。

8.6.9 （日本树蛙）非常感谢 Bard Ermentrout 建议做如下的练习。一只单独的雄性日本树蛙可以几乎周期性的叫。而当两个树蛙被放置得很接近时（距离小于 50cm），它们可以听到对方的叫声，并且调整自己的叫声，最终双方各半个周期轮流叫——被称为反相同步锁相形式。

当三只树蛙放在一起时，会发生什么呢？这种情形会阻挠了彼此，使得它们没办法相隔半周期的叫。Ailara 等人（2011）对这一情形进行了实验，这三只树蛙最终适应了两种不同模式中的一个（而且，它们会偶尔互相交换，可能由于周围环境中的噪声）。一个是一对树蛙一致的叫，第三只树蛙和它们相隔大约半周期的阶段叫。另一个稳定的模式是这三只树蛙最大限度的不同步，一个接着一个的相隔三分之一周期的叫。

Aihara 等人（2011）探索了针对这些现象，一个耦合的振子，下述系统是针对两个树蛙的表达式：

$$\dot{\theta}_1 = \omega + H(\theta_2 - \theta_1)$$

$$\dot{\theta}_2 = \omega + H(\theta_1 - \theta_2)$$

三只树蛙的为

$$\dot{\theta}_1 = \omega + H(\theta_2 - \theta_1) + H(\theta_3 - \theta_1)$$

$$\dot{\theta}_2 = \omega + H(\theta_1 - \theta_2) + H(\theta_3 - \theta_2)$$

$$\dot{\theta}_3 = \omega + H(\theta_1 - \theta_3) + H(\theta_2 - \theta_3)$$

这里 θ_i 表示第 i 只树蛙蛙叫节奏的相，函数 H 量化了它们中任意两个的相互作用。为了简化处理，假定所有的树蛙都有相同的耦合（每个 H 都相同）而且具有相同的天然频率 ω。进而假定 H 是奇数，光滑且具有 2π 周期。

a）借助相偏差 $\phi = \theta_1 - \theta_2$ 和 $\psi = \theta_2 - \theta_3$，重写关于两只和三只树蛙的系统。

b）证明若适当地选择 a 的符号，两只树蛙的实验结果同最简单的交互函数 $H(x) = a\sin x$ 是一致的。然后再证明，这个简单的 H 不能用作三只树蛙的情况。

c）接下来，考虑更加复杂的交互函数 $H(x) = a\sin x + b\sin 2x$。对于三只树蛙模型，使用计算机画出不同的 a，b 值，和在（ϕ，ψ）平面上的相图。证明通过选择适当的 a 和 b 值，你可以解释所有关于两只和三只树蛙的实验结果。也就是，在（a，b）参数空间内，能找到的一个域，使系统具有：

i）对于两只树蛙模型，存在一个稳定的逆相解。

ii）对于三只树蛙模型，存在一个稳定的锁相解，其中树蛙 1 和树蛙 2 是同步的，大约和树蛙 3 相隔 π 周期。

iii）三只树蛙存在一个共存稳定的锁相解，三只树蛙分别相隔一个周期的三分之一。

d）从数值上证明，对 H 添加一个小的偶数周期，是不改变这些结果的。

警告：这里所研究的三只树蛙模型比 Aihara 等（2011）所考虑的更加对称。他们假定耦合强度是不同的，因为在他们的试验中，一只树蛙被放置在其他两只树蛙中间。两侧树蛙相互作用的强度要比它们与中间的树蛙之间的强度要小。

8.7 庞加莱映射

8.7.1 利用部分分式来计算例题 8.7.1 中的积分 $\int_{r_0}^{r_1} \dfrac{\mathrm{d}r}{r(1-r^2)}$。

并证明 $r_1 = \left[1 + \mathrm{e}^{-4\pi}\left(r_0^{-2} - 1\right)\right]^{-1/2}$。然后正如例题 8.7.3 所预期的那样，确认 $P'(r^*) = \mathrm{e}^{-4\pi}$。

8.7.2 考虑在柱面上的向量场 $\dot{\theta} = 1$，$\dot{y} = ay$。定义一个适当的庞加莱映射并找到它的表达式。证明系统有一个周期轨道。考虑所有的实值 a，对它的稳定性进行分类。

8.7.3 （由方波激发的过阻尼系统）考虑一个方波（或 RC 电路）所激发的过阻尼线性振子。这个系统可以被无量纲化为 $\dot{x} + x = F(t)$，其中 $F(t)$ 是以 T 为周期的一个方波。特别地，假定

$$F(t) = \begin{cases} +A, & 0 < t < \dfrac{T}{2} \\[2mm] -A, & \dfrac{T}{2} < t < T \end{cases}$$

对于 $t \in (0, T)$，$F(t)$ 对所有其他的 t 都是周期重复的。我们的目的是证明系统的所有轨道都接近一个唯一的周期解。我们试着解出 $x(t)$ 但是有一些混乱。这有一个基于庞加莱映射的方法——思想是每一次周期都"闪光拍照"系统。

a) 令 $x(0) = x_0$，证明 $x(T) = x_0 \mathrm{e}^{-T} - A(1 - \mathrm{e}^{-T/2})^2$。

b) 证明系统有唯一的周期解，且满足 $x_0 = -A\tanh(T/4)$。

c) 解释当 $T \to 0$，$T \to \infty$ 时，$x(T)$ 的极限。解释它们为什么是合理的。

d) 令 $x_1 = x(T)$，并定义庞加莱映射 P：$x_1 = P(x_0)$。更普遍地，$x_{n+1} = P(x_n)$。然后画出 P 的图像。

e) 使用蛛网图形，证明 P 有一个全局稳定不动点。（因此最初的系统最终会进入一个周期性响应。）

8.7.4 图 8.7.3 显示了在一个特殊参数下，系统 $\dot{x} + x = A\sin\omega t$ 的庞加莱映射。假定 $\omega > 0$，能否推出 A 的符号？如果不能，解释为什么。

8.7.5 （另一个驱动过阻尼系统）通过考虑一个适当的庞加莱映射，证明系统 $\dot{\theta} + \sin\theta = \sin t$ 至少存在两个周期解。你能够说一说它们的稳定性吗？（提示：把系统看作在柱面上的向量场：$\dot{t} = 1$，$\dot{\theta} = \sin t - \sin\theta$。画出零点集并推断出某些关键轨道的形状，能够被用来限制周期解。例如，画出经过 $(t, \theta) = \left(\dfrac{\pi}{2}, \dfrac{\pi}{2}\right)$ 的轨道。）

8.7.6 之前练习中的系统 $\dot{\theta} + \sin\theta = \sin t$，给出其在机械方面的解释。

8.7.7 （计算工作）用计算机画出系统 $\dot{t} = 1$，$\dot{\theta} = \sin t - \sin\theta$ 的相图。并检查你的结果同练习题 8.7.5 的解是否一致。

8.7.8 考虑系统 $\dot{x} + x = F(t)$，其中 $F(t)$ 是一个光滑的、以 T 为周期的函数。系统是否真的有一个稳定的 T 周期解 $x(t)$？如有，证明它；若没有，找到 F 的反例。

8.7.9 考虑在极坐标系下的向量场 $\dot{r} = r - r^2$，$\dot{\theta} = 1$。
a）计算从 S 到它本身的庞加莱映射，其中 S 是 x 轴的正半轴。
b）证明系统有唯一周期轨，并对它的稳定性进行分类。
c）找出周期轨的特征乘子。

8.7.10 从扰动开始沿着坐标轴的方向，解释如何在数值上找到弗洛凯（Floquet）乘子。

8.7.11 （可逆性和同步周期的一个约瑟夫森阵列）使用可逆性论述证明即使保留非线性项，(8.7.1) 的同相周期状态也不是吸引的。

8.7.12 （全局耦合振子）考虑以下 N 个相同振子系统：

$$\dot{\theta}_i = f(\theta_i) + \frac{K}{N} \sum_{j=1}^{N} f(\theta_j) \quad i = 1, 2, \cdots, N$$

其中 $K > 0$，$f(\theta)$ 是光滑的且具有 2π 周期。假定对于所有的 θ，$f(\theta) > 0$，因此同相解是周期性的。通过例题 8.7.4 中的线性化庞加莱映射，证明所有的特征乘子等于 1。

因此例题 8.7.4 中发现的中性稳定性适用于一类更广泛的振子阵列。特别地，系统的可逆性不是至关重要的。见 Tsang 等人（1991）中的例题。

第3部分

混　　沌

洛伦兹方程

9.0 引言

我们从**洛伦兹方程**开始研究混沌：

$$\dot{x} = \sigma(y - x)$$
$$\dot{y} = rx - y - xz$$
$$\dot{z} = xy - bz$$

式中，参数 $\sigma > 0$，$r > 0$，$b > 0$。洛伦兹（1963）从大气对流的简化模型得到这个三维系统。同样的方程也出现在激光和发电机模型中。9.1 节中我们将会看到，该方程准确描述了某个水车的运动（你可能也想建一个这样的模型）。

洛伦兹发现这个看似简单的确定性系统却有着极不稳定的动力学行为：在很宽的参数范围内，方程的解不规则地振荡，从不重复，但总是保持在一个有界相空间区域内。当他画出方程的三维轨迹时，发现这些轨迹都存在于一个混乱的集合内，现在被称为奇怪吸引子。与稳定的不动点和极限环不同的是，奇怪吸引子不是一个点，不是一条曲线，甚至不是一张平面——它是一个分形维数介于 2 和 3 之间的分形。

本章我们将沿着洛伦兹发现该系统的踪迹，感受奇怪吸引子及其上的混沌运动。

洛伦兹的论文（1963 年）很有深度、有先见之明且具有很强的可读性——看看吧！也被 Cvitanovic（1989a）和 Hao（1990）转载。关于洛伦兹以及其他研究混沌的先辈的工作的迷人历史，可参见 Gleick（1987）的著作。

9.1 混沌水车

20世纪70年代，麻省理工学院的 Willem Malkus 和 Lou Howard 发现了洛伦兹方程的力学模型。最简单的版本是边缘挂着漏水纸杯的玩具水车（见图9.1.1）。

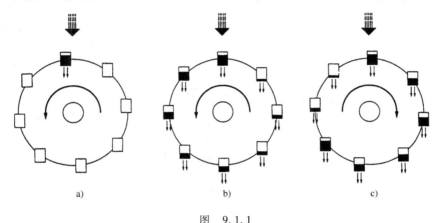

图 9.1.1

水从顶部不断地往下倒，如果流速太慢，顶端的杯子不会被填满，从而不足以克服摩擦力，所以水车保持静止。如果水流速较快，顶端的杯子受到足够的重力，从而转动水车（见图9.1.1a）。最终水车朝一个方向或另一个方向稳定地旋转（见图9.1.1b）。基于对称性，水车朝两个方向旋转的可能性是相等的，结果依赖于初始条件。

进一步加大流速，就会破坏稳定的旋转。从而运动出现混沌：水车以一种方式转动几圈后，由于有些杯子水太满，水车没有足够的惯性把它们带到顶端，所以水车慢下来甚至会朝相反的方向旋转（见图9.1.1c），然后以另一种方式旋转。水车无规律地持续改变方向。观众可以打赌（当然是很小的赌注）下一时刻水车将往哪个方向转动。

图9.1.2展示了麻省理工学院现在使用的 Malkus 的更复杂的装置。

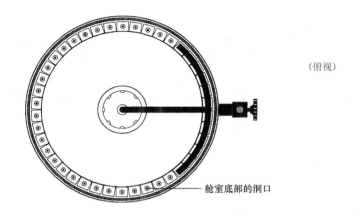

（俯视）

舱室底部的洞口

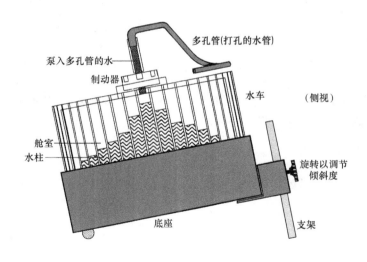

多孔管(打孔的水管)

泵入多孔管的水

制动器

水车

（侧视）

舱室

水柱

旋转以调节
倾斜度

底座

支架

图　9.1.2

　　水车处于工作台的顶端，在稍微倾斜的平面上旋转（而普通水车是在垂直平面上旋转）。水被抽进一个悬挂的多孔管，然后通过数十个小喷嘴喷出。喷嘴将水引入水车边缘的隔离舱室。舱室是透明的，里面的水含食品着色剂，使得边缘处水的分布显而易见。水从每个舱室底部的小洞漏出，然后集中在水车的底部，在那里通过喷嘴再被抽回。系统提供了不断地输入水源。

参数具有两种改变方式：可以调节水车上的制动器来增大或减小摩擦，可以通过转动水车上的螺钉来改变水车的倾斜度，这会改变重力的有效强度。

传感器通过测量水车的角速度 $\omega(t)$ 将数据传送到条带记录器并实时画出 $\omega(t)$。图 9.1.3 记录了水车混乱旋转时的角速度 $\omega(t)$。注意不规则反转序列再次出现了。

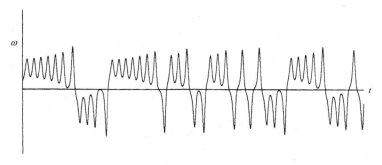

图　9.1.3

我们试图去解释混沌来自何处并试图去理解导致水车从静态平衡到稳定旋转再到不规则反转的分岔现象。

符号说明

下面是用于描述水车运动的坐标、变量和参数（见图9.1.4）：

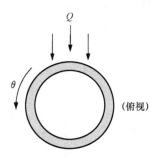

图　9.1.4

θ 表示实验室坐标系的角度（而不是水车的坐标系）。

$\theta = 0$ 表示实验室坐标系中的 12：00 方向。

$\omega(t)$ 表示水车的角速度（按逆时针方向增加，θ 也一样）。

$m(\theta, t)$ 表示水车边缘的水的质量分布，θ_1 和 θ_2 之间的质量定义为 $M(t) = \int_{\theta_1}^{\theta_2} m(\theta, t)\mathrm{d}\theta$。

$Q(\theta)$ 表示流入速率（在位置 θ 上，喷嘴抽入水的流入速率）。

r 表示水车的半径。

K 表示泄漏率。

v 表示旋转阻尼速度。

I 表示水车的转动惯量。

$m(\theta, t)$ 和 $\omega(t)$ 是未知的，我们的首要任务是导出它们的演化方程。

质量守恒

为了找出质量守恒方程，我们使用一个标准的讨论方法。如果你研究流体、静电学或者化学工程，你可能会遇到过这个方法。考虑空间中的任一部分 $[\theta_1, \theta_2]$（见图 9.1.5）。

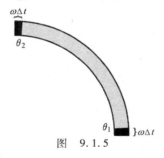

图 9.1.5

这部分的质量是 $M(t) = \int_{\theta_1}^{\theta_2} m(\theta, t)\mathrm{d}\theta$。经过无穷小时间 Δt 后，质量的变化 ΔM 是多少？有如下四个组成部分：

1. 喷嘴抽入的水的质量为 $\left(\int_{\theta_1}^{\theta_2} Q\mathrm{d}\theta\right)\Delta t$。

2. 漏出的水的质量为 $\left(-\int_{\theta_1}^{\theta_2} Km\mathrm{d}\theta\right)\Delta t$。注意：因子 m 在积分号内，这意味着泄漏量与舱室内的水的质量成比例——水越多顶部的压力越大，泄漏速度就越快。这从物理学上看是貌似正确的，但是泄漏的流体力学很复杂，也还有其他可能的规则。上述规则的现实理由是它与在水车上的直接测量结果一致，近似性很好。（对于流体专家而言：为了获得输出流和顶部压力的线性关系，Malkus 把细管接到每一个舱室底部的洞口，于是管中的输出流基本是泊肃叶（Poiseuille）流）。

3. 水车的转动将新的水携带进入我们观察的部分。这部分水的质量为 $m(\theta_1)\omega\Delta t$，因为其角宽为 $\omega\Delta t$（见图9.1.5），$m(\theta_1)$ 是其单位角度的质量。

4. 类似地，流出的水的质量为 $-m(\theta_2)\omega\Delta t$。

因此，

$$\Delta m = \Delta t\Big[\int_{\theta_1}^{\theta_2}Q\mathrm{d}\theta - \int_{\theta_1}^{\theta_2}Km\mathrm{d}\theta\Big] + m(\theta_1)\omega\Delta t - m(\theta_2)\omega\Delta t \qquad (1)$$

将式（1）转换成微分方程，利用 $m(\theta_1) - m(\theta_2) = -\int_{\theta_1}^{\theta_2}\frac{\partial m}{\partial\theta}\mathrm{d}\theta$，将传输项放在积分号内，然后除以 Δt，并令 $\Delta t\to 0$。得到

$$\frac{\mathrm{d}M}{\mathrm{d}t} = \int_{\theta_1}^{\theta_2}\Big(Q - Km - \omega\frac{\partial m}{\partial\theta}\Big)\mathrm{d}\theta$$

根据 M 的定义，

$$\frac{\mathrm{d}M}{\mathrm{d}t} = \int_{\theta_1}^{\theta_2}\frac{\partial m}{\partial t}\mathrm{d}\theta$$

因此，

$$\int_{\theta_1}^{\theta_2}\frac{\partial m}{\partial t}\mathrm{d}\theta = \int_{\theta_1}^{\theta_2}\Big(Q - Km - \omega\frac{\partial m}{\partial\theta}\Big)\mathrm{d}\theta$$

为了保证对所有的 θ_1 和 θ_2 都成立，必须有

$$\frac{\partial m}{\partial t} = Q - Km - \omega\frac{\partial m}{\partial\theta} \qquad (2)$$

方程（2）通常称为**连续性方程**。注意这是一个**偏微分方程**，不同于本书迄今为止的其他方程。我们将担心如何去分析它，这仍需要一个方程来告诉我们 $\omega(t)$ 如何演化。

力矩平衡

水车的旋转遵循牛顿定律 $F = ma$，表示为应用力矩和角动量的变化率之间的平衡。设 I 表示水车的转动惯量，由于水的空间分布，一般来讲 I 依赖于 t。但是如果等待足够长的时间，这种复杂性就会消失：当 $t \to \infty$ 时，可以证明 $I(t)$ 趋于常数（练习题 9.1.1）。

因此，瞬态衰减后，运动方程为

$$I\dot{\omega} = 阻尼力矩 + 重力力矩$$

这里有两个阻尼源：刹车系统中黏稠油液的黏性阻尼和由旋转加速效应引起的微妙的"惯性"阻尼——水以零角速度进入水车但是在水漏出之前旋转到角速度 ω。这两种效应产生的力矩与 ω 成正比，从而得到

$$阻尼力矩 = -v\omega$$

其中 $v > 0$，负号表示阻尼力与运动方向相反。

由于水是从水车的顶端加进去的，所以重力力矩就像是一个倒立摆（见图 9.1.6）。

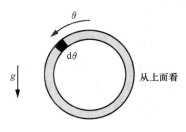

图　9.1.6

无穷小区间 $d\theta$ 上对应的质量为 $dM = m d\theta$，该质量元素产生力矩

$$d\tau = (dM)gr\sin\theta = mgr\sin\theta d\theta$$

为了检查符号的正确性，我们观察当 $\sin\theta > 0$ 时，力矩使得 ω 增加，类似于倒立摆中的情形。这里 g 是有效引力常数，用 $g = g_0\sin\alpha$ 表示，其中 g_0 是通常的引力常数，α 是水车与水平方向的夹角（见图9.1.7）。

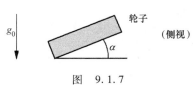

图　9.1.7

对质量元素进行积分得到

$$重力力矩 = gr \int_0^{2\pi} m(\theta,t)\sin\theta\,d\theta$$

将阻尼力矩和重力力矩加在一起，得到力矩平衡方程

$$I\dot{\omega} = -v\omega + gr \int_0^{2\pi} m(\theta,t)\sin\theta\,d\theta \tag{3}$$

由于上式包含导数和积分，故称为积分-微分方程。

振幅方程

方程（2）和方程（3）完全确定了系统的演化。给定 $m(\theta,t)$ 和 $\omega(t)$ 的当前值，方程（2）告诉我们如何更新 m，方程（3）告诉我们如何更新 ω，所以不需要更多的方程。

如果方程（2）和方程（3）准确描述了水车的行为，其中必定隐含着一些非常复杂的运动。如何获得这些隐含的运动？这比我们迄今为止所研究的任何东西都更令人生畏。

如果我们用傅里叶分析重写系统，一个奇迹将会出现。请看下面！

由于 $m(\theta,t)$ 是关于 θ 的周期函数，我们可以将其写成傅里叶级数

$$m(\theta,t) = \sum_{n=0}^{\infty} \left[a_n(t)\sin n\theta + b_n(t)\cos n\theta \right] \tag{4}$$

将这个表达式代入方程（2）和方程（3），得到一组**振幅方程**——含有不同谐波或模的振幅 a_n、b_n 的常微分方程。但是首先我们必须将流入率也写成傅里叶级数：

$$Q(\theta) = \sum_{n=0}^{\infty} q_n\cos n\theta \tag{5}$$

该级数中没有 $\sin n\theta$ 项，这是因为在水车的顶端水是对称加入的；在 θ 和 $-\theta$ 处流速相同。（在这个方面，这里的水车与一般真实的水车不同，真实水车始终按相同方向驱动水车没有对称性。）

将 m 和 Q 的级数代入方程（2），得到

$$\frac{\partial}{\partial t}\left[\sum_{n=0}^{\infty} a_n(t)\sin n\theta + b_n(t)\cos n\theta \right] = -\omega\frac{\partial}{\partial \theta}\left[\sum_{n=0}^{\infty} a_n(t)\sin n\theta + b_n(t)\cos n\theta \right] +$$

$$\sum_{n=0}^{\infty} q_n\cos n\theta - K\left[\sum_{n=0}^{\infty} a_n(t)\sin n\theta + b_n(t)\cos n\theta \right]$$

对方程两边求微分，并合并同类项。根据函数 $\sin n\theta$ 和 $\cos n\theta$ 的正交性，可以分别令每一个谐波两侧系数相等。例如，$\sin n\theta$ 左侧的系数为 $\dot{a}_n$，右侧的系数为 $n\omega b_n - Ka_n$。于是，

$$\dot{a}_n = n\omega b_n - Ka_n \tag{6}$$

类似地，比较 $\cos n\theta$ 的系数后得到

$$\dot{b}_n = -n\omega a_n - Kb_n + q_n \tag{7}$$

方程（6）和方程（7）对所有的 $n = 0$，1，$\cdots$ 成立。

下面用傅里叶级数重写方程（3）。等待奇迹吧！当把方程（4）代入方程（3）时，由正交性，积分中只剩下一项，

$$
\begin{aligned}
I\dot{\omega} &= -v\omega + gr\int_0^{2\pi}\Big[\sum_{n=0}^{\infty}a_n(t)\sin n\theta + b_n(t)\cos n\theta\Big]\sin\theta\mathrm{d}\theta\\
&= -v\omega + gr\int_0^{2\pi}a_1\sin^2\theta\mathrm{d}\theta\\
&= -v\omega + \pi gra_1
\end{aligned}
\tag{8}
$$

因此，$\dot{\omega}$ 的微分方程只含 a_1。但是方程（6）和方程（7）意味着 a_1、b_1 和 ω 形成一个封闭系统——这三个变量与所有其他的 a_n、$b_n(n\neq 1)$ 解耦，最终得到的方程为

$$
\begin{aligned}
\dot{a}_1 &= \omega b_1 - Ka_1\\
\dot{b}_1 &= -\omega a_1 - Kb_1 + q_1\\
\dot{\omega} &= (-v\omega + \pi gra_1)/I
\end{aligned}
\tag{9}
$$

（如果你对更高阶的 a_n、$b_n(n\neq 1)$ 感到好奇，请见练习题 9.1.2。）

我们已经大大简化了问题：原始的一对积分——偏微分方程（2）和（3）被归结为三维系统（9）。其实方程（9）等价于洛伦兹方程！（请见练习题 9.1.3）。在我们转向著名的洛伦兹系统之前，先对方程（9）做些许了解。从来没有人能够完全理解它——它的行为非常复杂——但是我们可以解释一部分。

不动点

我们先寻找方程（9）的不动点。为了符号表示的方便，在下面的中间步骤中省略常用的星号。

令所有的导数等于零，得到

$$a_1 = \omega b_1 / K \tag{10}$$

$$\omega a_1 = q_1 - K b_1 \tag{11}$$

$$a_1 = v\omega / \pi g r \tag{12}$$

从方程（10）和方程（11）中消去 a_1，解出 b_1：

$$b_1 = \frac{K q_1}{\omega^2 + K^2} \tag{13}$$

由方程（10）和方程（12）得到 $\omega b_1 / K = v\omega / \pi g r$。因此 $\omega = 0$ 或

$$b_1 = K v / \pi g r \tag{14}$$

这样，我们考虑如下两类不动点：

1. 如果 $\omega = 0$，那么 $a_1 = 0$，$b_1 = q_1 / K$。不动点为

$$(a_1{}^*, b_1{}^*, \omega^*) = (0, q_1/K, 0) \tag{15}$$

它对应于非旋转状态；此时水车是静止的，通过泄漏来平衡流入。我们不说这个状态是稳定的，只是存在而已；稳定性的讨论将在后面进行。

2. 如果 $\omega \neq 0$，那么方程（13）和方程（14）意味着 $b_1 = K q_1 / (\omega^2 + K^2) = K v / \pi g r$。

由于 $K \neq 0$，得到 $q_1 / (\omega^2 + K^2) = v / \pi g r$。所以

$$(\omega^*)^2 = \frac{\pi g r q_1}{v} - K^2 \tag{16}$$

如果方程（16）的右端为正，方程存在两个解 $\pm \omega^*$，分别对应正反两个方向的稳定旋转，这两个解存在，当且仅当

$$\frac{\pi g r q_1}{K^2 v} > 1 \tag{17}$$

方程（17）中的无量纲组称为**瑞利**（Rayleigh）**数**，它度量了我们驱动系统的困难程度，它与耗散性相关。更准确地说，方程（17）的比值表达了 g、q_1（重力和流入率，致使水车旋转）与 K、v（泄漏率和阻尼，致使水车停止）之间的竞争。所以很合理地得到，只有当瑞利数足够大时，稳定旋转才有可能发生。

瑞利数也会出现在流体力学的其他地方，特别是出现在从底部加热的一层流体的对流中。瑞利数正比于流体的底端与顶端的温差。对于较小的温度梯度，热量垂直地向上传导但是流体保持静止。当瑞利数大于临界值时，产生不稳定性——热流变得稀薄并开始上升，而顶部的冷流

开始下沉。这导致了一个对流卷模式，完全类似于我们水车的稳定旋转。随着瑞利数的进一步增大，对流卷变得起伏且最终出现混沌。

当瑞利数更大时，这种与水车的相似性被打破，这时湍流现象发生，对流运动在空间和时间上变得复杂。［见 Drazin 和 Reid（1981）、Bergé 等（1984）、Manneville（1990）的论述］。相比而言，水车进入相反的钟摆模式，向左转，然后又向右转，并且无限进行下去（见例题 9.5.2）。

9.2 洛伦兹方程的简单性质

这一节我们将跟随洛伦兹的步伐展开讨论。他的分析尽可能地使用标准方法，但是在某一特定阶段，他发现自己所面对的似乎是一个悖论。他一个一个消灭了系统长期行为的所有已知的可能性并指出在某一个参数范围，不存在稳定的不动点，也不存在稳定的极限环同时他证明了所有的轨迹限定在一个有界区域且最终被吸收到一个体积为零的集合。这个集合是什么？轨迹是如何运动到这个集合里的？正如我们在下一节将会看到的，这个集合是奇怪吸引子，其上的运动是混沌的。

首先我们看看洛伦兹如何排除传统的可能性。正如 Sherlock Holmes 在小说《四签名》（*The Sign of Four*）一书中所说，"当你排除了所有的不可能，剩下的必是真理。"

洛伦兹方程

$$
\begin{aligned}
\dot{x} &= \sigma(y - x) \\
\dot{y} &= rx - y - xz \\
\dot{z} &= xy - bz
\end{aligned}
\tag{1}
$$

式中，参数 $\sigma > 0$，$r > 0$，$b > 0$：σ 是**普朗特**（Prandtl）**数**，r 是瑞利数，b 没有特定的称呼。（在对流问题中它与卷的纵横比相关。）

非线性

系统 ［式（1）］ 只有两个非线性项：二次项 xy 和 xz。这应该提醒你想到水车方程组（9.1.9），它有两个非线性项 ωa_1 和 ωb_1。见练习题 9.1.3，通过换元将水车方程变成洛伦兹方程。

对称性

洛伦兹方程的一个重要性质就是**对称性**。如果用（$-x$，$-y$）替换方程（1）中的（x，y），方程保持不变。因此，如果（$x(t)$，$y(t)$，$z(t)$）是一个解，则（$-x(t)$，$-y(t)$，$z(t)$）也是方程的解。换言之，所有的解要么是自身，要么是其对称解。

体积收缩

洛伦兹系统是**耗散**的：流的相空间体积收缩。为了理解这一点，我们首先要问：体积是如何演化的？

我们先给出一般的答案，对任意的三维系统 $\dot{x} = f(x)$，选取相空间中的体积 $V(t)$ 的任一封闭曲面 $S(t)$。以 S 上的点为轨迹的初始条件，让它们在无穷小时间 dt 内演化。然后 S 演化成一个新的平面 $S(t+dt)$；其体积 $V(t+dt)$ 是多少呢？

图 9.2.1 中展示了体积的侧视图。

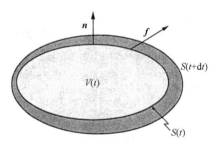

图　9.2.1

用 n 表示 S 上的外法线。因为 f 是点的瞬时速度，$f \cdot n$ 是速度在外法线方向上的分量。因此，在时间 dt 内，区域 dA 扫过的体积为（$f \cdot n\,dt$）dA，如图 9.2.2 所示。

因此

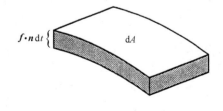

图　9.2.2

$$V(t + dt) = V(t) + (\text{小片面积扫过的体积,对所有小块进行积分})$$

所以得到

$$V(t + dt) = V(t) + \int_S (\boldsymbol{f} \cdot \boldsymbol{n} \ dt) dA$$

因此

$$\dot{V} = \frac{V(t + dt) - V(t)}{dt} = \int_S (\boldsymbol{f} \cdot \boldsymbol{n} dt) dA$$

最后，用散度定理重写上面的积分方程，得到

$$\dot{V} = \int_V \nabla \cdot \boldsymbol{f} \ dV \tag{2}$$

对于洛伦兹系统

$$\nabla \cdot \boldsymbol{f} = \frac{\partial}{\partial x}[\sigma(y - x)] + \frac{\partial}{\partial y}[rx - y - xz] + \frac{\partial}{\partial z}[xy - bz]$$

$$= -\sigma - 1 - b < 0$$

由于散度是常数，方程（2）简化成 $\dot{V} = -(\sigma + 1 + b)V$，其解为 $V(t) = V(0) \ e^{-(\sigma + 1 + b)t}$。因此，相空间中的体积按指数速度快速缩小。

因此，如果我们从一个巨大实心区域的初始条件开始，其最终缩小为体积为零的极限集，就像一个被吸出空气的气球。在这个极限集中出发的所有轨迹从该区域出发，最终在这个集合中的某一地方结束。后面我们将会看到这个极限集是由对应于某些参数值的不动点、极限环或奇怪吸引子组成。

体积收缩严重约束了洛伦兹方程的可能解，如下面两个例子所示。

例题 9.2.1

证明洛伦兹方程不存在准周期解。

解：我们通过反证法给出证明。如果存在准周期解，它将出现在环面的表面，如 8.6 节所讨论的那样，该流使得环面保持不变。因此，环面内的体积随时间不变。但是这与所有的体积呈指数快速收缩的事实相矛盾。∎

例题 9.2.2

证明洛伦兹系统不存在排斥不动点或排斥闭轨。（排斥，意味着从不动点或闭轨附近出发的所有轨迹都远离它。）

解：排斥子与体积收缩不相容，因为在以下所述的意义上，排斥子是体积的源头。假定我们用相空间初始点附近的封闭曲面包住一个排斥子。（特别地，选择不动点邻近的一个小球面或闭轨邻近的一个薄管。）短时间后，当相应的轨迹离开时，曲面将会扩张，其内部的体积将会增加。这与体积收缩这一事实矛盾。■

通过排除法，我们得到所有的不动点必是汇或鞍点，闭轨（如果存在）必是稳定的或像马鞍一样。对于不动点的情况，我们现在明确验证这些一般的结论。

不动点

像水车那样，洛伦兹系统 [式（1）] 有两种类型的不动点。对所有的参数值，原点 $(x^*, y^*, z^*) = (0, 0, 0)$ 是一个不动点，就如水车的静止状态。对 $r > 1$，也存在一对对称不动点 $x^* = y^* = \pm\sqrt{b(r-1)}$，$z^* = r-1$。洛伦兹称它们为 C^+ 和 C^-，代表向左、右转动的对流卷（类似于水车的稳定旋转）。当 $r \to 1^+$ 时，C^+ 和 C^- 在叉式分岔中与原点合并。

原点的线性稳定性

省略方程（1）中的非线性项 xy 和 xz 得到原点处的线性化方程 $\dot{x} = \sigma(y-x)$，$\dot{y} = rx - y$，$\dot{z} = -bz$。z 的方程被解耦且 $z(t)$ 指数趋于 0。其他两个方向由下面的系统控制

$$\begin{pmatrix} \dot{x} \\ \dot{y} \end{pmatrix} = \begin{pmatrix} -\sigma & \sigma \\ r & -1 \end{pmatrix} \begin{pmatrix} x \\ y \end{pmatrix}$$

系统矩阵的迹为 $\tau = -\sigma - 1 < 0$ 且行列式为 $\Delta = \sigma(1-r)$。如果 $r > 1$，原点是鞍点，因为 $\Delta < 0$。这是一个新型的鞍点，因为整个系统是三维的，包括省略的 z 方向，鞍点有一个出方向、两个入方向。如果 $r < 1$，所有的方向都是入方向，则原点是汇。具体地，当 $r < 1$ 时，由于

$\tau^2 - 4\Delta = (\sigma + 1)^2 - 4\sigma(1 - r) = (\sigma - 1)^2 + 4\sigma r > 0$，原点是稳定结点。

原点的全局稳定性

实际上，对于 $r < 1$，我们可以证明当 $t \to \infty$ 时，每一个轨迹都趋向于原点，原点是**全局稳定**的。因此当 $r < 1$ 时，不存在极限环或混沌。

该证明涉及**李雅普诺夫函数**的构造，它是一个沿着轨迹下降的光滑、正定函数。如 7.2 节所讨论的，李雅普诺夫函数是经典的力学系统的能量函数的推广——存在摩擦或其他的耗散，能量会单调减小。李雅普诺夫函数的构造没有系统的方法，但是通常用平方和表达。

这里，考虑 $V(x, y, z) = \dfrac{1}{\sigma}x^2 + y^2 + z^2$。$V$ 为常数时对应的曲面是以原点为中心的同心椭球（见图 9.2.3）。

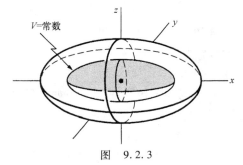

图 9.2.3

这个思想表明如果 $r < 1$ 且 $(x, y, z) \neq (0, 0, 0)$，那么沿着轨迹 $\dot{V} < 0$。这意味着轨迹将继续运动到更低的 V，因此当 $t \to \infty$ 时穿透越来越小的椭球。但是 V 的下界是 0，所以 $V(\boldsymbol{x}(t)) \to 0$，因此 $\boldsymbol{x}(t) \to 0$，得证。

现在计算：

$$\frac{1}{2}\dot{V} = \frac{1}{\sigma}x\dot{x} + y\dot{y} + z\dot{z}$$

$$= (yx - x^2) + (ryx - y^2 - xyz) + (zxy - bz^2)$$

$$= (r + 1)xy - x^2 - y^2 - bz^2$$

利用配方法得到

$$\frac{1}{2}\dot{V} = -\left[x - \frac{r+1}{2}y\right]^2 - \left[1 - \left(\frac{r+1}{2}\right)^2\right]y^2 - bz^2$$

如果 $r < 1$ 且 $(x, y, z) \neq (0, 0, 0)$，我们断言等式右边严格小于零。因为平方和的相反数，肯定不为正。但是 $\dot{V}$ 是否等于零？这要求

右边的每一项分别为零。因此，右端的后两项为 $y=0$，$z=0$。（由于假设 $r<1$，y^2 的系数非零。）所以第一项化简为 $-x^2$，只有当 $x=0$ 时才会为零。

结果是 $\dot{V}=0$ 则 $(x,\ y,\ z)=(0,\ 0,\ 0)$，否则 $\dot{V}<0$。因此这个断言成立，从而对于 $r<1$，原点是全局稳定的。

C^+ 和 C^- 的稳定性

现在假设 $r>1$，所以 C^+ 和 C^- 存在。它们的稳定性的计算留在练习题 9.2.1 中。可以证明它们是线性稳定的（且假设 $\sigma-b-1>0$）。

$$1<r<r_H=\frac{\sigma(\sigma+b+3)}{\sigma-b-1}$$

这里我们使用下标 H，因为 C^+ 和 C^- 在 $r=r_H$ 时失去稳定性并产生霍普夫分岔。

对于 r 略大于 r_H，分岔后会立刻发生什么现象？你可以假定 C^+ 和 C^- 被小的稳定极限环包围。如果霍普夫分岔是超临界的将会发生上述现象。但事实上它是亚临界的——极限环不稳定且仅仅存在于 $r<r_H$。这个计算很难，见 Marsden 和 McCracken（1976）或 Drazin（1992，第 277 页，问题 8.2）的论述。

下面有一个直观图。图 9.2.4 中展示了 $r<r_H$ 时，C^+ 附近的相图。

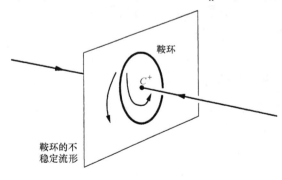

图 9.2.4

不动点是稳定的。不动点被一个**鞍环**包围，它是只有在三维或更多维的相空间中才可能出现的一种新型的不稳定极限环。这个环具有一个二维不稳定流形（如图 9.2.4 所示中的纸片部分）和一个二维稳定流形（没有画出）。当 r 从左边趋于 r_H 时，极限环在不动点附近缩小。在霍普夫分岔处，不动点吸收鞍环变成鞍点。对于 $r > r_H$，其邻域内不存在吸引子。

因此对于 $r > r_H$，轨迹必飞离到达较远的吸引子。但这到底是怎么回事？根据到目前为止的结果，对 $r > r_H$ 的情况，系统的局部分岔图表明没有显示任何稳定轨道的迹象（见图 9.2.5）。

是否所有的轨迹都能被排斥到无穷大？不能，我们可以证明所有的轨迹最终进入且停留在某个大型椭球中（练习题 9.2.2）。是否存在一些我们没有注意到的稳定极限环？你也许认为可能，但是洛伦兹给出了 r 略大于 r_H 时

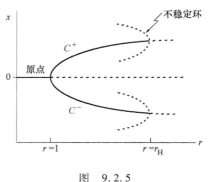

图 9.2.5

的一个有说服力的论点：任一极限环必定是不稳定的（见 9.4 节）。

因此，轨迹必有奇异的长期行为。就像弹子球机中的球，被不稳定的物体不断弹开。同时，它们被限制在体积为零的有界集内，但它们无休止地运动却不会与自身或其他轨迹相交。

在下一节我们将揭示这些轨迹的运动之谜。

9.3 奇怪吸引子上的混沌

洛伦兹采用数值积分研究了轨迹的长期动力学。他研究了 $\sigma = 10$，$b = \dfrac{8}{3}$，$r = 28$ 的特例。这个 r 值刚刚超过霍普夫分岔值 $r_H = \sigma(\sigma + b + 3)/(\sigma - b - 1) \approx 24.74$，因此他知道必然发生一些奇异的事情。当然，奇异事情的发生也有另一个理由——那时候的计算机是不可靠的，也很难使用，所以洛伦兹必须谨慎地解释他的数值结果。

他从初始条件（0，1，0）开始进行积分，该初始条件接近原点

处的鞍点。图 9.3.1 中画出了 $y(t)$ 的解。

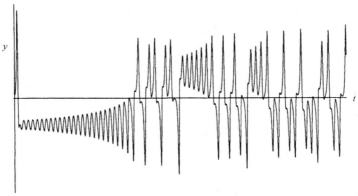

图 9.3.1

经过最初的瞬态后，当 $t \to \infty$ 时，解进入了持续的不规则振荡，但是永远不会重复。这个运动是**非周期**的。

洛伦兹发现如果将这个解可视化为相空间中的轨迹会出现一个奇妙的结构。例如，当画出 $x(t)$ 与 $z(t)$ 时，出现了蝴蝶图案（见图 9.3.2）。

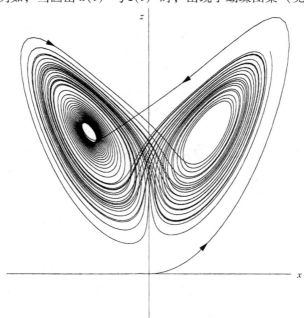

图 9.3.2

轨迹看起来反复且与自身相交，但那只是三维轨迹投影到二维平面的假象，三维空间中不会出现与自身相交的情况。

让我们仔细理解图 9.3.2。轨迹从原点附近出发，接着向右波动，然后潜入左边的螺旋中心。经过非常缓慢地向外旋转后，轨迹又回射到右边，旋转几次，射到左边，继续旋转，依次无限下去。两边环形的数量从一个周期到下一个周期不可预测地变化。事实上，环的数量的序列具备随机序列的很多特征。物理上，从左到右的切换相当于 9.1 节中我们所观测到的水车的不规则逆转。

当从三维空间而不是从二维投影的角度去看这个轨迹时，它变成了精美的稀疏集，看上去像蝴蝶的一对翅膀。图 9.3.3 中展示了**奇怪吸引子** ［Ruelle 和 Takens（1971）定义的术语］的示意图。这个有限集是 9.2 节中推导出的体积为零的吸引集。

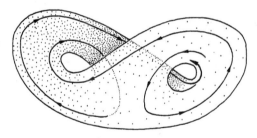

图 9.3.3   ［Abraham 与 Shaw（1983），第 88 页］

奇怪吸引子的几何结构是什么？图 9.3.3 表明这是一对在图 9.3.3 底部合二为一的曲面。但这是怎么做到的，唯一性理论（见 6.2 节）告诉我们轨迹不能相交或合并？洛伦兹（1963）给出了一个生动的解释——这两个表面仅仅看上去像合并了。这个假象是由于流的强烈的体积收缩以及较低的数值精度导致的。但是看看这个思路将引导他去向何方：

看起来，两个曲面出现了合并，但仍然是不同的曲面。在这些曲面上，沿着与轨迹并行的路线，绕着 C^+ 和 C^-，可以看到每一个曲面实际上都是一对曲面，所以，它们看起来合并的地方，其实有四个曲面。从另一个回路继续这个过程，我们看到实际上有八个曲面，如此等等。我们最终得到存在一个无穷复杂的曲面，每个非常接近两个合并的曲面中一个或其他曲面。

如今这个"无限曲面的复合体"称之为分形，是体积为零而表面积无穷大的点集。事实上，数值实验表明其维数大约是2.05！（见例题11.5.1）。分形和奇怪吸引子惊人的几何特征将在第11章和第12章详细讨论。但是，我们首先要更进一步地研究混沌。

相邻轨迹的指数分离

吸引子的运动呈现出**对初始条件的敏感依赖**。这意味着从相邻起始点出发的两条轨迹会迅速分离，此后有完全不同的走向。彩图2通过绘制10000个初始条件附近的小红点的演化生动说明了分离现象。红点最终传遍整个吸引子。因此相近的轨道可以在吸引子的任一个地方结束！实际意义在于对这样的系统进行长期预测是不可能的，很小的不确定性被迅速放大。

让我们把这些想法更精确地表达出来。假设我们让瞬态衰减，这样轨迹就"在"吸引子上。假设 $x(t)$ 是 t 时刻吸引子上的一个点，且考虑一个邻近点，即 $x(t) + \delta(t)$，其中 δ 是初始长度为 $\|\delta_0\| = 10^{-15}$ 的一个微小的分离向量（见图9.3.4）。

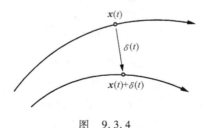

图 9.3.4

现在观察 $\delta(t)$ 是如何增长的。在洛伦兹吸引子的数值研究中，我们发现

$$\|\delta(t)\| \sim \|\delta_0\| e^{\lambda t}$$

其中 $\lambda \approx 0.9$。因此，相邻轨迹呈指数快速分离。同样地，如果我们画出 $\ln \|\delta(t)\|$ 关于 t 的关系图，那么我们就会发现曲线近似于斜率为正数 λ 的直线（见图9.3.5）。

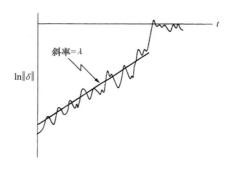

图 9.3.5

我们需要增加一些定性的描述：

1. 曲线从来都不会是精确的直线。由于指数分离的强度沿着吸引子存在少许变化，所以曲线产生摆动。

2. 当分开的距离与吸引子的直径相当时，指数分岔定会停止——轨迹显然不能分离得比吸引子的直径更大。这解释了图 9.3.5 中曲线趋于平稳或饱和的现象。

3. 数 λ 通常被称为**李雅普诺夫指数**，尽管这一用词有点草率，有如下两个原因：

第一，对于一个 n 维系统事实上有 n 个不同的李雅普诺夫指数并可按如下定义。考虑扰动的初始条件下的微小球体的演化。在其演化过程中，球体会扭曲成为微小椭球。用 $\delta_k(t)$，$k = 1, 2, \cdots, n$ 表示椭球的第 k 个主轴长度，则 $\delta_k(t) \sim \delta_k(0) e^{\lambda_k t}$，其中 λ_k 是李雅普诺夫指数。t 较大时，椭球的直径被最大的正数 λ_k 控制。所以我们所说的 λ 实际上是指最大的李雅普诺夫指数。

第二，λ（轻微）依赖于我们所研究的轨迹。我们应该在同一个轨道上取多个不同的点求平均，从而得到 λ 的真实值。

当系统有一个正的李雅普诺夫指数时，存在一个时间范围，超出该范围时预测会失效，如图 9.3.6 所示。（见 Lighthill 1986 中的一个精彩的讨论。）假定我们十分准确地测量实验系统的初始条件。当然，没有一个测量是没有误差的——在我们的估计值和真实的初始状态间总会存在一些误差 $\|\delta_0\|$。

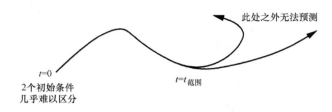

图　9.3.6

在时间 t 后，误差增长为 $\parallel \delta(t) \parallel \sim \parallel \delta_0 \parallel e^{\lambda t}$。设 a 是一个容许的误差限，也就是说如果预测值与真实状态的误差在 a 之内，我们认为这个预测是可以接受的。如果误差 $\parallel \delta(t) \parallel \geqslant a$，则预测是不可接受的，这种情况出现在时间 $t_{范围} \sim O\left(\dfrac{1}{\lambda} \ln \dfrac{a}{\parallel \delta_0 \parallel} \right)$ 后。

这种对 $\parallel \delta_0 \parallel$ 的对数依赖对我们不利。无论怎么减小初始测量的误差，我们都不能预测到 $1/\lambda$ 的几倍后的时间。下面的例题试图对这个效应进行量化。

例题 9.3.1

假设我们试图在容许误差为 $a = 10^{-3}$ 的范围内预测混沌系统的未来状态。假定对初始状态的估计误差在 $\parallel \delta_0 \parallel = 10^{-7}$ 之内，我们能预测出系统大约多长时间内的状态，而剩余时间的误差在容许范围内？现在假定我们购买最好的仪器，招收最优秀的研究生等，测量初始状态的精度提高一百万倍，也就是说将初始误差提高到 $\parallel \delta_0 \parallel = 10^{-13}$。那我们能多预测多长时间呢？

解：初始预测时间为

$$t_{范围} \approx \frac{1}{\lambda} \ln \frac{10^{-3}}{10^{-7}} = \frac{1}{\lambda} \ln(10^4) = \frac{4\ln 10}{\lambda}$$

改进的预测时间为

$$t_{范围} \approx \frac{1}{\lambda} \ln \frac{10^{-3}}{10^{-13}} = \frac{1}{\lambda} \ln(10^{10}) = \frac{10\ln 10}{\lambda}$$

因此，初始精度提高一百万倍后，我们的预测时间只是原来的 $10/4 = 2.5$ 倍！■

这样的计算表明，试图预测混沌系统的长期行为是徒劳的。洛伦兹认为这就是长期的天气预报如此困难的原因。

混沌的定义

混沌这个术语还没有普遍可接受的定义，但是大家几乎都认可下面的实用定义所包含的三个要素：

混沌是确定性系统中的非周期的长期行为，呈现出对初始条件的敏感依赖性。

1. "非周期的长期行为"是指当 $t \to \infty$ 时，轨迹不会落到不动点、周期轨道或准周期轨道。由于实际原因，我们应该要求这些轨道不要太稀疏。例如，我们可以确信：存在一个导致非周期轨道的初始条件的开集，或者说，给定一个随机初始条件，这些轨道以非零概率出现。

2. "确定性"是指系统没有随机或噪声的输入或参数。不规则行为来自于系统的非线性性质，而不是噪声驱动力所导致的。

3. "敏感依赖于初始条件"是指附近的轨迹以指数形式快速分离，即系统存在正的李雅普诺夫指数。

例题 9.3.2

有些人认为混沌只是表达不稳定性的一个华丽辞藻。例如，系统 $\dot{x} = x$ 是确定的且相邻轨迹呈指数分离。我们是否应该称这个系统为混沌？

解：不应该。轨迹被排斥到无穷大，永远不会回来。所以无穷大就像是一个吸引不动点。混沌行为是非周期的，不包括不动点以及周期行为。■

吸引子和奇怪吸引子的定义

严格来讲，吸引子也很难定义。我们希望这个定义足够宽泛以包含所有自然的特征，但又具有足够的约束性以排除明显不合适的特征。吸引子的准确定义仍然没有达成一致。请看 Guckenheimer 和 Holmes（1983，256 页）、Eckmann 和 Ruelle（1985）、Milnor（1985）所涉及的相关讨论。

不严格地讲，吸引子是所有的相邻轨迹收敛得到的集合。稳定不动点和稳定极限环便是例子。更准确地说，我们将**吸引子**定义为具有如下特征的闭集 A：

1. A 是不变集：任一从 A 出发的轨迹 $\boldsymbol{x}(t)$ 一直在 A 中。

2. A 吸引由初始条件组成的开集：存在包含 A 的开集 U 使得，如果 $\boldsymbol{x}(0) \in U$，那么当 $t \to \infty$ 时，$\boldsymbol{x}(t)$ 到 A 的距离趋于零。这意味着 A 吸引了所有充分接近它的轨迹。最大开集 U 称为 A 的吸引域。

3. A 是最小的集合：不存在满足条件 1 和条件 2 的 A 的真子集。

例题 9.3.3

考虑系统 $\dot{x} = x - x^3$，$\dot{y} = -y$。用 I 表示区间 $-1 \leqslant x \leqslant 1$，$y = 0$。$I$ 是否为不变集？是否吸引初始条件组成的开集？是否是吸引子？

解：相图如图 9.3.7 所示。在 I 的端点（± 1，0）处存在稳定不动点，在原点处存在鞍点。图 9.3.7 表明 I 是不变集；任一从 I 出发的轨道都永远在 I 内。（事实上整个 x 轴是不变集，因为如果 $y(0) = 0$，那么对所有的 t 都有 $y(t) = 0$。）所以满足条件 1。

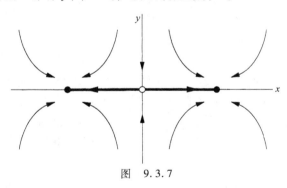

图 9.3.7

此外，I 无疑吸引了初始条件组成的一个开集——吸引了 xOy 平面内的所有轨迹，所以满足条件 2。

但是由于 I 不是最小的集合，所以不是吸引子。稳定不动点（± 1，0）是满足条件 1 和条件 2 的 I 的真子集，它们是系统的唯一吸引子。

例题 9.3.3 还有一个重要的寓意。尽管某一个集合吸引所有的轨迹，但由于它不是最小的，从而可能不是吸引子——它可能会包含一个或更多个较小的吸引子。

对于洛伦兹方程，这一结论同样可能是正确的。尽管所有的轨迹被吸收到一个零体积的有界集上，那个集合也未必是吸引子，因为它可能不是最小的。对于这个微妙的问题的疑虑已经持续了多年，但是最终在 1999 年得以解决，我们将在 9.4 节进行讨论。

最后，我们定义**奇怪吸引子**是一个对初始条件敏感依赖的吸引子。奇怪吸引子最初被称为奇怪的，是由于奇怪吸引子通常是分形集。现在，这个几何特征被认为没有对初始条件的敏感依赖这一动力学特征重要。当人们想强调它们之一时，混沌吸引子和分形吸引子这两个术语就会被用到。

9.4   洛伦兹映射

1963 年洛伦兹发现了一种分析奇怪吸引子上动力学的极好的方式。他引导我们从一个特定的视角去关注吸引子（见图 9.4.1）。然后他写道：

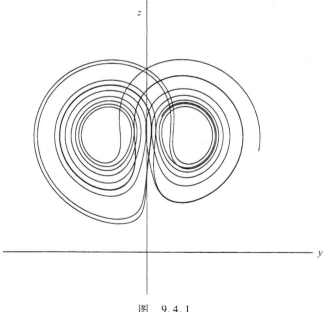

图   9.4.1

只有当轨迹与中心的距离超过某个临界值时轨迹才明显离开一个螺旋。而且，超过临界值的程度似乎确定了下一个螺旋的进入点；进而似乎决定了再次改变螺旋前要完成的回路数。因此，从一个给定回路的某个单一特征可以预测下一个回路的同样特征。

他所关注的"单一特征"是 z_n，即 $z(t)$ 的第 n 个局部最大值（见图 9.4.2）。

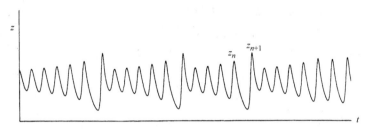

图 9.4.2

洛伦兹的想法是 z_n 可以预测 z_{n+1}。为了核实这一点，他对这个方程进行了长时间的数值积分，从而测得了 $z(t)$ 的局部最大值，最终画出了 z_{n+1} 和 z_n 的关系。如图 9.4.3 所示，来自于混沌时间序列的数据似乎恰好落在一条曲线上——图中的曲线几乎没有"粗细"之分！

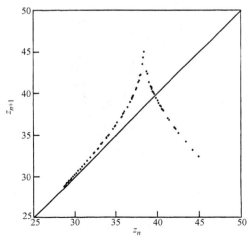

图 9.4.3

通过这个巧妙的手段，洛伦兹能从混沌中发现有序。图 9.4.3 所示的函数 $z_{n+1} = f(z_n)$ 称为**洛伦兹映射**。它告诉我们一些关于吸引子的动力学：给定 z_0，我们可以通过 $z_1 = f(z_0)$ 预测 z_1，然后根据 z_1 预测 $z_2 = f(z_1)$ 等，依次如此迭代下去。这个迭代映射的分析将引领我们得到一个惊人的结论，但是我们得先做一些说明。

第一，图 9.4.3 所示实际上不是曲线。它确实有一定的厚度。所以，严格来讲，$f(z)$ 是一个定义不明确的函数，因为对于一个给定的输入 z_n 有不止一个输出 z_{n+1}。另一方面，厚度很小，如果我们简单地将上图近似成曲线，则可以得到很多结论，我们做这种简单的近似，但要记住后面的分析貌似合理但却是不严密的。

第二，洛伦兹映射可能会使你想起 8.7 节中的庞加莱映射。这两种情况中，我们都是通过试图将其简化为某种迭代映射来简化微分方程的分析。但是有一个重要的区别是：为了构建三维流动的庞加莱映射，我们计算了轨迹和一个平面的相继的交点。庞加莱映射通过在那个平面上取一点，由两个坐标给定，然后告诉我们它首次回到平面后这两个坐标如何变化。洛伦兹映射与之不同的地方是它只用一个数而非两个数来刻画轨迹。这个简单方法只有当吸引子非常"平"，即接近于二维时，才奏效，如洛伦兹吸引子这样。

排除稳定极限环

我们如何知道洛伦兹吸引子是不是一个伪装的稳定极限环呢？唱反调的怀疑者可能会说，"当然，轨迹似乎没有重复，但也许你没有完整的足够长的时间。轨迹最终会停留到周期行为上——只是周期长到难以置信，超过了你在计算机上尝试运行的时间。如果我错了，你来证明一下。"

尽管洛伦兹不能提出严格的反驳，但是他能给出稳定极限环不存在的合理辩论，事实上，这也只对他所研究的那个参数值才这样。

他的论据是这样的：图 9.4.3 中的关键发现是图的各处都满足

$$|f'(z)| > 1 \qquad\qquad (1)$$

这个特征最终意味着如果存在任意一个极限环，它们必定是不稳定的。

看看到底是为什么。我们首先分析映射 f 的不动点。存在点 z^* 使

得 $f(z^*) = z^*$，这种情况中 $z_n = z_{n+1} = z_{n+2} = \cdots$。图 9.4.3 中显示只存在一个不动点，是图像与 45° 对角线的交点，它代表像图 9.4.4 所示那样的闭轨。

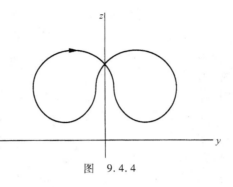

图 9.4.4

为了证明该闭轨是不稳定的，这里考虑一个轻微扰动的轨迹 $z_n = z^* + \eta_n$，其中 η_n 很小。经过通常的线性化，我们发现 $\eta_{n+1} \approx f'(z^*)\eta_n$。由于重要性质［式（1）］给出的 $|f'(z^*)| > 1$，得到

$$|\eta_{n+1}| > |\eta_n|$$

因此偏差 η_n 随着每一次迭代而增长，所以上述的闭轨是不稳定的。

现在我们稍微推广这个结论来证明所有的闭轨是不稳定的。

例题 9.4.1

给定洛伦兹映射的近似值 $z_{n+1} = f(z_n)$，且对所有的 z 有 $|f'(z)| > 1$，证明所有闭轨都不稳定。

解：考虑任一闭轨的相应序列 $\{z_n\}$。它可能是一个复杂序列，但是由于我们知道轨道最终是闭合的，序列最终必定是重复的。因此对于一些 $p \geq 1$ 的整数，有 $z_{n+p} = z_n$。（p 是序列的周期，z_n 是周期 $-p$ 点。）

现在证明相应的闭轨是不稳定的，考虑小偏差 η_n 的命运，在 p 次迭代后，当循环完成时观察 η_n。我们将证明 $|\eta_{n+p}| > |\eta_n|$，这意味着偏差增加，则闭轨是不稳定的。

为了估计 η_{n+p}，让我们一步一步慢慢来。经过一次迭代后，通过对 z_n 线性化，使 $\eta_{n+1} \approx f'(z_n)\eta_n$。类似地，两次迭代后，

$$\eta_{n+2} \approx f'(z_{n+1})\eta_{n+1}$$
$$\approx f'(z_{n+1})[f'(z_n)\eta_n]$$
$$= [f'(z_{n+1})f'(z_n)]\eta_n$$

因此，p 次迭代后，

$$\eta_{n+p} \approx \Big[\prod_{k=0}^{p-1} f'(z_{n+k}) \Big] \eta_n \qquad (2)$$

在式（2）中，由于对所有的 z，$|f'(z)| > 1$，所以乘积中的每一个因子的绝对值都大于 1。因此，$|\eta_{n+p}| > |\eta_n|$，这证明了闭轨是不稳定的。

尽管如此，由于洛伦兹映射不是一个严格定义的函数（因为我们已经看到其图形有一定的厚度），这种论点不能说服我们假定的怀疑者。直到 1999 年，当一个名为 Warwick Tucker 的研究生证明了洛伦兹方程事实上存在奇怪吸引子时［Tucker（1999，2002）］，这个问题才最终得以解决。Stewart（2000）和 Viana（2000）对这个里程碑问题给出了浅显易懂的解释。

为什么 Tucker 的证明很重要？因为它消除了数值模拟始终在欺骗我们这种挥之不去的顾虑。这些顾虑是严重且合理的。毕竟，当数值积分中的任何小误差必会导致误差呈指数增长时，我们如何能确信计算机上看到的轨迹？Tucker 的理论确定了这一点：尽管不可避免地存在模拟误差，但是我们在其上看到的奇怪吸引子和混沌运动是洛伦兹方程自身的真正特性。

9.5 探究参数空间

到此为止我们已经集中讨论了特定的参数值 $\sigma = 10$，$b = \dfrac{8}{3}$，$r = 28$，就像洛伦兹（1963）的论文一样。如果我们改变参数又会发生什么呢？就像在丛林中散步一样——可以发现怪异的打成结的极限环、相互连接的成对极限环、阵发混沌、噪声周期性以及奇怪吸引子［Sparrow（1982），Jackson（1990）］。你应该独立地做一些探索，或许可以从某些练习开始。

我们可以研究广阔的三维参数空间，很多内容还有待发现。为了简化问题，很多研究者固定 $\sigma = 10$，$b = \dfrac{8}{3}$，令 r 变化。在本节中，我们看一下在数值实验中观察到的一些现象。对此问题权威的讨论，见 Sparrow（1982）的论述。

图 9.5.1 中总结了较小的 r 值所对应的系统行为。

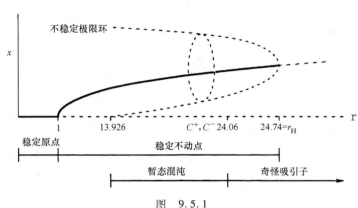

图　9.5.1

该图的大部分内容我们都很熟悉。当 $r<1$ 时，原点全局稳定。在 $r=1$ 处，原点通过超临界叉式分岔而失去稳定性，出现一对对称的吸引不动点（在我们的示意图中，只显示了其中的一个）。在 $r_H=24.74$ 处，不动点在亚临界霍普夫分岔中吞并了不稳定极限环而失去稳定性。

现在来看一些新的结果。当从 r_H 处减小 r 时，不稳定极限环扩大，并危险地接近位于原点处的鞍点。当 $r \approx 13.926$ 时，环到达鞍点，且变成了同宿轨道；因此，我们得到了同宿分岔。（更多二维系统中的简单同宿分岔，见 8.4 节。）$r=13.926$ 以下不存在极限环。从另一个方向来看，我们得到：随着 r 的增加，当其超过 $r=13.926$ 时，出现一对不稳定极限环。

同宿分岔有很多的动力学结果，但是对它的分析超出了我们目前的知识——见 Sparrow（1982）对"同宿爆炸"的讨论。主要结论是在 $r=13.926$ 处产生了非常复杂的不变集，并伴随着不稳定极限环。这个集是一簇无限多个鞍环和非周期轨道。它不是吸引子，也无法直接观察，但在其邻域内产生了对初始条件的敏感依赖。轨迹在这个集合附近游荡，有点像在迷宫里。然后它们杂乱无章地运动一段时间，但最终逃离并落在 C^+ 或 C^-。在不变集附近游荡的时间随着 r 的增加而越来越长。最后，在 $r=24.06$ 处，游荡的时间变成无穷，而不变集变为一个奇怪吸引子［Yorke 和 Yorke（1979）］。

例题 9.5.1

利用数值方法证明当 $r=21$（$\sigma=10$，$b=\dfrac{8}{3}$）时，洛伦兹方程的数值结果具有**暂态混沌**。

解：利用稍微不同的初始条件进行实验后，很容易得到如图 9.5.2 所示的解。

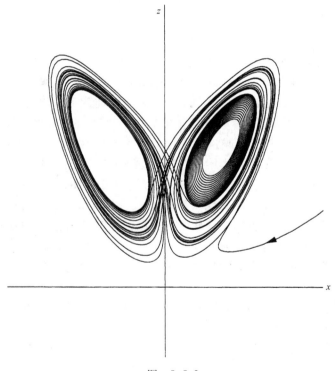

图　9.5.2

起初的轨迹似乎是一个奇怪吸引子，但是最终它停留在右侧并向下朝着稳定不动点 C^+ 旋转。（$r=21$ 处的 C^+ 和 C^- 仍是稳定的。）y 随 t 的时间序列呈现了同样的结果：初始不稳定解最终衰减到平衡点（见图 9.5.3）。

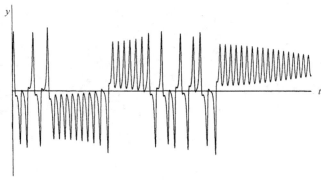

图　9.5.3

暂态混沌的另外一个名称是亚稳态混沌（Kaplan 和 Yorke 1979）或预湍流 [Yorke 和 Yorke（1979），Sparrow（1982）]。■

根据定义，例题 9.5.1 中的动力学不是"混沌的"，因为其长期行为不是非周期的。另一方面，动力学表现出对初始条件的敏感依赖——如果我们选择一个稍微不同的初始条件，轨迹可能很容易终止于 C^- 而不是 C^+。因此系统的行为至少对于特定的初始条件是不可预测的。

暂态混沌表明一个确定性系统可以是不可预测的，即使其终态非常简单。特别地，你不需要奇怪吸引子来产生实际上随机的行为。当然，这是熟悉的日常经验——赌博中使用的很多"机会"的博弈本质上是暂态混沌的范例。例如，投骰子。骰子总是停在六个稳定平衡位置中的一个。结果预测的困难是由于最终位置会敏感依赖于初始方向和速度（假设初始速度足够大）。

在结束对较小 r 值的讨论前，我们注意到图 9.5.1 中的另一个有趣含义：对 $24.06 < r < 24.74$，有两种类型的吸引子：不动点和一个奇怪吸引子。这种共存意味着通过缓慢向前、向后改变 r 超出这两个端点，我们可以发现混沌和平衡态之间的滞后性（练习题 9.5.4）。这也意味着一个足够大的扰动能够敲打一个稳定旋转的水车使其达到永久的混沌；这让人联想到流体（在本质上，尽管细节上有差别），即使基本的层流仍保持线性稳定，但流体仍能不可思议地变成湍流 [Drazin 和 Reid（1981）]。

下一个例子表明当 r 充分大时，动力学再次变得简单。

例题 9.5.2

描述当 r 值较大，$\sigma = 10$，$b = \dfrac{8}{3}$ 时的长期动力学。解释 9.1 节的水车运动的有关结论。

解：数值模拟表明对所有的 $r > 313$，系统存在一个全局吸引极限环〔Sparrow（1982）〕。在图 9.5.4 和图 9.5.5 中我们画出了 $r = 350$ 时的典型解；注意运动到极限环的途径。

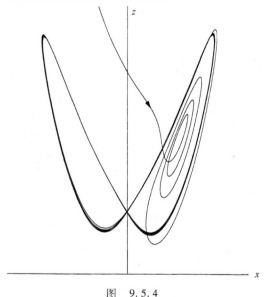

图　9.5.4

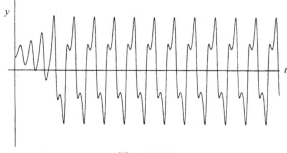

图　9.5.5

这个解预示着水车最终像钟摆一样来回摆动，移动到右边，然后又回到左边，如此下去。这是通过实验观察得到的。■

在极限 $r \to \infty$ 中，我们可以得到很多关于洛伦兹方程的分析结果。例如，Robbins（1979）使用微扰法描述 r 较大时的极限环。他计算的开头几步，见练习题 9.5.5。更多详细内容请看 Sparrow（1982）中的第 7 章。

r 在 28 到 313 之间的情况更为复杂。对大多数的 r 值都发现了混沌现象，但是也有周期行为的小窗口穿插进来。三个最大的窗口是 $99.524\cdots < r < 100.795\cdots$、$145 < r < 166$ 和 $r > 214.4$。混沌和周期性状态的交替模式类似于逻辑斯谛映射中看到的那样（见第 10 章），进一步的讨论将在那里给出。

9.6　利用混沌传送秘密信息

近来非线性动力学中最激动人心的进展之一便是认识到混沌可以非常有用。通常，一种观点认为混沌是有益的，把混沌视为迷人的奇葩；而另一种观点认为混沌是有害的，是一种需要规避或者设计时需要去除的令人讨厌的东西。但是大约从 20 世纪 90 年代开始，人们已经找到了一些方法来利用混沌做一些奇妙的且实用的事情。对这个主题的介绍，见 Vohra 等（1992）的论述。

其中的一个应用涉及"保密通信"。假设你想发送一个秘密信息给一个朋友或商业伙伴。当然，你应该使用代码，使得即使敌人正在偷听，他也很难理解这个信息。这是一个古老的问题——从人类拥有值得保守的秘密开始，人们就一直在编译（破解）密码。

在 Pecora 和 Carroll（1990）所发现的**同步混沌**的基础上，Kevin Cuomo 和 Alan Oppenheim（1992，1993）实现了解决该问题的新方法。其策略是：当你向你的朋友传达信息时，你也以更大声的混沌来"掩饰"这个信息。其他听到的人只能听到这个似乎毫无意义的噪声的混沌。但是现在假设你的朋友有一个能够完美复制混沌的神奇接收器——然后他能去掉混沌的掩饰并听到这个信息！

Cuomo 的演示

Kevin Cuomo 是我的非线性动力学课上的一个学生，他在学期末通过一次生动的演示向全班同学介绍了他的方法。首先他向我们展示了如何使用洛伦兹方程的电子装置制作混沌掩盖器（见图 9.6.1）。该电路包括电阻器、电容器、运算放大器和模拟乘法器芯片。

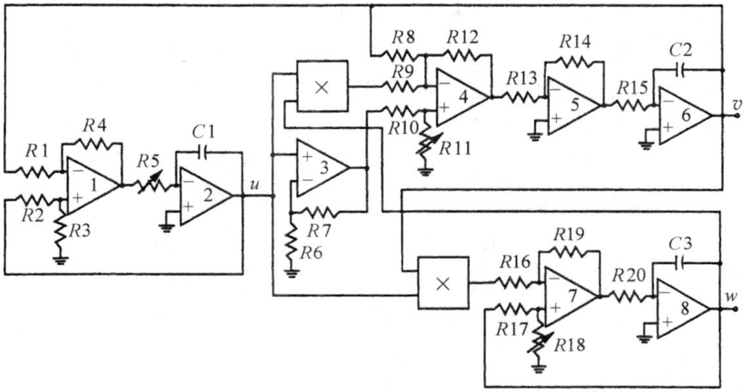

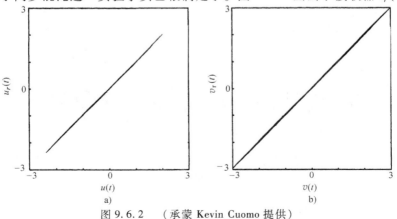

图 9.6.1　［Cuomo 与 Oppenheim（1993），第 66 页］

电路中三个不同点处的电压 u、v、w 与洛伦兹方程组中的 x，y，z 成正比。因此，电路的作用就像一个模拟洛伦兹方程的计算机。例如，$u(t)$ 和 $w(t)$ 在示波器上的痕迹，证明该电路遵循我们所熟悉的洛伦兹吸引子。然后，通过将电路连接到扬声器，Cuomo 使得我们听到了混沌——听起来像是无线电中的杂音。

最困难的部分是制作一个能够与混沌发射器完美同步的接收器。在 Cuomo 的步骤中，这个接收器是一个相同的洛伦兹电路，以一种灵巧的方式通过发射器驱动。后面我们会详细介绍，但是现在我们对发生了同步混沌这一实验事实已很满足了。图 9.6.2 画出了接收器 $u_r(t)$

图 9.6.2　（承蒙 Kevin Cuomo 提供）

和 $v_r(t)$ 随着它们的发射器 $u(t)$ 和 $v(t)$ 所产生的变化。

示波器上的 45° 痕迹显示同步几乎是完美的，尽管事实上这两种电路以混沌状态运行。同步也十分稳定：图 9.6.2 中的数据反映了几分钟的时间跨度，但若没有驱动，电路将在大约 1ms 后不再相关。

当 Cuomo 向我们展示如何使用电路去掩饰一条信息时，他选择 Mariah Carey 的流行歌曲"情感"的录音，博得了满堂喝彩。（一个对音乐有明显不同品味的学生，问道"那是信号还是噪声？"）在播放完原始版本的歌曲后，Cuomo 播放了加密的版本。听着嘶嘶声，人们绝对没有意识到里面隐藏着一首歌。然而当这个加密信息传送到接收器时，其输出和原始混沌几乎完美同步，在经过电子减法处理后，我们再次听到了 Mariah Carey 的歌曲！歌曲听起来失真，但容易理解。

图 9.6.3 和图 9.6.4 中从不同来源的测试语句更加定量地说明了系统的性能。图 9.6.3a 所示是"他有最蓝的眼睛"演讲中的一段，这段语音的波形是通过采样频率为 48kHz、分辨率为 16bit 而得到的。然后这个信号被更大声的混沌所掩盖。图 9.6.4 中展示了混沌比所传输的信号响亮约 20dB 时的功率谱，覆盖了整个频率范围。最后，接收器中去掉混沌掩盖之后的信息如图 9.6.3b 所示。原始的语音恢复

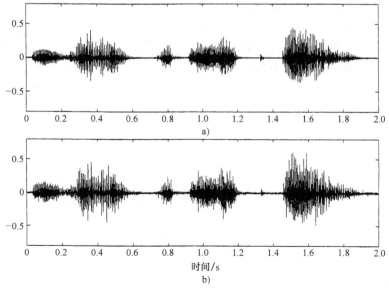

图 9.6.3 ［Cuomo 与 Oppenheim (1993) 第 67 页］

时只有少量失真（最明显的是在该录音的平坦部分增加了噪声）。

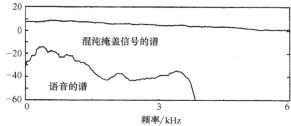

图 9.6.4　［Cuomo 与 Oppenheim（1993）第 68 页］

同步的证明

Pecora 和 Carroll（1990）在概念上的突破，使得上面讨论的信号掩盖法成为可能。在他们的工作之前，很多人都会怀疑两个混沌系统能达到同步。毕竟，混沌系统对初始条件的微小变化很敏感，因此，人们可能会预期发射器和接收器之间的任何误差以指数增长。但是 Pecora 和 Carroll（1990）找到了解决这些顾虑的一种方法。Cuomo 和 Oppenheim（1992，1993）简化并阐明了这个论点；下面我们开始讨论他们的方法。

接收器电路如图 9.6.5 所示。

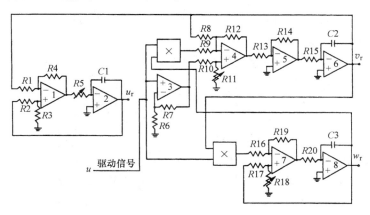

图 9.6.5　（承蒙 Kevin Cuomo 提供）

电路中，除了关键地方的驱动信号 $u(t)$ 取代了接收器信号 $u_r(t)$ 外，其他和发射器一样（与图 9.6.1 比较）。为了理解这对动力学有什么影响，我们写出了发射器和接收器的控制方程。使用 Kirchhoff 定律和恰当的无量纲处理［Cuomo 和 Oppenheim（1992）］，得到发射器的如下动力学：

$$\dot{u} = \sigma(v - u)$$
$$\dot{v} = ru - v - 20uw \tag{1}$$
$$\dot{w} = 5uv - bw$$

这恰好就是经过如下变量调整后的洛伦兹方程组

$$u = \frac{1}{10}x, \quad v = \frac{1}{10}y, \quad w = \frac{1}{20}z$$

（如果一个单位对应 1V，这种变量变换在数学上是无关紧要的，但能使变量保持在电子装置的适宜范围内。否则，解的动力学范围过大就会超出通常电力供应的极限。）

接收器的变量根据下述方程组演化

$$\dot{u}_r = \sigma(v_r - u_r)$$
$$\dot{v}_r = ru(t) - v_r - 20u(t)w_r \tag{2}$$
$$\dot{w}_r = 5u(t)v_r - bw_r$$

其中我们加入 $u(t)$ 是为了强调接收器被来自发射器的混沌信号 $u(t)$ 所驱动。

惊人的结论是：从任一初始条件出发，接收器与发射器渐近地实现完美同步！确切地说，令

$$\boldsymbol{d} = (u, v, w) = \text{发射器或"驱动"的状态}$$
$$\boldsymbol{r} = (u_r, v_r, w_r) = \text{接收器的状态}$$
$$\boldsymbol{e} = \boldsymbol{d} - \boldsymbol{r} = \text{误差信号}$$

需要指出，对所有的初始条件都有，当 $t \to \infty$ 时，$\boldsymbol{e}(t) \to \boldsymbol{0}$。

为什么这让人很吃惊呢？因为在每一个时刻，接收器只有发射器的部分状态信息——仅由 $u(t)$ 驱动，然而它成功地以某种方法重构了其他两个发射器变量 $v(t)$ 和 $w(t)$。

证明在下面的例子中给出。

例题 9.6.1

通过定义一个恰当的李雅普诺夫函数，证明当 $t \to \infty$ 时，$e(t) \to 0$。

解：首先我们写出误差动力学的控制方程。用方程（1）减方程（2）得到

$$\dot{e}_1 = \sigma(e_2 - e_1)$$

$$\dot{e}_2 = -e_2 - 20u(t)e_3$$

$$\dot{e}_3 = 5u(t)e_2 - be_3$$

这是 $e(t)$ 的线性系统，但是它有两项依赖于时间的混沌系数 $u(t)$。这个思想是以消除混沌为目的构建一个李雅普诺夫函数。这如何实现呢：第二个方程乘以 e_2，加上第三个方程乘以 $4e_3$，得到

$$e_2\dot{e}_2 + 4e_3\dot{e}_3 = -e_2^2 - 20u(t)e_2e_3 + 20u(t)e_2e_3 - 4be_3^2$$
$$= -e_2^2 - 4be_3^2 \tag{3}$$

从而混沌项消失了！

方程（3）的左边是 $\dfrac{1}{2}\dfrac{\mathrm{d}}{\mathrm{d}t}(e_2^2 + 4e_3^2)$，这暗示了李雅普诺夫函数的形式。根据 Cuomo 和 Oppenheim（1992），定义函数

$$E(e, t) = \frac{1}{2}\left(\frac{1}{\sigma}e_1^2 + e_2^2 + 4e_3^2\right)$$

E 是正定的，因为它是平方和（我们总是假设 $\sigma > 0$）。为了表明 E 是一个李雅普诺夫函数，我们必须证明它沿着轨迹减少。我们已经计算出后两项对时间的导数，所以只需关注第一项，如下面括号中所示：

$$\dot{E} = \left(\frac{1}{\sigma}e_1\dot{e}_1\right) + e_2\dot{e}_2 + 4e_3\dot{e}_3$$
$$= -(e_1^2 - e_1e_2) - e_2^2 - 4be_3^2$$

现在将括号内的项变为平方项：

$$\dot{E} = -\left(e_1 - \frac{1}{2}e_2\right)^2 + \left(\frac{1}{2}e_2\right)^2 - e_2^2 - 4be_3^2$$
$$= -\left(e_1 - \frac{1}{2}e_2\right)^2 - \frac{3}{4}e_2^2 - 4be_3^2$$

因此，当且仅当 $e = 0$ 时，$\dot{E} \leqslant 0$。所以 E 是一个李雅普诺夫函数，且 $e = 0$ 是全局渐近稳定的。

一个较强的结论：可以证明 $e(t)$ 以指数形式迅速衰减［Cuomo、Oppenheim 和 Strogatz（1993）；见练习题 9.6.1］。这很重要，因为在实际应用中快速同步很有必要。

我们应该清楚哪些已经证明了以及哪些还未证明。例题 9.6.1 表明只有当驱动信号是 $u(t)$ 时，接收器才会与发射器同步。这没有证明信号掩盖法是有效的。在上述应用中，驱动信号是 $u(t) + m(t)$ 的混合，其中 $m(t)$ 是要传输的信息而 $u(t) \gg m(t)$ 是掩盖信号。我们没有证明接收器会精确地重构 $u(t)$。事实上，这不会发生——这就是为什么 Mariah Carey 的歌曲听起来有点模糊。所以它仍然是一个关于为什么该方法如此有效的数学奥秘！证据就是用耳朵听！

自从 Pecora，Carroll（1990），Cuomo 和 Oppenheim（1992）的工作以来的这些年里，很多其他的研究者已经看到了将同步混沌用于通信的利弊。一些有趣的进展包括基于同步混沌激光的通信方案，其传输率比电子电路快得多［Van Wiggeren 和 Roy（1998），Argyris 等（2005）］，以及解密隐藏在混沌中的信息的对策［Short（1994）、Short（1996）、Geddes 等（1999）］。

第 9 章　练习题

9.1　混沌水车

9.1.1　（水车的转动惯量趋于常数）对于 9.1 节中的水车，证明当 $t \to \infty$ 时，$I(t) \to$ 常数，具体步骤如下：

a）总的转动惯量为 $I = I_{车} + I_{水}$，其中 $I_{车}$ 仅仅由装置本身决定，与水车边缘水的分布无关。依据 $M = \int_0^{2\pi} m(\theta, t)\mathrm{d}\theta$ 来表达 $I_{水}$。

b）证明 M 满足 $\dot{M} = Q_{总} - KM$，其中 $Q_{总} = \int_0^{2\pi} Q(\theta)\mathrm{d}\theta$。

c）证明当 $t \to \infty$ 时，$I(t) \to$ 常数，计算出这个常数的值。

9.1.2　（高阶模式行为）我们在正文中证明了水车的三个方程从

其余方程中解耦。剩下的模式有何种行为？

a）如果 $Q(\theta) = q_1\cos\theta$，那么回答很简单：对于所有的 $n \neq 1$，当 $t \to 0$ 时，所有的模式 a_n、$b_n \to 0$。

b）对更一般的情况 $Q(\theta) = \sum\limits_{n=0}^{\infty} q_n\cos n\theta$，会发生什么现象？

本题 b）部分很有挑战性，看看你能做到什么程度。相关知识，见 Kolar 和 Gumbs（1992）的论述。

9.1.3 （从水车得到洛伦兹方程组）求一个变量变换使得水车方程组

$$\dot{a}_1 = \omega b_1 - Ka_1$$

$$\dot{b}_1 = -\omega a_1 + q_1 - Kb_1$$

$$\dot{\omega} = -\frac{v}{I}\omega + \frac{\pi gr}{I}a_1$$

转化成洛伦兹方程组

$$\dot{x} = \sigma(y - x)$$

$$\dot{y} = rx - xz - y$$

$$\dot{z} = xy - bz$$

其中参数 $\sigma > 0$，$b > 0$，$r > 0$。（这会导致繁琐的计算——但它有助于严密性和系统性。你应该注意到 x 好比 ω，y 好比 a_1 而 z 好比 b_1。）同样，当水车方程组转化为洛伦兹方程组时，洛伦兹系数 b 变成 $b = 1$。（所以水车方程组不完全等同于洛伦兹方程组。）利用水车参数可以表达普朗特数 σ 和瑞利数 r。

9.1.4 （激光模型）如练习题 3.3.2 所说，关于激光的麦克斯韦-布洛赫方程组如下：

$$\dot{E} = \kappa(P - E)$$

$$\dot{P} = \gamma_1(ED - p)$$

$$\dot{D} = \gamma_2(\lambda + 1 - D - \lambda EP)$$

a）证明非激射状态（满足 $E^* = 0$ 的不动点处）在大于某个待定的阈值 λ 时失稳。对该激光阈值的分岔进行分类。

b）求一个变量变换，使得麦克斯韦-布洛赫方程转变为洛伦兹系统。

洛伦兹方程同样出现在地磁发电机（Robbins 1977）和圆管的热对流（Malkus 1972）模型中。这些系统的介绍见 Jackson（1990，第2卷，7.5 与 7.6 节）。

9.1.5（非对称水车研究项目）我们在推导水车方程组时假设水是从顶部对称注入的。试研究不对称的情况。适当地修正式（9.1.5）中的 $Q(\theta)$，证明仍然可以得到三个方程的封闭系统，但是式（9.1.9）多了一项。尽可能地重做本章的分析。你应该可以求出不动点，同时证明叉式分岔被一个不完美的分岔替代（见 3.6 节）。在那之后，你得靠你自己了！这个问题在目前的参考文献中还没有被解决。

9.2 洛伦兹方程的简单性质

9.2.1（出现霍普夫分岔的参数）

a）对于洛伦兹方程，证明在 C^+、C^- 处的雅可比矩阵特征值的特征方程是

$$\lambda^3 + (\sigma + b + 1)\lambda^2 + (r + \sigma)b\lambda + 2b\sigma(r - 1) = 0$$

b）通过寻找方程形如 $\lambda = i\omega$ 的解，其中 ω 是实数，证明当 $r = r_H = \sigma\left(\dfrac{\sigma + b + 3}{\sigma - b - 3}\right)$ 时，存在一对纯虚特征值。解释为什么需要假设 $\sigma > b + 1$。

c）求第三个特征值。

9.2.2（洛伦兹方程组的椭球形捕获域）证明存在一个形如 $rx^2 + \sigma y^2 + \sigma(z - 2r)^2 \leqslant C$ 的椭球体 E，使得所有的洛伦兹方程的轨迹逐渐进入区域 E，并永远停留在那里。进一步的挑战是，尝试求出满足这个性质的最小 C 值。

9.2.3（球体的捕获域）证明当 C 充分大时，所有的轨迹最终进入并保持在一个大的形如 $x^2 + y^2 + (z - r - \sigma)^2 = C$ 球形区域 S 中。（提示：证明对在某一固定的椭球体外的所有的 (x, y, z)，$x^2 + y^2 + (z - r - \sigma)^2$ 沿着轨迹减小。然后选择足够大的 C 使得球体 S 包含这个椭球体。）

9.2.4（z 轴不变）证明对洛伦兹系统，z 轴是一个不变轴。换句话说，从 z 轴出发的轨线永远停留在 z 轴。

9.2.5（稳定图）利用研究洛伦兹方程的分岔所得的分析结果，给出稳定性图的局部草图。特别地，就像水车模型中那样，假设 $b =$

1，绘制出参数平面（σ，r）内的叉式分岔与霍普夫分岔曲线，一如既往地，假设 $\sigma \geqslant 0$，$r \geqslant 0$。（关于稳定性图的数值计算，包括混沌区域，见 Kolar 和 Gumbs（1992）的论述）。

9.2.6　（地磁反转 Rikitake 模型）考虑以下系统：

$$\dot{x} = -vx + zy$$
$$\dot{y} = -vy + (z - a)x$$
$$\dot{z} = 1 - xy$$

其中参数 $a > 0$，$v > 0$。

a）证明系统是耗散的。

b）证明不动点可以被写成参数形式：$x^* = \pm k$，$y^* = \pm k^{-1}$，$z^* = vk^2$，其中 $v(k^2 - k^{-2}) = a$。

c）对不动点进行分类。

这些方程由 Rikitake（1958）给出，可作为地心处强大的载流漩涡导致的地球磁场自助发电模型。计算机实验证明对一些参数值该模型具有混沌解。这些解大致类似于由地质数据所得出的地球磁场不规则逆转。其地球物理学背景见 Cox（1982）的论述。

9.3　奇怪吸引子上的混沌

9.3.1　（准周期性 $\neq$ 混沌）准周期系统 $\dot{\theta}_1 = \omega_1$，$\dot{\theta}_2 = \omega_2$（$\omega_1 / \omega_2$ 为无理数）的轨迹不是周期的。

a）为什么不能认为该系统是混沌的？

b）不用计算机，求出此系统的最大李雅普诺夫指数。

（数值实验）对于下面给出的每个 r 值，使用计算机研究洛伦兹系统的动力学，仍然假设 $\sigma = 10$，$b = 8/3$。对于每一种情况，绘制 $x(t)$，$y(t)$ 以及 x-z 的图像。你可以选择不同初始条件和积分长度进行研究。同样，在某些情况下你可能想忽略瞬态行为，并只描绘持续的长期行为。

9.3.2　$r = 10$　　　　　　　　　　　**9.3.3**　$r = 22$（短暂混沌）

9.3.4　$r = 24.5$（混沌和稳定点共存）　　**9.3.5**　$r = 100$

9.3.6　$r = 126.52$　　　　　　　　　**9.3.7**　$r = 400$

9.3.8 （吸引子定义的练习）考虑一个熟悉的极坐标系统，$\dot{r} = r(1 - r^2)$，$\dot{\theta} = 1$，令 D 表示圆盘 $x^2 + y^2 \leqslant 1$。

a）D 是一个不变集吗？

b）D 吸引一个初始条件的开集吗？

c）D 是一个吸引子吗？如果不是，为什么？如果是，找出其吸引域。

d）对圆 $x^2 + y^2 = 1$，重复（c）。

9.3.9 （指数分离）利用两个相邻轨道的数值积分，估计洛伦兹系统的最大李雅普诺夫指数。假设参数的标准值为 $r = 28$，$\sigma = 10$，$b = 8/3$。

9.3.10 （时间范围）为了说明某"时间范围"之后不可能进行预测，对洛伦兹方程求数值积分，其中 $r = 28$，$\sigma = 10$，$b = 8/3$。让两条轨道从相邻初始条件出发，在同一图上，绘制两个 $x(t)$ 的图形。

9.4 洛伦兹映射

9.4.1 （上机作业）使用数值积分，计算洛伦兹映射，其中 $r = 28$，$\sigma = 10$，$b = 8/3$。

9.4.2 （帐篷映射，作为洛伦兹映射的模型）考虑以下作为洛伦兹映射简单分析模型的映射

$$x_{n+1} = \begin{cases} 2x_n, & 0 \leqslant x_n \leqslant \dfrac{1}{2} \\ 2 - 2x_n, & \dfrac{1}{2} \leqslant x_n \leqslant 1 \end{cases}$$

a）为什么此映射被叫作"帐篷映射"？

b）求所有不动点，并对不动点进行分类。

c）证明此映射有一个周期-2轨道。它是稳定的还是不稳定的？

d）你能找出一个周期-3点和周期-4点吗？如果可以的话，相应的周期轨道是稳定的还是不稳定的？

9.5 探究参数空间

（数值实验）对于以下每个给定的 r 值，运用计算机研究洛伦兹系统的动力学。照例假设 $\sigma = 10$，$b = 8/3$。在每一组参数下，绘制 $x(t)$，$y(t)$ 以及 x-z 的图像。

9.5.1 $r = 166.3$（阵发性混沌）

9.5.2 $r = 212$（噪声周期性）

9.5.3 区间 $145 < r < 166$（倍周期）

9.5.4 （不动点和奇怪吸引子之间的滞后性）考虑 $\sigma = 10$, $b = 8/3$ 时的洛伦兹系统, 假设我们稍微增加或减少 r 值, 特别地令 $r = 24.4 + \sin\omega t$, 其中 ω 比吸引子的通常轨道的频率要小。对方程进行数值积分, 用最直观的方法画出相应的解。你看到一个介于平衡点和混沌态之间的令人吃惊的滞后。

9.5.5 （r 较大时的洛伦兹方程）考虑 $r \to \infty$ 时的洛伦兹系统。利用某种方式取极限, 方程中所有的耗散项都会消失 [Robbins (1979), Sparrow (1982)]。

a) 令 $\varepsilon = r^{-1/2}$, 因此 $r \to \infty$ 对应着 $\varepsilon \to 0$。求一个包含 ε 的变量变换使得当 $\varepsilon \to 0$ 时, 方程变为

$$X' = Y$$
$$Y' = -XZ$$
$$Z' = XY$$

b) 求新系统的两个守恒量（即运动恒量）。

c) 证明新系统是体积不变的（即根据系统的时间演化, 任意一团"相流"的体积是不变的, 尽管其形状会发生戏剧性地变化。）

d) 从物理角度解释为什么当 $r \to \infty$ 时, 或许能预见洛伦兹系统会表现出一些保守的特征。

e) 利用数值方法求解（a）。它有什么长期行为？是否与当 r 很大时的洛伦兹方程的行为一致？

9.5.6 （暂态混沌）例题 9.5.1 证明了当 $r = 21$, $\sigma = 10$, $b = 8/3$ 时, 洛伦兹系统表现出短暂的混沌现象。然而并非所有的轨线都有这种行为。使用数值迭代, 找出有暂态混沌的三个不同初始条件, 再找出三个没有的情况。给出预测初始条件能否导致暂态混沌的经验规则。

9.6 利用混沌传送秘密信息

9.6.1 （以指数速度快速同步）例题 9.6.1 的李雅普诺夫函数表明, 同步误差 $e(t)$ 在 $t \to \infty$ 时趋于 0, 但它没有给出收敛速度的任何

信息。改进该方法证明同步误差 $e(t)$ 以指数衰减。

a）通过证明 $\dot{V} \leqslant -kV$，其中 $k > 0$ 为待确定常数，证明 $V = \dfrac{1}{2}e_2^2 + 2e_3^2$ 以指数衰减。

b）证明（a）意味着 $e_2(t)$、$e_3(t)$ 以指数速度收敛到零。

c）最后证明 $e_1(t)$ 以指数速度收敛到零。

9.6.2（Pecora 和 Carroll 的方法）在 Pecora 和 Carroll（1990）的开创性工作中，接收者的一个变量被简单地设定为与发射器的相应变量相等。例如：用 $x(t)$ 表示发射器的驱动信号，那么接收器方程为

$$x(t) = x(t)$$

$$\dot{y}_r = rx(t) - y_r - x(t)z_r$$

$$\dot{z}_r = x(t)y_r - bz_r$$

其中第一个方程不是微分方程。他们的数值解和启发式讨论表明，即使给定不同的初始条件，若 $t \to \infty$，仍有 $y_r(t) \to y(t)$，$z_r(t) \to z(t)$。

这里是结论的一个简单证明，源于 He 和 Vaidya（1992）的论述。

a）证明误差系统为

$$e_1 = 0$$

$$\dot{e}_2 = -e_2 - x(t)e_3$$

$$\dot{e}_3 = x(t)e_2 - be_3$$

其中，$e_1 = x - x_r$，$e_2 = y - y_r$，$e_3 = z - z_r$。

b）证明 $V = e_2^2 + e_3^2$ 是一个李雅普诺夫函数。

c）你能得出什么结论？

9.6.3（同步混沌的计算实验）令 x，y，z 表示洛伦兹方程的变量，其中 $r = 60$，$\sigma = 10$，$b = 8/3$。令 x_r，y_r，z_r 由练习题 9.6.2 中的系统所控制。选择不同的初始条件 y，y_r 和 z，z_r，并开始数值积分。

a）在同一个图上绘制 $y(t)$ 和 $y_r(t)$。幸运的话，尽管这两个时间序列都为混沌的，无论初始值是多少，最终它们应该合并。

b）绘制两个轨线在（y，z）上的投影。

9.6.4（某些驱动信号失效）假设 $z(t)$ 替换了练习题 9.6.2 中

的驱动信号 $x(t)$。换句话说，我们在接收方程中用 $z(t)$ 替换了 z_r。然后观察 x_r 和 y_r 如何演化。

a）利用数值方法证明这个接收器无法同步。

b）若 $y(t)$ 为驱动信号又会有何种情况？

9.6.5 （信号掩盖）在 Cuomo 和 Oppenheim（1992，1993）的信号掩盖方法中，使用了如下的接收器动力学：

$$\dot{x}_r = \sigma(y_r - x_r)$$
$$\dot{y}_r = rs(t) - y_r - s(t)z_r$$
$$\dot{z}_r = s(t)y_r - bz_r$$

其中 $s(t) = x(t) + m(t)$，$m(t)$ 是一个加入到强很多的混沌掩盖信号 $x(t)$ 中的低功率信息。如果接收器与驱动信号同步，那么 $x_r(t) \approx x(t)$。因此 $m(t)$ 能被恢复为 $\hat{m}(t) = s(t) - x_r(t)$。使用正弦波代替 $m(t)$，利用数值方法检验该方法。估计值 $\hat{m}(t)$ 与真正信息 $m(t)$ 有多大的误差？该误差如何依赖于正弦波频率？

9.6.6 （洛伦兹电路）推导图 9.6.1 中发射器电路的方程。

10

一维映射

10.0 引言

本章研究一类新的动力系统，其中时间是离散的而不是连续的。该类系统有很多不同的称谓，如差分方程、递归关系、迭代映射或者简单**映射**等。

例如，假设你在计算器上重复地按余弦键，初始值设为 x_0。那么，依次输出的值为 $x_1 = \cos x_0$，$x_2 = \cos x_1$，$\cdots$。将计算器设为弧度模式，并尝试一下。你能否解释多次迭代后出现的意外结果？

$x_{n+1} = \cos x_n$ 是一个**一维映射**的例子，这是因为点 x_n 属于一维的实数空间。数列 x_0，x_1，x_2，$\cdots$ 称为从初始点 x_0 开始的**轨线**。

映射可以以下列不同的方式出现：

1. 作为分析微分方程的工具。之前，我们已经遇到这类映射。例如，庞加莱映射使得我们能证明驱动摆和约瑟夫森结的周期解的存在性（见 8.5 节），并对周期解的稳定性进行一般性分析（见 8.7 节）。洛伦兹映射为证明洛伦兹吸引子的确是奇怪吸引子，而不是长周期的极限环提供了有力证据（见 9.4 节）。

2. 作为刻画自然现象的模型。在一些科学背景下，很自然地要把时间视为离散的。此类情形可见于数字电子学、一些经济学和金融理论、脉冲驱动的机械系统以及某种历代不重叠的动物种群的研究中。

3. 作为混沌的简单范例。作为混沌研究的数学实验室，研究映射本身就很有趣。事实上，映射的动力学比微分方程更为复杂，因为点 x_n 是沿着它的轨线跳跃而不是连续地流动（见图 10.0.1）。

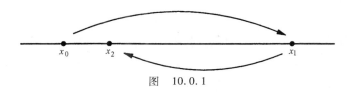

图 10.0.1

在过去的几十年中，关于映射的研究仍处在初始阶段，但由于计算器、后来的计算机及现在的计算机绘图的日益普及，学者们已经取得了一些振奋人心的进展。数字计算机的时间本质上是离散的，因而可以简单快速地模拟映射。此类计算实验，揭示了很多出乎意料的优美模式。这些模式反过来促进了新理论的发展。最令人惊讶的是，映射已经成功地预测了半导体、对流流体、心脏细胞、激光和化学振子中通往混沌的道路。

我们将在 10.1 ~ 10.5 节讨论一些关于映射的性质和分析映射的方法，重点分析逻辑斯谛映射的倍周期分岔和混沌行为。10.6 节介绍一些令人惊奇的普适性理论，并总结相关理论的实验检验结果。10.7 节部分则尝试传达费根鲍姆的重整化方法的基本思想。

我们同以往一样只给出直观性的结果。对一维映射的严格讨论，见 Devaney（1989）、Collet 和 Eckmann（1980）的论述。

10.1 不动点和蛛网模型

本节我们提出一些方法分析形如 $x_{n+1} = f(x_n)$ 的一维映射，其中 f 是从一维实数到其自身的光滑函数。

一个学究点

当我们提起"映射"时，所要表达的是函数 f 还是差分方程 $x_{n+1} = f(x_n)$ 呢？通常，把它们都叫作映射。如果你被这些所困扰，你一定是或者正在考虑成为一个纯粹的数学家。

不动点与线性稳定性

假设 x^* 满足 $f(x^*) = x^*$，那么 x^* 是一个**不动点**。若 $x_n = x^*$，那

么 $x_{n+1} = f(x_n) = f(x^*) = x^*$。因此所有的迭代后的轨线都在 x^* 上。

为了研究点 x^* 的稳定性，考虑一个邻近的轨线 $x_n = x^* + \eta_n$，研究这条轨线是被点 x^* 吸引还是排斥。即研究随着 n 的增大偏差 η_n 是增大还是减小？通过代入替换可得

$$x^* + \eta_{n+1} = x_{n+1} = f(x^* + \eta_n) = f(x^*) + f'(x^*)\eta_n + O(\eta_n^2)$$

但由于 $f(x^*) = x^*$，方程可简化为

$$\eta_{n+1} = f'(x^*)\eta_n + O(\eta_n^2)$$

假设高阶项 $O(\eta_n^2)$ 可以忽略，那么我们可以得到线性化映射关系 $\eta_{n+1} = f'(x^*)\eta_n$，其特征值或**乘子**记为 $\lambda = f'(x^*)$。此线性映射的解可计算得到 $\eta_1 = \lambda\eta_0$，$\eta_2 = \lambda\eta_1 = \lambda^2\eta_0$，进而一般地有 $\eta_n = \lambda^n\eta_0$。若 $|\lambda| = |f'(x^*)| < 1$，当 $n \to \infty$ 时，$\eta_n \to 0$，不动点 x^* 是**线性稳定**的。相反地，若 $|f'(x^*)| > 1$，那么不动点是**不稳定**的。虽然这些局部稳定性的结论是基于线性化得到的，但是也能够证明它们对原来的非线性映射也成立。但是线性化不能解决当 $|f'(x^*)| = 1$ 时的临界情形；其局部稳定性由所忽略的高阶项 $O(\eta_n^2)$ 来决定（可回顾 2.4 节，所有这些结论对微分方程具有平行的结果）。

例题 10.1.1

求映射 $x_{n+1} = x_n^2$ 的不动点，并判别其稳定性。

解：不动点满足 $x^* = (x^*)^2$，因此可以得到 $x^* = 0$ 或者 $x^* = 1$。当 $x^* = 0$ 时，乘子 $|\lambda| = |f'(x^*)| = 2x^* = 0 < 1$，所以不动点 $x^* = 0$ 是稳定的。当 $x^* = 1$ 时，乘子 $|\lambda| = |f'(x^*)| = 2x^* = 2 > 1$，所以不动点 $x^* = 1$ 是不稳定的。∎

你可以尝试在计算器上重复按 x^2 键，计算上述例子。可以发现，对于充分小的 x_0，映射收敛于点 $x^* = 0$ 的速度**极为**迅速。对应于乘子 $\lambda = 0$ 时的不动点，我们称之为超稳定点，由于扰动依 $\eta_n \sim \eta_0^{(2^n)}$ 衰减，比通常的稳定点的衰减率 $\eta_n \sim \lambda^n\eta_0$ 要快得多。

蛛网

在 8.7 节我们介绍过映射迭代的**蛛网**架构（见图 10.1.1）。

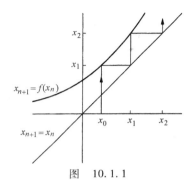

图 10.1.1

给定 $x_{n+1} = f(x_n)$ 和初始条件 x_0，从 x_0 出发画一条垂线直到与 f 的图像相交，交点的高度就是输出 x_1。然后可以返回到横轴，从 x_1 开始重复上面过程可以得到 x_2。但是，一个更简单的方法是，画一条对角线 $x_{n+1} = x_n$，并从交点开始做平行于横轴的线与之相交，然后从这个交点画垂线与 f 的图像相交的就是 x_2。重复这个过程 n 次可得到在线上的前 n 个点。

蛛网模型是非常有用的，因为它们让我们一眼就看到了全局行为，继而可以作为通过线性化所得的局部信息的补充。当线性分析失败时，蛛网便更有运用价值，举例如下。

例题 10.1.2

考虑映射 $x_{n+1} = \sin x_n$，证明不动点 $x^* = 0$ 的稳定性不能根据线性化计算。进而运用蛛网方法，证明不动点 $x^* = 0$ 是稳定的——实际上是全局稳定的。

解：在 $x^* = 0$ 的乘子为 $f'(0) = \cos(0) = 1$，所以线性化方法不能得出此类临界情形的不动点的稳定性。然而，运用图 10.1.2 中描述的蛛网方法可以得到 $x^* = 0$ 是局部稳定的。轨线在狭小的通道内慢慢下降，单调地指向不动点（当 $x_0 < 0$ 时可以得到一个相似的图）。

为了得到 $x^* = 0$ 的全局稳定性，我们需要表明所有的轨线均满足 $x_n \to 0$。由于 $|\sin x| \leqslant 1$，所以对于任意的 x_0，第一次迭代就会出现 $-1 \leqslant x_1 \leqslant 1$。在该区间上蛛网可以定性地看作如图 10.1.2 所示，从而收敛是必然的。■

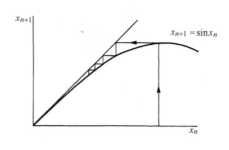

图　10.1.2

最后，让我们来回答 10.0 节中提出的问题。

例题 10.1.3

给定 $x_{n+1} = \cos x_n$，当 $n \to \infty$ 时，x_n 如何变化？

解：如果你用计算器计算，可以发现无论初值如何，最终可以得到 $x_n \to 0.739 \cdots$。这个奇怪的数是什么？它是超越方程 $x = \cos x$ 的唯一解，同时也是映射的不动点。图 10.1.3 描绘了当 $n \to \infty$ 时在不动点 $x^* = 0.739 \cdots$ 处的一类典型的螺旋线。■

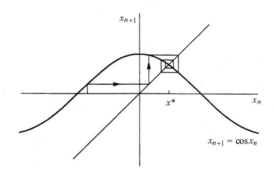

图　10.1.3

此螺旋线表明通过阻尼振荡后 x_n 收敛于 x^*。这是当乘子 $\lambda < 0$ 时不动点的特征。相比之下，当乘子 $\lambda > 0$ 时，稳定不动点的收敛是单调的。

10.2 逻辑斯谛映射：数值方法

在一篇出色且有影响力的综述文章中，Robert May（1976）强调即使是简单的非线性映射也会有非常复杂的动力学行为。文章结尾处特别指出："把这些差分方程引入基础的数学课程对学生是一种福音，这样可以令他们看到简单的非线性方程能够产生多么奇妙的结果，从而可以丰富他们的直觉。"

May 通过下面的**逻辑斯谛映射**阐述了其观点：

$$x_{n+1} = rx_n(1 - x_n) \tag{1}$$

它是描述人口增长的逻辑斯谛方程的离散时间情形（见 2.3 节）。这里 $x_n \geq 0$ 是一个表示第 n 代人口的无量纲度量，$r \geq 0$ 是固有人口增长率。如图 10.2.1 所示，方程（1）的图像是一个抛物线，当 $x = \dfrac{1}{2}$ 时取到最大值 $r/4$。将参数 r 限制在区间 $0 \leq r \leq 4$ 内，那么方程（1）将区间 $0 \leq x \leq 1$ 映射到其自身（当参数 x 和 r 取其他值时，其动力学行为就不会那么丰富，见练习题 10.2.1）。

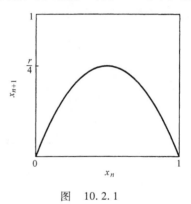

图 10.2.1

倍周期

假设固定参数 r 的值，选择一些初始值 x_0，那么根据方程（1）可以得到后续的 x_n。会发生什么呢？

对于小的增长率 $r < 1$，当 $n \to \infty$ 时，人群总是趋于灭绝的：当 $n \to \infty$ 时 $x_n \to 0$。这个悲惨的结果可根据蛛网方法证明（见练习题 10.2.2）。

对于增长率 $1 < r < 3$，人口增加并最终达到一个非零的稳定状态（见图 10.2.2）这里画出了 x_n 相对于 n 的**时间序列**。为了使得序列更加清晰，我们使用线段连接了各个离散的点 (n, x_n)。但是记住只有锯齿的拐角才有意义。

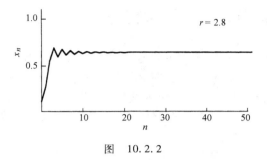

图　10. 2. 2

对于更大 r，如 $r = 3.3$，人口数目再次增加但在之前的稳定状态处**振荡**，前后两代的人口数目呈现高低交替的情况（见图 10. 2. 3）。其中 x_n 的值每**两次**迭代重复一次，这种振荡称为周期-2 循环。

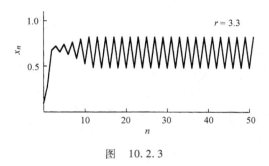

图　10. 2. 3

继续增加 r 的值，如 $r = 3.5$，人口数目每 4 代循环一次。之前的周期翻倍到**周期-4**（见图 10. 2. 4）。

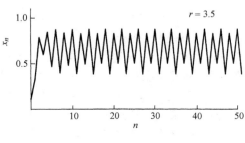

图　10. 2. 4

随着 r 的增长，继续**翻倍**成为 8 周期、16 周期、32 周期、…。特别地，令 r_n 表示首次出现 2^n 周期时 r 的值，那么计算机实验揭示了以下结果：

$r_1 = 3$ （出现 2 周期）

$r_2 = 3.449\cdots$ 　　　　　　　　　　4

$r_3 = 3.54409\cdots$ 　　　　　　　　　8

$r_4 = 3.5644\cdots$ 　　　　　　　　　16

$r_5 = 3.568759\cdots$ 　　　　　　　　32

⋮　　　　　　　　　　　　　　⋮

$r_\infty = 3.569946\cdots$ 　　　　　　　　∞

注意到分岔变得越来越快。最终，r_n 趋于一个有限值 r_∞。此收敛本质上是几何收敛的：当 n 无限增大时，相邻分岔参数的距离之商收敛到一个常数因子：

$$\delta = \lim_{n \to \infty} \frac{r_n - r_{n-1}}{r_{n+1} - r_n} = 4.669\cdots$$

在 10.6 节我们将会详细地介绍此常数。

混沌与周期窗口

根据 Gleick（1987，第 69 页）的记载，May 在一个走廊的黑板上写下了逻辑斯谛映射作为给其学生的问题，他问道"当 $r > r_\infty$ 时，到底会出现什么情况？"这个问题被证明是非常复杂的：对于很多的 r 值，序列 $\{x_n\}$ 不会趋于一个不动点或者一个周期轨，取而代之的是其长期行为是非周期的（见图 10.2.5）。这是我们之前研究洛伦兹方程组时所遇到的混沌的离散时间版本（见第 9 章）。

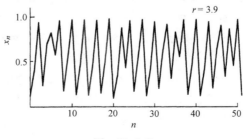

图　10.2.5

相应的蛛网图是极度复杂的（见图10.2.6）。

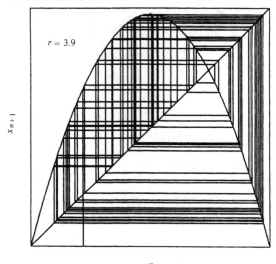

图　10.2.6

你可能已经猜到了，随着 r 的增加，系统会变得越来越杂乱无章，事实上系统动力学比你想象的更加微妙。为了观察对应所有 r 值的长期行为，我们绘制了**轨线图**——一个已成为非线性动力学的象征的瑰丽图形（见图10.2.7）。图10.2.7中描绘了系统的吸引子随 r 值变化的图。为了得到此图，你需要编写包含两个"循环"的计算机程序。首先，选择一个 r 值，然后根据随机选择的初始值 x_0，生成轨线图，迭代300次左右，使得系统达到最终的行为。一旦瞬态消失，在 r 上方打印出很多点，如 x_{301}，$\cdots$，x_{600}。然后移动到另外一个相邻的 r 值，重复上述过程，最终得到整个图形。

图10.2.7表明图中最有意思的部分是区域 $3.4 \leqslant r \leqslant 4$。当 $r = 3.4$ 时，吸引子是一个周期-2环，用两个分支表示。随着 r 的增加，两个分支同时分裂，生成了周期-4环。这种分裂便是之前提到的倍周期分岔。随着 r 的增长，紧接着是一连串的周期翻倍，产生周期-8、周期-16等。直到 $r = r_\infty \approx 3.57$，映射变成混沌的，吸引子从有限点集演变成无限点集。

当 $r > r_\infty$ 时，轨线图显现出出人意料的有序和混沌的混合现象，**周期窗口**在混沌点云之间穿插。在 $r \approx 3.83$ 附近开始的周期窗口包含一个稳定的周期-3 环。该周期-3 窗口的局部放大为如图 10.2.7 中的下方图形。令人难以置信的是，一个轨线图的微型版又一次出现了！

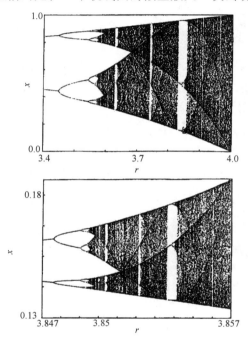

图 10.2.7　［Cambell（1979），第 35 页，由 Roger Eckhardt 提供］

10.3　逻辑斯谛映射：解析方法

上一节的数值结果提出了很多棘手的问题。让我们试着回答其中一些比较简单的问题。

例题 10.3.1

考虑逻辑斯谛映射 $x_{n+1} = rx_n(1 - x_n)$，其中 $0 \leqslant x_n \leqslant 1$，$0 \leqslant r \leqslant 4$。求出所有不动点并判断它们的稳定性。

解：不动点满足 $x^* = f(x^*) = rx^*(1 - x^*)$，因此可以得出 $x^* = 0$ 或 $1 = r(1 - x^*)$，即 $x^* = 1 - \dfrac{1}{r}$。对于所有的 r 值，原点为不动点。但是仅当 $r \geqslant 1$ 时，不动点 $x^* = 1 - \dfrac{1}{r}$ 才是有意义的。

稳定性取决于乘子 $f'(x^*) = r - 2rx^*$。由于 $f'(0) = r$，所以原点当 $r < 1$ 时是稳定的，而当 $r > 1$ 时是不稳定的。在另一个不动点处，$f(x^*) = r - 2r\left(1 - \dfrac{1}{r}\right) = 2 - r$。因此当 $-1 < 2 - r < 1$，即 $1 < r < 3$ 时，$x^* = 1 - \dfrac{1}{r}$ 是稳定的。而当 $r > 3$ 时它是不稳定的。■

例题 10.3.1 的结果可以通过图形分析加以说明（见图 10.3.1）。当 $r < 1$ 时，抛物线在对角线下方，原点是唯一的不动点。随着 r 的增加，抛物线变高，与对角线相切在 $r = 1$ 处。当 $r > 1$ 时，抛物线与对角线相交于第二个不动点 $x^* = 1 - \dfrac{1}{r}$，而原点不再稳定。因此，当 $r = 1$ 时，可以看出 x^* 在原点处出现**跨临界分岔**（借用之前用于微分方程的术语）。

图 10.3.1 也表明了 x^* 是如何失去稳定性的。当参数 r 变大超过 1 时，x^* 点处的曲线变得越来越陡。例题 10.3.1 表明，当 $r = 3$ 时，临界斜率为 $f'(x^*) = -1$。由此产生的分岔称为 **flip 分岔**。

flip 分岔经常和倍周期联系在一起。在逻辑斯谛映射中，当 $r = 3$ 时，出现 flip 分岔，同时产生一个周期-2 环，如下面的例题所示。

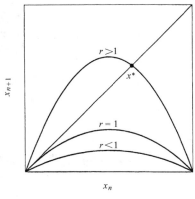

图　10.3.1

例题 10.3.2

证明当 $r > 3$ 时，逻辑斯谛映射有一个周期-2 环。

证明：当且仅当存在两个点 p 和 q 使得 $f(p) = q$ 和 $f(q) = p$ 时，

周期-2 环存在。此条件等价于，存在一个 p 满足 $f(f(p))=p$，其中 $f(x)=rx(1-x)$。因此，p 是一个**二次迭代映射** $f^2(x)=f(f(x))$ 的不动点。因为 $f(x)$ 是一个二次多项式，所以 $f^2(x)$ 是一个四次多项式。当 $r>3$ 时的图像如图 10.3.2 所示。

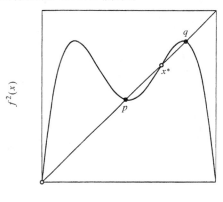

图　10.3.2

为了求出点 p 和 q，我们需要解出曲线与对角线相交的点，也就是要求解四次方程 $f^2(x)=x$。这听起来很难，除非你知道不动点 $x^*=0$ 和 $x^*=1-\dfrac{1}{r}$ 是方程的平凡解（它们满足 $f(x^*)=x^*$，因此一定满足 $f^2(x^*)=x^*$）。在提取不动点的因子后，此问题简化成解一个二次方程。

接下来我们给出其他解的代数推导。展开方程 $f^2(x)-x=0$ 得到 $r^2x(1-x)[1-rx(1-x)]-x=0$。利用多项式除法分解出因式 x 和 $x-\left(1-\dfrac{1}{r}\right)$，然后解所得到的二次方程，可以得到方程的一对根为

$$p,q=\frac{r+1\pm\sqrt{(r-3)(r+1)}}{2r}$$

当 $r>3$ 时，两个根都是实数。因此当 $r>3$ 时，周期-2 环存在，得证。当 $r=3$ 时，两根相等，可得 $x^*=1-\dfrac{1}{r}=\dfrac{2}{3}$，表明周期-2 环从点 x^* 处连续地分岔。当 $r<3$ 时，根是复数，那么周期-2 环不存在。■

利用蛛网图可以揭示 flip 分岔是如何导致倍周期的。考虑任意映射 f，

观察满足 $f'(x^*) \approx -1$ 的不动点附近的局部图形（见图 10.3.3）。

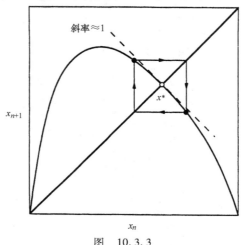

图　10.3.3

如果 f 的图像在点 x^* 附近是下凹的，那么蛛网在不动点处会生成一个小的、稳定的周期-2 环。但是，类似于叉式分岔，flip 分岔也可以是亚临界的，在这种情况下周期-2 环存在于小于分岔点的一侧是不稳定的（见练习题 10.3.11）。

下面的例子展现了如何判断周期-2 环的稳定性。

例题 10.3.3

证明例题 10.3.2 中当 $3 < r < 1 + \sqrt{6} = 3.449\cdots$ 时的周期-2 环是稳定的。（这解释了在 10.2 节中利用数值方法求出的 r_1 与 r_2 的值。）

证明：我们应当记住分析所遵循的方法：要分析环的稳定性，应将该问题简化为研究不动点的稳定性问题。正如例题 10.3.2 所指出的，p 和 q 都是方程 $f^2(x) = x$ 的解。因此 p 和 q 是二次迭代映射 $f^2(x)$ 的不动点。如果 p 和 q 是 f^2 的稳定不动点，那么原本的周期 -2 环便是稳定的。

为了判断 p 是否为 f^2 的稳定不动点，现在我们利用熟悉的方法，计算如下的乘子：

$$\lambda = \frac{\mathrm{d}}{\mathrm{d}x}(f(f(x)))_{x=p} = f'(f(p))f'(p) = f'(q)f'(p)$$

注意，由方程最后一项的对称性可知，当 $x = q$ 时，可以得到相同的 λ。因此，当 p 和 q 的分支发生分岔时，它们必定同时分岔。我们注意到在 10.2 节的数值研究中也存在这样一个同时的分岔。

求导并代入 p 和 q，得到

$$\begin{aligned}
\lambda &= r(1 - 2p)r(1 - 2p) \\
&= r^2[1 - 2(p + q) + 4pq] \\
&= r^2[1 - 2(r + 1)/r + 4(r + 1)/r^2] \\
&= 4 + 2r - r^2
\end{aligned}$$

因此，当 $|4 + 2r - r^2| < 1$，即 $3 < r < 1 + \sqrt{6}$ 时，周期-2 环是线性稳定的。∎

基于我们目前的结果，图 10.3.4 中绘制了逻辑斯谛映射的局部**分岔图**。分岔图与轨线图的不同在于它还给出了不稳定的轨线，而轨线图只显示了吸引子。

我们的分析方法越来越难。可以得到一些更精确的结果（见练习题），但是其求

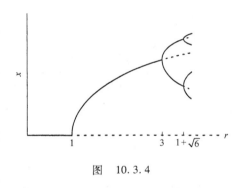

图　10.3.4

解非常困难。为了阐明当 $r > r_\infty$ 时的一些有趣区域上的动力学行为，我们将主要依赖于数值和图的方法。

10.4　周期窗口

轨线图中一个最有趣的特征是当 $r > r_\infty$ 时出现周期窗口（见图 10.2.7）。最引人注意的是周期-3 窗口出现在 $3.8284\cdots \leqslant r \leqslant 3.8415\cdots$ 附近。突然，在混沌区域内，一个稳定的周期-3 意外出现。在本节，我们的首要任务是理解周期-3 是如何出现的。（同样的机制也解释了所有其他窗口的出现，所以只考虑这个最简单的情况便足够了。）

首先是一些记号。令 $f(x) = rx(1 - x)$，因此逻辑斯谛映射是

$x_{n+1} = f(x_n)$。

然后 $x_{n+2} = f(f(x_n))$，或者更简单些，$x_{n+2} = f^2(x_n)$。同理可得 $x_{n+3} = f^3(x_n)$。

三次迭代映射 $f^3(x)$ 是理解出现周期-3 环的关键。对于周期-3 轨上任意的点 p 根据定义迭代三次，满足 $p = f^3(p)$ 因而是三次迭代映射的不动点。不幸的是，$f^3(x)$ 是 8 次多项式，我们不能精确地计算其不动点，但是可以根据图形观察其特性。图 10.4.1 中画出了当 $r = 3.835$ 时的 $f^3(x)$。

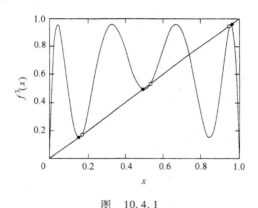

图　10.4.1

曲线与对角线的交点就是方程 $f^3(x) = x$ 的解。方程共有 8 个解，但是我们只标注了 6 个感兴趣的点。其他两个不是周期-3 解，而是不动点，即满足 $f(x^*) = x^*$ 的周期 -1 点。图 10.4.1 中黑色的点是稳定的周期-3 环，注意这些点处 $f^3(x)$ 的曲线比较平缓，与环的稳定性相一致。相比之下，那些空圈处的斜率大于 1，这样周期-3 环是不稳定的。

现在假设我们朝着混沌区域减小 r 的值。那么图 10.4.1 的形状发生了改变——峰值降低，谷值升高。因此，这条曲线远离了对角线。图 10.4.2 表明，当 $r = 3.8$ 时，这 6 个被标记的交点消失了。因此对某个处在 $r = 3.8$ 和 $r = 3.835$ 之间的值，图像 $f^3(x)$ 一定与对角线相切。在临界值 r 处，稳定和不稳定的周期-3 环在**切分岔**处合并与消失。这一转变决定了周期窗口的开始。

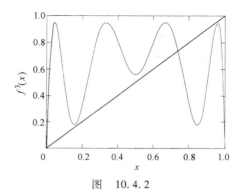

图   10.4.2

通过理论分析可以得出，在切分岔处 r 的值为 $1+\sqrt{8}=3.8284\cdots$ [Myberg（1958）]。这一漂亮的结果经常出现在教材和论文中，但是鲜有证明。由于该结果与例题 10.3.3 中的结果 $1+\sqrt{6}$ 相似，我们一直以为它应该比较容易推导，曾一度将其布置为常规的家庭作业。哎呀！此问题特别棘手，相关提示可见练习题 10.4.10。Saha 和 Strogatz（1994）给出了 Partha Saha 的解法，这是我班上学生能找到的最简单的解决方案。也许你可以做得更好，如果是这样的话，请告诉我！

阵发性

对于小于周期-3 窗口的 r，系统展现出一类有趣的混沌现象。图 10.4.3 中绘制了当 $r=3.8282$ 时的典型轨线。

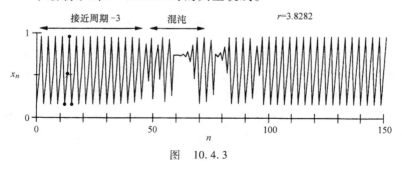

图   10.4.3

轨线的一部分看起来像周期-3 轨，如图中黑色点所示。但是这些轨线看起来有点怪，因为周期-3 轨是不存在的。我们看到的是周期-3

轨的"鬼魂"。

我们不必吃惊这些虚假周期轨的出现——它们总是在鞍-结分岔附近出现（见4.3节和8.1节）。切分岔是鞍-结分岔的另外一个名称。但是，这些新的波线使轨线重复地回到虚假的周期-3，使得混沌阵发性发作。因此，这种现象被称为**阵发性**（Pomeau，Manneville 1980）。

图10.4.4给出了引起系统阵发性的几何解释。

在图10.4.4a中，注意在对角线和$f^3(x)$图形之间的三个狭窄通道。由于$f^3(x)$的峰和谷远离了对角线，这些通道便在切分岔后形成了。现在注意图10.4.4a中小方格中的部分，图10.4.4b所示是它的放大图像。轨道需要多次迭代挤过通道，因此$f^3(x_n) \approx x_n$，那么轨线看起来就像周期-3环。这就解释了出现虚假周期-3的原因。

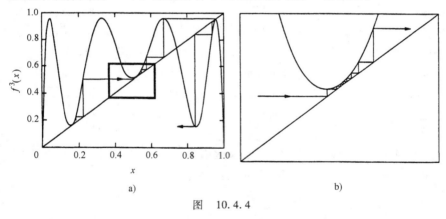

图 10.4.4

最终，轨线从通道逃逸。然后，它无序地到处反弹直到在某个不可预测的时刻和位置又进入某个通道中。

阵发性不仅是逻辑斯谛映射独有的有趣现象。很多系统经过环的鞍-结分岔从周期过渡到混沌行为时经常出现此类现象。例如，练习题10.4.8表明阵发性也会出现在洛伦兹方程中［事实上，人们已经发现了这种现象；见Pomeau和Manneville（1980）的论述］。

在一些实验系统中，偶尔不规则的爆发干扰了近似周期的运动便会出现阵发性。即便该系统是完全确定的，两次爆发之间的时间的统计分布如同一个随机变量。当控制参数远离周期窗口时，爆发会越来越频繁直到系统变得完全混沌。这一过程被称为通往**混沌的阵发性道路**。

图 10.4.5 描述了一个激光中通往混沌的阵发性道路的实验例子。

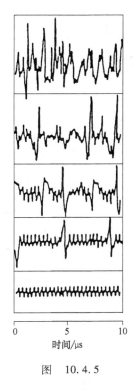

将所发射的激光的强度作为时间的函数作图。在图 10.4.5 最下方的图中，激光是周期性的脉冲。当系统的控制参数（激光腔中反射镜的倾斜程度）变化时，分岔到阵发便出现了。图 10.4.5 中从底部到顶部，我们看到的是越来越频繁的混乱的爆发。

有一篇关于流体和化学反应中阵发性的很好的综述，见 Bergé 等（1984）的论述。作者也回顾了阵发性的另外两种类型（这里讨论的是 Ⅰ 型阵发），并给出了通常研究阵发性的更完善的方法。

窗口中的倍周期

我们在 10.2 节结尾曾提到：在周期-3 窗口中出现了轨线图的微型版本。这里又要用到峰和谷来解释。在切分岔中出现稳定的周期-3

图　10.4.5

之后，图 10.4.1 中黑色点处的斜率接近 +1。随着 r 的增加，峰上升同时谷下降，$f^3(x)$ 在黑点处的斜率从 +1 平稳地减小最后到达 −1。当这种情况发生时，一个 flip 分岔使得每个黑点一分为二，周期-3 翻倍变为周期-6。这与倍周期层叠中出现的分岔机制相同，但现在生成的轨线周期为 $3 \cdot 2^n$。类似的倍周期层叠可以在所有的周期窗口中出现。

10.5　李雅普诺夫指数

我们已经看到，对于某些参数值，逻辑斯谛映射可以表现出非周期轨道，但我们怎么知道这的确是混沌？要被称为"混沌"，系统还应该显示出对初始条件的敏感依赖性，在这个意义上，相邻轨道呈现快速的指数分离。在9.3节中，我们通过定义一个混沌微分方程的李雅普诺夫指数，对敏感依赖性进行了量化。在此，我们将此定义扩展到一维映射。

直觉上，给定某个初始条件 x_0，考虑其附近的一个点 $x_0 + \delta_0$，其中初始的分离 δ_0 是非常小的。令 δ_n 表示 n 次迭代后的分离。如果 $|\delta_n| \approx |\delta_0| e^{n\lambda}$，那么 λ 叫作李雅普诺夫指数。正的李雅普诺夫指数是混沌的标志。

我们可以推导出用于计算 λ 的精确公式。取对数并注意到 $\delta_n = f^n(x_0 + \delta_0) - f^n(x_0)$，可得

$$\lambda \approx \frac{1}{n}\ln\left|\frac{\delta_n}{\delta_0}\right|$$

$$= \frac{1}{n}\ln\left|\frac{f^n(x_0 + \delta_0) - f^n(x_0)}{\delta_0}\right|$$

$$= \frac{1}{n}\ln|(f^n)'(x_0)|$$

这里我们在最后一步取极限，令 $\delta_0 \to 0$。对数中的项能通过链式法则展开：

$$(f^n)'(x_0) = \prod_{i=0}^{n-1} f'(x_i)$$

（我们在例题9.4.1和例题10.3.3中已经见过此式，那里是利用乘子的启发式推理得到的。例题10.3.3是 $n = 2$ 的特例。）因此有

$$\lambda \approx \frac{1}{n}\ln\left|\prod_{i=0}^{n-1} f'(x_i)\right|$$

$$= \frac{1}{n}\sum_{i=0}^{n-1}\ln|f'(x_i)|$$

若当 $n \to \infty$ 时，此表达式有极限，我们定义这个极限值为始于 x_0 的轨线的李雅普诺夫指数：

$$\lambda = \lim_{n \to \infty}\left\{\frac{1}{n}\sum_{i=0}^{n-1}\ln|f'(x_i)|\right\}$$

注意到虽然 λ 依赖于 x_0，但它对于给定吸引子的吸引域中的所有 x_0 都相同。对于稳定的不动点和环，λ 是负的；对于混沌吸引子，λ 是正的。

接下来的两个例题将研究 λ 的值能解析求解的特殊情况。

例题 10.5.1

假设 f 有一个包含点 x_0 的稳定周期-p 环。证明李雅普诺夫指数 $\lambda < 0$。如果环是超稳定的，证明 $\lambda = -\infty$。

解：我们通常将关于 f 的周期-p 环问题转换为关于 f^p 的不动点问题。由于 x_0 是周期-p 环的一点，那么 x_0 是 f^p 的一个不动点。根据假设，环是稳定的，那么乘子 $|(f^p)'(x_0)| < 1$。因此 $\ln|(f^p)'(x_0)| < \ln(1) = 0$，我们马上会用到这个结果。

观察到对于 p-环，因为无限求和中始终包含相同的 p 项，那么

$$\lambda = \lim_{n \to \infty}\left\{\frac{1}{n}\sum_{i=0}^{n-1}\ln|f'(x_i)|\right\}$$

$$= \frac{1}{p}\sum_{i=0}^{p-1}\ln|f'(x_i)|$$

最后，运用链式法则，可得

$$\frac{1}{p}\sum_{i=0}^{p-1}\ln|f'(x_i)| = \frac{1}{p}\ln|(f^p)'(x_0)| < 0$$

得证。如果环是超稳定的，那么由定义 $|(f^p)'(x_0)| = 0$，因此 $\lambda = \frac{1}{p}\ln(0) = -\infty$。■

第二个例子是关于**帐篷映射**，其定义为

$$f(x) = \begin{cases} rx, & 0 \leqslant x \leqslant \dfrac{1}{2} \\ r - rx, & \dfrac{1}{2} \leqslant x \leqslant 1 \end{cases}$$

其中，$0 \leqslant r \leqslant 2$，$0 \leqslant x \leqslant 1$（见图 10.5.1）。

因为它是分段线性的，所以帐篷映射分析起来比逻辑斯谛映射要简单得多。

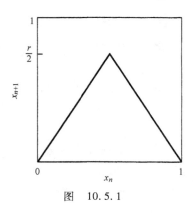

图　　10.5.1

例题 10.5.2

证明对于帐篷映射，有 $\lambda = \ln r$，且独立于初始条件 x_0。

解：对所有的 x 有 $f'(x) = \pm r$，我们发现

$$\lambda = \lim_{n \to \infty} \left\{ \frac{1}{n} \sum_{i=0}^{n-1} \ln |f'(x_i)| \right\} = \ln r \quad \blacksquare$$

根据例题 10.5.2 可知，对于所有的 $r > 1$，由于 $\lambda = \ln r > 0$，则帐篷映射有混沌解。事实上，我们可以详细了解帐篷映射的动力学，甚至混沌状态，见 Devaney（1989）。

一般情况下，我们需要使用计算机计算李雅普诺夫指数。下面的例子概括了逻辑斯谛映射的计算方法。

例题 10.5.3

描述逻辑斯谛映射 $f(x) = rx(1-x)$ 中 λ 的数值解法。并画出结果随参数 r 变化的图，其中 $3 \leqslant r \leqslant 4$。

解：固定某个 r 值。从一个随机初始条件开始，将映射迭代足够多次直至瞬态衰减，例如 300 步左右。下一步再迭代更多次，例如 10000 步。你只需要存储当前的 x_n 值，而不是前面所有的迭代值。计算 $\ln |f'(x_n)| = \ln |r - 2rx_n|$，把它累加到前面的对数和。然后除以总数 10000，便可得到李雅普诺夫指数。对于下一个 r，重复这样的步骤，结果就会如图 10.5.2 所示。

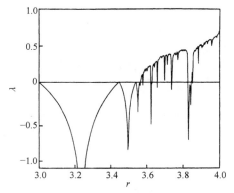

图 10.5.2 Olsen 与 Degn (1985)，第 175 页

将该图与轨线图相比较（见图 10.2.7），注意到当 $r < r_\infty \approx 3.57$ 时 λ 保持负值。在倍周期分岔处的值大约为 0，负尖峰对应到 2^n-环。可以看到，混沌出现在 $r \approx 3.57$ 附近，正是 λ 首次变为正值。对 $r > 3.57$，李雅普诺夫指数逐渐地增加，除了周期窗口时出现的下降到负值，注意最大的下降对应 $r = 3.83$ 附近的周期-3 窗口。■

实际上，在图 10.5.2 中所有的下降应该降到 $\lambda = -\infty$，因为每个下降的中间某处一定会出现超稳定环。根据例题 10.5.1，这样的环都有 $\lambda = -\infty$。在图 10.5.2 中，这部分的尖峰太窄，无法显示。

10.6 普适性与实验

本节通过举例的方式完美地阐释非线性动力学中的一些最令人惊讶的结果。

例题 10.6.1

绘制**正弦映射** $x_{n+1} = r\sin\pi x_n$，其中 $0 \leqslant r \leqslant 1$，$0 \leqslant x \leqslant 1$。并与逻辑斯谛映射比较。然后绘制出它们的轨线图，列举出它们的相同和不同之处。

解：正弦映射的图如图 10.6.1 所示。它与逻辑斯谛映射有相同的形状。两个曲线都是光滑的、下凹的，有唯一的最大值。这样的映射叫作单峰映射。

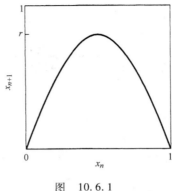

图 10.6.1

图 10.6.2 中绘制了正弦映射（上图）和逻辑斯谛映射（下图）的轨线图。它们有难以置信的相似度。注意两图垂直方向上的刻度相同，但是正弦图的横轴拉伸了 4 倍。这个规范化是合适的，由于 $r\sin\pi x$ 的最大值是 r，而 $rx(1-x)$ 的是 $\frac{1}{4}r$。

图 10.6.2 显示了两个映射的定性的动力学相同。它们都经历了从倍周期到混沌的道路，其次是周期窗口和混沌带交织。更值得注意的是，周期窗口出现的顺序相同，且相对大小相同。例如周期-3 窗口都是最大的，下一个最大的窗口是周期-5 和周期-6。

但也有定量的差异。例如，逻辑斯谛映射的倍周期分岔发生较晚，而且周期窗口相对较窄。∎

定性的普适性：U 序列

例题 10.6.1 阐述了一个非常有用的定理（米特罗波利斯（Metropolis）等 1973）。米特罗波利斯等考虑了所有形如 $x_{n+1} = rf(x_n)$ 的单峰映射，其中 $f(x)$ 满足 $f(0) = f(1) = 0$（对于一些精确的条件，可见他们的原始文章）。米特罗波利斯等证明了随着 r 的变化，稳定周期解出现的顺序与迭代的单峰映射无关。也就是说，周期吸引子总是以相同的序列出现，现在称其为普适的或 **U 序列**。这个令人吃惊的结果表明，这与 $f(x)$ 的代数形式无关，而只与其整体形状有关。

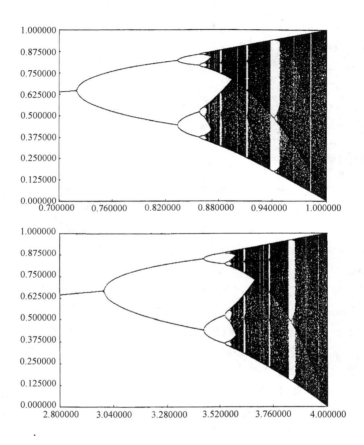

图 10.6.2 （承蒙 Andy Christian 提供）

直到 6-周期的 U 序列是

$$1,2,2\times2,6,5,3,2\times3,5,6,4,6,5,6$$

这个序列的开始部分很熟悉：周期-1，2，2×2 是倍周期情形的起先阶段。（后面的倍周期给出了超过 6 的周期，因而略去）。接下来，6，5，3 周期对应于图 10.6.2 中提到的大周期窗口。周期 2×3 是周期-3 的第一个周期翻倍。后面的 5，6，4，6，5，6 已不太常见。它们发生在小窗口而且容易被忽略（逻辑斯谛映射中它们的位置见练习题 10.6.5）。

U 序列已在化学反应的实验中被贝洛索夫-恰鲍廷斯基发现。Si-moyi 等（1982）研究了在连续搅拌的流体反应器中的反应，发现随着流速增加周期和混沌状态交替出现的一个区域。在实验中，周期态完全依照 U 序列所预测的顺序出现。更多的实验细节见 12.4 节。

U 序列是定性的；它决定了周期态出现的顺序，而不是出现周期吸引子的精确参数值。现在我们来看看费根鲍姆在一维映射中的著名发现，即定量的普适性。

定量的普适性

你应该读一下这项工作背后的戏剧性故事，见 Gleick（1987）和 Feigenbaum（1980；Cvitanovic 1989a 再版）自己的回忆录。他原始的科技论文［Feigenbaum（1978，1979）］被一些别的期刊拒收之后才被录用。这些文件读起来相当沉闷。更易于理解的论述可见 Feigenbaum（1980）、Schuster（1989）和 Cvitanovic（1989b）。

下面是那段历史的简要介绍。大约在 1975 年，费根鲍姆开始研究逻辑斯谛映射中的倍周期。最初，他使用了一个复杂（现在已经被遗忘了）的"生成函数理论"来预测 r_n，即 2^n-周期首次出现时的 r 值。为了在数值上检验他的理论，他又不太熟悉大型计算机，便用掌上计算器编程计算了最初的几个 r_n 值。在计算器不断发出轧轧声中，费根鲍姆有时间猜到下一个分岔会出现在何处。他观察到一条简单的规则：r_n 几何收敛，相邻分岔间的距离以约为 4.669 的常数因子减小。

Feigenbaum（1980）描述了接下来发生的事情：

我花了好久，企图使这个收敛速度值 4.669 与任何我知道的数学常数相匹配。可是，这项任务除了让这个数难以忘记之外一无所获。

这时，Paul Stein 提醒我说，倍周期不是二次映射的特有属性，例如也会发生在 $x_n = r\sin\pi x_n$ 中。然而我的生成函数理论严重依赖于这样的事实，非线性只是简单的二次函数而非超越函数。因此，我对这个问题的兴趣减小了。

大约一个月后，我决定数值计算超越函数情况下的 r_n。这个问题比计算二次函数更慢。再次发现，r_n 明显是几何收敛，彻底令人惊讶的是，收敛速度也同样是我曾努力匹配它而牢记的数字 4.669。

事实上，无论迭代哪种单峰映射，都会出现相同的收敛率！在这个意义上，这个数

$$\delta = \lim_{n \to \infty} \frac{r_n - r_{n-1}}{r_{n+1} - r_n} = 4.669\cdots$$

是**普适**的。它是一个新的数学常数，对于倍周期而言必不可少，如同 π 对于圆一样。

图 10.6.3 中简略地阐明了 δ 的意义。令 $\Delta_n = r_n - r_{n+1}$ 表示在两个接连分岔值之间的距离。那么当 $n \to \infty$ 时，$\Delta_n / \Delta_{n+1} \to \delta$。

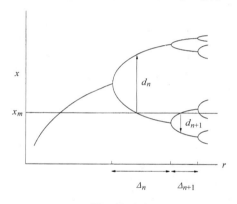

图　10.6.3

这儿也存在一个 x 方向的通用尺度，它很难精确说明，因为即使 r 值相同，叉式分岔也有着不同的宽度（回头看看图 10.6.2 中的轨迹图可以确认这一点）。考虑这种非均匀性，定义一个标准的 x 方向的刻度如下：令 x_m 表示 f 的最大值，令 d_n 表示从 x_m 到 2^n-环上最近的点的距离（见图 10.6.3）。

那么当 $n \to \infty$ 时可得 d_n / d_{n+1} 趋向于一个普适的极限

$$\frac{d_n}{d_{n+1}} \to \alpha = -2.5029\cdots$$

它独立于 f 的精确形式。这里的负号表示，在 2^n-环上的最近的点是交替的高于或低于 x_m，如图 10.6.3 所示。因此 d_n 是正负交替的。

费根鲍姆继续拓展这一优美的理论，解释了为什么 α 和 δ 是普适

的［Feigenbaum（1979）］。他借用统计物理中的重整化思想，从而发现了 α 和 δ 与磁体、流体和其他物理系统中二级相变实验中所观察到的普适指数之间的相似性［Ma（1976）］。在 10.7 节中，我们简要看看该重整化理论。

实验检验

自从费根鲍姆的工作以来，倍周期分岔序列已经在各种实验系统中得到验证。例如，Libchaber（1982）等人的对流实验，一个盛有液态汞的盒子从下方加热。控制参数是瑞利数 R，表示温度从底部到顶部的梯度的无量纲度量。对于小于某一临界值 R_c 的 R，热量向上传导而流体保持静止。但当 $R > R_c$ 时，静止状态变得不稳定，发生**对流**——热流体在一侧上升，在顶部失去热量，进而在另一侧下降，形成一个反向旋转的圆柱形的**卷筒**模式（见图 10.6.4）。

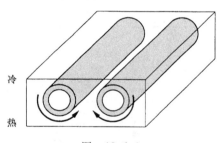

图　10.6.4

当 R 略高于 R_c 时，卷筒是直的且运动是稳定的。此外，在空间中的任何固定位置，温度恒定。进一步加热，产生另一种不稳定。波沿着每个卷来回地传播，使得每个点的温度振荡。

在这种传统的实验中，不断升温造成进一步的不稳定发生，直到最终卷的结构被破坏，系统变得紊乱。Libchaber 等人（1982）希望能够增加热量而不会使得空间结构不稳定。这就是为什么他们选择了汞，然后可以通过对整个系统施加直流磁场使卷结构变得稳定。汞具有很高的导电性，因而卷与磁场相匹配的趋势很强，从而保持其空间组织结构。在实验设计中还有很多的细节，但我们不必关注，详见 Libchaber 等（1982）或者 Bergé 等（1984）的文章。

现在看一些实验结果。图 10.6.5 表明，随着瑞利数增加，该系统经历了一个倍周期增加序列。图中每个时间序列都表示流体中的一个点的温度变化。对于 $R/R_c = 3.47$，温度是周期变化的。这可以看作基本的周期-1 状态。当 R 增加到 $R/R_c = 3.52$ 时，接连的温度最大值不再相等；奇数峰比以前稍高，偶数峰甚至比以前低一点，这是周期-2状态。R 的进一步增加产生更多的倍周期，见图 10.6.5 下方的两个时间序列。

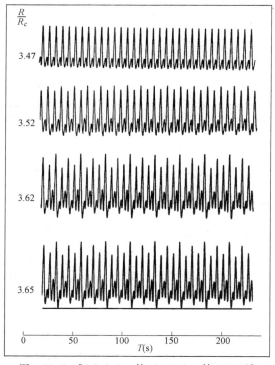

图　10.6.5［Libchaber 等（1982），第 213 页］

通过仔细测量倍周期分岔处的 R 值，Libchaber 等人（1982）得到 $\delta = 4.4 \pm 0.1$，相当符合理论值 $\delta \approx 4.699$。

表 10.6.1［选自 Cvitanovic（1989b）］总结了从流体对流和非线性电子电路的一些实验结果。其中 δ 值的实验估计与实验者所得的误差一起给出。如 4.3（8）表示 4.3 ± 0.8。

表 10.6.1

实验	倍周期的个数	δ	作者
流体动力学			
水	4	4.3(8)	Giglio 等(1981)
汞	4	4.4(1)	Libchaber 等(1982)
电子学			
二极管	4	4.5(6)	Linsay(1981)
二极管	5	4.3(1)	Testa 等(1982)
晶体管	4	4.7(3)	Arechi 与 Lisi(1982)
约瑟夫森模拟	3	4.5(3)	Yeh 与 Kao(1982)

要知道测量这些很困难。由于 $\delta \approx 5$，每个接连分岔点需要实验者提高五倍的能力来测量外部控制参数。同时，实验噪声使得高周期轨道的结构难以区分，因此很难准确判断分岔何时发生。在实践中，超过五个倍周期时我们无法测量。考虑到这些困难，理论和实验之间的一致令人印象深刻。

除了这里（即表 10.6.1）列出的，在激光、化学计量和声学系统中也测量到了倍周期现象。参见 Cvitanovic（1986b）的论述。

一维映射与科学有何关联？

费根鲍姆理论的预测能力可能会让你感到神秘。对于包括所有像对流流体、电子电路这样实际的物理系统，该理论是否具有普适性？实际的系统往往具有非常多的自由度——所有的复杂性怎么能通过一维映射来反映？最后，真实系统的演化是连续的，那么基于离散时间的映射理论为何如此有效？

为了回答这个问题，让我们从一个比对流流体更简单，而（看起来）比一维映射稍复杂的系统开始。该系统是 Rössler（1976）构造的由三个微分方程构成的方程组，能展现出可能是最简单的奇怪吸引子。**若斯勒系统**如下：

$$\dot{x} = -y - z$$
$$\dot{y} = x + ay$$
$$\dot{z} = b + z(x - c)$$

其中 a、b 和 c 是常数。该系统只包含一个非线性项 zx，它甚至比具有两个非线性项的洛伦兹系统（第 9 章）还要简单。

图 10.6.6 中描述了在不同的 c 值，系统吸引子的二维投影（其中 $a = b = 0.2$ 固定不变）。当 $c = 2.5$ 时，吸引子是一个简单的极限环。当 c 增加到 3.5 时，极限环旋转两次后闭合。其周期是原周期的两倍左右。这便是连续系统中倍周期的样子！实际上，在 $c = 2.5$ 和 $c = 3.5$ 之间的某个位置，肯定会出现一个环的**倍周期分岔**。（如图 10.6.6 所示，这种分岔只能在三维或更多维（空间）发生，因为极

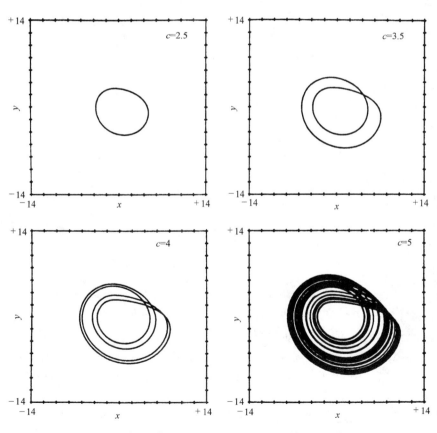

图 10.6.6　[Olsen 和 Degn（1985），第 185 页]

限环需要避免穿越本身的空间。）当 $c = 4$ 时，另一倍周期分岔产生了含有 4 个圈的环。经过无穷多次的进一步周期倍增之后，当 $c = 5$ 时，我们可以得到图中所示的奇怪吸引子。

为了将这些结果与一维映射的所得结果相比较，我们使用洛伦兹的从流得到映射的方法（见 9.4 节）。对于一个给定的值 c，记录奇怪吸引子的轨道上 $x(t)$ 的接连局部最大值。然后绘制 x_{n+1} 相对于 x_n 的图形，其中 x_n 表示第 n 个局部最大值。当 $c = 5$ 时的洛伦兹映射图如图 10.6.7 所示。数据点非常靠近一个一维曲线。注意到它与逻辑斯谛映射有着不可思议的相似之处！

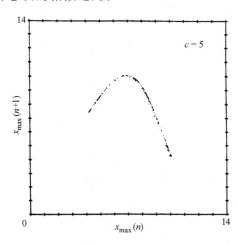

图 10.6.7　[Olsen 与 Degn（1985），第 186 页]

甚至能够计算出若斯勒系统的轨线图。现在取 c 的所有值，不仅是那些使得系统混沌的值。在每个 c 上方，绘制吸引子上的所有 x_n 的局部最大值。不同最大值的数目告诉我们吸引子的"周期"。例如当 $c = 3.5$ 时，吸引子是周期-2 的（见图 10.6.6），因此 $x(t)$ 有两个局部最大值。图 10.6.8 中绘制了 $c = 3.5$ 处的这两个点。对所有的 c 值，继续以这种方式绘制出整个轨线图。

可以运用这个轨线图来追踪若斯勒系统的分岔。我们看到所熟知的倍周期分岔通往混沌的道路和大的周期-3 窗口——我们所有的老朋友都露面了。

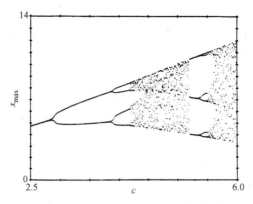

图 10.6.8 [Olsen 与 Degn (1985)，第 186 页]

现在我们可以看到为什么某些物理系统遵循费根鲍姆的普适性理论——如果系统的洛伦兹映射接近一维和单峰，那么此理论就可应用。对洛伦兹系统、甚至 Libchaber 的汞对流模型也适用。但不是所有的系统都有一维洛伦兹映射。由于洛伦兹映射几乎是一维的，奇怪吸引子必须非常平坦，即其维数仅略多于二维。这就要求系统是高度耗散的；只有两个或三个自由度是真正活跃的，其余的跟着亦步亦趋。[顺便说一句，这是 Libchaber 等 (1982) 利用磁场的另一个原因；它增加了系统中的阻尼，从而有利于低维混沌的产生。]

所以该理论适用于一些轻微混沌的系统，但不适用于完全湍流流体或心脏震颤模型，那里有很多对应着复杂时空行为的活跃的自由度。我们想了解这样的系统还有很长的路要走。

10.7 重整化

在本小节中我们给出 Feigenbaum (1979) 的倍周期的重整化理论的一个直观介绍。更深入的数学推导过程见 Feigenbaum (1980)、Collet 和 Eckmann (1980)、Schuster (1989)、Drazin (1992)，以及 Cvitanovic (1989b)。

首先，给出一些符号说明。令 $f(x, r)$ 表示一个随着 r 的增加经历倍周期到混沌道路的单峰映射。假设 x_m 是 f 的最大值。令 r_n 表示出

现 2^n-环时的 r 值。令 R_n 表示 2^n-环为超稳定时的 r 值。

费根鲍姆利用超稳定环给出了分析方法，我们将对此进行练习。

例题 10.7.1

对于映射 $f(x,r) = r - x^2$，求 R_0 和 R_1。

解：根据定义，在 R_0 处有一个超稳的不动点。不动点满足的条件是 $x^* = R_0 - (x^*)^2$，超稳定条件是 $\lambda = (\partial f / \partial x)_{x=x^*} = 0$。由于 $\partial f / \partial x = -2x$，可以得到 $x^* = 0$，不动点也就是 f 的最大值。把 $x^* = 0$ 代入到不动点条件可以得出 $R_0 = 0$。

在 R_1 处有 2 个超稳定的周期-2 环。令 p 和 q 表示环上的点，超稳定点需要满足乘子 $\lambda = (-2p)(-2q) = 0$，因此点 $x = 0$ 必定是周期-2 环上的一点。那么周期-2 条件 $f^2(0, R_1) = 0$ 意味着 $R_1 - (R_1)^2 = 0$，因此 $R_1 = 1$（因为另一个根给出的是不动点，非周期-2 环）。∎

例题 10.7.1 说明了一个普遍的规律：单峰映射的超稳定环总是包含一个点 x_m。因此，有一个简单的求 R_n 的画图方法（见图 10.7.1）。我们在高度 x_m 处画一条水平线；这条水平线与轨迹相交的点就是 R_n（德语中 Feigenbaum 即为 figtree）。注意，R_n 位于 r_n 和 $r_n + 1$ 之间。数值实验表明，由于普适因子 $\delta \approx 4.669$，两个连续的 R_n 之间的间距也缩小。

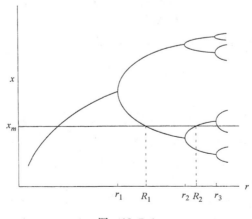

图 10.7.1

重整化理论是基于 figtree 的**自相似性**：树枝看起来像之前的分支，但它们在 x 和 r 方向缩小。这种结构体现了相同的动力学过程的不断重复；一个 2^n 周期出现，然后出现超稳定，然后在倍周期分岔失去稳定性。

为了用数学的方式表达自相似性，在相应的 r 值处我们比较了 f 和它的二次迭代 f^2，然后"重整化"一个映射到另外一个映射。特别地，看一下 $f(x, R_0)$ 和 $f^2(x, R_1)$ 的图像（见图 10.7.2a、b）。

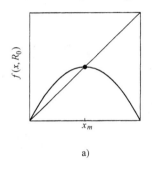
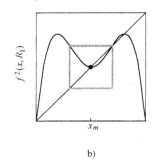

图 10.7.2

这是一个恰当的比较，因为两个映射具有相同的稳定属性：x_m 是两个映射的超稳定不动点。请注意我们把 r 从 R_0 增加到 R_1 同时做了一次 f 的 2 次迭代，得到了图 10.7.2b。参数 r 的这种变化是重整化的一个基本部分。

图 10.7.2b 中的小格子部分在图 10.7.2c 中重新画出。关键的一点是，图 10.7.2c 看起来与图 10.7.2a 几乎相同，除了一个尺度的变化和双轴的反转。从动力学角度来看，这两个映射非常相似——始于对应点的蛛网图看起来几乎一样。

现在我们需要把这些定性观察转换为公式。第一步是通过定义 $x = x - x_m$ 将 x 的原点变为 x_m。因为 $f(x_n, r) = x_{n+1}$，对 x 的重新定义要求我们也必须从 f 中减去 x_m。变化后的图如图 10.7.3a、b 所示。

下一步，为了使图 10.7.3b 看上去像图 10.7.3a，通过因子 $|\alpha| > 1$，我们在两个方向将它变大，同时也将 (x, y) 更换为 $(-x, -y)$。如果我们定义**比例因子** α 为负数，两次操作可以一步完

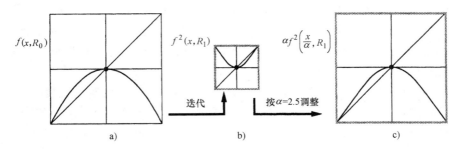

图　10.7.3

成。正如你在练习题 10.7.2 被要求的，α 的缩放等效于替换 $f^2(x, R_1)$ 为 $\alpha f^2(x/\alpha, R_1)$。最后，由图 10.7.3a 和图 10.7.3c 所示之间的相似性表明

$$f(x, R_0) \approx \alpha f^2\left(\frac{x}{\alpha}, R_1\right)$$

总之，f 通过二次迭代和尺度变换 $x \rightarrow x/\alpha$ 被**重整化**了，同时转换 r 到下一个超稳定值。

没有理由停止在 f^2。例如，我们能够重整化 f^2 生成 f^4。如果我们转换 r 到 R_2，它也有一个超稳定不动点。按照如上推理，可得

$$f^2\left(\frac{x}{\alpha}, R_1\right) \approx \alpha f^4\left(\frac{x}{\alpha^2}, R_2\right)$$

该方程用原映射 $f(x, R_0)$ 表示时变为

$$f(x, R_0) \approx \alpha^2 f^4\left(\frac{x}{\alpha^2}, R_2\right)$$

在重整化 n 次后，可以得到

$$f(x, R_0) \approx \alpha^n f^{(2^n)}\left(\frac{x}{\alpha^n}, R_n\right)$$

费根鲍姆利用数值方法发现：

$$\lim_{n \to \infty} \alpha^n f^{(2^n)}\left(\frac{x}{\alpha^n}, R_n\right) = g_0(x) \tag{1}$$

其中 $g_0(x)$ 是一个有超稳定不动点的**普适性函数**。当且仅当 α 取恰当的值时这个的极限函数存在，例如 $\alpha = -2.5029\cdots$。

这里"普适性"表明极限函数 $g_0(x)$ 是与原来的 f 不相关的

（几乎）。开始时这似乎令人难以置信，但式（1）的形式解释：$g_0(x)$仅在$x=0$附近时依赖于f，因为当$n \to \infty$时变量x/α^n会变得很小。每一个重整化，我们放大一个f最大值的越来越小的邻域，所以实际上丢失了几乎所有关于f全局形状的信息。

注意：不得不提一下最大值的次数。更准确地说，对于具有二次最大值的所有f，$g_0(x)$是普适的（一般情形）。能够发现，对有四次最大值的f可以求出不同的$g_0(x)$，等等。

为了得到其他普适函数$g_i(x)$，首先令$f(x, R_i)$替代$f(x, R_0)$：

$$g_i(x) = \lim_{n \to \infty} \alpha^n f^{(2^n)}\left(\frac{x}{\alpha^n}, R_{n+i}\right)$$

这里，$g_i(x)$是一个有超稳定的周期-2^i环的普适函数。开始于$R_i = R_\infty$（当混沌开始发生时）的情况非常有意思而且很重要，这是因为

$$f(x, R_\infty) \approx \alpha f^2\left(\frac{x}{\alpha}, R_\infty\right)$$

这一次，当我们做归一化时，不必改变r！极限函数$g_\infty(x)$通常称为$g(x)$，且满足

$$g(x) = \alpha g^2\left(\frac{x}{\alpha}\right) \tag{2}$$

这是一个关于$g(x)$和普适因子α的**泛函方程**。它是自我参照：$g(x)$是利用其自身定义的。

只有给定边界条件时，泛函方程$g(x)$才是完整的。在原点平移之后，所有的单峰f在$x=0$处可取最大值。因此，我们需要$g'(0)=0$。同时，不失一般性，设$g(0)=1$（仅定义x的尺度；如果$g(x)$是方程（2）的解，那么$\alpha g(x/\alpha)$也是，其中α相同，见练习题10.7.3）。

现在，我们解$g(x)$和α。在$x=0$处，由泛函方程可知$g(0) = \alpha g(g(0))$。但是$g(0)=1$，因此$1 = \alpha g(1)$。从而

$$\alpha = 1/g(1)$$

表明α由$g(x)$决定。从没有人求出过$g(x)$的闭型解，因此我们转而求其幂级数解

$$g(x) = 1 + c_2 x^2 + c_4 x^4 + \cdots$$

（假设最大值是二次的）把幂级数代入方程（2），并比较 x 同次幂的系数，可以确定系数。Feigenbaum（1979）使用方程（2）的一个 7 阶展开，并求得 $c_2 \approx -1.5276$，$c_4 \approx 0.1048$，以及 $\alpha \approx -2.5029$。因此，重整化理论成功地解释了利用数值方法观察到的 α 值。

该理论还可以解释 δ 的值。不幸的是，这部分需要比我们讨论的更高深的理论（函数空间算子、Frechet 导数等）。现在我们代之以具体的重整化的例题。计算只是近似的，但用代数方法代替函数方程便能明确求出。

面向普通读者的重整化

以下示范性计算的目的是说明重整化过程。它还给出了 α 和 δ 的闭型解的近似值。我们的讨论是 May 及 Oster（1980）和 Helleman（1980）方法的改进。

设 $f(x, \mu)$ 是经历倍周期分岔到混沌道路的任意单峰映射。假定通过定义变量使得当 $\mu = 0$ 时，在 $x = 0$ 处出现周期-2 环。对于接近 0 的 x 和 μ，映射可近似为

$$x_{n+1} \approx -(1 + \mu)x_n + ax_n^2 + \cdots$$

由于在分岔处的特征值是 -1 [忽略 x 和 μ 的高阶项，这便是为什么（上述）结果只是近似的。] 尺度变换 $x \to x/a$，不失一般性，设定 $a = 1$。因此，映射的局部标准形式为

$$x_{n+1} = -(1 + \mu)x_n + x_n^2 + \cdots \qquad (3)$$

思路大致如下：对于 $\mu > 0$，存在一个周期-2 点，如 p 和 q。随着 μ 的增加，p 和 q 最终会周期翻倍。当这发生时，p 附近 f^2 的动力学必然能用形如式（3）的映射来逼近，这是因为所有的映射在倍周期分岔附近都有这种形式。我们的策略是计算映射来控制 p 附近 f^2 的动力学，并重整化为式（3）的形式。这样定义了一个重整化迭代，从而预测 α 和 δ。

首先，计算 p 和 q。根据周期-2 的定义，p 被映射到 q，q 被映射到 p。因此，由式（3）可得

$$p = -(1 + \mu)q + q^2, \quad q = -(1 + \mu)p + p^2$$

用一个方程减去另一个分解出 $p - q$，可以发现 $p + q = \mu$。然后将

方程相乘并化简，可得 $pq = -\mu$。因此

$$p = \frac{\mu + \sqrt{\mu^2 + 4\mu}}{2}, \quad q = \frac{\mu - \sqrt{\mu^2 + 4\mu}}{2}$$

现在将原点平移到 p，观察系统的局部动力学。令

$$f(x) = -(1 + \mu)x + x^2$$

那么 p 是 f^2 的一个不动点。将 $p + \eta_{n+1} = f^2(p + \eta_n)$ 在小偏差 η_n 处利用幂级数展开。经过一些代数运算（练习题 10.7.10），照例忽略高阶项，得到

$$\eta_{n+1} = (1 - 4\mu - \mu^2)\eta_n + C\eta_n^2 + \cdots \tag{4}$$

其中

$$C = 4\mu + \mu^2 - 3\sqrt{\mu^2 + 4\mu} \tag{5}$$

正如所承诺的，这个 η 映射［式（4）］与原始映射［式（3）］有相同的代数形式。我们可以调整 η 大小并定义新的 μ 来重整化映射［式（4）］到映射［式（3）］。（在之前讨论的重整化的简略版中需要这两个步骤。我们必须重新调节状态参变量 η 并改变分岔参数 μ。）

为了重新调整 η，令 $\tilde{x}_n = C\eta_n$。那么映射［式（4）］变为

$$\tilde{x}_{n+1} = (1 - 4\mu - \mu^2)\tilde{x}_n + \tilde{x}_n^2 + \cdots \tag{6}$$

这个几乎和映射［式（3）］完全匹配。接下来就是根据 $-(1 + \tilde{\mu}) = (1 - 4\mu - \mu^2)$ 定义一个新的参数 $\tilde{\mu}$。那么映射［式（6）］变成了我们想要的形式：

$$\tilde{x}_{n+1} = -(1 + \mu)\tilde{x}_n + \tilde{x}_n^2 + \cdots \tag{7}$$

其中，归一化参数 $\tilde{\mu}$ 如下：

$$\tilde{\mu} = \mu^2 + 4\mu - 2 \tag{8}$$

当 $\tilde{\mu} = 0$ 时，重整化映射［式（7）］经历了一次 flip 分岔。同样，原映射的周期-2 环失去稳定性，并产生一个周期-4 环。至此第一次周期翻倍结束。

例题 10.7.2

使用式（8），计算 μ 值使得最初的映射［式（3）］出现一个周

期-4 环。将你的结果与例题 10.3.3 中逻辑斯谛映射求出的 $r_2 = 1 + \sqrt{6}$ 做比较。

解：当 $\tilde{\mu} = \mu^2 + 4\mu - 2 = 0$ 时出现周期-4 解。解这个二次方程，得到 $\mu = -2 + \sqrt{6}$（其他的值是不相关的负值）。现在回顾一下，周期-2 发生时定义 μ 的原点使得 $\mu = 0$，对于逻辑斯谛映射而言，$r = 3$。因此 $r_2 = 3 + (-2 + \sqrt{6}) = 1 + \sqrt{6}$，这是例题 10.3.3 中得到的结果。∎

因为映射［式（7）］形式与原映射相同，我们可以做同样的分析，现在将式（7）作为基本的映射。换句话说，我们可以循环往复地重整化！只使用**重整化变换**式（8），这便开启了通往混沌的道路。

令 μ_k 表示在原映射［式（3）］出现周期-2^k 环的参数值。根据 μ 的定义，有 $\mu_1 = 0$；根据例题 10.7.2，可以得到 $\mu_2 \approx -2 + \sqrt{6} = 0.449$。一般地，$\mu_k$ 满足

$$\mu_{k-1} = \mu_k^2 + 4\mu_k - 2 \tag{9}$$

首先，它看起来下标是后向的，请以例题 10.7.2 为指导思考一下它。为了获得 μ_2，我们在式（8）中设置 $\tilde{\mu} = 0 (= \mu_1)$，然后解出 μ。类似地，为了获得 μ_k，我们在式（8）中设置 $\tilde{\mu} = \mu_{k-1}$，然后可以解得 μ。

为了将式（9）转换为前向的迭代，根据 μ_{k-1} 解得 μ_k：

$$\mu_k = -2 \pm \sqrt{6 + \mu_{k-1}} \tag{10}$$

练习题 10.7.11 让你给出式（10）的从初始条件 $\mu_1 = 0$ 出发的蛛网分析。你将会发现 $\mu_k \to \mu^*$，其中 $\mu^* > 0$ 是对应着混沌发生的稳定不动点。

例题 10.7.3

求 μ^*。

解：考虑式（9）会变得容易些。不动点满足 $\mu^* = (\mu^*)^2 + 4\mu^* - 2$，并由下式给出

$$\mu^* = \frac{1}{2}(-3 + \sqrt{17}) \approx 0.56 \tag{11}$$

顺便说一句，这给出了一个非常准确的关于逻辑斯谛映射的 r_∞

预测。回顾对于逻辑斯谛映射，当 $r=3$ 时，$\mu=0$ 对应于周期-2 环的出现。因此 μ^* 对应于 $r_\infty \approx 3.56$，然而实际的数值结果为 $r_\infty \approx 3.57$！ ■

最后，我们看看如何求解 δ 和 α。对于 $k \gg 1$，μ_k 应该按照普适常数 δ 的速度几何收敛到 μ^*。因此 $\delta \approx (\mu_{k-1} - \mu^*)/(\mu_k - \mu^*)$。由于 $k \to \infty$ 时，这个比值趋近 0/0，因此可以通过洛必达法则进行估计。这个结果是

$$\delta \approx \frac{\mathrm{d}\mu_{k-1}}{\mathrm{d}\mu_k}\Big|_{\mu=\mu^*} = 2\mu^* + 4$$

其中我们已经运用式（9）来计算导数。最后，用式（11）替代 μ^* 得到

$$\delta \approx 1 + \sqrt{17} \approx 5.12$$

估计值大约比 δ 的真实值大 10%，考虑到近似，这是个不错的结果。

为了找到合适的 α，注意当定义 $\tilde{x}_n = C\eta_n$ 时，使用 C 作为一个尺度调整的参数。因此 C 担当着 α 的角色。把 μ^* 代入式（5）可以得到

$$C = \frac{1+\sqrt{17}}{2} - 3\left[\frac{1+\sqrt{17}}{2}\right]^{1/2} \approx -2.24$$

它也在实际值 $\alpha \approx -2.50$ 的 10% 的误差内。

第 10 章　练习题

注：这里很多练习题要求你使用计算机。可以自己编写程序，或使用商业软件。

10.1　不动点和蛛网模型

（计算器实验）用一个袖珍计算器探讨以下映射。从一些数字开始，然后一直按下相应的功能键；发生了什么？然后尝试不同的数，最终的结果一样吗？如果可以的话，用蛛网或其他方法从数学上解释你的结果。

10.1.1 $\quad x_{n+1} = \sqrt{x_n}$ **10.1.2** $\quad x_{n+1} = x_n^3$

10. 1. 3　$x_{n+1} = \exp x_n$　　**10. 1. 4**　$x_{n+1} = \ln x_n$

10. 1. 5　$x_{n+1} = \cot x_n$　　**10. 1. 6**　$x_{n+1} = \tan x_n$

10. 1. 7　$x_{n+1} = \sinh x_n$　　**10. 1. 8**　$x_{n+1} = \tanh x_n$

10. 1. 9　对于正的和负的 x_n 值，分析映射 $x_{n+1} = 2x_n/(1+x_n)$。

10. 1. 10　证明 $x_{n+1} = 1 + \dfrac{1}{2}\sin x_n$ 有唯一的不动点，它是稳定的吗？

10. 1. 11　（Cubic 映射）考虑映射 $x_{n+1} = 3x_n - x_n^3$。

a）求出所有的不动点，然后对其稳定性分类。

b）绘制初值为 $x_0 = 1.9$ 的蛛网图。

c）绘制初值为 $x_0 = 2.1$ 的蛛网图。

d）尝试解释 b）部分和 c）部分轨道的显著不同。例如，你能证明 b）中的轨线对所有的 n 都有界吗？或者 c）中 $|x_n| \to \infty$。

10. 1. 12　（牛顿方法）假设你想要找到一个方程 $g(x) = 0$ 的根，那么**牛顿定理**会告诉你应该考虑映射 $x_{n+1} = f(x_n)$，其中

$$f(x_n) = x_n - \frac{g(x_n)}{g'(x_n)}$$

a）为了校准此方法，写下关于方程 $g(x) = x^2 - 4 = 0$ 的"牛顿映射" $x_{n+1} = f(x_n)$。

b）证明牛顿映射有不动点 $x^* = \pm 2$。

c）证明不动点是超稳定的。

d）从初始值 $x_0 = 1$ 开始，利用数值方法迭代映射。注意它极其迅速地收敛到正确答案。

10. 1. 13　（牛顿方法和超稳定性）考虑练习题 10.1.12，证明（在适当的条件下，即将说明）方程 $g(x) = 0$ 的根总是对应于牛顿映射 $x_{n+1} = f(x_n)$ 的超稳定不动点，其中 $f(x_n) = x_n - \dfrac{g(x_n)}{g'(x_n)}$（这就解释了为什么牛顿方法的收敛如此快——若它收敛的话）。

10. 1. 14　证明 $x^* = 0$ 是映射 $x_{n+1} = -\sin x_n$ 的一个全局稳定不动点。（提示：在蛛网图上除画出通常的直线 $x_{n+1} = x_n$ 之外，再画出直线 $x_{n+1} = -x_n$。）

10.2 逻辑斯谛映射：数值方法

10.2.1 对所有实数 x 和任意 $r > 1$，考虑逻辑斯谛映射：

a）证明若某个 n 对应的 $x_n > 1$，那么随后的迭代将发散到 $-\infty$。（作为在种群生物学中的应用，这意味着整个种群将灭绝。）

b）基于（a）中的结果，解释为什么限制条件 $r \in [0, 4]$，$x \in [0, 1]$ 是合理的。

10.2.2 使用蛛网证明在逻辑斯谛映射中当 $0 \leqslant r \leqslant 1$ 时，$x^* = 0$ 是全局稳定的。

10.2.3 计算逻辑斯谛映射的轨道图。

绘制下列映射的轨线图。让 r 和 x 的变化范围大到足以包含映射的主要有趣特征，同时，尝试不同的初始条件以消除其可能的影响。

10.2.4 $x_{n+1} = x_n e^{-r(1-x_n)}$ （标准的倍周期到混沌的道路）

10.2.5 $x_{n+1} = e^{-rx_n}$ （一个倍周期分岔，已证明）

10.2.6 $x_{n+1} = r\cos x_n$ （倍周期和丰富的混沌行为）

10.2.7 $x_{n+1} = r\tan x_n$ （乱七八糟）

10.2.8 $x_{n+1} = rx_n - x_n^3$ （时而成对出现的吸引子）

10.3 逻辑斯谛映射：解析方法

10.3.1 （超稳定不动点）找到一个 r 值，使得逻辑斯谛映射有一个超稳定不动点。

10.3.2 （超级稳定周期-2 环）令 p 和 q 表示逻辑斯谛映射中周期-2 环上的点。

a）证明如果环是超稳定的，那么 $p = \dfrac{1}{2}$ 或者 $q = \dfrac{1}{2}$。（换言之，映射取最大值的点一定在周期-2 环上。）

b）找到一个 r 值，使得逻辑斯谛映射有一个超稳定-2 环。

10.3.3 分析映射 $x_{n+1} = rx_n/(1 + x_n^2)$ 的长期行为，其中 $r > 0$。求出用 r 表示所有的不动点并分类。会出现周期解吗？会出现混沌吗？

10.3.4 （二次映射）考虑**二次映射** $x_{n+1} = x_n^2 + c$。

a）求出用 c 表示的所有不动点并分类。

b）求出使不动点分岔的 c 值，并对这些分岔进行分类。

c）对于哪些 c 值会有稳定的周期-2 环？它什么时候是超稳定的？

d）绘制映射的局部分岔图。标出不动点和周期-2 环，并判断其稳定性。

10.3.5（共轭）证明逻辑斯谛映射 $x_{n+1} = rx_n(1-x_n)$ 可利用线性变换 $x_n = ay_n + b$ 变为一个二次映射 $y_{n+1} = y_n^2 + c$，其中 a 和 b 待定。

（我们称逻辑斯谛映射和二次映射是"共轭"的。更一般地，**共轭**是将一个映射变换到另一个映射的变换。如果两个映射是共轭的，就动力学而言，它们是等价的；你只需做一下变量变换。严格地说，这种变换是一个同胚变换，因而保留了所有的拓扑特征。）

10.3.6（三次映射）考虑三次映射 $x_{n+1} = f(x_n)$，其中 $f(x_n) = rx_n - x_n^3$。

a）求出不动点。这些不动点对哪些 r 值存在？对哪些 r 值稳定？

b）为了求出映射的周期-2 环，假定 $f(p) = q$ 和 $f(q) = p$。证明 p 和 q 是方程 $x(x^2 - r + 1)(x^2 - r - 1)(x^4 - rx^2 + 1) = 0$ 的根。并用此求出周期-2 环。

c）判断 r 变化时周期-2 环的稳定性。

d）根据所得的结果，绘制局部分岔图。

10.3.7（一个可以被完全分析的混沌映射）考虑在单位间隔上的**十进制移位映射**如下：

$$x_{n+1} = 10x_n \pmod 1$$

一般地，"mod 1"表示 x 的非整数部分。例如 $2.63 \pmod 1 = 0.63$。

a）绘制映射图。

b）找到所有的不动点。（提示：将 x_n 写为小数形式）

c）证明映射具有任意周期的周期点，但是所有的周期点都不稳定。（对第一部分，对每个 $p > 1$ 的整数足以给出一个明确的 p 周期点。）

d）证明映射上有无穷多的非周期轨道。

e）通过考虑两相邻轨道之间的分离率，证明该映射对初始条件具有敏感依赖性。

10.3.8 （十进制移位映射的稠密轨道）考虑单位区间到其自身的映射。一个轨道 $\{x_n\}$ 称为"稠密的"，如果该轨道最终能任意接近区间中的每个点。这样的轨道会疯狂地跳来跳去！更准确地说，给定任意 $\varepsilon > 0$ 和任意的点 $p \in [0, 1]$，如果存在某个有限的 n 使得 $|x_n - p| < \varepsilon$，这个轨道 $\{x_n\}$ 是**稠密的**。

构建十进制移位映射 $x_{n+1} = 10x_n$（mod 1）的一条稠密轨道。

10.3.9 （二进制移位映射）证明**二进制移位映射** $x_{n+1} = 2x_n$（mod 1）对初始条件具有敏感依赖性，同时具有无限多的周期轨道与非周期轨道，以及一条稠密轨道。 （提示：重做练习题 10.3.7 和 10.3.8，但要把 x_n 写成二进制。）

10.3.10 （$r = 4$ 时逻辑斯谛映射的精确解）之前的练习题证明了二进制移位映射的轨道可以非常混乱。现在我们看到当 $r = 4$ 时，逻辑斯谛映射也具有同样的性质。

a）令 $\{\theta_n\}$ 是二进制移位映射 $\theta_{n+1} = 2\theta_n$（mod 1）的一条轨线，利用 $x_n = \sin^2(\pi\theta_n)$ 定义一个新的序列 $\{x_n\}$。证明无论取任何初始值 θ_0，都有 $x_{n+1} = 4x_n(1 - x_n)$。因此任何这样的轨道都是逻辑斯谛映射当 $r = 4$ 时的精确解。

b）画出对应不同 θ_0 值的时间序列 x_n-n。

10.3.11 （亚临界 flip）令 $x_{n+1} = f(x_n)$，其中 $f(x) = -(1+r)x - x^2 - 2x^3$。

a）对不动点 $x^* = 0$ 的线性稳定性进行分类。

b）证明当 $r = 0$ 时，在 $x^* = 0$ 处发生了 flip 分岔。

c）考虑 $f^2(x)$ 泰勒展开式的前几项或不必这样，证明对于 $r < 0$，存在一个不稳定的周期-2 环。并且，当 r 自小于 0 的一侧趋近 0 时，该环与 $x^* = 0$ 合并。

d）从 $x^* = 0$ 附近出发的轨道有什么长期行为？说明 $r < 0$ 和 $r > 0$ 时的情况。

10.3.12 （超稳定环的数值分析）令 R_n 表示逻辑斯谛映射有超稳定的周期-2^n 环的 r 的值。

a）依据点 $x = \dfrac{1}{2}$ 和 $f(x, r) = rx(1 - x)$，写出 R_n 的隐式的精确解的公式。

b）利用计算机和（a）的结果，求出 5 个有效数字 R_2，R_3，…，R_7。

c）估计 $\dfrac{R_6 - R_5}{R_7 - R_6}$ 的值。

10.3.13（诱人的图案）逻辑斯谛映射的轨道图（见图 10.2.7）给出了一些本书中鲜有提及的惊人特性。

a）有一些暗点的光滑的痕迹贯穿图的混沌部分。这些曲线是什么？（提示：考虑 $f(x_m, r)$，此时 $x_m = 1/2$ 是使 f 取到最大值的点。）

b）你能否求出在"大木楔"拐角处的精确 r 值？[提示：b）部分中一些暗的痕迹在该拐角处相交。]

10.4 周期窗口

10.4.1（指数映射）考虑映射 $x_{n+1} = r \exp x_n$，其中 $r > 0$。

a）通过绘制蛛网来分析映射。

b）证明切分岔发生在 $r = 1/e$ 处。

c）绘制当 r 略低于到略高于 $r = 1/e$ 的时间序列 $x_n\text{-}n$。

10.4.2 分析映射 $x_{n+1} = rx_n^2/(1 + x_n^2)$。找出所有的分岔，对其分类，并绘制分岔图。该系统能发生阵发性吗？

10.4.3（超稳定的周期-3 环）在某个 r 值处，映射 $x_{n+1} = 1 - rx_n^2$ 有一个超稳定的周期-3 环。找到一个关于 r 的三次方程。

10.4.4 估计使得逻辑斯谛映射具有超稳定周期-3 环的 r 值。请把该值精确到小数点后至少四位。

10.4.5（混沌带的合并与危机）用数值方法证明逻辑斯谛映射的周期-3 环的倍周期分岔积聚在 $r = 3.8495\cdots$ 附近，形成三个小混沌带。证明这些混沌带在 $r = 3.857\cdots$ 附近合并，形成一个更大的几乎填满了某个区间的吸引子。

这个吸引子的大小不连续地跳跃便是**危机**的例子 [Grebogi、Ott 和 Yorke（1983a）]。

10.4.6 （超稳定环）考虑 $r = 3.7389149$ 时的逻辑斯谛映射。以 $x_0 = \dfrac{1}{2}$（映射最大值）为初始点绘制蛛网图。你会发现一个超稳定环，其周期是什么？

10.4.7 （迭代模式）逻辑斯谛映射的超稳定环的能用一个关于 R 和 L 的字符串描述。按照惯例，令环从 $x_0 = \dfrac{1}{2}$ 开始。如果第 n 次迭代 x_n 位于 $x_0 = \dfrac{1}{2}$ 的右边，那么字符串第 n 个字母为 R，否则是 L。（当 $x_0 = \dfrac{1}{2}$ 时没有字母，因为那时超稳定环是完整的）字符串被叫作超稳定环的**符号序列**或者超稳定环的**迭代模式** [Metropolis 等（1973）]。

a）证明对于逻辑斯谛映射当 $r > 1 + \sqrt{5}$ 时，前两个字母总是 RL。

b）你在练习题 10.4.6 中发现的轨道的迭代模式是什么？

10.4.8 （洛伦兹方程中的阵发性）用数值方法求解洛伦兹方程，其中 $\delta = 10$，$b = \dfrac{8}{3}$，r 取 166 附近的值。

a）证明当 $r = 166$ 时，所有的轨线被吸引到一个稳定的极限环。绘制出在 x-z 上的投影，并且画出 $x(t)$ 的时间序列图。

b）证明当 $r = 166.2$ 时，轨迹很多时候看起来像之前的极限环，但是偶尔由混沌爆发打断。这是阵发性的标志。

c）证明当 c 变大时，混沌爆发变得更为频繁和持久。

10.4.9 （洛伦兹方程的倍周期）用数值方法求解洛伦兹方程，其中 $\delta = 10$，$b = \dfrac{8}{3}$，$r = 148.5$。你会发现它有一个稳定的极限环。然后令 $r = 147.5$，重复实验，你将看到该环的倍周期形式。（画图时，舍弃初始的瞬态，并给出吸引子在 x-y 的投影。）

10.4.10 （周期-3 的发生）这是一个很难的练习题。其目的是证明逻辑斯谛映射的周期-3 环出现于 $r = 1 + \sqrt{8} = 3.8284\cdots$ 时的切分岔。下面是部分提示。这里有四个未知数：三个周期-3 点 a、b、c 与分岔值 r。还有四个方程：$f(a) = b$，$f(b) = c$，$f(c) = a$ 和切分岔条件。尝试

消去变量 a、b、c 得到仅含变量 r 的方程。这将有助于平移坐标，使得映切射在 $x=0$ 处而不是在 $x=\frac{1}{2}$ 处有最大值。你或许也想通过变量替换得到关于 a、b、c 乘积之和的对称多项式。见 Saha 和 Strogatz（1995）给出的一个解，或许这个解并不是最佳的。

10.4.11　（重复取幂）令 $a>0$ 是任意的一个正实数，考虑下面的序列

$$x_1 = a$$
$$x_2 = a^a$$
$$x_3 = a^{(a^a)}$$

等，这里通项为 $x_{n+1} = a^{x_n}$。若初始值为 $x_1 = a$，分析序列 $\{x_n\}$ 当 $n\to\infty$ 时的长期行为，进而讨论长期的行为如何依赖于 a。例如证明对某些确定的值 a，x_n 趋向于某个极限值。该极限值与 a 有何关系？对于哪些 a，序列的长期行为更加复杂？在那之后又会发生什么？

你在自己完成这些问题之后，也许想查询 Knoebel（1981）和 Rippon（1983）去探求有关指数迭代的详尽历史，可以一直追溯到 Euler（1777）。

10.5　李雅普诺夫指数

10.5.1　计算线性映射 $x_{n+1} = rx_n$ 的李雅普诺夫指数。

10.5.2　计算十进制移位映射 $x_{n+1} = 10x_n$（mod1）的李雅普诺夫指数。

10.5.3　分析帐篷映射当 $r\leqslant1$ 时的动力学。

10.5.4　（帐篷映射不存在周期窗口）证明：与逻辑斯谛映射相比，帐篷映射没有夹杂在混沌中间的周期窗口。

10.5.5　绘制帐篷映射的轨线图。

10.5.6　使用计算机，对正弦映射 $x_{n+1} = r\sin\pi x_n$ 计算和绘制 r 的函数形式的李雅普诺夫指数，其中，$0\leqslant x_n\leqslant1$，$0\leqslant r\leqslant1$。

10.5.7　图 10.5.2 表明在每一个倍周期分岔 r_n，$\lambda=0$。利用理论分析证明这个结果的正确性。

10.6 普适性与实验

前两个练习题研究了正弦映射 $x_{n+1} = r\sin\pi x_n$，其中 $0 < r \leq 1$，$x \in [0, 1]$。目的是认识一些对 δ 进行数值估计时出现的实际问题。

10.6.1 原始的方法

a）在 200 个等间距放置的 r 值上，从一些随机的初始值 x_0 开始，分别在 r 上方垂直地绘制出 x_{700} 到 x_{1000}。对照图 10.6.2，检查你的轨线图，确保你的程序可以运行。

b）现在在倍周期分岔附近，得到更清晰的图形，估算出 r_n，$n = 1$，2，$\cdots$，6。并尝试得到 5 个精确的有效图。

c）使用 b）中的数字，估计费根鲍姆率 $\dfrac{r_n - r_{n-1}}{r_{n+1} - r_n}$。

（注意：为了得到 b）部分的精确估计，你得聪明些或者仔细些，或者兼而有之。你可能已经发现，直接方法由于"临界减速"无法使用，在靠近倍周期时，周期的收敛会慢的让人无法忍受。这将使得我们无法准确判断分岔会发生在何处。为了能实现预期的准确估计，你得使用双精度运算，大约 10^4 次迭代。但你或许能够重新表述这个问题而找到某些简单方法。）

10.6.2 （超稳定环）当我们用 R_n 替代 r_n 计算，之前问题中遇到的"临界减速"就可被避免。这里 R_n 代表当正弦映射有一个 2^n 周期的超稳定环时的 r 值。

a）解释为什么用 R_n 替代 r_n 后，计算一般来说会变得更容易和更精确。

b）计算前六个 R_n 并用其来估算 δ。

欲了解计算 δ 的最佳方法，就目前水平可见 Briggs（1991）的论述。

10.6.3 （量化一般性模式）U 序列决定了窗口的顺序，但它实际上表示得更多：它决定每个窗口内迭代模式。（见练习题 10.4.7 中迭代模式的定义。）例如，可以考虑在图 10.6.2 中可见的大的周期-6 窗口的逻辑斯谛和正弦映射。

a）对于这两种映射，绘制超稳周期-6 环相应的蛛网图，假定逻

辑斯谛映射发生在 $r = 3.6275575$ 处，正弦映射发生在 $r = 0.8811406$ 处。（这个周期充当整个窗口的代表。）

b）找到对于两个周期环的迭代模式，并且确认它们是否匹配。

10.6.4 （4周期）考虑逻辑斯谛映射中或者被 U 序列支配的单峰映射中所有可能的 4 周期的轨道的迭代模式。

a）证明对于 4 周期轨，只有两种可能的模式：*RLL* 和 *RLR*。

b）证明对于 4 周期轨，模式 *RLL* 总是出现在模式 *RLR* 后面，也就是说在较大的 r 处出现。

10.6.5 （不熟悉的后来的周期环）最终的在逻辑斯谛映射中超稳定周期环 5，6，4，6，5，6 大约发生在 $r = 3.9057065$，3.9375764，3.9602701，3.9777664，3.9902670，3.9975831 （ Metropolis 等 1973）。注意它们都是在靠近轨道的后面部分。往往有一个被忽视的微小窗口围绕着它们。

a）绘制这些环的蛛网。

b）你发现得到 5、6 环是很困难吗？如果是这样，你能否解释为什么会这样？

10.6.6 （定位超级环的技巧）Han 和 Zheng （1989）给出了一个有趣的算法，用来寻求具有某种特定迭代模式的超稳定环。方法对于任意的单峰映射有效，为了简单起见，考虑映射 $x_{n+1} = r - x_n^2$，$0 \leqslant r \leqslant 2$。定义两个函数 $R(y) = \sqrt{r - y}$ 和 $L(y) = -\sqrt{r - y}$。这是递映射的左右两个分支。

a）例如，假设我们想求具有 *RLLR* 模式的超稳定 5 环对应 r 值。那么 Hao 和 Zhang 证明了这等于解方程 $r = RLLR(0)$。精确地写出这个方程，如下

$$r = \sqrt{r + \sqrt{r + \sqrt{r - \sqrt{r}}}}$$

b）根据迭代映射，数值求解此方程

$$r_{n+1} = \sqrt{r_n + \sqrt{r_n + \sqrt{r_n - \sqrt{r_n}}}}$$

初始值为任意的合理的猜测，例如 $r_0 = 2$。数值证明 r_n 快速地收敛到 $1.860782522\cdots$。

c）验证 b）的解产生一个有预期模式的环。

10.7　重整化

10.7.1　（掌握泛函方程）我们对倍周期的分析中出现过泛函方程 $g(x) = \alpha g^2(x/\alpha)$。假设 $g(x)$ 是偶函数，且在 $x = 0$ 处有一个二次最大值，用穷举法分析它的近似解。

a）假设对于小的 x，$g(x) \approx 1 + c_2 x^2$，解出 c_2 和 α（忽略 $O(x_4)$ 项）。

b）假设 $g(x) \approx 1 + c_2 x^2 + c_4 x^4$，使用 Mathematica、Maple、Macsyma（或者手算）计算出 α，c_2 和 c_4。比较你的近似解与"精确"解：$\alpha \approx -2.5029\cdots$，$c_2 \approx -1.527\cdots$ 和 $c_4 \approx 0.1048\cdots$。

10.7.2　给定映射 $y_{n+1} = f(y_n)$，根据调整后的变量 $x_n = \alpha y_n$ 重写此映射。利用这个转换因子和反向变换，如文中所述，将 $f^2(x, R_1)$ 变成 $\alpha f^2(x/\alpha, R_1)$。

10.7.3　证明如果 g 是泛函方程的一个解，那么 $\mu g(x/\mu)$ 也是泛函的一个解，其中 α 相同。

10.7.4　（变化无常的普适性函数 $g(x)$）$g(x)$ 在原点附近接近抛物线，但是在其他地方变化无常。事实上，随着 x 在实数轴上变化，函数 $g(x)$ 有无穷多次扭曲。通过证明 $g(x)$ 与 $y = \pm x$ 相交无穷多次，验证以上陈述。（提示：证明如果 x^* 是 $g(x)$ 的不动点，则 αx^* 也是。）

10.7.5　（α 可能最粗糙的估值）令 $f(x, r) = r - x^2$。

a）写下 $f(x, R_0)$ 和 $\alpha f^2(x/\alpha, R_1)$ 的显式表达式。

b）如果 α 选择合适，则 a）中的两个函数在原点附近应该彼此近似。（那便是图 10.7.3 后的思想。）证明若 $\alpha = -2$，两函数中 $O(x^2)$ 的系数相同。

10.7.6　（α 的改良估值）将练习题 10.7.5 重新展开到高阶：再次令 $f(x, r) = r - x^2$，但现在在比较 $\alpha f^2(x/\alpha, R_1)$，$\alpha^2 f^4(x/\alpha^2, R_2)$，匹配 x 最低次幂的系数。用该方法，可求得 α 为何值？

10.7.7　（四阶最大值）给出具有 4 阶最大值的函数的重整化理

论，例如 $f(x,r) = r - x^4$。利用练习题 10.7.1 和练习题 10.7.5 的方法预测 α 的近似值？估计普适 $g(x)$ 的幂级数的前几项。根据数值方法，估计四阶情形下的新 δ 值。

这种 4 阶情形或其他 2 至 12 之间的整数阶的情形下 α 和 δ 的精确值，可见 Briggs（1991）。

10.7.8 （阵发性的重整化方法：代数版本）考虑映射 $x_{n+1} = f(x_n, r)$，其中 $f(x_n, r) = -r + x - x^2$。这是容易发生切分岔的所有映射的标准形式。

a）证明当 $r = 0$ 时，映射在原点处发生切分岔。

b）假设 r 是很小的正数。通过绘制蛛网图，证明一条典型轨道经过很多次迭代才能通过原点处的瓶颈。

c）令 $N(r)$ 表示一条轨道通过瓶颈需要 f 迭代的典型次数。我们的目标是观察当 $r \to 0$ 时 $N(r)$ 如何变化。运用重整化的思想：在原点附近，f^2 可视为 f 的变形因此它也有一个瓶颈。证明大约经过 $\frac{1}{2}N(r)$ 次迭代，f^2 可以通过瓶颈。

d）将 $f^2(x, r)$ 展开并仅保留到 $O(x^2)$ 项，调整 x 和 r，把新的映射变为所希望的标准形 $F(X, R) \approx -R + X - X^2$。证明该重整化意味着如下递归关系：

$$\frac{1}{2}N(r) \approx N(4r)$$

e）证明 d）中的方程有解 $N(r) = ar^b$，并求 b。

10.7.9 （阵发性的重整化方法：泛函版本）证明若练习题 10.7.8 的重整化过程非常精确，则可以得到如下的函数方程：

$$g(x) = \alpha g^2(x/\alpha)$$

（正如倍周期的情况！）但是具有如下与切分岔相对应的新的边界条件

$$g(0) = 0, g'(0) = 1$$

与倍周期不同，这个泛函方程能够被精确求解（Hirsch 等 1982）。

a）验证它的一个解为 $\alpha = 2$，$g(x) = x/(1 + ax)$，a 为任意的数。

b) 回顾并解释为什么 $\alpha = 2$ 几乎很显然。(提示:画出 g 和 g^2 的一条通过瓶颈的轨线的蛛网图。两个蛛网图看起来都像楼梯;比较二者台阶的长度。)

10.7.10 补充倍周期的具体重整化计算所省略的步骤。令 $f(x) = -(1+\mu)x + x^2$。利用事实 p 为 f^2 的一个不动点,将 $p + \eta_{n+1} = f^2(p + \eta_n)$ 展开为小的偏差 η_n 的幂级数。由此验证式(10.7.4)和式(10.7.5)的正确性。

10.7.11 利用蛛网方法分析式(10.7.10),初始条件为 $\mu_1 = 0$。证明 $\mu_k \to \mu^*$,其中 $\mu^* > 0$ 是一个对应于混沌发生的稳定不动点。

11 分形

11.0 引言

在第 9 章中，我们发现相空间中洛伦兹方程组的解是一个复杂的集合，这个集合就是奇怪吸引子。正如洛伦兹（1963）意识到的那样，这个集合的几何结构肯定是非常奇特的，就像是一个"无限曲面的复合体"。本章将以分形几何为工具，更加精确地刻画这种奇怪的集合。

粗略地讲，**分形**是在任意小的尺度上都具有精细结构的复杂几何图形。通常，它们具有某种程度上的自相似性。换句话说，如果放大分形的一小部分，就会看到分形的整体特征。自相似性有时是精确的，更多的仅仅是相似的或者统计上的。

由于分形是美丽、复杂与无穷结构的绝妙组合，人们对它产生了极大的兴趣。它可以让人联想到自然界的事物，如山脉、白云、海岸线、血管网络乃至西兰花，这些事物无法用经典的形状如锥体和正方形来描述。已经证明分形在很多科学应用中具有重要的实际应用价值，从计算机图形学与图像压缩到断裂结构力学和黏性指进流体力学的科学应用等。

本章的目标设置是适中的。我们先熟悉简单的分形，理解分形维数的不同概念，这些思想会在第 12 章中分析奇怪吸引子的几何结构中用到。

遗憾的是，我们不会对分形的科学应用进行深入研究，也不会研究其背后的数学理论。对于这些理论的详细介绍以及分形的应用，请参照 Falconer （1990）。Mandelbrot （1982）、Peitgen 和 Richter （1986）、Barnsley （1988）、Feder （1988） 以及 Schroeder （1991） 也给出了很多引人入胜的图片和例子。

11.1 可数集与不可数集

这部分将回顾后续分形讨论中用到的集合论知识。也许你对这部分内容已熟悉，如果不熟悉，请往下看。

是否存在一些无穷集大于其他的无穷集？出人意料的是，结果是肯定的。在 19 世纪后期，康托尔（Cantor）找到了能够比较不同无穷集的巧妙方法。设两个集合 X 和 Y 具有相同的**基数**（或者元素数目），如果存在一个可逆映射，使得任一元素 $x \in X$ 都有唯一的 $y \in Y$ 与之对应，则称此映射为一一**对应**的；这就如一个好友系统，其中每个 x 都有一个好友 y，并且没有元素在任一集合中被忽略或者被计算两次。

一个熟悉的无穷集就是自然数集 $\mathbf{N} = \{1，2，3，4，\cdots\}$。这个集合可以作为比较的基础——如果集合 X 与自然数集一一对应，则称 X 是**可数的**，否则是**不可数的**。

从接下来的例子可知，这些定义得到了一些有意义的结果。

例题 11.1.1

证明偶数集合 $E = \{2，4，6，\cdots\}$ 是可数的。

证明：我们需要找到集合 E 与 $\mathbf{N}$ 之间的一一对应。这一映射为每一个自然数 n 与偶数 $2n$ 对应的可逆映射，即 $1 \leftrightarrow 2$，$2 \leftrightarrow 4$，$3 \leftrightarrow 6$ 等。

因此，存在与自然数一样多的偶数。你可能会认为，因为奇数的缺失，偶数的数量只有自然数的一半！∎

可数集具有一个常用的等价特征。一个集合 x 是可数的，如果它可以写为序列 $\{x_1，x_2，x_3，\cdots\}$，其中每一个 $x \in X$ 都在这个序列中。换句话说，给定任意的 x，都存在有限的 n 使得 $x_n = x$。

找到这个序列的一个简便方法就是给出一个系统地能够数出集合 X 中元素的算法。接下来的两个例子就采用了这种策略。

例题 11.1.2

证明整数集是可数的。

证明：以下是一个列出所有整数的算法：我们从 0 开始，依次增加绝对值相等的两个整数，可得序列 $\{0,1,-1,2,-2,3,-3,\cdots\}$。最终，每一个整数都会出现在这个序列中，所以整数集是可数的。∎

例题 11.1.3

证明正有理数是可数的。

证明：错误的方法：我们依次列出数 $\dfrac{1}{1}$，$\dfrac{1}{2}$，$\dfrac{1}{3}$，$\dfrac{1}{4}$，$\cdots$，那么 $\dfrac{1}{n}$ 永远不会结束，并且也不会列出像 $\dfrac{2}{3}$ 这样的有理数！

正确的方法是制定一个表格，其中第 p 行 q 列上的数为 $\dfrac{p}{q}$。则有理数可由图 11.1.1 中的制表过程给出。任意给定的 $\dfrac{p}{q}$ 都可以经过有限步得到，从而有理数集是可数的。∎

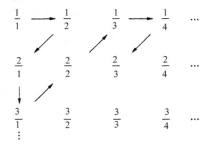

图　11.1.1

现在我们来看不可数集的第一个例子。

例题 11.1.4

设 x 为 0 到 1 之间的所有实数，证明 X 是不可数的。

证明：利用反证法，假设 X 是可数的，那么我们就可以列出 0 到 1 之间的所有实数集 $\{x_1,x_2,x_3,\cdots\}$。将这些数写成十进制形式：

$$x_1 = 0.\, x_{11}x_{12}x_{13}x_{14}\cdots$$
$$x_2 = 0.\, x_{21}x_{22}x_{23}x_{24}\cdots$$
$$x_3 = 0.\, x_{31}x_{32}x_{33}x_{34}\cdots$$
$$\vdots$$

其中，x_{ij} 表示实数 x_i 小数点后的第 j 位。

为了得到矛盾，需要找到一个 0 到 1 中的数 r 使其不存在序列中，从而任意的序列必然都是不完整的，所以实数集是不可数的。

我们用如下的方法构造 r：它的第一个小数 x_1 可以是除了 x_{11} 以外的任意数，同样地，第二个小数 x_2 为除 x_{22} 以外的任意数，一般地，r 的第 n 个小数为除了 x_{nn} 以外的任意数 $\overline{x_{nn}}$。从而，$r = \overline{x_{11}}\,\overline{x_{22}}\,\overline{x_{33}}\cdots$ 不在序列中。为什么不呢？因为它的第一位小数与 x_1 不同，它不可能等于 x_1。同样地，它与 x_2 的第二位小数不同，与 x_3 的第三位小数不同，依次类推。从而 r 不在序列中，故 X 是不可数的。∎

这一由康托尔构造的证明称为**对角线证明法**，因为 r 是由改变小数位矩阵 $[x_{ij}]$ 中的对角元素 x_{nn} 而得。

11.2　康托尔集

现在我们来看康托尔的另一个发现，一个称为康托尔集的分形。它很简单并且在教学法上很实用，但又不限于此——我们会在第 12 章中看到康托尔集与奇怪吸引子的几何结构密切相关。

图 11.2.1 中给出了如何构造康托尔集。

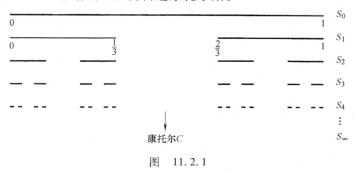

图　11.2.1

首先，去掉单位闭区间 $S_0 = [0, 1]$ 的中间 $1/3$，即删除区间 $\left(\dfrac{1}{3}, \dfrac{2}{3}\right)$，留下两端的区间。这一过程得到两个闭区间见 S_1。然后，分别去掉这两个区间的中间 $1/3$ 而得到 S_2，依次类推。最后得到的极限集合 $C = S_\infty$ 就是**康托尔集**。它很难可视化，但是图 11.2.1 表明，它包含无穷多个由各种尺度的间隔隔开的无限小区间。

康托尔集的分形性质

下面列出康托尔集 C 的一些性质，是许多分形具有的典型性质：

1. C 具有精细结构。如果反复地放大 C 的某部分，我们就能连续看到被多种尺度断裂开得到的复杂结构，这种结构是无止境的，像一个世界套着一个世界。相反，当我们盯着一个平滑曲线或曲面反复放大时，就会变得越来越没有特征性可言。

2. C 是自相似的。它包含许多不同比例的与自身相似的更小的图形。例如，如果将 C 的左半部分 $\left[0, \dfrac{1}{3}\right]$ 放大三倍，就会重新得到 C。类似地，作为 C 中的部分，S_2 中四个区间中的每一个都与 C 几何相似，除了按比例缩小 9 倍。

如果你还是不理解自相似性，我们可以考虑集合 S_n 而非难以置信的集合 S_∞。对于 S_2 的左半部分——它与 S_1 相似，只是缩小为 S_1 的 $1/3$。类似地，S_3 的左半部分与 S_2 相比缩小为 S_2 的 $1/3$。一般而言，S_{n+1} 的左半部分与整个 S_n 相比缩小为 S_n 的 $1/3$。令 $n = \infty$，则结果变为 S_∞ 的左半部分与 S_∞ 相比缩小为 S_∞ 的 $1/3$，与我们之前讲的类似。

注：康托尔集的严格的自相似性只存在于一些最简单的分形中，大多数的分形只是近似于自相似性。

3. C 的维数是非整数。在 11.3 节中我们会知道，C 的维数为 $\ln 2 / \ln 3 \approx 0.63$！一开始，非整数的维数的思想让人很困惑，但后来人们发现它是我们直观上所理解的维数的自然推广，为分形结构的量化提供了一个非常有用的工具。

康托尔集的另外两个性质也值得关注，尽管它们本身不是分形的性质：C 具有零测度以及它由无数的点组成。这些性质会在下面的例子中阐明。

例题 11.2.1

证明康托尔集的**测度**为 0，在某种意义上讲，它能被一些总长度是任意小的区间覆盖。

证明：图 11.2.1 表明，每一个集合 S_n 都能够完全覆盖它下一步得到的所有集合。因此，康托尔集 $C = S_\infty$ 可以被任一集合 S_n 覆盖。故对于任意的 n，康托尔集的总长度肯定小于 S_n 的总长度。设 L_n 为 S_n 的长度，则从图 11.2.1 可得 $L_0 = 1$，$L_1 = \dfrac{2}{3}$，$L_2 = \left(\dfrac{2}{3}\right)\left(\dfrac{2}{3}\right) = \left(\dfrac{2}{3}\right)^2$，一般地，$L_n = \left(\dfrac{2}{3}\right)^n$。当 $n \to \infty$ 时，$L_n \to 0$，所以康托尔集的总长度为 0。∎

例题 11.2.1 表明，在某种意义上康托尔集是"很小"的。另一方面，它包含了大量的点——事实上是无数多的点。为了认识到这一点，我们先来看康托尔集的表征。

例题 11.2.2

证明康托尔集 C 由所有不含数码 1 的 3 进制小数 $c \in [0, 1]$ 组成。

证明：以不同进制小数展开的思想也许大家并不熟悉，除非你在小学的时候学习过"基础数学集论"。现在你会知道为什么以 3 进制小数展开是有用的了！

首先，让我们回想一下如何以 3 进制小数表示任意的 $x \in [0, 1]$。以 1/3 的幂展开：如果 $x = \dfrac{a_1}{3} + \dfrac{a_2}{3^2} + \dfrac{a_3}{3^3} + \cdots$，则 $x = 0 \cdot a_1 a_2 a_3 \cdots$ 是 3 进制小数，其中数码 a_n 为 0，1 或 2。这个展开具有一个很好的几何解释（见图 11.2.2）。

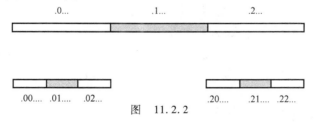

图 11.2.2

设想将 $[0, 1]$ 分为 3 个相等的部分，则第一位数码 a_1 就告诉我们 x 是位于左边、中间还是右边的部分。例如，所有 $a_1 = 0$ 的数都是指左边的部分。（这与 10 进制相同，只是将 $[0, 1]$ 分为 10 个部分而不是 3 个部分。）第二位数码 a_2 提供了更多精确的信息：它给出了对于上述三部分中的一个给定部分，x 是位于左边、中间还是右边。例如，$x = 0.01\cdots$ 是指左边的中间部分，见图 11.2.2。

现在我们考虑在康托尔集 C 中点以 3 进制小数表示。在构建 C 的第一阶段，我们删除了 [0，1] 中间的三分之一，这就删除了所有的第一位数码为 1 的点，因此这些点是不包含在 C 中的。留下的点的第一位数码肯定为 0 或 2。类似地，所有第二位数码为 1 的点在 C 构建的下一阶段也被删除。重复此操作，我们就会得到 C 是由所有不具有数码 1 的 3 进制小数组成。■

这里仍存在一个待解决的疑点。像 $\frac{1}{3} = 0.1000\cdots$ 这样的端点怎么办？这些点既在康托尔集中，3 进制小数中又存在数码 1。这不是与我们上面所说的相矛盾吗？并不矛盾，因为这些点也可以只写成以 0 或 2 为数码的 3 进制小数，如下：$\frac{1}{3} = 0.1000\cdots = 0.02222\cdots$。通过这种方法，康托尔集中的每个点都可以写成没有数码 1 的 3 进制小数。

例题 11.2.3

证明康托尔集是不可数的。

证明：这个问题是对例题 11.1.4 中康托尔对角论证法的改写，所以我们只是简单介绍一下。假设 C 中存在一个包含所有点的序列 $\{c_1$，c_2，c_3，$\cdots\}$，为了证明 C 是不可数的，我们设点 $\bar{c}$ 在 C 中，但是不在此序列中。令 c_{ij} 表示 c_i 的 3 进制小数的第 c_j 位数码，定义 $\bar{c} = \overline{c_{11}c_{22}}\cdots$，其中，横杠表示 0 与 2 之间的相互转换，从而，若 $c_{nn} = 2$，则 $\bar{c}_{nn} = 0$，若 $c_{nn} = 0$，则 $\bar{c}_{nn} = 2$。那么 $\bar{c}$ 在 C 中，因为它可以仅仅用 0 和 2 写出，但是 $\bar{c}$ 不在此序列中，因为它与 c_n 的第 n 位数码不同。这一结论与该序列包含所有点的假设矛盾，故 C 是不可数的。■

11.3　自相似分形的维数

点集的"维数"是多少？对于熟悉的几何对象，答案一目了然——直线和光滑曲线是一维的，面和光滑曲面是二维的，立方体是三维的，等等。如果硬要给出一个定义，我们会说维数是描述集合中每一个点需要坐标的最小数目。例如，一个光滑曲线是一维的，因为曲线上的每一个点都可以由一个数决定，即来自于曲面上一些固定参考点的弧线长度。

但是，当我们用这一定义来定义分形时，就会很快碰到悖论。考虑图 11.3.1 中递归地定义的 **von Koch 曲线**（也称科赫曲线）。

我们以线段 S_0 开始。删除 S_0 中间的三分之一部分，用等边三角形的另两条边替代，得到 S_1。下面的过程用相同规则递归生成：将 S_{n-1} 中每一个线段的中间三分之一删除，用等边三角形的两边替代，就得到 S_n。集合的极限 $K = S_\infty$ 就是 von Koch 曲线。

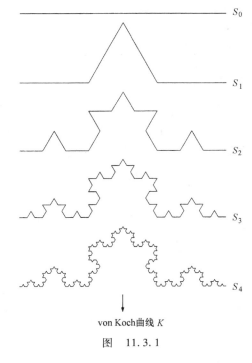

von Koch曲线 K

图　11.3.1

悖论

von Koch 曲线的维数是多少？你可以说一条曲线的维数是 1，但问题是曲线 K 的弧长是无穷大！若 S_0 的长度是 L_0，则 S_1 的长度为 $L_1 = \dfrac{4}{3}L_0$，因为 S_1 包含四段，每一段的长度均为 $\dfrac{1}{3}L_0$。每一过程中，线的长度都以 $\dfrac{4}{3}$ 倍的系数增加，所以当 $n \to \infty$ 时，$L_n = \left(\dfrac{4}{3}\right)^n L_0 \to \infty$。

此外，类似原因，K 中任意两点间的弧长长度都是无限的。所以 K 上的点不能以其到特定点的弧长来定义，因为每个点与其他点之间都相差无穷远！

这表明 K 是大于一维的。但是我们能确定它是二维的吗？当然它也不包含任何的"面积"，所以 K 的维数应该位于 1 到 2 之间，无论那意味着什么。

以这一悖论作为动机，我们对维数的观点进行改进以度量分形。

相似维数

最简单的分形是自相似的，即它们是由自身缩小比例的复制组成，并且这种复制直到任意小的规模。这种分形的维数可以通过扩展其中的一个经典的自相似集来定义，如线段、面或者立方体。例如，考虑图 11.3.2 中的方形区域。

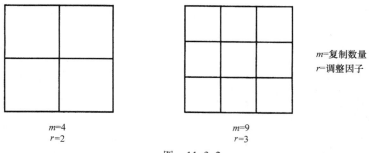

$m=$复制数量
$r=$调整因子

$m=4$
$r=2$

$m=9$
$r=3$

图　11.3.2

如果我们将正方形的每个方向都分为 2 份，就会得到四个与原始正方形相似的正方形，四个小正方形的总和等于大正方形。如果每个边分为 3 份，就得到 9 个小正方形。一般地，当分为 r 份时，就会得到 r^2 个小正方形，其总和等于原始的大正方形。

现在，用一个立方体进行上面的过程，得到的结果不同：当每个边分为 2 份，就会得到 8 个与原始正方体相似的小正方体。一般地，当分为 r 份时，就会得到 r^3 个小正方体组合成大的正方体。

指数 2 和 3 并不意外：它们分别表示二维的平面和三维的立方体。这将以下定义中的维数与指数联系起来。假设一个自相似集是由它本身缩小为原来的 $1/r$ 得到的 m 个相似样本组成，那么**自相似维数** d 定义为 $m = r^d$，或者等价于

$$d = \frac{\ln m}{\ln r}$$

因为 m 和 r 都显而易见，所以这个公式易于使用。

例题 11.3.1

找出康托尔集 C 的自相似维数。

解：如图 11.3.3 所示，C 是由与本身相似的两个样本组成，每一个都按比例缩小为原来的 1/3。

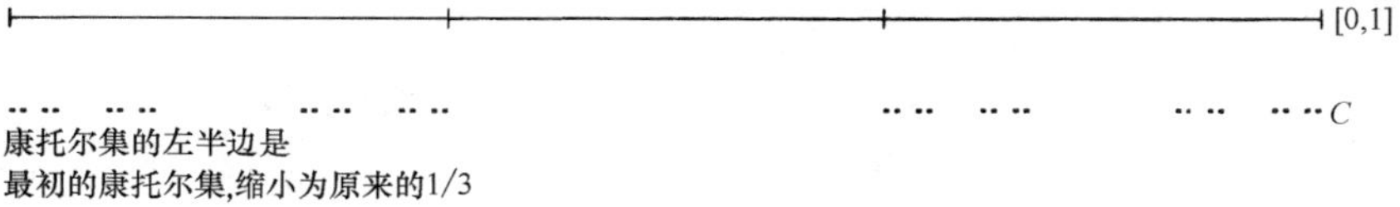

康托尔集的左半边是
最初的康托尔集,缩小为原来的1/3

图　11.3.3

故当 $r = 3$ 时，$m = 2$。因此 $d = \ln 2/\ln 3 \approx 0.63$。∎

接下来的例子会证实前面的直觉：von Koch 曲线的维数应该在 1 到 2 之间。

例题 11.3.2

证明 von Koch 曲线的自相似维数为 $\ln 4/\ln 3 \approx 1.26$。

证明：von Koch 曲线由 4 个相同的部分组成，每个部分都与原曲线相似，只是在两个方向上都缩小为原来的 1/3，其中的

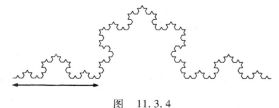

图　11.3.4

一部分在图 11.3.4 中用双向箭头标出。

故当 $r = 3$ 时，$m = 4$，并且 $d = \ln 4/\ln 3$。∎

一般康托尔集

其他的自相似分形都可以通过改变递归过程得到。例如，将线段分为 5 个相等的部分，删除其中的第 2 和 4 部分，无限地重复此操

作，就会得到一个新的康托尔集（见图 11.3.5）。

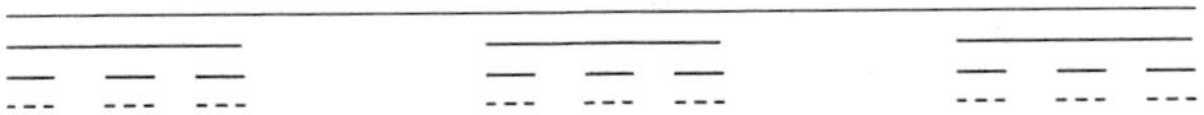

图　11.3.5

我们称其为去偶数段五分康托尔集，简称为五分康托尔集，因为在每一阶段五部分中的偶数部分都被移除了。（类似地，11.2 节中的标准康托尔集通常称为去中段三分康托尔集，简称为**三分康托尔集**。）

例题 11.3.3

找出五分康托尔集的自相似维数。

解：设 S_0 为原始线段，S_n 为第 n 次构造得到的线段。如果将 S_n 缩小为原来的 1/5，就会得到集合 S_{n+1} 的三分之一。令 $n = \infty$，则五分康托尔集 S_∞ 由本身的三个样本组成，每个样本都缩小为原来的 1/5。因此，当 $r = 5$ 时 $m = 3$，并且 $d = \ln3/\ln5$. ■

有很多类似的康托尔集，数学家们已经将其抽象为具有以下本质的定义。闭集 S 如果满足如下条件，称为**拓扑康托尔集**：

1. S 是"完全不连通的"。这说明 S 是由不连通的子集组成（除了单个的点以外）。从这个意义上来讲，S 中所有的点都是彼此分离的。对于三分康托尔集和实线上的其他子集，这个条件仅表明 S 不包含任何区间。

2. 另一方面，S 不包含"孤立点"。即 S 中的每一个点都具有一个与之任意接近的邻居——对于给定的任一点 $p \in S$ 以及任意小的距离 $\varepsilon > 0$，都存在 S 内的另一点 q 位于 p 的 ε 邻域内。

第一个性质说 S 中的点都是相互分离的，而第二个性质则说这些点是彼此在一起的，使得康托尔集 S 变得矛盾。习题 11.3.6 要求大家证明三分康托尔集同时满足上述两个性质。

注意定义中并未提到自相似性或者维数。这些概念是几何特性的而非拓扑结构的，它们以距离、体积等严格的概念为基础。拓扑特性相较于几何结构而言具有更好的鲁棒性。例如，如果我们持续对康托尔集进行变换，很容易就会打破它的自相似性，但是性质 1 和性质 2 不会改变。在第 12 章介绍奇怪吸引子的时候，奇怪吸引子的截面图通常都是拓扑的康托尔集，尽管它们并不见得是自相似。

11.4 盒维数

为了研究非自相似的分形，需要进一步推广关于维数的概念。Falconer（1990）提出了多种不同的维数定义并进行了详细的讨论。所有的定义都采用同一个思想"以尺寸为 ε 的盒子去度量"——粗略地讲，我们忽略尺寸小于 ε 的不规则部分，然后研究当 $\varepsilon \to 0$ 时测量值的变化。

盒维数的定义

一种度量方法就是用边长为 ε 的小正方形（盒子）来覆盖整个集合（见图 11.4.1）。

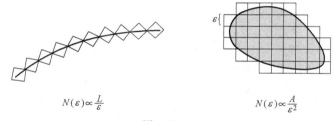

$$N(\varepsilon) \propto \frac{L}{\varepsilon} \qquad N(\varepsilon) \propto \frac{A}{\varepsilon^2}$$

图　11.4.1

令 S 为 D 维欧几里得空间的一个子集，$N(\varepsilon)$ 为覆盖 S 所需的边长为 ε 的 D 维小方块的最小数目。$N(\varepsilon)$ 是如何依赖于 ε 变化的？为了更加直观，我们来看图 11.4.1 中的经典集合。对于一个长为 L 的光滑曲线，$N(\varepsilon) \propto L/\varepsilon$，面积为 A 的光滑曲线围绕而成的平面区域，$N(\varepsilon) \propto A/\varepsilon^2$。一个重要的发现是集合的维数等于**幂律分布** $N(\varepsilon) \propto 1/\varepsilon^d$ 中的指数 d。

除了 d 不再是整数外，这个幂律分布适用于绝大多数的分形集合 S。与经典的例子相比，我们将 d 解释为维数，通常叫作 S 的容量或**盒维数**。在极限存在的情况下，一个等价的定义为

$$d = \lim_{\varepsilon \to 0} \frac{\ln N(\varepsilon)}{\ln(1/\varepsilon)}$$

例题 11.4.1

找出康托尔集的盒维数。

解：回顾在构建康托尔集的过程中，它被一系列的 S_n 所覆盖（见图 11.2.1）。每一个 S_n 都由 2^n 个长度为 $(1/3)^n$ 的区间组成，所以如果取 $\varepsilon = (1/3)^n$，那么需要 2^n 个这样的区间才能覆盖康托尔集。因此，当 $\varepsilon = (1/3)^n$ 时，$N = 2^n$。当 $n \to \infty$ 时，$\varepsilon \to 0$。则得到

$$d = \lim_{\varepsilon \to 0} \frac{\ln N(\varepsilon)}{\ln(1/\varepsilon)} = \frac{\ln(2^n)}{\ln(3^n)} = \frac{n\ln 2}{n\ln 3} = \frac{\ln 2}{\ln 3}$$

与例题 11.3.1 得到的相似性维数结果一致。∎

上例给出了一个有用的技巧，即便盒维数的定义指数要求 ε 应连续地趋于零，但这里我们使用了一个当 $n \to \infty$ 时，趋于零的离散序列 $\varepsilon = (1/3)^n$。如果 $\varepsilon \neq (1/3)^n$，覆盖将会变得有点浪费——一些方块就会露出在集合的边缘外——但是 d 的极限值是相同的。

例题 11.4.2

下面构造给出了一个不是自相似的分形。将一个正方形区域分为 9 个相等的小正方形，随机选择一个小正方形丢弃，然后在剩下的 8 个小正方形中重复上面的过程，得到的极限集的盒维数是多少？

解：图 11.4.2 中给出了这个随机构造前两个阶段的实现过程。

选择与原始正方形边长相等的单位长度，则 S_1 可以被 $N = 8$ 个边长为 $\varepsilon = \dfrac{1}{3}$ 的正方形覆盖

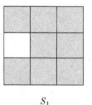
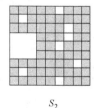

S_1 S_2

图 11.4.2

（没有剩余）。同样地，S_2 可以被 $N = 8^2$ 个边长为 $\varepsilon = \left(\dfrac{1}{3}\right)^2$ 的正方形覆盖。一般地，当 $\varepsilon = \left(\dfrac{1}{3}\right)^n$ 时，$N = 8^n$。因此，

$$d = \lim_{\varepsilon \to 0} \frac{\ln N(\varepsilon)}{\ln(1/\varepsilon)} = \frac{\ln(8^n)}{\ln(3^n)} = \frac{n\ln 8}{n\ln 3} = \frac{\ln 8}{\ln 3} \blacksquare$$

盒维数的评价

在计算盒维数时，并不总是很容易就能找到最小的覆盖数。有一

个可以避免此问题的计算盒子数的等价方法，首先，用边长为 ε 的正方形网格盒子覆盖到集合上，数出覆盖的盒子 $N(\varepsilon)$ 的数目，然后按照前面的方法计算 d。

尽管算法进行了改进，盒维数的计算却很少应用到现实中。与其他分形维数类型相比，它的计算需要太多的存储空间和计算时间（见下面的内容）。盒维数也具有一些数学上的缺点。例如，它的值经常并不是真实值：可以证明 0 到 1 之间的有理数集合的盒维数为 1（Falconer 1990，44 页），尽管这个集合只有可数多个点。

Falconer（1990）也讨论了一些其他的分形维数，其中最重要的就是豪斯道夫维数（Hausdorff dimension）。相对于盒维数，豪斯道夫维数更加精细。主要的区别是，豪斯道夫维数采用不同尺寸大小的小集合进行覆盖，而不是采用固定尺寸为 ε 的盒子。它比盒维数具有更好的数学性质，但是不幸的是，数值计算豪斯道夫维数是相当困难的。

11.5 点态维数与关联维数

接下来该回归到动力学问题了。假设我们正在研究一个在相空间中解为奇怪吸引子的混沌系统，对于给定的具有分形微结构的奇怪吸引子（见第 12 章），我们如何计算其分形维数？

首先，让系统进行演化一段时间，我们构建一个包含吸引子上很多点的集合 $\{x_i, i = 1, 2, \cdots, n\}$（依惯例，考虑丢弃最初的暂态）。为了统计精确，我们根据几种不同的轨迹重复这一过程。但是实际上几乎所有的在奇怪吸引子上的轨迹都具有相同的长期统计，所以根据

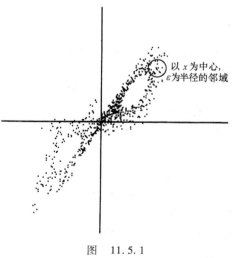

图 11.5.1

一个轨迹进行长时间的实验是有效的。既然吸引子上有很多的点，我们就可以试着去计算其盒维数，但是计算的方法就像之前提到的一样是不切实际的。

Grassberger 和 Procaccia（1983）提出了一个更加有效的方法，之后就成了一种标准方法。在吸引子 A 上固定一个点 x，设 $N_x(\varepsilon)$ 表示 A 上位于以 x 为中心，以 ε 为半径的邻域内点的数目（见图 11.5.1）。

邻域内大部分的点与经过 x 的轨迹无关，实际上，它们都位于 x 附近的轨线上。因此，$N_x(\varepsilon)$ 度量了轨迹经过 x 的 ε 邻域的频率。

令 ε 变化，随着 ε 的增加，圆球中点的数目以幂律的形式增加：

$$N_x(\varepsilon) \propto \varepsilon^d$$

其中，d 称为在 x 处的点态维数。点态维数显著依赖于 x，并且在吸引子稀薄的区域值很小。$N_x(\varepsilon)$ 相对于很多 x 的平均值就是 A 的全局维数。计算结果发现 $C(\varepsilon)$ 符合

$$C(\varepsilon) \propto \varepsilon^d$$

其中 d 称为**关联维数**。

关联维数考虑了吸引子上点的密度，这与盒维数不同。在盒维数的计算中，不管每个盒子中点的数目为多少，都视为一样。（从数学的角度来讲，关联维数不仅仅可用于研究分形本身，它还涉及分形上的不变测度。）一般地，$d_{关联} \leqslant d_{盒}$，尽管它们通常是很相近的（Grassberger 和 Procaccia 1983）。

为了计算 d，首先要绘出 $\log C(\varepsilon)$ 与 $\log \varepsilon$ 的坐标图。如果 $C(\varepsilon) \propto \varepsilon^d$ 对于所有的 ε 都成立，我们会发现斜率为 d 的一条直线。事实上，幂律指数一直在 ε 的中间区域变化（见图 11.5.2）。

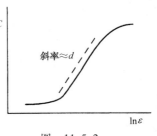

图　11.5.2

曲线在大的 ε 处变得平坦，因为 ε 圆覆盖了整个吸引子，所以 $N_x(\varepsilon)$ 不再增加。另一方面，对于特别小的 ε，ε 圆形中只有一个点就是 x 本身。所以，幂律只有在如下区域中成立：

（A 中点的最小间隔）$<<\varepsilon<<$（A 的直径）

例题 11.5.1

计算当参数值分别是 $r = 28$，$\sigma = 10$，$b = \dfrac{8}{3}$ 时，洛伦兹吸引子的关联维数。

解：图 11.5.3 中给出了 Grassberger 和 Procaccia（1983）的研究结果。（注意在他们的定义中，圆球的半径是 l，关联维数是 v。）除了 ε 值比较大的点外，出现了预期的饱和状态。斜率为 $d_{关联} = 2.05 \pm 0.01$ 的直线对数据进行了很好的拟合。

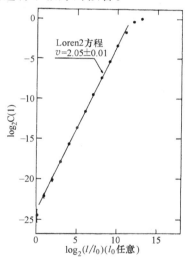

图 11.5.3 ［Grassberger 与 Procaccia（1983），第 196 页］

这些结果是采用龙格-库塔方法无数次对系统进行数值积分得到的。时间步长为 0.25，并对 15000 个点进行了计算。Grassberger 和 Procaccia 还指出其收敛速度很快，关联维数仅需几千个点就可被估计出来且其误差在 ±5% 内。■

例题 11.5.2

考虑参数值为 $r = r_\infty = 3.5699456\cdots$ 的逻辑斯谛映射 $x_{n+1} = rx_n(1 - x_n)$，该参数值为混沌的起始点。证明其吸引子虽然不是严格的自相似集，但属于康托尔型集，然后计算出它的关联维数。

证明：我们通过递归构建展现出其吸引子。一般来说，当 $n \gg 1$ 时吸引子具有 2^n 个周期。图 11.5.4 中给出了 n 很小时的一些经典的 2^n 周期图。

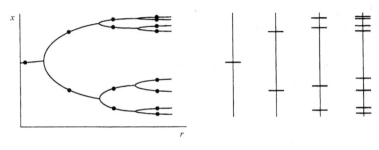

图 11.5.4

图 11.5.4 中左边图中的点表示具有 2^n 周期的图。右边的图给出了与 x 相对应的值。当 $n \to \infty$ 时，最终的集合趋向于拓扑康托尔集，其中所有的点都被不同尺寸的缺口分离开。但是这个集合不是完全自相似的——缺口的大小受位置的影响。换句话说，在相同的 r 处，轨迹图上的一些"叉骨"比其他的要宽。（在 10.6 节中，在计算得到图 10.6.2 中的轨迹图时我们讨论过这种不均匀性。）

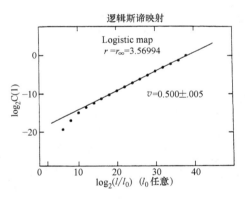

图 11.5.5 ［Grassberger 与 Procaccia（1983），第 193 页］

Grassberger 和 Procaccia（1983）已经对这个极限集合的关联维数进行了估计。他们以 $x_0 = \dfrac{1}{2}$ 开始，生成了一个包含 30000 个点的轨迹。并画出了 $\log C(\varepsilon)$ 与 $\log\varepsilon$ 的关系图，发现斜率为 $d_{关联} = 0.500 \pm$

0.005 的直线能够很好地对这些点进行拟合（见图 11.5.5）。

正如我们所期望的那样，这个值要小于盒维数 $d_盒 = 0.538$ ［Grassberger（1981）］。■

对于很小的 ε，图 11.5.5 中的数据会偏离直线，Grassberger 和 Procaccia（1983）把这种偏离归因于单轨线上 x_n 之间的残差相关性。如果映射是强混沌的，这些相关性是微不足道的，但是当系统处于混沌边缘时（就像上面这个例子），这些相关性在小范围内是可视的。为了扩展标度区间，我们可以增大点的数目或者考虑更多的轨迹。

多重分形

我们在本章的最后提出一个更加精确的概念，尽管我们不会更进一步地去钻研它。在例题 11.5.2 中的逻辑斯谛吸引子，并不像三分康托尔集那样具有固定的删除区间 $\frac{1}{3}$。因此，我们不能通过维数或者其他单一的变量来完全刻画吸引子的特性——我们需要一些描述吸引子的维数变化的分布函数。这类集合就称为多重分形。

点态维数的概念指导我们去量化局部变化。给定一个多重分形 A，令 S_α 为 A 中点态维数为 α 的所有点的集合，如果 α 是 A 上的一个典型的比例因子，那么它往往具有代表性，而 S_α 也是一个相对较大的集合；如果 α 是一个异常值，那么 A 就是一个小集合。为了进一步量化，我们指出每一个 S_α 本身都是一个分形，所以可以通过其本身的维数来度量它的规模。若令 $f(\alpha)$ 表示 S_α 的维数，那么 $f(\alpha)$ 就叫作多重分形谱或者标度指标谱（Halsey 等 1986）。

一般而言，可以将多重分形视为具有不同维数 α 的分形混合集，其中 $f(\alpha)$ 表示它们各自的相对权重。由于很大和很小的 α 的可能性很小，所以 $f(\alpha)$ 的形状就像图 11.5.6 中所示的那样。$f(\alpha)$ 的最大值就是盒维数（Halsey 等 1986）。

对于处于混沌边缘的系统，

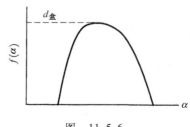

图　11.5.6

多重分形为我们提供了 10.6 节中提到的普适性理论的一种更为有力的形式。这里的普适量是函数 $f(\alpha)$，而不是一个单一的数；因此这种方法提供了更多的信息以及更多严格测试的可能性。人们已经通过各种处于混沌边缘的实验系统非常成功地检验了理论上的预测。Glazier 和 Libchaber（1988）对这方面给出了综述。另一方面，我们仍然缺少关于多重分形的严格的数学理论，对这一问题的讨论详见 Falconer（1990）。

第 11 章　练习题

11.1　可数集与不可数集

11.1.1　为什么例题 11.1.4 中使用的对角线论点不能够说明有理数集也是不可数的？（毕竟，有理数集可以表示为十进制。）

11.1.2　证明奇整数集是可数的。

11.1.3　无理数集是可数的还是不可数的？证明你的答案。

11.1.4　考虑由十进制展开式中数码只有 2 和 7 的所有实数组成的集合。利用康托尔的对角线论点，证明这个集合是不可数集。

11.1.5　考虑三维空间中的整数格子点集，即具有 (p, q, r) 形式的点集，其中 p，q 和 r 均为整数。证明这个集合是可数的。

11.1.6　（$10x \bmod 1$）考虑十进制移位映射 $x_{n+1} = 10x_n \pmod 1$。

a）证明这个映射具有可数个周期轨道，且所有的轨道都是不稳定的。

b）证明这个映射具有不可数个非周期轨道。

c）一个映射的"最终-不动点"是指一个点经过无限步迭代到一个不动点。因此，对于所有的 $n > N$，$x_{n+1} = x_n$，其中 N 是某个正整数。十进制移位映射的最终不动点集是可数的还是不可数的？

11.1.7　证明二进制移位映射 $x_{n+1} = 2x_n \pmod 1$ 具有可数个周期轨道和不可数个非周期轨道。

11.2　康托尔集

11.2.1　（康托尔集具有零测度）这是证明康托尔集总长度为 0

的另一种方法。在构建康托尔集的初始阶段，我们将单位区间 $[0，1]$ 中长度为 $\frac{1}{3}$ 的一个子区间移除。下一阶段，我们移除两个长度均为 $\frac{1}{9}$ 的子区间。通过对无限的序列求和，证明所有移除子区间的总长度为 1，从而遗留的部分（康托尔集）长度必为 0。

11.2.2 证明有理数具有零测度。（提示：列出一系列有理数，用长度为 ε 的区间覆盖第一个数，以长度为 $\frac{1}{2}\varepsilon$ 的区间覆盖第二个数，现在把它从那里拿开。）

11.2.3 证明实数线上的任何可数子集都具有零测度。（这概括了以上问题的结果。）

11.2.4 考虑 0 到 1 之间无理数的集合。

a）这个集合的测度是多少？

b）它是可数集还是不可数集？

c）它是完全不连通的吗？

d）它是否存在一些孤立点？

11.2.5 （三分康托尔集）

a）求 1/2 的三进制展形式。

b）找出康托尔集 C 与区间 $[0，1]$ 之间的一一对应。换句话说，找到一个可逆映射使得对每一个点 $c \in C$ 都有唯一的 $x \in [0，1]$ 与之对应。

c）我的一些学生认为，康托尔集是"所有的端点"——他们认为集合中的任意点都是此集合构建过程中一些子区间的端点。通过准确鉴别 C 中的一个点不是端点来证明这种观点是错误的。

11.2.6 （魔梯）假设我们从康托尔集中随机选择一点，这个点位于 x 左边的概率是多少？其中，x 是 $[0，1]$ 内的某个固定的数。这个答案由函数 $P(x)$ 给出，称为**魔梯**。

a）容易利用分步的方法建立对 $P(x)$ 的可视化。首先，考虑图 11.2.1 中的集合 S_0，令 $P_0(x)$ 表示 S_0 中一个随机选择的点位于 x 左边的概率，证明 $P_0(x) = x$。

b）现在，考虑 S_1，并类似地定义 $P_1(x)$。画出 $P_1(x)$ 的图像。（提示：这个图像会在中间部分达到顶峰。）

c）对于 $n=2$，3，4，画出 $P_n(x)$ 的图像。注意图像中顶峰的宽度与高度。

d）极限函数 $P_\infty(x)$ 即为魔梯。它是连续的吗？它的导数图像看起来像什么？

与其他分形概念类似，魔梯一直被视为有趣的数学问题。但是近来它出现在物理学上，与非线性振子的锁模相联系。有趣的介绍见 Bak（1986）。

11.3　自相似分形的维数

11.3.1　（二分康托尔集）通过移除每一个子区间的中间一半而非中间的三分之一建立一种新的康托尔集。

a）求这个集合的自相似维数。

b）求这个集合的测度。

11.3.2　（广义康托尔集）考虑一个广义康托尔集，我们以移除 $[0，1]$ 中间长度为 $0 < a < 1$ 的开集开始，在之后的阶段中，移除每一个剩余区间的中间开区间（长度占比同样为 a），依次进行下去。找出极限集合的自相似维数。

11.3.3　（广义五分康托尔集）"广义五分康托尔集"构建如下：将 $[0，1]$ 分为七个相等的部分；删除第 2，4 和 6 部分；对剩余的子区间重复此操作。

a）求这个集合的自相似维数。

b）推广到构建任意奇数部分，然后删除其中的偶数部分。求所生成康托尔集的自相似维数。

11.3.4　（没有奇数）找出 $[0，1]$ 中由十进制展开式中只具有偶数数码组成的子集的自相似维数。

11.3.5　（没有 8）找出 $[0，1]$ 中由十进制展开式中不包含数码 8 的实数组成的子集的自相似维数。

11.3.6　证明三分康托尔集不包含区间，同时证明这个集合中也不包含任何孤立点。

11.3.7 （雪花）利用等边三角形 S_0 构建著名的被称为 **von Kohn 雪花片曲线**的分形。然后，按照图 11.3.1 中所示对三个边进行 von Kohn 过程。

a）证明 S_1 看起来像一个大卫之星。

b）画出 S_2 和 S_3。

c）雪花是极限曲线 $S = S_\infty$。证明它具有无限的弧长。

d）找出嵌入到 S 中的区域的面积。

e）找出 S 的自相似维数。

雪花片曲线是连续的但是处处不可微——不严格地说，它"处处是尖角"！

11.3.8 ［塞尔平斯基（Sierpinski）地毯］考虑图 1 中所示的过程，封闭边长为 1 的盒子被分为 9 个相等的盒子，然后中间的开盒子被删除。然后对余下的 8 个盒子重复此过程，依次下去。图 1 中给出了前两个阶段。

a）描绘出下一个阶段 S_3。

b）找出极限分形的自相似维数，被称为**塞尔平斯基地毯**。

c）证明塞尔平斯基地毯具有零面积。

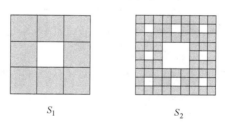

S_1 S_2

图 1

11.3.9 （海绵）将前面的练习题扩展到三维空间——以一个立方块开始，将其分成 27 个相等的小立方块。删除每个侧面上中间的方块以及中心的方块。（如果你希望，你可以从每一个面上的中心钻三个相互正交的圆洞。）无限迭代这一过程生成的分形称为**门格（Meger）海绵**。找出它的自相似维数。如果你敢挑战，在 N 维空间中重复门格多维海绵。

11.3.10 （胖分形）**胖分形**是指具有非零测度的分形。这里有一个简单的例子：以单位区间 [0，1] 开始，删除中间的 1/2 开部分，然后删除每个剩余子空间中间的 1/4 开部分、1/8 开部分…。（从而，在每一阶段，会有一个越来越小的部分被删除，这与我们总是删除其中间 1/3 部分的三分康托尔集相对应。）

a）证明极限集是一个拓扑的康托尔集。

b）证明极限集的测度大于零。如果可以，请求出它的精确值，或者找出它的一个下界。

胖分形回答了一个关于逻辑斯谛映射的使人着迷的问题。Farmer（1985）从数值上证明了混沌发生的参数值的集合是一个胖分形。特别地，如果 r 随机取之于 $r=4$ 与 r_∞ 之间，那么映射有 89% 的机会发生混沌。Farmer 的分析也表明了如果我们使用双倍精度的算法，出现错误的概率大约为百万分之一（称之为混沌的轨道，事实上它是周期的）！

11.4 盒维数

找出下列集合的盒维数。

11.4.1 von Kohn 雪花（见练习题 11.3.7）。

11.4.2 塞尔平斯基地毯（见练习题 11.3.8）。

11.4.3 门格海绵（见练习题 11.3.9）。

11.4.4 三分康托尔集与它自身的笛卡儿乘积。

11.4.5 门格多维海绵（见练习题 11.3.9）。

11.4.6 （帐篷映射的奇怪排斥子）区间 [0，1] 上的帐篷映射定义为 $x_{n+1}=f(x_n)$，其中

$$f(x) = \begin{cases} rx, & 0 \leq x \leq \dfrac{1}{2} \\ r(1-x), & \dfrac{1}{2} \leq x \leq 1 \end{cases}$$

并且 $r>0$。在这个练习中，假设 $r>2$。从而，一些点就会映射到区间 [0，1] 的外面。如果 $f(x_0)>1$，则称 x_0 经过一次迭代后"逃离"。相似地，对于一些有限的 n，如果 $f^n(x_0)>1$，但是对于所有的 $k<n$，

$f^k(x_0) \in [0,1]$，则称 x_0 经过 n 次迭代后发生逃离。

a）找出经过一次或两次迭代后逃离的初始条件 x_0 的集合。

b）描述永远没有发生逃离的 x_0 的集合。

c）找出永远没有逃离 x_0 集合的盒维数。（这个集合称为不变集。）

d）证明不变集中每一个点的李雅普诺夫指数为正数。

这个不变集称为**奇怪排斥子**，有以下几个原因：它具有分形结构；它抵制了所有的邻居节点使其不在这个集合中；集合中的点经过帐篷映射的迭代后混沌地四处跳跃。

11.4.7 （不平衡分形）将单位闭区间 $[0, 1]$ 分成四部分，删除左边第四分之二个开区间。这一过程生成了集合 S_1。无限地重复此构造；即通过删除 S_n 中每个区间左边的第四分之二部分生成 S_{n+1}。

a）请写出集合 S_1，$\cdots$，S_4。

b）计算极限集 S_∞ 的盒维数。

c）S_∞ 是自相似的吗？

11.4.8 （关于随机分形学的一个思考问题）重做上面的问题，除了在过程中增加一个随机性的元素：投掷硬币，从 S_n 生成 S_{n+1}；如果正面朝上，删除 S_n 中每个区间第四分之二部分；如果反面朝上，删除第四分之三部分。极限集就是**随机分形**的一个例子。

a）你能找出这个集合的盒维数吗？这个问题有意义吗？换句话说，这个答案可能依赖于正面和反面发生的特殊顺序吗？

b）现在，假设如果发生反面，我们删除四分之一的第一部分。这会使结果不同吗？例如，如果我们得到一系列的反面怎么办？

见 Falconer（1990，第 15 章）对随机分形学的讨论。

11.4.9 （分形奶酪）瑞士奶酪的分形切片构建如下：单位正方形被分为 p^2 个正方形，并且随机选择抛弃 m^2 个正方形。（这里 $p > m+1$，且 p，m 为正整数。）对于每一个剩余的部分重复这一过程（边 $=1/p$）。假设这一过程无限重复进行，找出最后得到的分形的盒维数。（注意最后得到的分形可能是也可能不是自相似的，这取决于每一阶段移除哪一个正方形。然而，我们仍可以计算其盒维数。）

11.4.10 （胖分形）证明练习题 11.3.10 中构建的胖分形盒维数

为 1。

11.5 点态维数与关联维数

11.5.1 （设计）编写程序计算洛伦兹吸引子的关联维数。重新生成图 11.5.3 中的结果。然后，试试 r 的其他值。维数是如何依赖于 r 的？

奇怪吸引子

12.0　引言

前面三章讲了相当多的关于混沌系统的知识，但是缺少了某个重要的东西：直观。我们知道会出现什么但是不知道为什么出现。例如，我们不知道是什么引起对初始条件的敏感依赖，也不知道一个微分方程怎么生成分形吸引子。我们的首要目标就是从几何角度上对这些有一个简单的理解。

从 20 世纪 70 年代中期，科学家们就开始面对这些相同的问题。那时，仅知的奇怪吸引子的例子就是洛伦兹吸引子（1963）和斯梅尔（Smale）的一些数学构造（1967）。这就需要一些具体的例子，而且越简单易懂越好。这些例子主要由 Hénon（1976）和 Rössler（1976）提出，主要采用拉伸和折叠的直观概念。这些会在 12.1 ~ 12.3 节中进行讨论。本章最后介绍化学和力学中的奇怪吸引子的实验案例。这些例子除了它们自身内在的趣味性，也阐明了吸引子重构和庞加莱截面这两个分析混沌系统产生的实验数据的标准方法。

12.1　简例

奇怪吸引子有两个看起来很难调和的性质。吸引子的轨迹局限于相空间的一个有界区域，并且以指数级增长的方式快速与相邻轨线分离（至少在开始时）。轨迹如何能够无限发散又保持有界？

基本的机制就是反复进行**拉伸和折叠**。我们考虑相空间中的一个初始的小团块（见图 12.1.1）。

图　12.1.1

当小团块的某些方向缩小（反映了系统的耗散），另一些方向延伸时（导致对初始条件的敏感依赖性），就产生了典型的奇怪吸引子。拉伸不能无限地进行——扭曲了的小团必须要向后折叠以保证其在有界区域内。

为了解释拉伸与折叠的效果，我们接下来举一个家庭生活中的例子。

制作糕点

图 12.1.2 中给出了制作千层酥或牛角面包的过程。

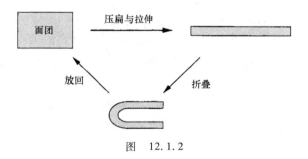

图　12.1.2

将面团压扁、拉伸然后进行折叠，然后再压扁、拉伸，再折叠。重复进行很多次之后，就会得到一个具有千层结构的产品——这是分形吸引子的烹饪模型。

此外，图 12.1.2 所展示的过程自动形成了对初始条件的敏感依赖。假设面团中有一小团具有食物色素，代表着附近的初始条件，经过一系列压扁、拉伸、折叠再放回的许多次迭代后颜色会布满整个面团。

图 12.1.3 更详细地展示了**糕点映射**，在这里是对矩形到它自身的连续映射的建模。

矩形 $abcd$ 经过压扁、拉伸、折叠得到**马蹄形** $a'b'c'd'$，见 S_1。同样方法，S_1 经过压扁、拉伸与折叠

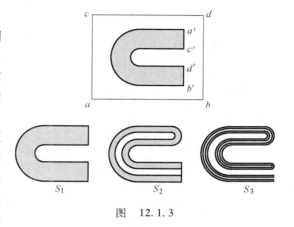

图　12.1.3

得到 S_2，依次类推。从这一步到下一步，面层变薄同时数目增至两倍。

现在来看极限集 S_∞，它包含无数多的平滑面层，且每个面层由不同大小的缝隙分开。事实上，通过 S_∞ 中间部分的垂直剖面图类似于一个康托尔集！因此，S_∞ 是（局部地）具有康托尔集的平滑曲线的产品。吸引子的分形结构就是在初始区域内经过拉伸和折叠得到的序列的极限集 S_∞。

术语

图 12.1.3 中展示的变换通常叫作马蹄映射，但是我们一般不这么称呼，因为这会与另一个马蹄映射（斯梅尔马蹄）相混淆，而两者的性质截然不同。特别地，斯梅尔马蹄映射不具有奇怪吸引子，它的不变集更像是奇异鞍形。斯梅尔马蹄是严格讨论混沌的基础，但是它的分析与意义更加适于对高级课程的学习。练习题 12.1.7 对这部分进行了介绍，Guckenheimer 和 Holmes（1983），或者 Arrowsmith 和 Place（1990）进行了详细的研究。

由于我们想将马蹄这个词仍然用于斯梅尔映射，所以上面介绍的映射我们称为**糕点映射**。还有一个更好的名字"面包师映射"，这个名字已经用到了下面的这个例子中。

例题 12.1.1

面包师（baker）**映射** B，正方形（$0 \leqslant x \leqslant 1$，$0 \leqslant y \leqslant 1$）到其本身的映射由下式给出：

$$(x_{n+1}, y_{n+1}) = \begin{cases} (2x_n, ay_n), 0 \le x_n \le \dfrac{1}{2} \\[2mm] \left(2x_n - 1, ay_n + \dfrac{1}{2}\right), \dfrac{1}{2} \le x_n \le 1 \end{cases}$$

式中，参数 a 的范围为 $0 < a \le \dfrac{1}{2}$。下面用一个画有圆脸的单位正方形来图解 B 的几何作用。

解：实验对象见图 12.1.4a。

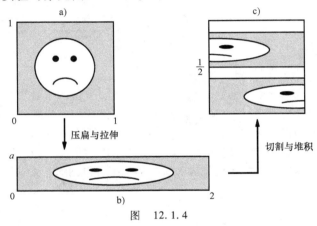

图　12.1.4

我们可以马上看出，上面的变换可以看成是由两个更简单的变换组成的。首先，正方形经过压扁和拉伸变成一个 $2 \times a$ 的矩形（见图 12.1.4b），然后，将矩形一切为二，产生两个 $1 \times a$ 的矩形，将右边的部分放到左边部分的上面，使其相隔 $y = \dfrac{1}{2}$（见图 12.1.4c）。

为什么这一过程与 B 的公式等价？首先，观察正方形的左半部分，其中 $0 \le x_n \le \dfrac{1}{2}$。这里，$(x_{n+1}, y_{n+1}) = (2x_n, ay_n)$，所以水平方向拉长了 2 倍，而垂直方向缩小到 $1/a$。右半部分矩形也一样，只是图片左移了 1，上移了 $\dfrac{1}{2}$，因此 $(x_{n+1}, y_{n+1}) = (2x_n, ay_n) + \left(-1, \dfrac{1}{2}\right)$，这一变换与刚提到的堆积是等价的。■

由于在 x-方向上的拉伸，面包师映射具有对初始条件的敏感依赖性，毫无疑问，它具有很多的混沌轨迹。面包师映射这类以及其他的动态性质将在练习题中进行讨论。

下一个例子表明面包师映射和糕点映射类似，具有类似康托尔集横截面的奇怪吸引子。

例题 12.1.2

证明当 $a < \dfrac{1}{2}$ 时，面包师映射 B 有一个能吸引所有轨迹的分形吸引子 A。更清晰地，证明存在集合 A 使得对于任意的初始条件 $(x_0,$ $y_0)$，当 $n \to \infty$ 时，$B^n(x_0, y_0)$ 到 A 的距离收敛于 0。

证明：首先我们构建这个吸引子。令 S 表示正方形 $0 \leqslant x \leqslant 1$，$0 \leqslant y \leqslant 1$，其中包含了所有可能的初始条件。$S$ 在映射 B 下的前三步见图 12.1.5 中的阴影部分。

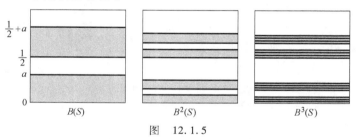

图　12.1.5

第一个图形 $B(S)$ 由两个高度为 a 的条形组成，见例题 12.1.1 的已知条件；然后，将 $B(S)$ 压扁、拉伸、剪切和堆放成 $B^2(S)$。现在，图中具有四个高度为 a^2 的条纹；继续上面的过程，我们就得到由 2^n 个高度为 a^n 的条纹组成的 $B^n(S)$。极限集 $A = B^\infty(S)$ 就是一个分形。在拓扑结构上，它是由线段组成的康托尔集。

注意：如何确定真正存在"极限集"？在此，引入一个点集拓扑的基本定理。注意到，正方形中的连续图像就像中国套盒一样，每一个都相互嵌入：对于所有的 n，$B^{n+1}(S) \subset B^n(S)$。同时，每一个 $B^n(S)$ 都是紧致集。定理（Munkres 1975）指出紧致集中相互嵌入的可数交集是非空紧致集——这个集合就是我们所说的集合 A。此外，对于所有的 n，$A \subset B^n(S)$。

嵌套性质帮助我们证明了 A 能够吸引所有的轨迹。点 $B^n(x_0, y_0)$ 位于轨迹集 $B^n(S)$ 中的一条轨迹上的任何位置，并且因为 A 包含在 $B^n(S)$ 中，所以这些轨迹上的所有点都位于 A 中长度为 a^n 的范围之内。因为当 $n\to\infty$ 时，$a^n\to 0$，$B^n(x_0, y_0)$ 到 A 的距离趋向于 0，此时 $n\to\infty$，正如我们前面所提到的。∎

例题 12.1.3

求出 $a < \dfrac{1}{2}$ 时面包师映射吸引子的盒维数。

解：吸引子 A 与 $B^n(S)$ 近似，它包含 2^n 个高为 a^n 长为 1 的长条，现在，用一个边长为 $\varepsilon = a^n$ 的正方形盒子覆盖 A（见图 12.1.6）。

由于长条的长度为 1，所以大约需要 a^{-n} 个盒子才能完全覆盖。总共有 2^n 个轨线，所以 $N \approx a^{-n} \times 2^n = (a/2)^{-n}$，从而

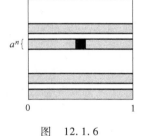

图 12.1.6

$$d = \lim_{\varepsilon\to 0}\frac{\ln N}{\ln\left(\dfrac{1}{\varepsilon}\right)} = \lim_{n\to 0}\frac{\ln\left[(a/2)^{-n}\right]}{\ln(a^{-n})} = 1 + \frac{\ln\dfrac{1}{2}}{\ln a}$$

注意，当 $a\to\dfrac{1}{2}$ 时 $d\to 2$，这是合乎情理的。因为当 $a\to\dfrac{1}{2}$ 时，吸引子填充了正方形 S 的绝大部分。∎

耗散的重要性

对于 $a < \dfrac{1}{2}$，面包师映射在相空间中面积会缩小。对于正方形中任意给定的区域 R，

$$面积(B(R)) < 面积(R)$$

这一结果遵循初等几何学。面包师映射 R 的拉伸系数为 2，压缩因子为 a，所以面积$(B(R)) = 2a \times$面积(R)。由于假设 $a < \dfrac{1}{2}$，故面积$(B(R)) <$面积(R)。（注意切割的过程并不改变区域的面积。）

我们发现面积的收缩类似于在 9.2 节的洛伦兹方程中体积的收缩，可以得到一些类似的结论。例如，面包师映射中的吸引子 A 一定

具有零面积。同样地，面包师映射不存在任何的排斥不动点，因为这些点会扩张其相邻结点的区域元素。

相比之下，当 $a = \frac{1}{2}$ 时，面包师映射为**保（面）积映射**：面积(B(R)) = 面积(R)。此时，正方形 S 映射到它自己本身，并且长条之间没有间隙。在这种情况下，这个映射具有完全不同的动力学。瞬变永远不会衰退——轨迹在正方形中无止境地变化，但是永远不会变成一个低维的吸引子。这就是我们未曾看到过的一种混沌！

$a < \frac{1}{2}$ 与 $a = \frac{1}{2}$ 例证之间的差别引出了非线性动力学这一更广泛的主题。一般地，如果映射或者流在相空间中收缩体积，就称其为**耗散**的。耗散系统通常出现在涉及摩擦力、黏性或者一些其他的能量耗散过程的物理状态模型中。相反地，保（面）积映射与保守系统密切相关，特别是经典力学中的哈密顿系统。

这种差别是至关重要的，因为保面积映射不可能具有吸引子（奇异的或者其他方面的）。9.3 节中讲到，"吸引子"能够吸引包含其在内的足够小的开集中的所有轨迹，这一要求与保（面）积映射是不相容的。

一些练习题给出了出现在保面积映射中的新现象的体验。想要了解更多哈密顿混沌的迷人世界，请参阅 Jensen（1987）或 Hénon（1983）的论文，或者参考 Tabor（1989），或 Lichtenberg 和 Lieberman（1992）所编写的著作。

12.2 埃农映射

本节继续讨论另一个具有奇怪吸引子的二维映射。它是由理论天文学家米歇尔·埃农（Michel Hénon）（1976）设计，用来阐明奇怪吸引子的微观结构。

根据 Gleick（1987, 149 页），埃农是在听了物理学家伊夫·波莫（Yves Pomeau）的演讲之后开始对这个问题产生兴趣的。在演讲中，Yves Pomeau 描述了在试图探索洛伦兹奇怪吸引子的紧致结构时遇到的种种困难。这些问题来自于洛伦兹系统中快速的体积收缩：吸引子的一个回路之后，相空间中的体积就会以因子 14000 的速度迅速压缩（洛伦兹 1963）。

埃农当时提出了一个很聪明的想法。不要直接处理洛伦兹系统，先寻求一个能够获得其本质特征的映射，但是这个方法也具有一定量的耗散。埃农选择研究映射而非微分方程组，是因为映射模拟的时间更短，并且它们的解经过更长时间的模拟后更加准确。

埃农映射由下列方程给出

$$x_{n+1} = y_n + 1 - ax_n^2, \quad y_{n+1} = bx_n \tag{1}$$

式中，a 和 b 为可调参数。埃农（1976）通过一个简练的推理得到这一映射。为了模拟洛伦兹系统中的拉伸和折叠过程，他考虑了如下的变化过程（见图 12.2.1）。

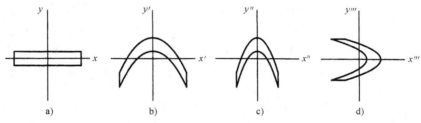

图　12.2.1

从 x 轴上的矩形区域开始（见图 12.2.1a），通过下列变化对矩形进行拉伸和折叠：

$$T' : x' = x, \quad y' = 1 + y - ax^2$$

（上式表示迭代而非差分。）矩形的底部和顶部均映射为抛物线（见图 12.2.1b）。参数 a 控制折叠程度。现在沿着 x 轴对图 12.2.1b 进行压缩：

$$T'' : x'' = bx', \quad y'' = y'$$

式中，$-1 < b < 1$。从而得到图 12.2.1c。最后，通过反映在直线 $y = x$ 上的映射（见图 12.2.1d）：

$$T''' : x''' = y'', \quad y''' = x''$$

从而，复合变换 $T = T'''T''T'$ 就是埃农映射方程（1），其中符号 (x, y) 表示为 (x_n, y_n)，(x''', y''') 表示为 (x_{n+1}, y_{n+1})。

埃农映射的基本性质

埃农映射具有洛伦兹系统的几个基本性质。（这些性质会在下面的例子和练习中进行证明。）

1. 埃农映射是可逆的。这一个性质与洛伦兹系统相一致，即在相空间中存在唯一的一条通过每一个点的轨迹。特别地，每一个点都有唯一的过去。这方面，埃农映射优于逻辑斯谛映射，因为逻辑斯谛映射是一维的。逻辑斯谛映射是对单位区间进行拉伸和折叠，但是它是不可逆的，因为所有的点（除了最大值）都有两个原像。

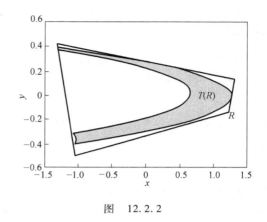

图 12.2.2

2. 埃农映射是耗散的。在相空间中的任何地方都是以相同的速度进行压缩，这个性质与洛伦兹系统散度恒负类似。

3. 对于特定的参数值，埃农映射都具有一个捕捉区域。换句话说，存在区域 R 落在其内的点经过映射后，仍在 R 内。 （见图 12.2.2）。与洛伦兹系统一样，奇怪吸引子被封闭在捕获域内。

下面的性质强调了埃农映射与洛伦兹系统之间的重要差别。

4. 埃农映射的轨迹趋于无穷大。相反地，洛伦兹系统的所有轨迹都是有界的，它们最终都会维持在一个特定的、大的椭球内（练习题 9.2.2）。不出所料埃农映射的一些轨迹是无界的，当远离原点时，式（1）中的二次项使轨迹趋于无限。逻辑斯谛映射中也有类似的现象——在单位区间外开始的轨迹，最终变得无界。

现在我们来证明性质 1 和性质 2，对于性质 3 和性质 4 见练习题 12.2.9 和练习题 12.2.10。

例题 12.2.1

证明如果 $b \neq 0$，埃农映射 T 是可逆的，并找出 T^{-1}。

证明：对于给定的 x_{n+1} 和 y_{n+1}，求解式（1）中的 x_n 和 y_n。利用代数变换，$x_n = b^{-1} y_{n+1}$，$y_n = x_{n+1}^{-1} + ab^{-2} y_{n+1}^2$，故对于所有 $b \neq 0$，T^{-1} 存在。■

例题 12. 2. 2

证明若 $-1 < b < 1$，则埃农映射是面积收缩的。

证明：想要判断任意一个二维映射 $x_{n+1} = f(x_n, y_n)$ $y_{n+1} = g(x_n, y_n)$ 是否为面积收缩的，首先要计算其雅可比矩阵 $J = \begin{pmatrix} \dfrac{\partial f}{\partial x} & \dfrac{\partial f}{\partial y} \\ \dfrac{\partial g}{\partial x} & \dfrac{\partial g}{\partial y} \end{pmatrix}$ 的行列式。

如果对于所有的 (x, y)，$|\det J(x,y)| < 1$，映射就是面积收缩的。

这条规则遵循多变量微积分的性质：若 J 是二维映射 T 的雅可比矩阵，那么 T 将 (x, y) 处的无穷小矩形 $\mathrm{d}x\mathrm{d}y$ 映射为无穷小平行四边形区域 $|J(x,y)|\mathrm{d}x\mathrm{d}y$，所以如果 $|J(x,y)| < 1$ 恒成立，这个映射就是面积收缩的。

对于埃农映射，$f(x,y) = 1 - ax^2 + y$，$g(x,y) = bx$，所以

$$J = \begin{pmatrix} -2ax & 1 \\ b & 0 \end{pmatrix}$$

并且对于所有的 (x, y)，$J(x, y) = -b$。故对于 $-1 < b < 1$，映射为面积收缩的。特别地，每一次迭代中，任意面积都是以固定系数 $|b|$ 减少。

参数选择

下一步是选择合适的参数值。正如埃农（1976）所解释的，b 的值不能太接近 0，否则区域会过度收缩，看不清吸引子的精细结构。但是如果 b 的值太大，折叠则不够明显。（b 扮演了双重角色：从图 12.2.1b 变为图 12.2.1c 的过程中，它既决定着耗散的过程又生成了额外的折叠。）$b = 0.3$ 就是一个很好的选择。

为了找到 a 的值，埃农做了一些探索。如果 a 的值太大或者太小，所有的轨迹就会趋于无限大，这种情况下就不会存在吸引子。（这一点令人回想到逻辑斯谛映射，在逻辑斯谛映射中除了 $0 \leqslant r \leqslant 4$ 以外，所有的轨迹都趋于无穷大。）对于 a 的中间值，轨迹要么趋于无穷大，要么接近吸引子，这取决于初始条件。随着 a 值的增加，吸引子会从一个稳定的不动点变为稳定的周期-2 环。系统通过从倍周期进入混沌，然后使混沌与周期窗口融合在一起。埃农选取 $a = 1.4$，正好进入混沌区。■

奇怪吸引子的放大

在一系列惊人的点中，埃农第一次给出了奇怪吸引子分形结构的直观可视图。他选取 $a = 1.4$、$b = 0.3$ 对式（1）经过一万次逐次迭代得到吸引子。读者自己必须尝试着对这一过程进行计算机模拟。这一影响很怪异——点 (x_n, y_n) 无规律地跳转，之后便开始形成吸引子，"就像雾中出现的鬼魂一样"（Gleick 1987，第 150 页）。

吸引子的弯曲程度就像一个回旋飞镖，由许多平行曲线组成（见图 12.2.3a）。

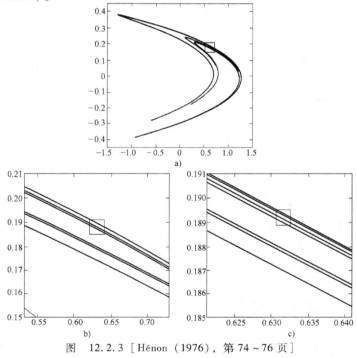

图　12.2.3　[Hénon（1976），第 74 ~ 76 页]

图 12.2.3b 所示是对图 12.2.3a 中正方形区域的放大，可见吸引子的微型结构特征开始显现，正方形中包含 6 条平行曲线：正方形的中间部分有 1 条曲线，这条曲线的上面有 2 条紧密靠近的曲线，再往上是 3 条。如果对最上面 3 条曲线聚焦（见图 12.2.3c），会发现仍然有 6 条清晰的曲线，1 条一组，2 条一组，3 条一组，和上面的一样！

并且这些曲线的组成结构都相同，每一个任意小的区域都具有同样的自相似性。

鞍点的不稳定流形

图 12.2.3 中表明埃农吸引子在横向方向上是类似康托尔集的，但是在纵向方向上是光滑的。对于这一结果有如下一个原因，吸引子与局部光滑物质——吸引子边上鞍点的不稳定流形紧密相关。更精确地，Benedicks 和 Carleson（1991）证明了吸引子是不稳定流形分支上的闭包，见 Simó（1979）的论述。

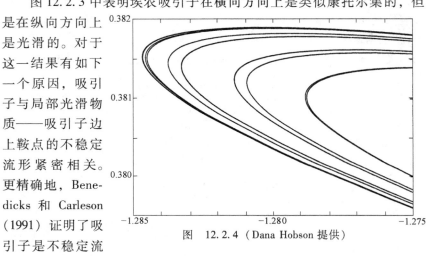

图 12.2.4 （Dana Hobson 提供）

霍布森（Hobson）于 1993 年研究得到了计算不稳定流形的高精确性方法。正如预期的那样，不稳定流形与奇怪吸引子是无法区分的。霍布森也对埃农吸引子中某些不太相似的部分进行放大，其中一些就像土星的光环（见图 12.2.4）。

12.3 若斯勒系统

到目前为止，我们已经采用二维映射来理解如何通过拉伸和折叠得到奇怪吸引子，现在我们回到微分方程组。

依照糕点映射和面包师映射的烹饪想法，奥托·若斯勒（1976）在类似太妃糖的拉伸器上得到了灵感。通过思考其中的作用，他得到了一个具有比洛伦兹系统更简单的奇怪吸引子的三维微分方程组。**若斯勒系统**只有一个二次非线性项 xz：

$$\dot{x} = -y - z$$
$$\dot{y} = x + ay \qquad (1)$$
$$\dot{z} = b + z(x - c)$$

我们第一次提到这个系统是在 10.6 节中，我们知道随着 c 的增加，系统从倍周期变为混沌。数值积分表明当 $a = b = 0.2$，$c = 5.7$ 时，系统具有奇怪吸引子（见图 12.3.1）。

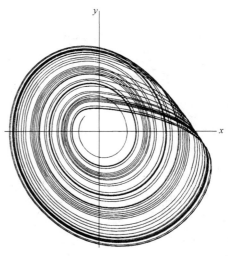

图 12.3.1

图 12.3.2 中给出了吸引子的图解。相邻轨线螺旋式射出（"拉伸"），然后在没有交点的情况下交叉进入第三维度（"折叠"），接着循环回到出发点的附近（"回归"）。现在我们知道为什么流形变成混沌需要三维空间。

下面利用 Abraham 和 Shaw（1983）给出的可视化方法详细考虑吸引子图。我们的目标就是通过观察系统数值积分过程中的拉伸、折叠和回归，建立若斯勒系统的几何模型。

图 12.3.3a 中给出了一条轨线附近的流，在轨线的一侧流向吸引子收缩，而另一侧的流形则沿着吸引子向外扩散。

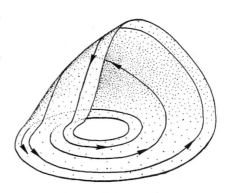

图 12.3.2 ［Abraham 与 Shaw（1983），第 121 页］

图 12.3.3b 中强调了对初值的敏感依赖性，随着拉伸的发生流向外扩张开来，接着流折叠成两部分，同时变得弯曲，从而在狭窄的部分几乎重叠（见图 12.3.4a）。总而言之，一个回路之后，流将一个曲面变成两个曲面，重复这一过程，两个变成四个（见图 12.3.4b），然后变成八个（见图 12.3.4c），以此类推。

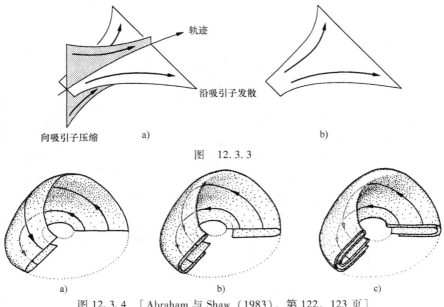

图 12.3.3

图 12.3.4 ［Abraham 与 Shaw（1983），第 122、123 页］

事实上，这里的流类似于糕点转换，相空间相当于面团！最终，流产生一个无限复杂的紧密的表面：奇怪吸引子。

图 12.3.5 中给出了吸引子的**庞加莱截面**。我们用一个平面切吸引子，从而得到其横截面。（同样地，生物学家也运用平面切割的方法研究三维的复杂结构。）如果我们进一步地运用一维的或者洛伦兹截面切割庞加莱截面，就会得到一个由不同尺寸裂缝分离的无限集。

具有这类点和裂缝的结构即为拓扑康托尔集。因为每一个点都代表着一层，模型中的若斯勒吸引子就是一个曲面康托尔集。更确切地说，吸引子在局部拓扑上相

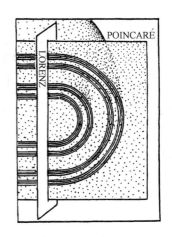

图 12.3.5 ［Abraham 与 Shaw，第 123 页］

当于条形与康托尔集的笛卡儿积。这正是根据前期糕点映射，我们研

究的预期的结构。

12.4　化学混沌与吸引子重构

　　在本节中，我们会描述一些漂亮的 Belousov-Zhabotinsky 化学反应。结果表明奇怪吸引子不仅存在于数学中，而且确实存在于自然界中。想要了解更多的化学混沌，请参阅 Argoul 等的论述（1987）。

　　在 BZ 反应中，丙二酸在酸性介质中被溴酸盐离子氧化，不管有无催化剂（通常是铈或者亚铁离子）。众所周知，1950 年之后这个反应就表现出极限环震荡，就像在 8.3 节中讨论的那样。到 20 世纪 70 年代，探究在合适的条件下，BZ 反应是否能变成混沌已经成了自然而然的事情。化学混沌由 Schmitz、Graziani 和 Hudson（1977）首次提出，但是他们的结论仍具有怀疑的空间——一些化学家假设观察到的复杂动态也有可能是由参数选择的不确定性引起的。需要的是证明这个动力学服从混沌的规律。

　　Roux、Simoyi、Wolf 和 Swinney 的工作确定了化学混沌的真实性（Simoyi 等 1982，Roux 等 1983）。他们做了一个关于 BZ 反应的"连续流搅拌釜反应器"的实验。在这个标准设置中，新注入的化学物质通过反应堆以恒定速率补充反应物并保持系统远离平衡，流速则作为一个控制参数。反应也在不断地搅拌混合化学物质。这一过程对空间的均匀性具有强制性，以减少有效自由度的数量。这种反应的行为可以通过测量 $B(t)$（即溴离子的浓度）来加以观测。

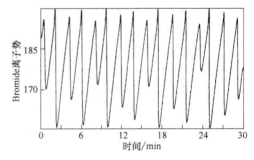

图 12.4.1　[Roux 等（1983），第 258 页]

　　图 12.4.1 给出了 Roux 等（1983）测量得到的时间序列。乍一看这个时间序列是周期性的，但是实际上它不是周期性的。Roux 等（1983）辩称这种非周期性对应着奇怪吸引子上的混沌运动，并且这不是实验的缺陷造成的随机行为。

最初，他们的论点被认为是不可思议的。从听众的角度出发——鉴于只能测量得到一个时间序列 $B(t)$，你怎么能证明一个潜在奇怪吸引子的存在？似乎没有足够的信息。理想情况下，你想同时测量所有参与反应的化学物种的不同浓度来描述相空间中的运动特征。但这几乎是不可能的，因为至少有 20 种化学物种，更不用说那些未知的了。

Roux 等（1983）开发了一个令人惊奇的数据分析技术，现在称为**吸引子重构**［Packard 等（1980），Takens（1981）］。按照他们声称的，对于由吸引子确定的系统，整个相空间中的动力学可以通过测量一个时间序列进行重构！因为这个单一变量提供了包含其他变量的充分多的信息。这个方法是借助于时间延迟而得到的。例如，定义一个时间延迟为 $\tau > 0$ 的二维向量 $\boldsymbol{x}(t) = (B(t),$ $B(t+\tau))$，那么时间序列 $B(t)$ 在二维相空间中产生一个轨迹 $\boldsymbol{x}(t)$。图 12.4.2 中给出了采用图 12.4.1 中的数据以及 $\tau = 8.8\mathrm{s}$ 时这一过程

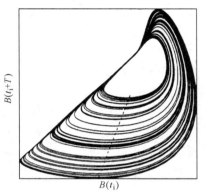

图 12.4.2　［Roux 等（1983），第 262 页］

的结果。实验数据描绘出一个奇怪吸引子，看起来很像若斯勒吸引子。

Roux 等（1983）通过定义三维向量 $\boldsymbol{x}(t) = (B(t), B(t+\tau), B(t+2\tau))$，也研究了三维空间中的吸引子。为了获得吸引子的庞加莱截面，他们计算了轨道 $x(t)$ 与一个适当截面的交点（如图 12.4.2 中的虚线投影所示）。在实验解析中，数据落在了一维曲线上。因此，混沌轨迹大约被局限于一个二维表。

Roux 等接着构造了一个近似的一维映射来支配吸引子的动力学。令 X_1, X_2, $\cdots$, X_n, X_{n+1}, $\cdots$ 表示 $B(t+\tau)$ 在轨迹 $x(t)$ 经过图 12.4.2 中的虚线部分中的那些点的值。X_{n+1} 与 X_n 的曲线见图 12.4.3。在实验结果中，数据落在一个光滑的一维映射上。这证实了观察到的非周期行为是由确定性规律支配的：给定 X_n，映射就唯一决定了 X_{n+1}。

　　此外，映射与逻辑斯谛映射类似是单峰的。这表明图 12.4.1 中的混沌状态可能是通过倍周期分岔而得到的。事实上，实验发现了这样的倍周期现象［Coffman 等（1987）］，如图 12.4.4 所示。

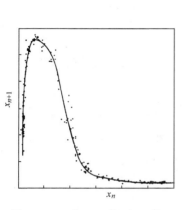

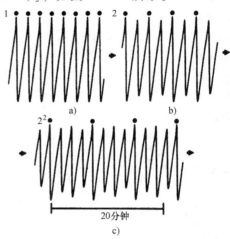

图 12.4.3 ［Roux 等（1983），
第 262 页］

图 12.4.4 ［Coffman 等（1987），
第 123 页］

　　最后的研究是证明化学系统遵循 U 序列预期的单峰映射（10.6节）。在混沌最初所发生的区域之后，Roux 等（1983）观察到许多不同的周期窗口。尽管流形是不同的，根据普适性理论，周期性状态发生的准确顺序可以被预测。

　　总结起来，这些结果表明确定性的混沌发生在非平衡的化学系统中。最引人注目的是，就一维角度来讲这些结果（在很大程度上）是可以理解的，尽管化学动力学至少是 20 维的。这就是普适性理论的力量。

　　但是我们也不要得意忘形，普适性理论只适用于吸引子是二维的表面。这种较低维度的结果是来自于连续搅拌反应以及强劲的耗散动力学本身。更多维的现象是化学振荡，超出了这一理论的范畴。

吸引子重构的评价

　　Roux 等（1983）分析的关键是吸引子重构。实现这种方法至少要担心两个问题。

第一，如何选择**嵌入维度**，例如延迟的大小？时间序列应该转换成包含两部分的向量，还是包含三部分或者更多？大致来讲，延迟需要足够大以确保在相空间中的潜在吸引子能够不再缠绕。通常的方法是增加嵌入维数，然后计算产生的吸引子的相关维数。计算值会不断增加，直到嵌入维数足够大。此外，对于吸引子和估计的相关维数留有足够的使"真实"值趋于平稳的空间。

不幸的是，一旦嵌入维数太大，该方法就不可用，相空间的稀疏数据就会导致统计抽样问题。这限制了我们对高维吸引子的维数的估算能力。关于进一步的讨论，见 Grassberger 和 Procaccia（1983）、Eckmann 和 Ruelle（1985），以及 Moon（1992）的论述。

第二，时间延迟 τ 的最优值选择问题。对真实数据（通常会被噪声影响），最优值通常是吸引子周围的平均轨迹周期的十分之一到二分之一。详细请见 Fraser 和 Swinney（1986）的论述。

下面简单的例子说明为什么有些延迟比其他的更好。

例题 12.4.1

假设一个具有极限环吸引子的实验系统，考虑到它有一个时间序列的变量 $x(t) = \sin t$，对不同的 $\boldsymbol{x}(t) = (x(t), x(t+\tau))$ 值，画出带有时滞的轨迹 τ，如果数据是混沌的，那么 τ 的值哪个最好？

解：图 12.4.5 中给出了当 τ 取三个不同值时的轨迹 $\boldsymbol{x}(t)$。当 $0 < \tau < \dfrac{\pi}{2}$ 时，轨迹是一个沿坐标轴对角线方向的椭圆（见图 12.4.5a）；

当 $\tau = \dfrac{\pi}{2}$ 时，$x(t)$ 的轨迹是一个圆（见图 12.4.5b），这是很容易理

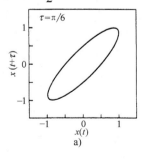
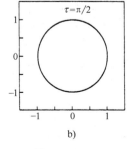
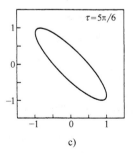

图　12.4.5

解的，因为 $x(t) = \sin t, y(t) = \sin\left(t + \dfrac{\pi}{2}\right) = \cos t$，这些都是圆的参数方程；当 τ 更大时，轨迹也是一个椭圆，但是这时的椭圆沿着直线 $y = -x$ 的方向（见图 12.4.5c）。

注意，在每种情况下我们都给出了一个封闭曲线，这是一个系统潜在吸引子的拓扑重建（一个极限环）。

对于这个系统，最优延迟为 $\tau = \dfrac{\pi}{2}$，即四分之一的自然周期轨道，因为重构吸引子被尽可能地"打开"。狭窄的雪茄形状的吸引子更容易因为噪声而变得模糊。■

在练习题中，会要求你使用洛伦兹和若斯勒吸引子中的准周期数据及时间序列数据做类似的校准方法。

许多人认为吸引子的信息可以从单个时间序列中提取是不可思议的，该方法甚至给埃德·洛伦兹留下了很深的印象。非线性动力学的发展令他感到惊讶，在我的动力学课上，邀请他对这一方法命名时，他援引了吸引子重构。

原则上，吸引子重构能够区分出低维的混沌与噪声：随着嵌入维数的增加，相关维数的计算超出了计算混沌的水平，但噪声不断增加（例子见 Eckmann 和 Ruelle（1985）的论述）。有了这种技术，许多乐观主义者都问这样的问题，有无证据确定股票市场价格、脑电波、心律或者太阳黑子中的混沌？如果有，可能会有简单的规律待发现（在股市创造财富的情况下）。注意：这些研究大多是不可靠的。对于更细致的讨论，以及区分混沌和噪声的高水平方法见 Kaplan 和 Glass（1993）的论述。

12.5　受迫双井振子

到目前为止，所有的奇怪吸引子的例子都来自于自治系统，即在控制方程中没有显式的时间依赖。当考虑强迫振荡器和其他非自治系统时，奇怪吸引子开始到处出现。这就是为什么直到现在我们都忽略了驱动系统——我们只是没有简单的工具来处理它们。

本节提供了出现特定强迫振荡的一些现象，受迫双井振荡器是由康奈尔大学的 Francis Moon 和他的同事们研究得到的。关于这个系统的更多信息，见 Moon 和 Holmes（1979）、Holmes（1979）、Guckenheimer 和 Holmes（1983）、Moon 和 Li（1985），以及 Moon（1992）的论述。对于受迫非线性振动主题的介绍，见 Jordan 和 Smith（1987）、Moon（1992）、Thompson 和 Stewart（1986）以及 Guckenheimer 和 Holmes（1983）的论述。

磁弹性机械系统

Moon 和 Holmes（1979）研究了图 12.5.1 中所示的机械系统。

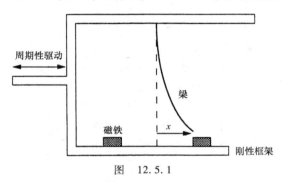

图　　12.5.1

将一根细长的钢梁夹在刚性的框架中，上端固定。底座上的两个永久磁铁将钢梁往相反的方向拉。磁铁的磁性很强，使钢梁弯向任意一边。每种情况都是局部稳定的。这些弯曲的状态由对应着不稳定平衡点的能量壁垒分开，而在不稳定平衡点处，钢梁是直的，位于两磁铁的中间位置。

想要驱动系统改变它的稳定平衡，利用电磁激振器撞击整个装置。目的是研究以 $x(t)$ 为度量的钢梁的受迫振动，这里的 $x(t)$ 代表着钢梁末端偏离两磁铁中线的距离。

对于较弱的驱动力，可以看到钢梁轻微振动，然后停在某个磁铁附近，但是随着驱动力慢慢增加，出现一个突变点，钢梁开始随机地来回晃动。可以观察到，这种不规则的运动将一直持续达数小时——驱动周期的数万倍。

双井模拟

磁弹性系统是广泛的一类驱动双稳态系统的代表。一个简单的可视化系统是双井势能中的阻尼粒子（见图 12.5.2）。这里的两个井对应着两个钢梁的变形状态，被 $x=0$ 处的驼峰分开。

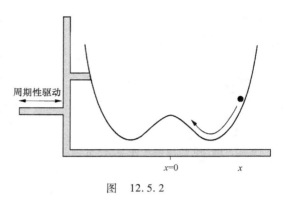

图 12.5.2

假设井被周期性地摇来摇去，根据物理学，我们能得出什么结论？如果摇晃很微弱，粒子将保持在井的底部附近轻微抖动；对于强振动，粒子晃动的距离变得更大。我们可以想象，在井的底部有（至少）两种稳定振荡，一种是小幅度的、低能的振荡，另一种是大幅度的、高能的振荡。先对一个井抽样然后是另一个。这些振荡之间的选择可能取决于初始条件，最后，当振荡很强时，对于任何的初始条件，粒子都将来回经过驼峰。

我们也可以预见到一个似乎很复杂的中间状态，如果粒子没有足够的能量爬到峰的顶部，并且强迫力和阻尼能平衡这个系统使之处在不确定的状态，那么粒子可能有时以一种方式下降，有时以另一种方式下降，这取决于强迫力作用的精确时间。这种情况下似乎存在混沌。

模型与模拟

Moon 和 Holmes（1979）用无量纲方程对他们的系统进行建模。

$$\ddot{x} + \delta\dot{x} - x + x^3 = F\cos\omega t \tag{1}$$

式中，$\delta > 0$ 为阻尼常数，F 为力，ω 为强迫频率。式（1）也可看作在具有形式为 $V(x) = \dfrac{1}{4}x^4 - \dfrac{1}{2}x^2$ 的双井势能下的粒子的牛顿定律。在两种情况下，强迫力 $F\cos\omega t$ 都是来自坐标系统振荡的惯性力。x 定义为相对于移动框架的位移，不是实验室框架。

式（1）的数学分析需要全局分岔理论的一些先进技术，见

Holmes（1979） 的论述或者 2.2 节中的 Guckenheimer 和 Holmes
（1983） 的论述。我们的目标是通过数值模拟洞察式（1）。

在下面所有的模拟中，$\delta = 0.25$，$\omega = 1$，而强迫强度 F 的值不同。

例题 12.5.1

通过对 $x(t)$ 作图，证明 $F = 0.18$ 时，式（1）具有一些稳定极限环。

解：使用数值积分，我们得到时间序列见图 12.5.3。

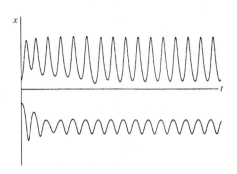

图　12.5.3

方程的解直接收敛到周期解。除了这里展示的以外还有另外两个
极限环，可能还会有其他极限环，但是很难检测到。物理上，所有的
这些解都对应着局限于一个井的振荡。■

下面这个例子说明对于很大的强迫力，系统的动力学变得更加
复杂。

例题 12.5.2

当 $F = 0.40$，初始条件 $(x_0, y_0) = (0, 0)$ 时，计算 $x(t)$ 和速
度 $y(t) = \dot{x}(t)$，并画出 $x(t)$ 与 $y(t)$ 的图像。

解：$x(t)$ 与 $y(t)$ 的非周期现象（见图 12.5.4）说明系统是混
沌的，至少对于这些初始值是混沌的。注意 x 反复变化，粒子也反复
穿过驼峰，这和我们对强迫力的预期一致。

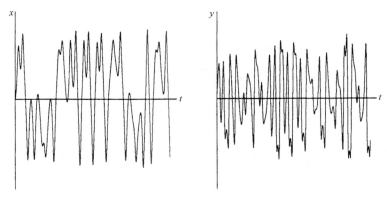

图　12.5.4

$x(t)$ 与 $y(t)$ 的图像非常凌乱且难以解释（见图 12.5.5）。■

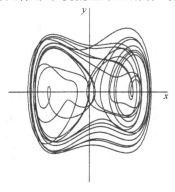

图　12.5.5

注意，图 12.5.5 中不是一个真正的相图，因为系统是非自治的。像我们在 1.2 节中提到的那样，系统的状态由 (x, y, t) 决定，而不仅仅是 (x, y)，因为三个变量在计算系统随后的演化时都会用到。图 12.5.5 中可看成三维轨线在二维平面上的投影。投影的复杂外观就是典型的非自治系统。

更多的了解可以通过添加**庞加莱截面**获得。通过对 $(x(t), y(t))$ 画图，其中 t 是 2π 的整倍数，在物理上，我们在每一个驱动周期内同一相位上给系统一个"脉冲"。图 12.5.6 中展示了例题 12.5.1 中系统的庞加莱截面。

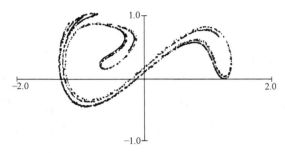

图 12.5.6 ［Guckenheimer 与 Holmes（1983），第 90 页］

现在纠缠自行消失——所有点都落在一个分形集合内，我们解释为式（1）中奇怪吸引子的一个横截面。连续点 $(x(t),y(t))$ 在吸引子上不规律地跳动，并且系统展示出了对初始条件的敏感依赖性，就像我们所期望的结果。

这些结果表明在钢梁实验中模型能够提供持续的混沌。图 12.5.7 表明实验数据（见图 12.5.7a）与数值模拟得到的数据（见图 12.5.7b）定性一致。

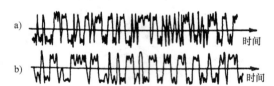

图 12.5.7 ［Guckenheimer 与 Holmes（1983），第 84 页］

瞬态混沌

尽管方程（1）没有奇怪吸引子，但它仍然表现出复杂的动力学（Moon 和 Li 1985）。例如，考虑两个或两个以上稳定极限环共存的情况，那么正如下一个例子所示的那样，在系统稳定下来之前具有瞬态混沌，并且最终状态敏感依赖初始条件的选择（Grebogi 等 1983b）。

例题 12.5.3

对于 $F = 0.25$，在最后出现不同的周期吸引子之前，找出两条出现瞬态混沌的相近轨线。

解：为了找到合适的初始条件，我们可以使用反复试验或者猜测图 12.5.6 中奇怪吸引子附近可能发生的瞬态混沌。例如，初始条件 $(x_0，y_0) = (0.2，0.1)$ 得到图 12.5.8a 中的时间序列。

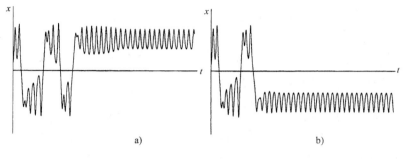

图　12.5.8

经过瞬态混沌后，方程的解趋向于周期状态且 $x > 0$。物理上，这个解描述了一个粒子在沉到右边底部之前，在驼峰上来回几次振荡。但是，如果将 x_0 稍微改变成 $x_0 = 0.195$，最终粒子会在左边振荡（见图 12.5.8b）。■

分形域边界

例题 12.5.3 表明，预测系统的最终状态是非常困难的，尽管这个状态很简单。这种对初始条件的敏感性通过下面的图解法更加生动地表达了出来。在一个 900×900 的表格中，每个初始条件都根据其未来变化进行着色。如果轨线从 $(x_0，y_0)$ 开始，到右边井结束，我们就放一个蓝色的点，相反就放一个红色的点。

色板 3 表示方程（1）的计算机生成结果，对于两个吸引子蓝色和红色区域实质上是两个吸引域的横截面。色板 3 显示了大斑块中的点都是红色的，其他的点都是蓝色的。然而，初始条件的细微改变，将最终导致状态的交替。事实上，如果将这些区域放大，我们会看到红色和蓝色在任意小尺度上的混合现象。因此盆地的边界是一个分形。在盆地边界的附近，长期预测在本质上是不可能的，因为系统的最终状态对初始条件的变化十分敏感（色板 4）。

第 12 章　练习题

12.1　简例

12.1.1　（非耦合线性映射）考虑线性映射 $x_{n+1} = ax_n$，$y_{n+1} = by_n$，其中 a、b 为实参数。根据 a 和 b 的符号与大小，画出原点附近轨迹的所有可能形式。

12.1.2　（稳定性准则）考虑线性映射 $x_{n+1} = ax_n + by_n$，$y_{n+1} = cx_n + dy_n$ 其中 a、b、c、d 为实参数。求出确保原点全局渐近稳定的参数条件。即对于所有的初始条件，当 $n \to \infty$ 时，$(x_n, y_n) \to (0, 0)$。

12.1.3　绘出图 12.1.4 中面包师映射经过再一次迭代后的脸。

12.1.4　（垂直缝隙）令 B 为 $a < \dfrac{1}{2}$ 的面包师映射。图 12.1.5 中显示了由不同大小的垂直缺口分开的水平条组成的集合 $B^2(S)$。

a）找出集合 $B^2(S)$ 中最大和最小缺口的值。

b）对于 $B^3(S)$ 重做 a）部分。

c）最后，对一般性的 $B^n(S)$，回答上述问题。

12.1.5　（保积面包师映射）研究在保积情形 $a = \dfrac{1}{2}$ 下，面包师映射的动力学。

a）给定 $(x, y) = (0.a_1a_2a_3\cdots, 0.b_1b_2b_3\cdots)$ 是正方形中任意点的二进制表达，写出 $B(x, y)$ 的二进制表达。（提示：答案应该看起来漂亮。）

b）利用 a）或者其他方法，证明 B 具有周期-2 轨，并在单位正方形中标出其位置。

c）证明 B 具有可数多的周期轨道。

d）证明 B 具有不可数多的非周期轨道。

e）是否存在稠密轨？如果存在，准确写出其中的一条，如果没有，解释原因。

12.1.6　在计算机上研究 $a = \dfrac{1}{2}$ 情况下的面包师映射。以一个随机的初始条件开始，画出前十次迭代并标出它们。

12.1.7　（斯梅尔马蹄）图 1 中阐明了众所周知的**斯梅尔马蹄映射**〔Smale（1967）〕。

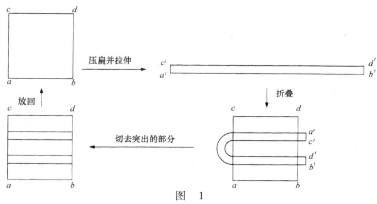

图　　1

注意这个映射与图 12.1.3 所示的有明显的区别不同：这里的马蹄超出了原始正方形的边。超出的部分在下一个迭代过程之前将被剪掉。

a）图 1 右下方的正方形中包含两个水平的条形阴影区域。找出原正方形中被映射到这些条中的点。（这些点就是经过一次迭代而保存下来的点，这意味着它们始终保持在正方形中。）

b）证明经过下一轮映射后，右下方的正方形包含四个水平条。找出它们来自于原始正方形中的哪些点。（这些点是经过二次迭代后存活下来的点。）

c）描述原始正方形中能够永远存活下来的点的集合。

马蹄自然而然地出现在微分方程的瞬态混沌分析中。粗略地讲，这类系统的庞加莱映射可以近似为马蹄。在这一时间内，轨道保持在与上述正方形对应的一个固定区域内，映射的拉伸和折叠产生了混沌。然而，几乎所有的轨道最终都映射到这一区域的外面（映射到"超出部分"），然后它们逃到相空间中的远处；这就是为什么混沌只是瞬态的。对于马蹄的数学介绍见 Guckenheimer 和 Holmes（1983）或 Arrowsmith 和 Place（1990）。

12.1.8（埃农的保面积二次映射）映射

$$x_{n+1} = x_n\cos\alpha - (y_n - x_n^2)\sin\alpha$$
$$y_{n+1} = x_n\sin\alpha + (y_n - x_n^2)\cos\alpha$$

阐明了保面积映射的许多非凡的性质 ［Hénon（1969，1983）］。这里 $0 \leqslant \alpha \leqslant \pi$ 是一个参数。

a）验证这个映射是保面积的。

b）求逆映射。

c）对于不同的 α 在计算机上探讨其映射。例如，试着取 $\cos\alpha = 0.24$ 使用正方形 $-1 \leqslant x、y \leqslant 1$ 中的初始条件。你应该能够找出一个环绕周期-5 环中五个点的五个岛的链。然后，在点 $x = 0.57$，$y = 0.16$ 的附近放大。你会看到更小的岛，甚至可能更小的岛环绕着它们！复杂性延伸到越来越细的尺度。如果你将参数修正为 $\cos\alpha = 0.22$，你仍会看到显著的五个岛的链，只是它现在由一个明显的**混沌海**所包围。这种有序与混沌的混合是保面积映射（以及哈密顿系统，与它们相对应的持续部分）的典型特征。

12. 1. 9（标准映射）映射

$$x_{n+1} = x_n + y_{n+1}, y_{n+1} = y_n + k\sin x_n$$

被称为**标准映射**，因为它出现在许多不同的物理领域中，从周期性的反冲振荡器的动力学到广泛的振动领域中带电粒子扰动的运动 ［Jensen（1987），Lichtenberg 和 Lieberman（1992）］。变量 x、y 和控制方程都是以模为 2π 表示。非线性参数 $k \geqslant 0$ 用于测量系统受驱动的困难程度。

a）证明对于所有的 k，这个映射是保面积的。

b）对于 $k = 0$ 画出各种轨道。（这对应于系统的可积极限。）

c）利用计算机，画出 $k = 0.5$ 的相图。大部分的轨道应该看起来仍然是规则的。

d）证明对于 $k = 1$，相图包含岛和混沌。

e）证明对于 $k = 2$，混沌海吞并了几乎所有的岛屿。

12. 2 埃农映射

12. 2. 1 证明乘积映射 $T'''T''T'$ 等价于式（12.2.1），文中有过此强调。

12. 2. 2 证明 T' 与 T''' 的变换是保面积的，但 T'' 不是。

12.2.3 利用椭圆形而不是矩形作为测试形状重画图 12.2.1。

a) 绘出在映射 T'、T''、T''' 下椭圆形的完整图像。

b) 将椭圆形进行参数化表示，并在计算机上画出其精确图像。

下面三个练习题用于处理埃农映射的不动点。

12.2.4 找出埃农映射的所有不动点，并证明它们存在当且仅当 $a > a_0$，其中 a_0 待定。

12.2.5 计算埃农映射的雅可比矩阵并找出其特征值。

12.2.6 一个映射的不动点是线性稳定的当且仅当雅可比矩阵的所有特征值满足 $|\lambda| < 1$。确定埃农映射不动点的稳定性，是一个关于 a 和 b 的函数。证明对于稍大于 a_0 的 a，其中的一个不动点永远是不稳定的，而其他的是稳定的。证明这个不动点在 $a_1 = \frac{3}{4}(1-b)^2$ 发生 flip 分岔（$\lambda = -1$）失去稳定性。

12.2.7 （周期-2 环）考虑 $-1 < b < 1$ 的埃农映射。证明对于 $a > a_1 = \frac{3}{4}(1-b)^2$，映射具有周期-2 环。当 a 等于多少时具有稳定的周期-2 环？

12.2.8 （数值实验）数值计算对于 a 的其他值埃农映射会发生什么变化，始终保持 $b = 0.3$。

a) 证明会出现倍周期，在 $a \approx 1.06$ 时出现混沌。

b) 描述 $a = 1.3$ 对应的吸引子。

12.2.9 （埃农映射的不变集）考虑标准参数值为 $a = 1.4$，$b = 0.3$ 时的埃农映射 T。令 Q 表示四个点坐标分别为 $(-1.33, 0.42)$，$(1.32, 0.133)$，$(1.245, -0.14)$ 和 $(-1.06, -0.5)$ 的四边形。

a) 绘制 Q 和它的像 $T(Q)$。（提示：利用线段的参数方程表示 Q 的边。这些线段映射为抛物线中的弧线。）

b) 验证 $T(Q)$ 包含于 Q。

12.2.10 埃农映射的某些轨道将逃逸到无穷远。找出一条你能证明其发散的轨道。

12.2.11 证明对于某个选定的参数，埃农映射缩小为一个有效的一维映射。

12.2.12 假设改变 b 的符号，动力学上是否有所差别？

12.2.13 （计算机设计）探索保面积埃农映射（$b=1$）。

下面的练习题用于处理 **Lozi 映射**

$$x_{n+1} = 1 + y_n - a \mid x_n \mid ,\, y_{n+1} = bx_n$$

其中，a，b 为实参数，且 $-1 < b < 1$ [Lozi（1978）]。注意它与埃农映射的相似性。Lozi 映射作为第一个被证明具有奇怪吸引子的系统是值得关注的 [Misiurewicz（1980）]。这后来由埃农映射 [Benedicks 和 Carleson（1991）] 和洛伦兹方程组 [Tucker（1999, 2002）] 实现。

12.2.14 以图 12.2.1 所示的类型，绘出 Lozi 映射下正方形的图像。

12.2.15 证明如果 $-1 < b < 1$，Lozi 映射面积收缩。

12.2.16 找出 Lozi 映射的不动点并分类。

12.2.17 找出 Lozi 映射的 2-周期轨并分类。

12.2.18 数值证明当 $a=1.7$，$b=0.5$ 时，Lozi 映射具有一个奇怪吸引子。

12.3 若斯勒系统

12.3.1（数值实验）从数值上探索若斯勒系统。固定 $b=2$，$c=4$，然后 a 以小步从 0 增加到 4。

a）找出霍普夫分岔以及第一次倍周期分岔时 a 的近似值。

b）对于每一个 a，使用看起来不错的投影绘出吸引子。同时画出时间序列 $z(t)$。

12.3.2 （分析）求出若斯勒系统的不动点，并陈述它们何时存在。试图对它们进行分类。对于固定的 a、b，画出 x^* 相对于 c 的部分分岔图。你能找到这个系统的一个捕获区域吗？

12.3.3 勒斯勒系统只具有一个非线性项，并且比具有两个非线性项的洛伦兹系统更难分析。什么使得勒斯勒系统不容易处理？

12.4 化学混沌与吸引子重构

12.4.1 证明当 $0 < \tau < \dfrac{\pi}{2}$ 时，图 12.4.5 中的时滞轨迹沿着椭圆运动。

12.4.2 （准周期数据）对于不同的 τ 值，对于信号 $x(t) = 3\sin t$

$+\sin(\sqrt{2}t)$，画出时滞轨迹 $(x(t),x(t+\tau))$。重构的吸引子是否以期望的圆环形出现？τ 的哪个值最优？在三维嵌入空间中即使用 $(x(t),x(t+\tau),x(t+2\tau))$ 重复这一过程。

12.4.3 对 $a=0.4$，$b=2$，$c=4$ 的若斯勒系统数值积分，获得一个关于 $x(t)$ 的长时间序列。然后，对于不同的时间延迟使用吸引子重构方法并画出 $(x(t),x(t+\tau))$。找出使得重构吸引子看起来与实际的若斯勒吸引子相似的 τ 值。τ 如何与典型的系统轨道周期相比较？

12.4.4 对标准参数为 $r=28$，$b=8/3$，$\sigma=10$ 的洛伦兹系统重做上面的练习题。

12.5 受迫双井振子

12.5.1 （非受迫振子域）在 $F=0$ 的非受迫情形下，绘制弱阻尼双井振子的域。它们的形状如何依赖于阻尼的大小？当阻尼趋于零时此域会发生什么变化？这对于非受迫系统的预测性意味着什么？

12.5.2 （混沌与极限环共存）考虑参数为 $\delta=0.15$，$F=0.3$ 和 $\omega=1$ 的双井势振子。通过数值计算证明这个系统至少具有两个吸引子共存：一个大的极限环和一个较小的奇怪吸引子。在庞加莱截面中画出它们。

12.5.3 （Ueda 吸引子）考虑 $k=0.1$，$B=12$ 的系统 $\ddot{x}+k\dot{x}+x^3=B\cos t$。数值证明这个系统具有一个奇怪吸引子，并在庞加莱截面中画出。

12.5.4 （阻尼摆中的混沌）考虑 $b=0.22$，$F=2.7$ 的受迫摆 $\ddot{\theta}+b\dot{\theta}+\sin\theta=F\cos t$ [Grebogi 等（1987）]。

a）以任何合理的初始条件开始，使用数值积分计算 $\dot{\theta}(t)$（公式错了？）。证明时间序列有一个古怪的外表，并且根据摆的运动进行解释。

b）在庞加莱截面中画出 $t=2\pi k$ 时的系统，其中 k 为整数。

c）对（b）中找到的奇怪吸引子进行部分缩放。放大一个能够显示吸引子中类似康托尔交叉的区域。

12.5.5 （阻尼摆中的分形域边界）考虑上面练习题中的摆，但

是现在令 $b=0.2$，$F=2$ ［Grebogi 等 （1987）］。

a）证明在庞加莱截面中存在两个稳定的不动点。描述每种情况下相应的摆的运动。

b）计算每一个不动点的域。使用一个合理的细网格的初始条件，然后积分每一部分直到轨迹趋于其中的一个不动点。（你将需要建立一个准则来描述是否发生收敛。）证明域之间的边界类似于一个分形。

部分练习题答案

第 2 章

2.1.1 当 $x^* = n\pi$ 时，n 为整数，$\sin x = 0$

2.1.3 （a） $\ddot{x} = \dfrac{\mathrm{d}}{\mathrm{d}t}(\dot{x}) = \dfrac{\mathrm{d}}{\mathrm{d}t}(\sin x) = (\cos x)\dot{x} = \cos x \sin x = \dfrac{1}{2}\sin 2x$

2.2.1 $x^* = 2$，不稳定；$x^* = -2$，稳定

2.2.10 （a） $\dot{x} = 0$ （b） $\dot{x} = \sin \pi x$ （c） 不可能：任意两个稳定不动点之间，必有一个不稳定的（假设向量场是光滑的）。（d） $\dot{x} = 1$

2.2.13 （a） $v = \dfrac{rm}{k}\left(\dfrac{\mathrm{e}^{rt} - \mathrm{e}^{-rt}}{\mathrm{e}^{rt} + \mathrm{e}^{-rt}}\right)$，其中 $r = \sqrt{gk/m}$。（b） $\sqrt{mg/k}$

（d） $V_{\text{平均}} = 29300/116 \approx 253\,\mathrm{ft/s} = 172\,\mathrm{mph}$ （e） $V \approx 265\,\mathrm{ft/s}$

2.3.2 $x^* = 0$，不稳定；$x^* = k_1 a/k_{-1}$，稳定

2.4.5 $x^* = 0$，$f'(x^*) = 0$，通过图形分析是半稳定的

2.4.6 $x^* = 1$，$f'(x^*) = 1$，不稳定

2.5.1 $(1-c)^{-1}$

2.5.6 （a）质量守恒——由孔流过的水的体积等于从桶流出的水的体积。令这两个体积关于时间的导数相等，得 $av(t) = A\dot{h}(t)$。（b）势能的变化 $= [\Delta m]gh = [\rho A(\Delta h)]gh = $ 动能变化 $= \dfrac{1}{2}(\Delta m)v^2 = \dfrac{1}{2}(\rho A \Delta h)v^2$，因此 $v^2 = 2gh$。

2.6.2 一方面，$\displaystyle\int_t^{t+T} f(x)\dfrac{\mathrm{d}x}{\mathrm{d}t}\mathrm{d}t = \int_{x(t)}^{x(t+T)} f(x)\,\mathrm{d}x = 0$。第一个等号遵

循链式法则，第二个是根据假设 $x(t) = x(t + T)$。另一方面，通过假设 $T > 0$ 且 $\dfrac{\mathrm{d}x}{\mathrm{d}t}$ 不完全消失，得 $\displaystyle\int_t^{t+T} f(x)\dfrac{\mathrm{d}x}{\mathrm{d}t}\mathrm{d}t = \int_t^{t+T}\left(\dfrac{\mathrm{d}x}{\mathrm{d}t}\right)^2\mathrm{d}t > 0$。

2.7.5 $V(x) = \cosh x$；平衡点 $x^* = 0$，稳定

2.8.1 方程是与时间无关的，所以斜率仅由 x 确定。

2.8.6 （b）根据泰勒级数，我们发现 $x + \mathrm{e}^{-x} = 1 + \dfrac{1}{2}x^2 - \dfrac{1}{6}x^3 + O(x^4)$。图形分析表明对任意 x 都有 $1 \leqslant \dot{x} = x + \mathrm{e}^{-x} \leqslant 1 + \dfrac{1}{2}x^2$。积分得到 $t \leqslant x(t) \leqslant \sqrt{2}\tan(t/\sqrt{2})$。因此 $1 \leqslant x(1) \leqslant \sqrt{2}\tan(1/\sqrt{2}) \approx 1.208$。

（c）需要阶为 10^{-4} 的步长，得 $x_{欧拉}(1) = 1.15361$。

（d）步长 $\Delta t = 1$ 给出了三位十进制的精确度：

$\Delta t = 1 \Rightarrow x_{\mathrm{RK}}(1) = 1.1536059$；

$\Delta t = 0.1 \Rightarrow x_{\mathrm{RK}}(1) = 1.1536389$；

$\Delta t = 0.01 \Rightarrow x_{\mathrm{RK}}(1) = 1.1536390$。

2.8.7 （a）$x(t_1) = x(t_0 + \Delta t) = x(t_0) + \Delta t\,\dot{x}(t_0) + \dfrac{1}{2}(\Delta t)^2\ddot{x}(t_0)$

$+ O(\Delta t)^3 = x_0 + \Delta t f(x_0) + \dfrac{1}{2}(\Delta t)^2 f'(x_0)f(x_0) + O(\Delta t)^3$

此处我们利用了 $\dot{x} = f(x)$ 和 $\ddot{x} = f'(x)\dot{x} = f'(x)f(x)$。

（b）$|x(t_1) - x_1| = \dfrac{1}{2}(\Delta t)^2 f'(x_0)f(x_0) + O(\Delta t)^3$。因此 $C = \dfrac{1}{2}f'(x_0)f(x_0)$。

第 3 章

3.1.1 $r_c = \pm 2$

3.2.3 $r_c = 1$

3.3.1 （a）$\dot{n} = \dfrac{Gnp}{f + Gn} - kn$ （c）跨临界

3.4.4 $r_c = -1$，亚临界叉式

3.4.11 （b）$x^* = 0$，不稳定

（c）$r_c = 1$，亚临界叉式；当 r 从 1 减小到 0 时，无穷多的鞍-结

分岔发生（根据图形分析）。

（d）对整数 $n \gg 1$，$r_c \approx [(4n+1)\frac{\pi}{2}]^{-1}$。

3.4.15 $r_c = -3/16$

3.5.4 （a）$m\ddot{x} + b\dot{x} + kx(1 - L_0/(h^2 + x^2)^{1/2}) = 0$ （d）$m \ll b^2/k$

3.5.5 （a）$T_{快} = mr/b$

3.5.7 （b）$x = N/K$，$x_0 = N_0/K$，$\tau = rt$

3.6.5 （b）$u = x/a$，$R = L_0/a$，$h = mg\sin\theta/ka$

（c）$R < 1$，唯一的不动点；$R > 1$，一个，两个或三个不动点，取决于 h。

3.7.2 （b）当 $x = \sqrt{3}$ 时，达到尖点。

3.7.4 （d）跨临界 （e）鞍点

3.7.5 （b）$r_c = \dfrac{1}{2}$

（d）在 $r_c = 2x/(1+x^2)^2$，$s_c = x^2(1-x^2)/(1+x^2)^2$ 处的鞍点曲线。

第 4 章

4.1.1 a 为整数。对于在圆上定义的向量场，对所有的整数 k 需要 $\sin(a(\theta + 2\pi k)) = \sin(a\theta)$。因此对某些整数 n，有 $2\pi ka = 2\pi n$。因此对于所有的整数 k，ka 为整数。只有当 a 为整数时这才是可能的。

4.1.3 不稳定的不动点：$\theta^* = 0$，π。稳定不动点：$\theta^* = \pm\pi/2$。

4.2.1 12s

4.2.3 12/11h 后，即大约 1：05 又 27s。这个问题有多种解法。一种是基于例题 4.2.1。分针走 $T_1 = 1h$ 且时针走 $T_2 = 12h$ 来完成在表面上的一个循环。因此分针和时针重合所需时间为 $T = \left(1 - \dfrac{1}{12}\right)^{-1} = \dfrac{12}{11}$h。

4.3.2 （a）$d\theta = 2du/(1+u^2)$ （d）$T = 2\displaystyle\int_{-\infty}^{\infty} \frac{du}{\omega u^2 - 2au + \omega}$

（e）$x = u - a/\omega$，$r = 1 - a^2/\omega^2$，$T = \dfrac{2}{\omega}\displaystyle\int_{-\infty}^{\infty} \frac{dx}{r + x^2} = \frac{2\pi}{\omega\sqrt{r}} = \frac{2\pi}{\sqrt{\omega^2 - a^2}}$

4.3.10 $b = \dfrac{1}{2n} - 1$，$c = \displaystyle\int_{-\infty}^{\infty} \frac{du}{1 + u^{2n}} = \frac{\pi}{n\sin(\pi/2n)}$

4.4.1　$b^2 >> m^2 g L^3$，在初始瞬间后，是近似有效的。

4.5.1　（b）$|\omega - \Omega| \leqslant \dfrac{\pi}{2} A$

4.6.4　（a）$I_b = I_a + I_R$　（c）$V_k = \dfrac{\hbar}{2e}|\dot{\phi}_k$

4.6.5　令 $R_0 = R/N$。所以 $\Omega = I_b R_0 / I_c r$，$a = -(R_0 + r)/r, \tau =$ $[2e I_c r^2 / \hbar (R_0 + r))]t$。

4.6.6　由基尔霍夫电流定律 $\dfrac{\hbar}{2er} \dfrac{\mathrm{d}\phi_k}{\mathrm{d}t} + I_c \sin\phi_k + \dfrac{\mathrm{d}Q}{\mathrm{d}t} = I_b$，$k = 1, \cdots,$

N 且由基尔霍夫电压定律可得 $L\dfrac{\mathrm{d}^2 Q}{\mathrm{d}t^2} + R\dfrac{\mathrm{d}Q}{\mathrm{d}t} + \dfrac{Q}{C} = \dfrac{\hbar}{2e} \displaystyle\sum_{j=1}^{N} \dfrac{\mathrm{d}\phi_j}{\mathrm{d}t}$。

第 5 章

5.1.9　（c）$x = y$，稳定流形；$x = -y$，不稳定流形

5.1.10　（d）李亚普诺夫稳定　（e）渐近稳定

5.2.1　（a）$\lambda_1 = 2$，$\lambda_2 = 3$，$v_1 = (1,2), v_2 = (1,1)$　（b）$x(t) =$ $c_1\begin{pmatrix}1\\2\end{pmatrix}\mathrm{e}^{2t} + c_2\begin{pmatrix}1\\1\end{pmatrix}\mathrm{e}^{3t}$　（c）不稳定点　（d）$x = \mathrm{e}^{2t} + 2\mathrm{e}^{3t}$，$y = 2\mathrm{e}^{2t} + 2\mathrm{e}^{3t}$

5.2.2　$x(t) = C_1 \mathrm{e}^t \begin{pmatrix}\cos t\\ \sin t\end{pmatrix} + C_2 \mathrm{e}^t \begin{pmatrix}-\sin t\\ \cos t\end{pmatrix}$

5.2.3　稳定点

5.2.5　退化节点

5.2.7　中心

5.2.9　非孤立不动点

5.3.1　$a > 0$，$b < 0$：自恋的傻瓜，聊胜于无，没情调，喜欢取笑而不是取悦人。$a < 0$，$b > 0$：害羞的花蕾，柏拉图式的恋人。a、$b < 0$：隐士，恶意的遁世者（这个答案是我的学生及伍斯特理工学院 Peter Christopher 上课时的学生所提出的。）

第 6 章

6.1.1　鞍点（0，0）

6.1.5 在（1,1）处为稳定的螺旋，在（0,0）处为鞍点，y 轴不变。

6.3.3 （0,0），鞍点

6.3.6 （−1，−1），稳定点；（1，1），鞍点

6.3.8 （b）不稳定

6.3.9 （a）稳定点（0,0），鞍点 ±（2，2）

6.4.1 在（0,0）处，为不稳定点，在（3,0）处，为稳定点，在（0,2）处，为鞍点。零斜率线是平行对角线。除了从 y 轴上开始的，所有的轨道在（3,0）处结束。

6.4.2 所有轨道接近（1,1），除了从坐标轴开始的。

6.4.4 （a）每一个物种在没有其他物种的情况下，呈指数型增长。

（b）$x = b_2 N_1/r_1$，$y = b_1 N_2/r_1$，$\tau = r_1 t$，$\rho = r_2/r_1$

（d）在（ρ，1）处，为鞍点。几乎所有轨道接近坐标轴。因此一个或其他物种消亡。

6.5.1 （a）在（0,0）处，为中心，在（±1,0）处，为鞍点

（b）$\frac{1}{2}\dot{x}^2 + \frac{1}{2}x^2 - \frac{1}{4}x^4 = C$

6.5.2 （c）$y^2 = x^2 - \frac{2}{3}x^3$

6.5.6 （e）如果 $x_0 > l/k$，疫情发生。

6.6.1 可逆的，因为当 $t \to -t$，$y \to -y$ 时方程不变。

6.6.10 正确。线性化预测一个中心且系统是可逆的：$t \to -t$，$x \to -x$。定理6.6.1的变形表明系统有一个非线性中心。

6.7.2 （e）当 $-1 < \gamma < 1$，小振荡器有角频率 $(1 - \gamma^2)^{1/4}$。

6.8.2 不动点（0,0），指数 $I = 0$。

6.8.7 （2,0）和（0,0），鞍点；（1,3），稳定的螺旋；（−2,0），稳定点。坐标轴是不变的。一条闭轨会包围节点或螺旋。但这样的一个环不能环绕节点（环将穿过 x 轴：禁止）。同样，环不能环绕螺旋，因为在（2,0）处，被一个鞍式不稳定流形的分支影响，螺旋加入到鞍点，且环不能穿过此轨道。

6.8.9 错误。反例：使用极坐标并考虑 $\dot{r} = r(r^2-1)(r^2-9)$，$\dot{\theta} = r^2 - 4$。由于在区域内 $\dot{r} \neq 0$，这已具有了所需的性质，但在环 $r =$

1 和 $r=3$ 之间没有不动点。

6.8.11 （c）对 $\dot{z}=z^k$，原点的指数为 k。为了解此问题，令 $z=re^{i\theta}$。那么 $z^k=r^k e^{ik\theta}$。因此 $\phi=k\theta$，就可得到结果。类似地，对 $\dot{z}=(\bar{z})^k$，原点的指数为 $-k$。

第7章

7.1.8 （b）周期 $T=2\pi$　　（c）稳定

7.1.9 （b）$R\phi'=\cos\phi-R$，$R'=\sin\phi-k$，此处一撇表示对中心角 θ 的微分。

（c）狗渐近地接近一个圆，其中 $R=\sqrt{1-k^2}=\sqrt{\dfrac{3}{4}}$。

7.2.5 正确，只要向量场是到处光滑的，也就是没有奇点。

7.2.9 （c）$V=e^{x^2+y^2}$，等势的为环 $x^2+y^2=C$。

7.2.10 任意 a，$b>0$ 且 $a=b$ 就足够了。

7.2.12 $a=1$，$m=2$，$n=4$

7.3.1 （a）不稳定的焦点　　（b）$\dot{r}=r(1-r^2-r^2\sin^2 2\theta)$

（c）$r_1=\dfrac{1}{\sqrt{2}}\approx 0.707$

（d）$r_2=1$　　（e）捕获域内没有不动点，所以庞加莱-本迪克松定理意味着极限环的存在。

7.3.7 （a）$\dot{r}=ar(1-r^2-2b\cos^2\theta)$，$\dot{\theta}=-1+ab\sin 2\theta$

（b）根据庞加莱-本迪克松定理，在环形捕获区域 $\sqrt{1-2b}\le r\le 1$ 内至少有一个极限环。这种环的周期为 $T=\oint dt=\oint\left(\dfrac{dt}{d\theta}\right)d\theta=\int_0^{2\pi}\dfrac{d\theta}{-1+ab\sin 2\theta}=T(a,b)$。

7.3.9 （a）$r(\theta)=1+\mu\left(\dfrac{2}{5}\cos\theta+\dfrac{1}{5}\sin\theta\right)+O(\mu^2)$。

（b）$r_{max}=1+\dfrac{\mu}{\sqrt{5}}+O(\mu^2)$，$r_{min}=1-\dfrac{\mu}{\sqrt{5}}+O(\mu^2)$。

7.4.1 使用李纳定理

7.5.2 在李纳平面内，当 $\mu \to \infty$ 时极限环收敛到一个固定的形状；在一般的相平面内，这是不成立的。

7.5.4 （d） $T \approx (2\ln 3)\mu$

7.5.5 $T \approx 2[\sqrt{2} - \ln(1 + \sqrt{2})]\mu$

7.6.7 $r' = \frac{1}{2}r\left(1 - \frac{1}{8}r^4\right)$，在 $r = 8^{1/4} = 2^{3/4}$ 处，为稳定极限环，频率为 $\omega = 1 + O(\varepsilon^2)$。

7.6.8 $r' = \frac{1}{2}r\left(1 - \frac{4}{3\pi}r\right)$，在 $r = \frac{3}{4}\pi$，$\omega = 1 + O(\varepsilon^2)$ 处，为稳定极限环

7.6.9 $r' = \frac{1}{16}r^3(6 - r^2)$，在 $r = \sqrt{6}$，$\omega = 1 + O(\varepsilon^2)$ 处，为稳定极限环

7.6.14 （b） $x(t, \varepsilon) \sim \left(a^{-2} + \frac{3}{4}\varepsilon t\right)^{-1/2}\cos t$

7.6.17 （b） $\gamma_c = \frac{1}{2}$　　（c） $k = \frac{1}{4}\sqrt{1 - 4\gamma^2}$ （d） 如果 $\gamma > \frac{1}{2}$，则对任意 ϕ，$\phi' > 0$，且 $r(T)$ 是周期的。事实上，$r(\phi) \propto \left(\gamma + \frac{1}{2}\cos 2\phi\right)^{-1}$，因此，如果 r 初始值很小时，$r(\phi)$ 会一直接近 0。

7.6.19 （d） $x_0 = a\cos\tau$　　（f） $x_1 = \frac{1}{32}a^3(\cos 3\tau - \cos\tau)$

7.6.22 $x = a\cos\omega t + \frac{1}{6}\varepsilon a^2(3 - 2\cos\omega t - \cos 2\omega t) + O(\varepsilon^2)$，$\omega = 1 - \frac{5}{12}\varepsilon^2 a^2 + O(\varepsilon^3)$

7.6.24 $\omega = 1 - \frac{3}{8}\varepsilon a^2 - \frac{21}{256}\varepsilon^2 a^4 - \frac{81}{2048}\varepsilon^3 a^6 + O(\varepsilon^4)$

第 8 章

8.1.3 $\lambda_1 = -|\mu|$，$\lambda_2 = -1$

8.1.6 （b）$\mu_c = 1$；鞍-结分岔

8.1.13 （a）无量纲化形式为 $dx/dt = x(y-1)$，$dy/dt = -xy - ay + b$，此处 $\tau = kt$，$x = Gn/k$，$y = GN/k$，$a = f/k$，$b = pG/k^2$。

（d）当 $a = b$ 时，为跨临界分岔。

8.2.3 亚临界的

8.2.5 超临界的

8.2.8 （d）超临界的

8.2.12 （a）$a = \dfrac{1}{8}$　　（b）亚临界的

8.3.1 （a）$x^* = 1$，$y^* = b/a$，$\tau = b - (1+a)$，$\Delta = a > 0$。如果 $b < 1 + a$，不动点是稳定的，如果 $b > 1 + a$ 是不稳定的，且如果 $b = 1 + a$ 是线性中心。

（c）$b_c = 1 + a$　　（d）$b > b_c$　　（e）$T = 2\pi/\sqrt{a}$

8.4.3 $\mu \approx 0.066 \pm 0.001$

8.4.4 在 $\mu = 1$ 处，环是由超临界霍普夫分岔产生的，在 $\mu = 3.72 \pm 0.01$ 处，被同宿分叉破坏。

8.4.9 （c）$b_c = \dfrac{32\sqrt{3}}{27}\dfrac{k^3}{F^2}$

8.4.12 $t \sim O(\lambda_u^{-1} \ln(1/\mu))$。

8.5.4 （d）$u(\theta) = \dfrac{F}{2\alpha} + \dfrac{1}{1+4\alpha^2}\cos\theta - \dfrac{2\alpha}{1+4\alpha^2}\sin\theta$

（e）$F_c(\alpha) = \dfrac{2\alpha}{\sqrt{1+4\alpha^2}}$。

8.6.2 （d）如果 $|1-\omega| > |2a|$，那么 $\lim\limits_{\tau \to \infty} \theta_1(\tau)/\theta_2(\tau) = (1+\omega+\omega_\phi)/(1+\omega-\omega_\phi)$，其中 $\omega_\phi = ((1-\omega)^2 - 4a^2)^{1/2}$。另一方面，如果 $|1-\omega| \leqslant |2a|$，锁相发生且 $\lim\limits_{\tau \to \infty} \theta_1(\tau)/\theta_2(\tau) = 1$。

8.6.6 （c）李萨如图形是运动的平面投影。在四维空间 $(x, \dot{x}, y, \dot{y})$ 里的运动被投影到平面 (x, y)。参数 ω 是缠绕数，因为它是两个频率的比率。当缠绕数为有理数时，在环面上的轨道是纽结的。当投影到 x-y 平面上，呈现出自相交封闭曲线（如同一个纽结的影子）。

8.6.7 （a）$r_0 = (h^2/mk)^{1/3}$，$\omega_\theta = h/mr_0^2$

（c）$\omega_r/\omega_\theta = \sqrt{3}$ 是无理数。

（e）两个物体由固定长度的线连接。第一个物体扮演粒子的作用；它在光滑的、水平"气垫桌"上运动。它通过穿过桌中心上的洞来连接第二个物体。第二个物体在桌子下，上下摆动且由重力提供一个恒力。经过某些调节，这个机械系统遵守本题所给出的方程。

8.7.2 $a < 0$，稳定；$a = 0$，中立；$a > 0$，不稳定

8.7.4 $A < 0$

8.7.9 （b）稳定 （c）$e^{-2\pi}$

第9章

9.1.2 $\dfrac{d}{dt}(a_n^2 + b_n^2) = 2(a_n\dot{a}_n + b_n\dot{b}_n) = -2K(a_n^2 + b_n^2)$。因此，当 $t \to \infty$ 时，$(a_n^2 + b_n^2) \propto e^{-2Kt} \to 0$。

9.1.3 令 $a_1 = \alpha y$，$b_1 = \beta z + q_1/K$，$\omega = \gamma x$，$t = T\tau$，对于匹配洛伦兹和水车方程的系数，对方程进行求解。找出 $T = 1/K$，$\gamma = \pm K$。选取 $\gamma = K$ 得到 $\alpha = Kv/\pi gr$，$\beta = -Kv/\pi gr$。并且 $\sigma = v/KI$，$r = \pi grq_1/K^2v$。

9.1.4 （a）退化的叉式。

（b）令 $\alpha = [b(r-1)]^{-1/2}$，那么 $t_{laser} = (\sigma/\kappa) t_{洛伦兹}$，$E = \alpha x$，$P = \alpha y$，$D = r - z$，$\gamma_1 = \kappa/\sigma$，$\gamma_2 = \kappa b/\sigma$，$\lambda = r - 1$。

9.2.1 （b）如果 $\sigma < b + 1$，那么对任意的 $r > 0$，C^+ 和 C^- 是稳定的。

（c）如果 $r = r_H$，那么 $\lambda_3 = -(\sigma + b + 1)$。

9.2.2 选择大值 C 使得 $\dfrac{x^2}{br} + \dfrac{y^2}{br^2} + \dfrac{(z-r)^2}{r^2} > 1$ 在 E 的边界上。

9.3.8 （a）正确 （b）正确

9.4.2 （b）$x^* = \dfrac{2}{3}$；不稳定 （c）$x_1 = \dfrac{2}{5}$，$x_2 = \dfrac{4}{5}$；两环是不稳定的。

9.5.5 （a） $X = \varepsilon x$，$Y = \varepsilon^2 \sigma y$，$Z = \sigma(\varepsilon^2 z - 1)$，$\tau = t/\varepsilon$

9.5.6 如果轨道开始足够接近 C^+ 或 C^-，瞬态混沌是不会发生的。

9.6.1 （a） 对任意 $k < \min(2, 2b)$，$\dot{V} \leqslant -kV$。积分后得 $0 \leqslant V(t) \leqslant V_0 e^{-kt}$。

（b） $\dfrac{1}{2} e_2^2 \leqslant V \leqslant V_0 e^{-kt}$，所以 $e_2(t) < (2V_0)^{1/2} e^{-kt/2}$。类似地，$e_3(t) \leqslant O(e^{-kt/2})$。

（c） $\dot{e}_1 = \sigma(e_2 - e_1)$ 积分后，结合 $e_2(t) \leqslant O(e^{-kt/2})$，意味 $e_1(t) \leqslant \max\{O(e^{-\sigma t}), O(e^{-kt/2})\}$，所以 $e(t)$ 的分量以指数快速衰减。

9.6.6 根据 Cuomo 和 Oppenheim（1992，1993）

$$\dot{u} = \frac{1}{R_5 C_1}\left[\frac{R_4}{R_1}v - \frac{R_3}{R_2 + R_3}\left(1 + \frac{R_4}{R_1}\right)u\right],$$

$$\dot{v} = \frac{1}{R_{15} C_2}\left[\frac{R_{11}}{R_{10} + R_{11}}\left(1 + \frac{R_{12}}{R_8} + \frac{R_{12}}{R_9}\right)\left(1 + \frac{R_7}{R_6}\right)u - \frac{R_{12}}{R_8}v - \frac{R_{12}}{R_9}uw\right],$$

$$\dot{w} = \frac{1}{R_{20} C_3}\left[\frac{R_{19}}{R_{16}}uv - \frac{R_{18}}{R_{17} + R_{18}}\left(1 + \frac{R_{19}}{R_{16}}\right)w\right]_\circ$$

第 10 章

10.1.1 当 $n \to \infty$ 时，对任意的 $x_0 > 0$，$x_n \to 1$。

10.1.10 正确

10.1.13 微分后得到 $\lambda = f'(x^*) = g(x^*)g''(x^*)/g'(x^*)^2$。因此 $g(x^*) = 0$ 意味着 $\lambda = 0$（除非 $g'(x^*) = 0$；这种特殊情况需要单独处理）。

10.3.2 （b） $1 + \sqrt{5}$

10.3.7 （d） 任何从无理数 x_0 开始的轨道都是非周期的，因此无理数的十进制展开永远不会重复。

10.3.12 （a） 映射在 $x = \dfrac{1}{2}$ 处达到最大值。当这个点是 2^n 环中

的一个部分或等价地 $f^{(2^n)}(x, r)$ 的不动点时，周期 2^n 的超稳定环发生。因此 R_n 的公式为 $f^{(2^n)}\left(\dfrac{1}{2}, R_n\right) = \dfrac{1}{2}$。

10.3.13 （a）对于 $k = 1, 2, \cdots$，曲线是 $f^k\left(\dfrac{1}{2}, r\right)$ 对 r 的图形，直觉上，由于在 x_m 处斜率等于零，在 $x_m = \dfrac{1}{2}$ 附近的点，几乎都被映射到同一个值。所以最大值在迭代 $f^k\left(\dfrac{1}{2}\right)$ 附近处，点的密集程度很高。

（b）当 $f^3\left(\dfrac{1}{2}\right) = f^4\left(\dfrac{1}{2}\right)$ 时，大的楔形角发生，从（a）部分中的图可以清晰看到。因此 $f(u) = u$，此处 $u = f^3\left(\dfrac{1}{2}\right)$。所以 u 必须等于不动点 $1 - \dfrac{1}{r}$。当 $r = \dfrac{2}{3} + \dfrac{8}{3}(19 + \sqrt{297})^{-1/3} + \dfrac{2}{3}(19 + \sqrt{297})^{1/3} = 3.67857\cdots$ 时，$f^3\left(\dfrac{1}{2}, r\right) = 1 - \dfrac{1}{r}$ 的解能够被准确地得到。

10.4.4 $3.8318741\cdots$

10.4.7 （b）$RLRR$

10.4.11 对于 $0 < a < e^{-e}$，x_n 趋近于稳定的 2-环；对于 $e^{-e} < a < 1$，$x_n \to x^*$，其中 x^* 是 $x^* = a^{x^*}$ 的唯一根；对于 $1 < a < e^{1/e}$，x_n 趋向于 $x = a^x$ 的较小的根；且对 $a > e^{1/e}$，$x_n \to \infty$。

10.5.3 当 $r < 1$ 时，通过蛛网可知，原点为全局稳定的。当 $r = 1$ 时，存在一个边际稳定不动点的区间。

10.5.4 在周期窗口处，李亚普诺夫指数必然是负的。但是因为对任意 $r > 1$，$\lambda = \ln r > 0$，混乱出现后，就没有周期窗口。

10.6.1 （b）$r_1 \approx 0.71994$，$r_2 \approx 0.83326$，$r_3 \approx 0.85861$，$r_4 \approx 0.86408$，$r_5 \approx 0.86526$，$r_6 \approx 0.86551$。

10.7.1 （a）$\alpha = -1 - \sqrt{3} = -2.732\cdots$，$c_2 = \alpha/2 = -1.366\cdots$

（b）同时求解 $\alpha = (1 + c_2 + c_4)^{-1}$，$c_2 = 2\alpha^{-1} - \dfrac{1}{2}\alpha - 2$，$c_4 = 1 +$

$\frac{1}{2}\alpha - \alpha^{-1}$。相关的根为 $\alpha = -2.53403\cdots$，$c_2 = -1.52224\cdots$，$c_4 = 0.12761\cdots$

10.7.8 （e）$b = -1/2$

10.7.9 （b）对 g^2，蛛网阶梯的步长是 2 倍长，因此 $\alpha = 2$。

第 11 章

11.1.3 不可数的

11.1.6 （a）x_0 是有理数$\Leftrightarrow$相关轨道是周期的

11.2.1 $\dfrac{1}{3} + \dfrac{2}{9} + \dfrac{4}{27} + \cdots = \left(\dfrac{1}{3}\right)\dfrac{1}{1 - \dfrac{2}{3}} = 1$

11.2.4 测度为 1；不可数的

11.2.4 （b）提示：以二进制的形式写出 $x \in [0, 1]$，即基 -2

11.3.1 （a）$d = \ln2/\ln4 = \dfrac{1}{2}$

11.3.4 $\ln5/\ln10$

11.4.1 $\ln4/\ln3$

11.4.2 $\ln8/\ln3$

11.4.9 $\ln(p^2 - m^2)/\ln p$

第 12 章

12.1.5 （a）$B(x, y) = (0.a_2a_3a_4\cdots, 0.a_1b_1b_2b_3\cdots)$。为了更清晰地描述动力学，通过简单地把 x 和 y 相连起来，把符号 $\cdots b_3b_2b_1.a_1a_2a_3\cdots$ 和 (x, y) 联系起来。然后，在这个符号中，$B(x, y) = \cdots b_3b_2b_1a_1.a_2a_3\cdots$。换句话说，$B$ 把二进制点转移到右侧。

（b）以上符号，$\cdots 1010.1010\cdots$ 和 $\cdots 0101.0101\cdots$ 仅为二周期点。它们都对应 $\left(\dfrac{2}{3}, \dfrac{1}{3}\right)$ 和 $\left(\dfrac{1}{3}, \dfrac{2}{3}\right)$。

（d）选取 x 为无理数，y 为任意数。

12.1.8 （b）$x_n = x_{n+1}\cos\alpha + y_{n+1}\sin\alpha$，$y_n = -x_{n+1}\sin\alpha + y_{n+1}\cos\alpha +$

$(x_{n+1}\cos\alpha + y_{n+1}\sin\alpha)^2$

12.2.4 $x^* = (2a)^{-1}\left[b - 1 \pm \sqrt{(1-b)^2 + 4a}\right]$, $y^* = bx^*$, $a_0 = -\dfrac{1}{4}(1-b)^2$

12.2.5 $\lambda = -ax^* \pm \sqrt{(ax^*)^2 + b}$

12.2.15 $\det\mathbf{J} = -b$

12.3.3 若斯勒系统缺乏洛伦兹系统的对称性。

12.5.1 随着阻尼减少，盆变薄。

参考文献

Abraham, R. H., and Shaw, C. D. (1983) *Dynamics: The Geometry of Behavior. Part 2: Chaotic Behavior* (Aerial Press, Santa Cruz, CA).

Abraham, R. H., and Shaw, C. D. (1988) *Dynamics: The Geometry of Behavior. Part 4: Bifurcation Behavior* (Aerial Press, Santa Cruz, CA).

Abrams, D. M., and Strogatz, S. H. (2003) Modelling the dynamics of language death. *Nature* **424**, 900.

Ahlers, G. (1989) Experiments on bifurcations and one-dimensional patterns in nonlinear systems far from equilibrium. In D. L. Stein, ed. *Lectures in the Sciences of Complexity* (Addison-Wesley, Reading, MA).

Aihara, I., Takeda, R., Mizumoto, T., Otsuka, T., Takahashi, T., Okuno, H. G., and Aihara, K. (2011) Complex and transitive synchronization in a frustrated system of calling frogs. *Phys. Rev. E* **83**, 031913.

Aitta, A., Ahlers, G., and Cannell, D. S. (1985) Tricritical phenomena in rotating Taylor-Couette flow. *Phys. Rev. Lett.* **54**, 673.

Alon, U. (2006) *An Introduction to Systems Biology: Design Principles of Biological Circuits* (Chapman & Hall/CRC Mathematical & Computational Biology, Taylor & Francis, Boca Raton, FL).

Anderson, P. W., and Rowell, J. M. (1963) Probable observation of the Josephson superconducting tunneling effect. *Phys. Rev. Lett.* **10**, 230.

Anderson, R. M. (1991) The Kermack-McKendrick epidemic threshold theorem. *Bull. Math. Biol* **53**, 3.

Andronov, A. A., Leontovich, E. A., Gordon, I. I., and Maier, A. G. (1973) *Qualitative Theory of Second-Order Dynamic Systems* (Wiley, New York).

Arecchi, F. T., and Lisi, F. (1982) Hopping mechanism generating 1/f noise in nonlinear systems. *Phys. Rev. Lett.* **49**, 94.

Argoul, F., Arneodo, A., Richetti, P., Roux, J. C. and Swinney, H. L. (1987) Chemical chaos: From hints to confirmation. *Acc. Chem. Res.* **20**, 436.

Argyris, A., Syvridis, D., Larger, L., Annovazzi-Lodi, V., Colet, P., Fischer, I., Garcia-Ojalvo, J., Mirasso, C. R., Pesquera, L., and Shore, K. A. (2005) Chaos-based communications at high bit rates using commercial fibre-optic links. *Nature* **438**, 343.

Arnold, V. I. (1978) *Mathematical Methods of Classical Mechanics* (Springer, New York).

Aroesty, J., Lincoln, T., Shapiro, N., and Boccia, G. (1973) Tumor growth and chemotherapy: mathematical methods, computer simulations, and experimental foundations. *Math. Biosci.* **17**, 243.

Arrowsmith, D. K., and Place, C. M. (1990) *An Introduction to Dynamical Systems* (Cambridge University Press, Cambridge, England).

Attenborough, D. (1992) *The Trials of Life.* For synchronous fireflies, see the episode entitled "Talking to Strangers," available on videotape from Ambrose Video Publishing, 1290 Avenue of the Americas, Suite 2245, New York, NY 10104.

Bak, P. (1986) The devil's staircase. *Phys. Today,* Dec. 1986, 38.

Barnsley, M. F. (1988) *Fractals Everywhere* (Academic Press, Orlando, FL).

Belousov, B. P. (1959) Oscillation reaction and its mechanism (in Russian). Sbornik Referatov po Radiacioni Medicine, p. 145. 1958 Meeting.

Benardete, D. M., Noonburg, V. W., and Pollina, B. (2008) Qualitative tools for studying periodic solutions and bifurcations as applied to the periodically harvested logistic equation. *Amer. Math. Monthly* **115**, 202.

Bender, C. M., and Orszag, S. A. (1978) *Advanced Mathematical Methods for Scientists and Engineers* (McGraw-Hill, New York).

Benedicks, M., and Carleson, L. (1991) The dynamics of the Hénon map. *Annals of Math.* **133**, 73.

Bergé, P., Pomeau, Y., and Vidal, C. (1984) *Order Within Chaos: Towards a Deterministic Approach to Turbulence* (Wiley, New York).

Borrelli, R. L., and Coleman, C. S. (1987) *Differential Equations: A Modeling Approach* (Prentice-Hall, Englewood Cliffs, NJ).

Briggs, K. (1991) A precise calculation of the Feigenbaum constants. *Mathematics of Computation* **57**, 435.

Buck, J. (1988) Synchronous rhythmic flashing of fireflies. II. *Quart. Rev. Biol.* **63**, 265.

Buck, J., and Buck, E. (1976) Synchronous fireflies. *Sci. Am.* **234,** May, 74.

Campbell, D. (1979) An introduction to nonlinear dynamics. In D. L. Stein, ed. *Lectures in the Sciences of Complexity* (Addison-Wesley, Reading, MA).

Carlson, A. J., Ivy, A. C, Krasno, L. R., and Andrews, A. H. (1942) The physiology of free fall through the air: delayed parachute jumps. *Quart. Bull. Northwestern Univ. Med. School* **16**, 254 (cited in Davis 1962).

Cartwright, M. L. (1952) Van der Pol's equation for relaxation oscillations. *Contributions to Nonlinear Oscillations,* Vol. 2, Princeton, 3.

Castellano, C., Fortunato, S., and Loreto, V. (2009) Statistical physics of social dynamics. *Reviews of Modern Physics* **81**, 591.

Cesari, L. (1963) *Asymptotic Behavior and Stability Problems in Ordinary Differential Equations* (Academic, New York).

Chance, B., Pye, E. K., Ghosh, A. K., and Hess, B., eds. (1973) *Biological and Biochemical Oscillators* (Academic Press, New York).

Coddington, E. A., and Levinson, N. (1955) *Theory of Ordinary Differential Equations* (McGraw-Hill, New York).

Coffman, K. G., McCormick, W. D., Simoyi, R. H., and Swinney, H. L. (1987) Universality, multiplicity, and the effect of iron impurities in the Belousov-Zhabotinskii reaction. *J. Chem. Phys.* **86**, 119.

Collet, P., and Eckmann, J.-P. (1980) *Iterated Maps of the Interval as Dynamical Systems* (Birkhauser, Boston).

Cox, A. (1982) Magnetostratigraphic time scale. In W. B. Harland et al., eds. *Geologic Time Scale* (Cambridge University Press, Cambridge, England).

Crutchfield, J. P., Farmer, J. D., Packard, N. H., and Shaw, R. S. (1986) Chaos. *Sci. Am.* **254**, December, 46.

Cuomo, K. M., and Oppenheim, A. V. (1992) Synchronized chaotic circuits and systems for communications. *MIT Research Laboratory of Electronics Technical Report* No. 575.

Cuomo, K. M., and Oppenheim, A. V. (1993) Circuit implementation of synchronized chaos, with applications to communications. *Phys. Rev. Lett.* **71**, 65.

Cuomo, K. M., Oppenheim, A. V., and Strogatz, S. H. (1993) Synchronization of Lorenz-based chaotic circuits with applications to communications. *IEEE Trans. Circuits and Systems II-Analog and Digital Signal Processing* **40**, 626.

Cvitanovic, P., ed. (1989a) *Universality in Chaos*, 2nd ed. (Adam Hilger, Bristol and New York).

Cvitanovic, P. (1989b) Universality in chaos. In P. Cvitanovic, ed. *Universality in Chaos*, 2nd ed. (Adam Hilger, Bristol and New York).

Davis, H. T. (1962) *Introduction to Nonlinear Differential and Integral Equations* (Dover, New York).

Devaney, R. L. (1989) *An Introduction to Chaotic Dynamical Systems*, 2nd ed. (Addison-Wesley, Redwood City, CA).

Dowell, E. H., and Ilgamova, M. (1988) *Studies in Nonlinear Aeroelasticity* (Springer, New York).

Drazin, P. G. (1992) *Nonlinear Systems* (Cambridge University Press, Cambridge, England).

Drazin, P. G., and Reid, W. H. (1981) *Hydrodynamic Stability* (Cambridge University Press, Cambridge, England).

Dubois, M., and Bergé, P. (1978) Experimental study of the velocity field in Rayleigh-Bénard convection. *J. Fluid Mech.* **85**, 641.

Eckmann, J.-P., and Ruelle, D. (1985) Ergodic theory of chaos and strange attractors. *Rev. Mod. Phys.* **57**, 617.

Edelstein–Keshet, L. (1988) *Mathematical Models in Biology* (Random House, New York).

Eigen, M. and Schuster, P. (1978) The hypercycle: A principle of natural self-organization. Part B: The abstract hypercycle. *Naturwissenschaften* **65**, 7.

Epstein, I. R., Kustin, K., De Kepper, P., and Orban, M. (1983) Oscillating chemical reactions. *Sci. Am.* **248**(3), 112.

Ermentrout, G. B. (1991) An adaptive model for synchrony in the firefly *Pteroptyx malaccae*. *J. Math. Biol.* **29**, 571.

Ermentrout, G. B., and Kopell, N. (1990) Oscillator death in systems of coupled neural oscillators. *SIAM J. Appl. Math.* **50**, 125.

Ermentrout, G. B., and Rinzel, J. (1984) Beyond a pacemaker's entrainment limit: phase walk-through. *Am. J. Physiol.* **246**, R102.

Euler, L. (1777) De formulis exponentialibus replicatus. *Opera Omnia, Series Primus XV*, 268; *Acta Academiae Scientiarum Petropolitanae* **1**, 38.

Fairén, V., and Velarde, M. G. (1979) Time-periodic oscillations in a model for the respiratory process of a bacterial culture. *J. Math. Biol.* **9**, 147.

Falconer, K. (1990) *Fractal Geometry: Mathematical Foundations and Applications* (Wiley, Chichester, England).

Farmer, J. D. (1985) Sensitive dependence on parameters in nonlinear dynamics. *Phys. Rev. Lett.* **55**, 351.

Feder, J. (1988) *Fractals* (Plenum, New York).

Feigenbaum, M. J. (1978) Quantitative universality for a class of nonlinear transformations. *J. Stat. Phys.* **19**, 25.

Feigenbaum, M. J. (1979) The universal metric properties of nonlinear transformations. *J. Stat. Phys.* **21**, 69.

Feigenbaum, M. J. (1980) Universal behavior in nonlinear systems. *Los Alamos Sci.* **1**, 4.

Feynman, R. P., Leighton, R. B., and Sands, M. (1965) *The Feynman Lectures on Physics* (Addison-Wesley, Reading, MA).

Field, R., and Burger, M., eds. (1985) *Oscillations and Traveling Waves in Chemical Systems* (Wiley, New York).

Firth, W. J. (1986) Instabilities and chaos in lasers and optical resonators. In A. V. Holden, ed. *Chaos* (Princeton University Press, Princeton, NJ).

Fraser, A. M. and Swinney, H. L. (1986) Independent coordinates for strange attractors from mutual information. *Phys. Rev. A* **33**, 1134.

Gaspard, P. (1990) Measurement of the instability rate of a far-from-equilibrium steady state at an infinite period bifurcation. *J. Phys. Chem.* **94**, 1.

Geddes, J. B., Short, K. M., and Black, K. (1999) Extraction of signals from chaotic laser data. *Phys. Rev. Lett.* **83**, 5389.

Giglio, M., Musazzi, S., and Perini, V. (1981) Transition to chaotic behavior via a reproducible sequence of period-doubling bifurcations. *Phys. Rev. Lett.* **47**, 243.

Glass, L. (1977) Patterns of supernumerary limb regeneration. *Science* **198**, 321.

Glazier, J. A., and Libchaber, A. (1988) Quasiperiodicity and dynamical systems: an experimentalist's view. *IEEE Trans. on Circuits and Systems* **35**, 790.

Gleick, J. (1987) *Chaos: Making a New Science* (Viking, New York).

Goldbeter, A. (1980) Models for oscillations and excitability in biochemical systems. In L. A. Segel, ed., *Mathematical Models in Molecular and Cellular Biology* (Cambridge University Press, Cambridge, England).

Grassberger, P. (1981) On the Hausdorff dimension of fractal attractors. *J. Stat. Phys.* **26**, 173.

Grassberger, P., and Procaccia, I. (1983) Measuring the strangeness of strange attractors. *Physica D* **9**, 189.

Gray, P., and Scott, S. K. (1985) Sustained oscillations and other exotic patterns of behavior in isothermal reactions. *J. Phys. Chem.* **89**, 22.

Grebogi, C., Ott, E., and Yorke, J. A. (1983a) Crises, sudden changes in chaotic attractors and transient chaos. *Physica D* **7**, 181.

Grebogi, C., Ott, E., and Yorke, J. A. (1983b) Fractal basin boundaries, long-lived chaotic transients, and unstable-unstable pair bifurcation. *Phys. Rev. Lett.* **50**, 935.

Grebogi, C., Ott, E., and Yorke, J. A. (1987) Chaos, strange attractors, and fractal basin boundaries in nonlinear dynamics. *Science* **238**, 632.

Griffith, J. S. (1971) *Mathematical Neurobiology* (Academic Press, New York).

Grimshaw, R. (1990) *Nonlinear Ordinary Differential Equations* (Blackwell, Oxford, England).

Guckenheimer, J., and Holmes, P. (1983) *Nonlinear Oscillations, Dynamical Systems, and Bifurcations of Vector Fields* (Springer, New York).

Haken, H. (1983) *Synergetics,* 3rd ed. (Springer, Berlin).

Halsey, T., Jensen, M. H., Kadanoff, L. P., Procaccia, I. and Shraiman, B. I. (1986) Fractal measures and their singularities: the characterization of strange sets. *Phys. Rev. A* **33**, 1141.

Hanson, F. E. (1978) Comparative studies of firefly pacemakers. *Federation Proc.* **37**, 2158.

Hao, Bai-Lin, ed. (1990) *Chaos II* (World Scientific, Singapore).

Hao, Bai-Lin, and Zheng, W.-M. (1989) Symbolic dynamics of unimodal maps revisited. *Int. J. Mod. Phys. B* **3**, 235.

Hardie, D. G., ed. (1999) *Protein Phosphorylation: A Practical Approach* (Oxford University Press, Oxford/New York).

Harrison, R. G., and Biswas, D. J. (1986) Chaos in light. *Nature* **321**, 504.

He, R., and Vaidya, P. G. (1992) Analysis and synthesis of synchronous periodic and chaotic systems. *Phys. Rev. A* **46**, 7387.

Helleman, R. H. G. (1980) Self-generated chaotic behavior in nonlinear mechanics. In E. G. D. Cohen, ed. *Fundamental Problems in Statistical Mechanics* **5**, 165.

Hénon, M. (1969) Numerical study of quadratic area-preserving mappings. *Quart. Appl. Math.* **27**, 291.

Hénon, M. (1976) A two-dimensional mapping with a strange attractor. *Commun. Math. Phys.* **50**, 69.

Hénon, M. (1983) Numerical exploration of Hamiltonian systems. In G. Iooss, R. H. G. Helleman, and R. Stora, eds. *Chaotic Behavior of Deterministic Systems* (North-Holland, Amsterdam).

Hirsch, J. E., Nauenberg, M., and Scalapino, D. J. (1982) Intermittency in the presence of noise: a renormalization group formulation. *Phys. Lett. A* **87**, 391.

Hobson, D. (1993) An efficient method for computing invariant manifolds of planar maps. *J. Comp. Phys.* **104**, 14.

Hofbauer, J., and Sigmund, K. (1998) *Evolutionary Games and Population Dynamics* (Cambridge University Press, Cambridge, UK).

Holmes, P. (1979) A nonlinear oscillator with a strange attractor. *Phil. Trans. Roy. Soc. A* **292**, 419.

Hubbard, J. H., and West, B. H. (1991) *Differential Equations: A Dynamical Systems Approach, Part I* (Springer, New York).

Hurewicz, W. (1958) *Lectures on Ordinary Differential Equations* (MIT Press, Cambridge, MA).

Jackson, E. A. (1990) *Perspectives of Nonlinear Dynamics,* Vols. 1 and 2 (Cambridge University Press, Cambridge, England).

Jensen, R. V. (1987) Classical chaos. *Am. Scientist* **75**, 168.

Jordan, D. W., and Smith, P. (1987) *Nonlinear Ordinary Differential Equations,* 2nd ed. (Oxford University Press, Oxford, England).

Josephson, B. D. (1962) Possible new effects in superconductive tunneling. *Phys. Lett.* **1**, 251.

Josephson, B. D. (1982) Interview. *Omni,* July 1982, p. 87.

Kaplan, D. T., and Glass, L. (1993) Coarse-grained embeddings of time series: random walks, Gaussian random processes, and deterministic chaos. *Physica D* **64**, 431.

Kaplan, J. L., and Yorke, J. A. (1979) Preturbulence: A regime observed in a fluid flow model of Lorenz. *Commun. Math. Phys.* **67**, 93.

Kermack, W. O., and McKendrick, A. G. (1927) Contributions to the mathematical theory of epidemics—I. *Proc. Roy. Soc.* **115A**, 700.

Kirkup, B. C., and Riley, M. A. (2004) Antibiotic-mediated antagonism leads to a bacterial game of rock–paper–scissors in vivo. *Nature* **428**, 412.

Knoebel, R. A. (1981) Exponentials reiterated. *Amer. Math. Monthly* **88**, 235.

Kocak, H. (1989) *Differential and Difference Equations Through Computer Experiments*, 2nd ed. (Springer, New York).

Kolar, M., and Gumbs, G. (1992) Theory for the experimental observation of chaos in a rotating waterwheel. *Phys. Rev. A* **45**, 626.

Kolata, G. B. (1977) Catastrophe theory: the emperor has no clothes. *Science* **196**, 287.

Krebs, C. J. (1972) *Ecology: The Experimental Analysis of Distribution and Abundance* (Harper and Row, New York).

Lengyel, I., and Epstein, I. R. (1991) Modeling of Turing structures in the chlorite-iodide-malonic acid-starch reaction. *Science* **251**, 650.

Lengyel, I., Rabai, G., and Epstein, I. R. (1990) Experimental and modeling study of oscillations in the chlorine dioxide-iodine-malonic acid reaction. *J. Am. Chem. Soc.* **112**, 9104.

Levi, M., Hoppensteadt, F., and Miranker, W. (1978) Dynamics of the Josephson junction. *Quart. Appl. Math.* **35**, 167.

Lewis, J., Slack, J. M. W., and Wolpert, L. (1977) Thresholds in development. *J. Theor. Biol.* **65**, 579.

Libchaber, A., Laroche, C., and Fauve, S. (1982) Period doubling cascade in mercury, a quantitative measurement. *J. Physique Lett.* **43**, L211.

Lichtenberg, A. J., and Lieberman, M. A. (1992) *Regular and Chaotic Dynamics,* 2nd ed. (Springer, New York).

Lighthill, J. (1986) The recently recognized failure of predictability in Newtonian dynamics. *Proc. Roy. Soc. Lond. A* **407**, 35.

Lin, C. C., and Segel, L. (1988) *Mathematics Applied to Deterministic Problems in the Natural Sciences* (SIAM, Philadelphia).

Linsay, P. (1981) Period doubling and chaotic behavior in a driven anharmonic oscillator. *Phys. Rev. Lett.* **47**, 1349.

Lorenz, E. N. (1963) Deterministic nonperiodic flow. *J. Atmos. Sci.* **20**, 130.

Lozi, R. (1978) Un attracteur étrange du type attracteur de Hénon. *J. Phys.* (Paris) **39** (C5), 9.

Ludwig, D., Jones, D. D., and Holling, C. S. (1978) Qualitative analysis of insect outbreak systems: the spruce budworm and forest. *J. Anim. Ecol.* **47**, 315.

Ludwig, D., Aronson, D. G., and Weinberger, H. F. (1979) Spatial patterning of the spruce budworm. *J. Math. Biol.* **8**, 217.

Ma, S.-K. (1976) *Modern Theory of Critical Phenomena* (Benjamin/Cummings, Reading, MA).

Ma, S.-K. (1985) *Statistical Mechanics* (World Scientific, Singapore).

Malkus, W. V. R. (1972) Non-periodic convection at high and low Prandtl number. *Mémoires Société Royale des Sciences de Liége*, Series 6, Vol. 4, 125.

Mandelbrot, B. B. (1982) *The Fractal Geometry of Nature* (Freeman, San Francisco).

Manneville, P. (1990) *Dissipative Structures and Weak Turbulence* (Academic, Boston).

Marsden, J. E., and McCracken, M. (1976) *The Hopf Bifurcation and Its Applications* (Springer, New York).

Marvel, S. A., Hong, H., Papush, A., and Strogatz, S. H. (2012) Encouraging moderation: Clues from a simple model of ideological conflict. *Phys. Rev. Lett.* **109**, 118702.

May, R. M. (1972) Limit cycles in predator-prey communities. *Science* **177**, 900.

May, R. M. (1976) Simple mathematical models with very complicated dynamics. *Nature* **261**, 459.

May, R. M. (1981) *Theoretical Ecology: Principles and Applications,* 2nd ed. (Blackwell, Oxford, England).

May, R. M., and Anderson, R. M. (1987) Transmission dynamics of HIV infection. *Nature* **326**, 137.

May, R. M., and Oster, G. F. (1980) Period-doubling and the onset of turbulence: an analytic estimate of the Feigenbaum ratio. *Phys. Lett.* A **78**, 1.

McCumber, D. E. (1968) Effect of ac impedance on dc voltage-current characteristics of superconductor weak-link junctions. *J. Appl. Phys.* **39**, 3113.

Metropolis, N., Stein, M. L., and Stein, P. R. (1973) On finite limit sets for transformations on the unit interval. *J. Combin. Theor.* **15**, 25.

Milnor, J. (1985) On the concept of attractor. *Commun. Math. Phys.* **99**, 177.

Milonni, P. W., and Eberly, J. H. (1988) *Lasers* (Wiley, New York).

Minorsky, N. (1962) *Nonlinear Oscillations* (Van Nostrand, Princeton, NJ).

Mirollo, R. E., and Strogatz, S. H. (1990) Synchronization of pulse-coupled biological oscillators. *SIAM J. Appl. Math.* **50**, 1645.

Misiurewicz, M. (1980) Strange attractors for the Lozi mappings. *Ann. N. Y. Acad. Sci.* **357**, 348.

Moon, F. C. (1992) *Chaotic and Fractal Dynamics: An Introduction for Applied Scientists and Engineers* (Wiley, New York).

Moon, F. C., and Holmes, P. J. (1979) A magnetoelastic strange attractor. *J. Sound. Vib.* **65**, 275.

Moon, F. C, and Li, G.-X. (1985) Fractal basin boundaries and homoclinic orbits for periodic motion in a two-well potential. *Phys. Rev. Lett.* **55**, 1439.

Moore-Ede, M. C, Sulzman, F. M., and Fuller, C. A. (1982) *The Clocks That Time Us* (Harvard University Press, Cambridge, MA).

Munkres, J. R. (1975) *Topology: A First Course* (Prentice-Hall, Englewood Cliffs, NJ).

Murray, J. D. (2002) *Mathematical Biology. I: An Introduction, 3rd edition* (Springer, New York).

Murray, J. D. (2003) *Mathematical Biology. II: Spatial Models and Biomedical Applications, 3rd edition* (Springer, New York).

Myrberg, P. J. (1958) Iteration von Quadratwurzeloperationen. *Annals Acad. Sci. Fennicae* A I Math. **259**, 1.

Nahin, P. J. (2007) *Chases and Escapes: The Mathematics of Pursuit and Evasion* (Princeton University Press, Princeton, NJ).

Nayfeh, A. (1973) *Perturbation Methods* (Wiley, New York).

Newton, C. M. (1980) Biomathematics in oncology: modelling of cellular systems. *Ann. Rev. Biophys. Bioeng.* **9**, 541.

Nowak, M. A. (2006) *Evolutionary Dynamics: Exploring the Equations of Life* (Belknap/Harvard, Cambridge, MA).

Odell, G. M. (1980) Qualitative theory of systems of ordinary differential equations, including phase plane analysis and the use of the Hopf bifurcation theorem. Appendix A.3. In L. A. Segel, ed., *Mathematical Models in Molecular and Cellular Biology* (Cambridge University Press, Cambridge, England).

Olsen, L. F., and Degn, H. (1985) Chaos in biological systems. *Quart. Rev. Biophys.* **18**, 165.

Packard, N. H., Crutchfield, J. P., Farmer, J. D., and Shaw, R. S. (1980) Geometry from a time series. *Phys. Rev. Lett.* **45**, 712.

Palmer, R. (1989) Broken ergodicity. In D. L. Stein, ed. *Lectures in the Sciences of Complexity* (Addison-Wesley, Reading, MA).

Pearl, R. (1927) The growth of populations. *Quart. Rev. Biol.* **2**, 532.

Pecora, L. M., and Carroll, T. L. (1990) Synchronization in chaotic systems. *Phys. Rev. Lett.* **64**, 821.

Pedersen, N. F. and Saermark, K. (1973) Analytical solution for a Josephson-junction model with capacitance. *Physica* **69**, 572.

Peitgen, H.-O., and Richter, P. H. (1986) *The Beauty of Fractals* (Springer, New York).

Perko, L. (1991) *Differential Equations and Dynamical Systems* (Springer, New York).

Pianka, E. R. (1981) Competition and niche theory. In R. M. May, ed. *Theoretical Ecology: Principles and Applications* (Blackwell, Oxford, England).

Pielou, E. C. (1969) *An Introduction to Mathematical Ecology* (Wiley-Interscience, New York).

Politi, A., Oppo, G. L., and Badii, R. (1986) Coexistence of conservative and dissipative behavior in reversible dynamical systems. *Phys. Rev. A* **33**, 4055.

Pomeau, Y., and Manneville, P. (1980) Intermittent transition to turbulence in dissipative dynamical systems. *Commun. Math. Phys.* **74**, 189.

Poston, T., and Stewart, I. (1978) *Catastrophe Theory and Its Applications* (Pitman, London).

Press, W. H., Teukolsky, S. A., Vetterling, W. T., and Flannery, B. P. (2007) *Numerical Recipes: The Art of Scientific Computing, 3rd edition* (Cambridge University Press, Cambridge, England).

Rikitake, T. (1958) Oscillations of a system of disk dynamos. *Proc. Camb. Phil. Soc.* **54**, 89.

Rinaldi, S., Della Rossa, F., and Landi, P. (2013) A mathematical model of "Gone with the Wind." *Physica A* **392**, 3231.

Rinzel, J., and Ermentrout, G. B. (1989) Analysis of neural excitability and oscillations. In C. Koch and I. Segev, eds. *Methods in Neuronal Modeling: From Synapses to Networks* (MIT Press, Cambridge, MA).

Rippon, P. J. (1983) Infinite exponentials. *Math. Gazette* **67** (441), 189.

Robbins, K. A. (1977) A new approach to subcritical instability and turbulent transitions in a simple dynamo. *Math. Proc. Camb. Phil. Soc.* **82**, 309.

Robbins, K. A. (1979) Periodic solutions and bifurcation structure at high r in the Lorenz system. *SIAM J. Appl. Math.* **36**, 457.

Rössler, O. E. (1976) An equation for continuous chaos. *Phys. Lett.* A **57**, 397.

Roux, J. C., Simoyi, R. H., and Swinney, H. L. (1983) Observation of a strange attractor. *Physica D* **8**, 257.

Ruelle, D., and Takens, F. (1971) On the nature of turbulence. *Commun. Math. Phys.* **20**, 167.

Saha, P., and Strogatz, S. H. (1995) The birth of period three. *Math. Mag.* **68**(1), 42.

Schmitz, R. A., Graziani, K. R., and Hudson, J. L. (1977) Experimental evidence of chaotic states in the Belousov-Zhabotinskii reaction. *J. Chem. Phys.* **67**, 3040.

Schnackenberg, J. (1979) Simple chemical reaction systems with limit cycle behavior. *J. Theor. Biol.* **81**, 389.

Schroeder, M. (1991) *Fractals, Chaos, Power Laws* (Freeman, New York).

Schuster, H. G. (1989) *Deterministic Chaos*, 2nd ed. (VCH, Weinheim, Germany).

Sel'kov, E. E. (1968) Self-oscillations in glycolysis. A simple kinetic model. *Eur. J. Biochem.* **4**, 79.

Short, K. M. (1994) Steps toward unmasking secure communications. *Int. J. Bifurcation Chaos* **4**, 959.

Short, K. M. (1996) Unmasking a modulated chaos communications scheme. *Int. J. Bifurcation Chaos* **6**, 367.

Shpiro, A., Curtu, R., Rinzel, J., and Rubin, N. (2007) Dynamical characteristics common to neuronal competition models. *J. Neurophysiol.* **97**, 462.

Sigmund, K. (2010) *The Calculus of Selfishness* (Princeton University Press, Princeton, NJ).

Simó, C. (1979) On the Hénon-Pomeau attractor. *J. Stat. Phys.* **21**, 465.

Simoyi, R. H., Wolf, A., and Swinney, H. L. (1982) One-dimensional dynamics in a multicomponent chemical reaction. *Phys. Rev. Lett.* **49**, 245.

Sinervo, B., and Lively, C. M. (1996) The rock–paper–scissors game and the evolution of alternative male strategies. *Nature* **380**, 240.

Smale, S. (1967) Differentiable dynamical systems. *Bull. Am. Math. Soc.* **73**, 747.

Sparrow, C. (1982) *The Lorenz Equations: Bifurcations, Chaos, and Strange Attractors* (Springer, New York) Appl. Math. Sci. **41.**

Stewart, I. (2000) The Lorenz attractor exists. *Nature* **406**, 948.

Stewart, W. C. (1968) Current-voltage characteristics of Josephson junctions. *Appl. Phys. Lett.* **12**, 277.

Stoker, J. J. (1950) *Nonlinear Vibrations* (Wiley, New York).

Stone, H. A., Nadim, A., and Strogatz, S. H. (1991) Chaotic streamlines inside drops immersed in steady Stokes flows. *J. Fluid Mech.* **232**, 629.

Strogatz, S. H. (1985) Yeast oscillations, Belousov-Zhabotinsky waves, and the nonretraction theorem. *Math. Intelligencer* **7 (2)**, 9.

Strogatz, S. H. (1986) *The Mathematical Structure of the Human Sleep-Wake Cycle.* Lecture Notes in Biomathematics, Vol. **69.** (Springer, New York).

Strogatz, S. H. (1987) Human sleep and circadian rhythms: a simple model based on two coupled oscillators. *J. Math. Biol.* **25**, 327.

Strogatz, S. H. (1988) Love affairs and differential equations. *Math. Magazine* **61**, 35.

Strogatz, S. H., Marcus, C. M., Westervelt, R. M., and Mirollo, R. E. (1988) Simple model of collective transport with phase slippage. *Phys. Rev. Lett.* **61**, 2380.

Strogatz, S. H., Marcus, C. M., Westervelt, R. M., and Mirollo, R. E. (1989) Collective dynamics of coupled oscillators with random pinning. *Physica D* **36**, 23.

Strogatz, S. H., and Mirollo, R. E. (1993) Splay states in globally coupled Josephson arrays: analytical prediction of Floquet multipliers. *Phys. Rev. E* **47**, 220.

Strogatz, S. H., and Westervelt, R. M. (1989) Predicted power laws for delayed switching of charge-density waves. *Phys. Rev. B* **40**, 10501.

Sullivan, D. B., and Zimmerman, J. E. (1971) Mechanical analogs of time dependent Josephson phenomena. *Am. J. Phys.* **39**, 1504.

Tabor, M. (1989) *Chaos and Integrability in Nonlinear Dynamics: An Introduction* (Wiley-Interscience, New York).

Takens, F. (1981) Detecting strange attractors in turbulence. *Lect. Notes in Math.* **898**, 366.

Testa, J. S., Perez, J., and Jeffries, C. (1982) Evidence for universal chaotic behavior of a driven nonlinear oscillator. *Phys. Rev. Lett.* 48, 714.

Thompson, J. M. T., and Stewart, H. B. (1986) *Nonlinear Dynamics and Chaos* (Wiley, Chichester, England).

Tsang, K. Y., Mirollo, R. E., Strogatz, S. H., and Wiesenfeld, K. (1991) Dynamics of a globally coupled oscillator array. *Physica D* **48**, 102.

Tucker, W. (1999) The Lorenz attractor exists. *C. R. Acad. Sci.* **328**, 1197.

Tucker, W. (2002) A rigorous ODE solver and Smale's 14th problem. *Found. Comput. Math.* **2**, 53.

Tyson, J. J. (1985) A quantitative account of oscillations, bistability, and travelling waves in the Belousov–Zhabotinskii reaction. In R. J. Field and M. Burger, eds. *Oscillations and Traveling Waves in Chemical Systems* (Wiley, New York).

Tyson, J. J. (1991) Modeling the cell division cycle: cdc2 and cyclin interactions. *Proc. Natl. Acad. Sci. USA* **88**, 7328.

Van Duzer, T., and Turner, C. W. (1981) *Principles of Superconductive Devices and Circuits* (Elsevier, New York).

Van Wiggeren, G. D. and Roy, R. (1998) Communications with chaotic lasers. *Science* **279**, 1198.

Vasquez, F., and Redner, S. (2004) Ultimate fate of constrained voters. *J. Phys. A: Math. Gen.* **37**, 8479.

Viana, M. (2000) What's new on Lorenz strange attractors? *Math. Intelligencer* **22** (3), 6.

Vohra, S., Spano, M., Shlesinger, M., Pecora, L., and Ditto, W. (1992) *Proceedings of the First Experimental Chaos Conference* (World Scientific, Singapore).

Wade, N. J. (1996) Descriptions of visual phenomena from Aristotle to Wheatstone. *Perception* **25**, 1137.

Weiss, C. O., and Vilaseca, R. (1991) *Dynamics of Lasers* (VCH, Weinheim, Germany).

Wiggins, S. (1990) *Introduction to Applied Nonlinear Dynamical Systems and Chaos* (Springer, New York).

Winfree, A. T. (1972) Spiral waves of chemical activity. *Science* **175**, 634.

Winfree, A. T. (1974) Rotating chemical reactions. *Sci. Amer.* **230** (6), 82.

Winfree, A. T. (1980) *The Geometry of Biological Time* (Springer, New York).

Winfree, A. T. (1984) The prehistory of the Belousov–Zhabotinsky reaction. *J. Chem. Educ.* **61**, 661.

Winfree, A. T. (1987a) *The Timing of Biological Clocks* (Scientific American Library).

Winfree, A. T. (1987b) *When Time Breaks Down* (Princeton University Press, Princeton, NJ).

Winfree, A. T., and Strogatz, S. H. (1984) Organizing centers for three-dimensional chemical waves. *Nature* **311**, 611.

Xie, J., Sreenivasan, S., Korniss, G., Zhang, W., Lim, C., and Szymanski, B. K. (2011) Social consensus through the influence of committed minorities. *Phys. Rev. E* **84**, 011130.

Xiong, W., and Ferrell, J. E., Jr. (2003) A positive-feedback-based bistable 'memory module' that governs a cell fate decision. *Nature* **426**, 460.

Yeh, W. J., and Kao, Y. H. (1982) Universal scaling and chaotic behavior of a Josephson junction analog. *Phys. Rev. Lett.* **49**, 1888.

Yorke, E. D., and Yorke, J. A. (1979) Metastable chaos: Transition to sustained chaotic behavior in the Lorenz model. *J. Stat. Phys.* **21**, 263.

Zahler, R. S., and Sussman, H. J. (1977) Claims and accomplishments of applied catastrophe theory. *Nature* **269**, 759.

Zaikin, A. N., and Zhabotinsky, A. M. (1970) Concentration wave propagation in two-dimensional liquid-phase self-organizing system. *Nature* **225,** 535.

Zeeman, E. C. (1977) *Catastrophe Theory: Selected Papers 1972—1977* (Addison-Wesley, Reading, MA).